LES VOLCANS

LES VOLCANS

LEURS CARACTÈRES ET LEURS PHÉNOMÈNES

AVEC UN CATALOGUE DESCRIPTIF

DE TOUTES LES FORMATIONS VOLCANIQUES AUJOURD'HUI CONNUES

PAR

G. POULETT SCROPE

MEMBRE DU PARLEMENT, DES SOCIÉTÉS ROYALE ET GÉOLOGIQUE D'ANGLETERRE,
DE L'ACADÉMIE DE NAPLES, etc.

OUVRAGE TRADUIT DE L'ANGLAIS

PAR ENDYMION PIERAGGI

DE LA SOCIÉTÉ MÉTÉOROLOGIQUE DE FRANCE.

PARIS

VICTOR MASSON ET FILS

PLACE DE L'ÉCOLE DE MÉDECINE

1864

AVANT-PROPOS

L'auteur s'est flatté que cet ouvrage pourrait intéresser les géologues des écoles continentales autant que ceux de son propre pays, et méritait d'être traduit dans une langue qui le mit plus facilement à leur disposition, d'autant plus que la géologie dynamique a toujours été plus cultivée en France et en Allemagne que chez ses compatriotes, et aussi que les théories sur le mode d'action des forces volcaniques combattues dans cet ouvrage ont surtout dominé dans ces deux pays.

Il a donc profité du concours de son ami, M. Endymion Pieraggi, déjà connu par plusieurs traductions et mémoires originaux dans la presse scientifique, et qui, dans sa traduction, s'est heureusement pénétré de la lettre et de l'esprit du texte.

Le lecteur n'oubliera pas que le présent volume n'est qu'une nouvelle édition d'un ouvrage publié, il y a déjà trente-huit ans, augmenté, il est vrai, de quelques additions, mais demeurant, sur les points importants, essentiellement le même. Les idées émises par l'auteur, en opposition avec certaines théories, n'ont donc point été improvisées dans un simple but de contradiction, mais étaient déjà développées avant que ces théories elles-mêmes eussent paru.

G. P. S.

Nov. 1863.

À

SIR CH. LYELL

PRÉSIDENT DE L'ASSOCIATION BRITANNIQUE POUR LE PROGRÈS DES SCIENCES.

Mon cher Lyell,

Lorsque la première édition de cet ouvrage parut, il y a de cela trente-huit ans, j'avais l'honneur d'être votre collègue au secrétariat de la Société géologique de Londres.

A cette époque, vous manifestiez plus d'intérêt et d'adhésion pour les théories qu'il contenait que ne le faisait la masse de nos associés. Cet ouvrage avait pour but d'étudier une importante classe des agents de transformation aujourd'hui en opération à la surface du globe, et de retracer leur analogie ou plutôt leur identité avec ces agents qui semblent avoir prévalu dans les périodes géologiques les plus anciennes. C'était en fait une branche du grand travail auquel vous vous êtes si longtemps livré, concernant la classe entière des phénomènes terrestres, avec une originalité, une persévérance et un succès qui vous ont placé, d'un commun accord, à la tête des géologues de l'époque.

Je fus appelé à d'autres occupations pendant quelque temps, et ne fus conduit à reprendre ces études que nous avions commencées ensemble il y a si longtemps, que par le désir de vous aider à dissiper ces illusions sur le mode d'action des forces souterraines, illusions par lesquelles la théorie des « cratères de soulèvement » avait mystifié les géologues. Une fois revenu à mes spéculations, je découvris, ou je crus découvrir, le manque d'un traité général sur les volcans dans le genre de mon premier ouvrage, lui-même épuisé, et même suranné. De là, cette nouvelle édition, augmentée et améliorée, je l'espère.

En demandant la permission d'inscrire votre nom en tête de cette édition, je n'ai nullement l'intention de vous rendre solidaire des opinions qui s'y trouvent énoncées, et qui, du reste, ne doivent s'étayer que sur leur propre valeur. Je désire seulement enregistrer mon admiration pour la persistance avec laquelle vous avez si longtemps voué vos hautes facultés à la recherche et à la publication sous forme vulgaire, des grandes vérités de notre branche favorite des sciences naturelles.

Croyez toujours, mon cher Lyell, à la sincérité de mon affection.

G. POULETT SCROPE.

Mars 1862.

LES VOLCANS

CHAPITRE PREMIER

INTRODUCTION

Si le but de la Géologie est d'étudier la structure des parties accessibles de la terre, et les changements qu'elle a subis, il ne saurait y avoir dans cette science de branche plus importante que celle qui examine la nature et le mode d'opération des forces souterraines qui ont partout, plus ou moins, disloqué, dérangé et altéré le niveau des roches superficielles, modifié leur texture et leur composition intérieure, et amassé des matières nouvelles à la surface du globe.

Les manifestations de ces forces, telles qu'on les observe de nos jours, se divisent en *tremblements de terre* et en *volcans*. La première classe de ces phénomènes semble, au premier abord, appartenir à un ordre purement dynamique, consistant en chocs subits, passagers, et en vibrations onduleuses sur une surface assez étendue, accompagnées de dislocations, de perturbations et souvent de changements permanents de niveaux dans les diverses roches. La seconde classe a pour caractère l'*éruption*, c'est-à-dire la violente expulsion de matières incandescentes, gazeuses, fluides ou solides (quelquefois même toutes les trois ensemble), provenant de l'intérieur du globe jusqu'à la surface. Ces phénomènes sont en outre, le plus souvent, accompagnés ou précédés de tremblements de terre d'un caractère ordinairement insignifiant et purement local.

La distinction ici indiquée se voit aussi dans les traces de l'action souterraine des époques passées. Nous voyons des régions, généralement plus ou moins disloquées, entièrement composées de scories, de cendres, de tuf ou de lave, ressemblant si exactement, tant par le caractère minéral que par l'aspect et la disposition générale, aux produits des éruptions plus récentes, qu'on ne saurait hésiter à les considérer comme des formations volcaniques. D'un autre côté, on rencontre beaucoup de roches, du caractère le plus varié, stratifiées ou non, mais le plus souvent stratifiées, que l'on sait, d'après d'incontestables preuves, avoir été déposées par l'eau en couches presque horizontales. Ces roches donnent des signes de déplacement postérieur à leur formation, ainsi que de fractures, de plis, d'élévation ou de dépression. En outre, tous ces changements semblent avoir toujours été accompagnés d'une invasion de matières cristallines à une température très-élevée, dans un état incomplet de liquéfaction, forcées de bas en haut à travers les couches, mais sans cependant arriver en cet état jusqu'à l'air extérieur. Ces résultats dynamiques, correspondant aux phénomènes jusqu'ici observés des tremblements de terre non accompagnés d'éruptions extérieures, se distinguent des effets de l'action *volcanique*, et pour cette raison prennent le nom de *plutoniques*, parce qu'ils semblent provenir de plus grandes profondeurs, et avoir par là quelque analogie avec la puissance attribuée par la mythologie à l'infernal Ébranleur du monde ('Εννοσίγαιος).

Il est peu ou point de géologues qui ne reconnaissent cette frappante distinction, quoique tous n'emploient point le même langage pour la désigner. C'est sur cette distinction que M. de Humboldt base toute la classification de ce qu'il appelle la portion *tellurique* de son grand ouvrage (1). M. Darwin l'exprime de la manière la plus succincte, lorsqu'il dit : « Je crois que l'axe d'une « montagne ne diffère d'un volcan qu'en ceci : que ce sont des ro-« ches plutoniques qui ont été injectées, au lieu de roches volca-

(1) *Cosmos*, t. IV.

« niques qui ont été rejetées (1). » M. Mallet considère un tremblement de terre dans une région non volcanique comme « un
effet incomplet pour former un volcan. »

Chercher jusqu'à quel point ces distinctions sont fondées ; si
ces deux espèces d'action souterraine sont seulement, comme il
est probable, des modifications de la même force, mais agissant à
des profondeurs ou dans des circonstances différentes ; si l'action
volcanique n'est que le développement extérieur de l'action plutonique ; si ces deux actions sont quelquefois, ou même généralement combinées, et jusqu'à quel point ; enfin, quelles sont les
lois, les modes d'opération et les relations mutuelles de chacune ;
ce sont là des questions de la plus haute importance pour la géologie. L'étude de ces lois et leur correcte interprétation sont des
préliminaires indispensables, si l'on veut arriver à la connaissance
réelle de l'histoire de notre planète.

De ces deux classes de phénomènes, les phénomènes séismiques ou tremblements de terre ont été expliqués d'une façon remarquable par M. Robert Mallet, dans ses quatre rapports à l'Association britannique pour le progrès des sciences. Dans cet
ouvrage, l'auteur passe en revue tous les renseignements que l'on
possède sur ces phénomènes, et il les commente avec un esprit
d'examen sain et philosophique, qui, dans l'état actuel de nos
connaissances, ne laisse plus beaucoup à faire dans cette voie. Ce
qu'il faut chercher, c'est plutôt la lumière qui peut rejaillir sur le
sujet par un examen des phénomènes de l'action volcanique, plus
approfondi qu'il n'a été jusqu'à présent, quoique ces phénomènes
soient, par leur localisation particulière, plus susceptibles d'observation et d'examen scientifique, et soient, par conséquent, une
source plus abondante et plus digne de foi de connaissances
exactes sur le vrai caractère de la dynamique souterraine. Il y a
plusieurs années, j'ai porté toute mon attention sur cette question,
et j'ai publié le résultat de mes observations de diverses manières,

(1) Darwin, *Iles volcaniques*, p. 129.

de 1824 à 1829. Dans mon volume sur les volcans, dès 1825, je hasardai, sur ce que je présumais avoir été l'état primitif du globe, quelques spéculations qui furent alors, et pourraient être même aujourd'hui, considérées comme prématurées, sans justification complète, même dans l'état de nos connaissances actuelles.

Mais, dans la partie de cet ouvrage qui ne traite rigoureusement que des volcans, j'ose croire que les opinions concernant les lois normales de l'action volcanique, sont tout à fait saines et inattaquables. Aussi n'y a-t-il pas lieu d'y faire, dans la présente édition, aucune correction importante. Ces opinions ont l'avantage d'être simples, et cependant suffisantes, à mon avis, pour expliquer tous les phénomènes connus des formations volcaniques, anciennes ou modernes, car je ne saurais partager l'opinion exprimée par Humboldt, que ces phénomènes sont « isolés, variables et obscurs (1). » Je n'avais, du reste, aucune prétention à la découverte, car je ne faisais que reproduire les opinions toujours professées sur ce sujet par les observateurs les plus dignes de confiance, savoir : Spallanzani, Dolomieu, sir William Hamilton et Breislak, qui avaient fait une étude spéciale de cette branche de la science, et comme preuve de ce que j'avançais, je comptais sur les relations historiques des éruptions volcaniques dans toutes les parties du monde, tout autant que sur mes propres observations.

Ces idées, cependant, ont été contestées par d'éminents géologues, principalement, mais pas exclusivement, par ceux du continent, et l'on a promulgué une théorie de l'action volcanique, avec une certaine parade de formules mathématiques, qui ne tient presque pas de compte de ses caractères éruptifs et attribue la formation d'une montagne volcanique, non pas à l'accumulation de matières expulsées, mais à l'élévation *en masse* de couches primitivement horizontales, en forme d'ampoules creuses, gonflées par la soudaine expansion d'une bulle de matière aériforme. Dans

(1) *Cosmos,* t. IV.

une autre publication (1), j'ai démontré, d'une façon que je crois concluante, que cette hypothèse n'est justifiée par aucun fait ni par aucune relation de phénomènes observés; que rien dans la composition ni dans la structure d'aucune montagne volcanique ne justifie une telle théorie, et qu'elle ne repose, à dire vrai, que sur des suppositions tout à fait insoutenables et anti-philosophiques. Je n'ai pas l'intention d'y faire autrement allusion, la considérant comme presque universellement abandonnée. Sa longue faveur cependant, grâce à l'influence des grands noms qui la patronnaient, peut expliquer l'absence presque générale chez les géologues d'idées claires et nettes des vraies lois de l'action volcani-

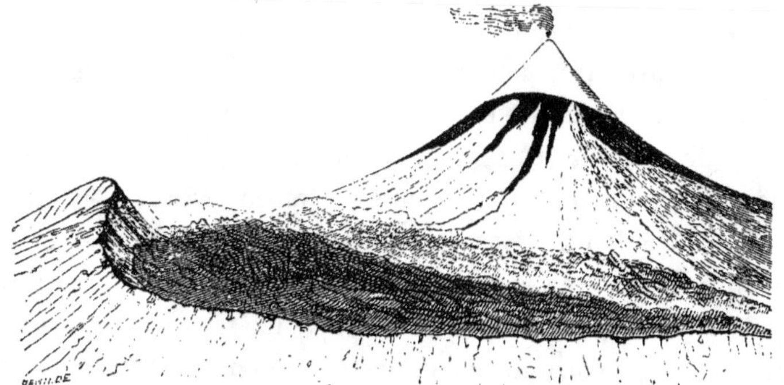

Fig. 1. — Le pic de Ténériffe (sommet couvert de neige) vu du bord du grand Cirque. L'espace intermédiaire couvert de lave.

ques, et la nécessité qu'il y a même encore aujourd'hui, à ce qu,il me paraît, d'un traité régulier sur la matière, comme celui que je présente actuellement, différant quelque peu par la forme, mais fort peu par le fond de mon ouvrage de 1825-1826.

(1) *Mémoire sur la formation des cônes volcaniques et des cratères.* Quart. Jour. of the Geol. Soc. 1859. Traduit en français. Paris, 1860.

CHAPITRE II

IDÉE GÉNÉRALE DE L'ACTION VOLCANIQUE

§ 1. L'action volcanique, comme je l'ai dit plus haut, se manifeste principalement par l'éruption ou l'exhalaison de la matière incandescente dans un état solide, semi-liquide ou gazeux, à travers des ouvertures dans les roches superficielles qui composent la croûte terrestre. Ces éruptions ont généralement lieu avec beaucoup de violence. Quelquefois, cependant, il se fait des émanations comparativement tranquilles de vapeur ou d'eau bouillante, contenant plus ou moins de matières minérales, comme dans le cas bien connu des sources chaudes et des *solfatares* et des *suffioni*. Mais on pense généralement, comme on le verra plus bas, que ces émanations, comparativement anodines, sont circonscrites à des endroits qui ont été primitivement en violente activité, ou sont, par des fissures, en communication avec quelque masse souterraine de roche volcanique incandescente.

§ 2. Une éruption volcanique, qu'elle ait lieu sur un point nouveau de la surface terrestre ou sur un point déjà témoin d'un tel phénomène, mais en repos pour quelque temps, est ordinairement précédée de tremblements de terre qui sont toutefois généralement d'un caractère insignifiant et tout à fait local. Ces grands paroxysmes, qui affectent de vastes étendues de pays d'une façon si calamiteuse, ne semblent pas, dans la plupart des cas, avoir de rapport, quant au *temps* de leur manifestation, avec l'éruption des volcans voisins. A l'appui de cette idée, Humboldt remarque « que durant le terrible tremblement de terre de Riobamba,

« en 1797, les volcans voisins du Tunguragua et du Cotopaxi
« restèrent tout à fait tranquilles ; et réciproquement, que des
« volcans ont été sujets à des éruptions considérables et prolon-
« gées sans qu'aucun tremblement de terre se soit sensiblement
« manifesté dans les régions voisines (1). »

M. David Forbes, dans sa *Géologie de la Bolivie*, dit que « les
« fréquentes éruptions du district de Titicaca ne causent aucune
« perturbation dans la chaîne des Andes siluriennes qui l'avoi-
« sinent. »

Tandis que, d'un autre côté, « ce district volcanique est
» exempt des tremblements de terre si fréquents et si destruc-
« tifs dans les contrées voisines (2). »

M. Darwin, parlant des grands tremblements de terre qui ont
désolé l'Amérique du Sud en 1835, remarque « qu'à l'époque où
« une immense étendue de pays fut bouleversée et soulevée, les
« régions entourant plusieurs des grands orifices volcaniques des
« Cordillères demeurèrent parfaitement tranquilles. » Après la
cessation des tremblements de terre, les éruptions recommencèrent avec une nouvelle violence.

Cependant il ne manque pas d'exemples de la coïncidence d'é-
ruption avec des convulsions extraordinaires. Un tremblement de
terre sur la côte de Caracas, en 1821, coïncida avec une éruption
dans l'île Saint-Vincent (3). Pendant le grand « tremblement de
« terre du Chili, en 1826, au moment où la commotion se fit sen-
« tir à Valdivia, deux volcans voisins firent éruption pendant
« *quelques secondes*, puis rentrèrent dans le repos (4). A la Concep-
« tion, on dit qu'il y eut des éruptions sous-marines au même ins-
« tant. La fusion de la chaîne du vaisseau *le Volage*, qui était à
« l'ancre, pendant un tremblement de terre, sur la côte de l'Amé-
« rique du Sud, peut encore être citée comme un exemple (5). »

(1) *Cosmos*, t. IV, 1re partie.
(2) *Geol. Proc.*, 1860, p. 61.
(3) *Cosmos*.
(4) M. Place, *Quart. Jour. Geol. Soc.*, vol. XVII.
(5) Mallet, *Rapport*, 1850, p. 25.

Plus souvent encore on entend parler des tremblements de terre cessant tout d'un coup par l'ouverture d'un orifice volcanique plus ou moins rapproché. Mais on entend aussi parler de régions où les volcans, autrefois en activité, sommeillent aujourd'hui, néanmoins habituellement tourmentées par de violentes commotions. Ce sont là des faits qui confirment péremptoirement l'hypothèse dominante, et très-raisonnable du reste, que les volcans agissent comme des soupapes de sûreté pour le dégagement de l'excès de chaleur souterraine, qui, par son expansion au-dessous de la surface terrestre, est probablement la cause principale de ces convulsions spasmodiques (1).

En fait, il ne saurait y avoir de doutes sur la relation intime entre les deux classes de phénomènes. Un coup d'œil jeté sur la carte, à la fin de cet ouvrage (imitée de celle de M. Mallet), prouvera surabondamment que ces deux classes se sont manifestées dans les temps modernes, du moins, *principalement* suivant les mêmes directions linéaires, ou à peu près vers les mêmes points qui semblent isolés sur la surface du globe. M. Mallet résume toutes les preuves de leur connexion locale par cette assertion, que « l'éner- « gie seismique est plus grande et plus fréquente à mesure que « l'on approche des grandes lignes de l'activité volcanique. » Néanmoins, il est certain que les grandes convulsions paroxysmales, ces terribles commotions et ces violentes ondulations vibratoires de la croûte solide, qui causent une telle destruction en se propageant sur d'immenses étendues avec une rapidité extraordinaire, ces convulsions sont rarement, si même elles le sont jamais, concordantes quant au temps, ni même, à moins qu'on n'opère sur la plus vaste échelle, quant à la position de la localité affectée, avec aucune action volcanique, c'est-à-dire éruptive. L'Islande, qui n'est autre chose qu'une vaste montagne volcanique s'élevant du fond de l'Océan, a été très-souvent en violente activité depuis la période historique. Mais, d'après la remarque de M. Mallet, « ses

(1) « Les volcans empêchent les tremblements de terre, en agissant comme des soupapes. » *Cosmos*, t. IV.

« commotions séismiques sont des phénomènes purement locaux,
« n'étant que très-modérées, et il est rare que l'île tout entière soit
« ébranlée. » D'un autre côté, l'Himalaya et l'immense plateau de
l'Asie centrale, dans lesquels l'existence de volcans actifs est encore douteuse, sont sujets à des commotions d'une intensité épouvantable. Les Alpes aussi, et les Pyrénées, complétement dépourvues d'orifices volcaniques, sont fréquemment ébranlées, ainsi que
le bassin non-volcanique de la Baltique. La vallée du Mississipi
est très-sujette aux tremblements de terre, quoique fort éloignée
de tout volcan. La chaîne des Andes, il est vrai, qui est presque
toujours en convulsion, est parsemée de volcans. Mais il paraît,
d'après l'autorité de MM. de Humboldt et Forbes, que ces volcans
ne manifestent généralement aucune activité remarquable durant
les plus violentes commotions des montagnes voisines, et réciproquement. A tout prendre donc, il semble probable, comme dit
M. Mallet, que « les éruptions volcaniques et les tremblements de
« terre sont des manifestations d'une même force souterraine, »
mais agissant dans différentes conditions du degré d'énergie développée et des résistances à surmonter. Je crois moi-même que les
plus grands tremblements de terre sont causés par les efforts de la
force expansive souterraine, à une profondeur trop grande, sous la
pression d'une masse *supra-jacente* de matière rocheuse trop considérable pour établir avec l'air extérieur cette libre communication indispensable au développement des phénomènes volcaniques ;
et que les commotions moindres et locales, précédant ou accompagnant généralement ces phénomènes, ont une source d'action
moins profonde, sous une résistance moindre de la croûte terrestre, ce qui, par conséquent, peut créer et crée en effet une libre
communication avec la surface extérieure. Dans les deux cas, les
convulsions dans la surface solide du globe sont occasionnées par la
même cause commune, l'expansion, probablement par suite de l'accroissement de température, et quelquefois la contraction de quelque matière souterraine. Dans le cas de grands tremblements de
terre, le résultat est purement dynamique, consistant en vibrations

ondulatoires s'étendant à de grandes distances, avec fractures et changements de niveau dans les roches superposées. Dans le cas de commotions moindres, concomitantes avec les phénomènes volcaniques, ces roches sont, en plusieurs endroits, généralement sur les lignes de perturbations antérieures, fendues ou ouvertes de façon à permettre l'*extravasement* d'une partie des matières chaudes, liquéfiées ou gazéifiées, dont l'expansion a déterminé ces ruptures. De là, comme je l'ai dit plus haut, la justesse de la distinction entre les actions plutonique et volcanique. Que M. Mallet adopte cette vue d'une manière générale, cela peut très-bien se supposer par sa définition d'un tremblement de terre comme « un effet incomplet pour créer un volcan. »

Il faut cependant ajourner tout examen de cette partie de mon sujet à un moment plus éloigné, et jusqu'à ce que j'aie décrit et complétement éclairci le caractère des phénomènes volcaniques.

Il convient de commencer par une courte revue de la répartition des sites volcaniques sur tout le globe, et par la description des phénomènes ordinaires.

§ 3. Quoique l'on ait rarement remarqué, si jamais même on l'a fait, qu'une éruption ait éclaté sur des points où n'existaient pas de traces antérieures d'éruption, tout volcan a dû évidemment commencer sur un de ces points. Il y a plus, dans plusieurs régions couvertes de volcans en apparence éteints, comme dans la France centrale, l'Eifel, l'île de Sardaigne, l'Asie Mineure, la Nouvelle-Zélande, Olot, en Catalogne, de nombreuses éruptions ont évidemment eu lieu à travers des roches non-volcaniques, telles que du granit, du gneiss, du schiste ou des strates secondaires ou tertiaires.

La grande majorité des éruptions volcaniques enregistrées par l'histoire, qui ont toutefois éclaté au sommet ou sur le flanc d'une montagne déjà composée de roches d'origine volcanique, attestent une activité préalable, habituelle ou intermittente, de cet orifice.

Les sites de ces éruptions ne sont pas limités à des districts géographiques particuliers. Elles ont lieu, au contraire, continuellement à des intervalles plus ou moins éloignés, sur des points très-nombreux, dans toutes les régions du globe, ce qui amène à cette importante conclusion que la force souterraine, quelle qu'elle soit, dont elles sont le développement extérieur, est, sinon uniformément, du moins très-généralement répartie sous la surface entière de la planète.

§ 4. Les volcans en activité connus ont été computés diversement, depuis 200 jusqu'à plus de 400. Humboldt (1) en donne une liste de 407; mais seulement 225 « sont reconnus pour avoir été « en activité depuis les temps modernes. » Keith Johnstone (2) donne un catalogue de 270 volcans en activité, dont 190 au moins dans les îles et sur les côtes de l'océan Pacifique.

Ces énumérations doivent, toutefois, n'être considérées que comme approximatives et bien au-dessous de la vérité. D'abord, parce que, tandis qu'une très-grande proportion de la surface *sous-aérienne* du globe est encore inconnue ou explorée d'une façon fort incomplète, il est très-probable que, dans cette étendue bien plus vaste, la région *sous-aqueuse*, couvrant au moins les trois quarts du globe, il existe bien des volcans qui n'ont pas encore élevé leur orifice d'éruption au-dessus de la surface de l'Océan. Secondement, parce que les intervalles de repos entre les éruptions d'un même volcan sont souvent de si longue durée que tous les documents qui peuvent s'y rapporter se sont perdus ou oubliés, et que, par suite, le caractère volcanique de l'emplacement passe inaperçu, jusqu'à ce qu'une éruption atteste l'activité continue du foyer souterrain (3).

Je dirai plus : si nous comptons comme volcans toutes les localités dans lesquelles ont eu lieu des éruptions, un jour ou l'autre, depuis une période géologique comparativement récente, par exemple depuis le dépôt des couches secondaires, attestée par

---

(1) *Cosmos*, t. IV.

(2) *Atlas de géographie physique*, 1859.

(3) Il s'est écoulé dix-sept siècles entre deux éruptions de l'île d'Ischia, de 380 av. J. C. à 1302 après J. C.

le caractère minéral et la disposition des roches superficielles, et
que nous y ajoutions les endroits où l'énergie volcanique peut
être considérée comme simplement somnolente et prête à se ré-
veiller au premier moment, alors les chiffres cités plus haut de-
vront être considérablement multipliés.

§ 5. On trouvera dans l'appendice un catalogue des volcans actifs connus, d'après les relations de témoins oculaires, dans les
diverses parties du globe, depuis la période historique. Cet appendice est accompagné d'une carte indiquant leur position géographique. Ils sont irrégulièrement éparpillés sur toute la planète,
sous tous les parallèles et tous les méridiens, quelquefois isolés et
à une distance considérable les uns des autres, mais plus souvent
concentrés en groupes serrés ou en chaîne ou serie linéaire. Dans
quelques rares occasions on les trouve à l'intérieur des continents,
mais habituellement ils s'élèvent comme des îles, du fond de
l'Océan ou à très-peu de distance de ses bords, sur une côte maritime.

En consultant la carte, on verra qu'il existe une remarquable
rangée linéaire de volcans parcourant les deux hémisphères en
courbe arquée, commençant à la Terre-de-Feu, à l'extrémité méridionale de l'Amérique, longeant toute la bordure occidentale du
continent presque jusqu'au détroit de Behring, traversant l'océan
Pacifique boréal par l'archipel des Aleutiennes, puis descendant
vers le sud le long du Kamtchatka, le Japon et les îles Philippines,
jusqu'aux Moluques, où elle se divise en deux branches, l'une em-
brassant Bornéo par une courbe semi-circulaire vers l'ouest et le
nord, continuant à travers Java et Sumatra jusqu'aux îles Andaman et l'empire Birman, dans laquelle « guirlande d'îles » le docteur Junghuhn ne compte pas moins de 109 hautes montagnes
ignivomes ; l'autre, enfilant la terre des Papous, les archipels Salomon et des Nouvelles-Hébrides, la Nouvelle-Zélande, d'où elle
semble se continuer jusqu'à la terre de Victoria et le pôle austral.

Il est à présumer que cette chaîne si extraordinairement prolongée, qui entoure entièrement l'océan Pacifique et coupe le globe presque en deux, est l'indice de quelque immense fissure dans la croûte terrestre. Mais nous traiterons plus tard des spéculations que peut engendrer cette idée et de toutes les considérations concernant la distribution géographique des orifices volcaniques.

§ 6. Parmi les circonstances qui, matériellement, modifient le plus le caractère d'une éruption, sont celles relatives au point où elle éclate à travers la croûte du globe, surtout si ce point se trouve au-dessus ou au-dessous de ces énormes masses d'eau qui couvrent une si grande étendue de la planète.

Dans le premier cas, l'éruption se manifeste à l'air libre ; dans le second, elle a lieu dans l'eau. Les différentes densités et les autres modifications de ces milieux doivent considérablement altérer la nature des phénomènes et des réactions, ainsi que la disposition des substances gazeuses ou solides rejetées de l'intérieur de la terre. On peut appeler ces différentes sortes d'éruptions, les unes *sous-aériennes*, et les autres *sous-aqueuses*.

Les éruptions de cette dernière classe, quoiqu'il y ait de puissantes raisons pour les croire fréquentes, ne peuvent cependant être que très-rarement observées, et les phénomènes qui les accompagnent, même lorsqu'ils attirent l'attention de ceux qui peuvent passer près de l'endroit où ils se manifestent, ne sont que très-imparfaitement visibles. Les navires éprouvent des chocs, des impulsions soudaines, semblables à des talonnements sur un rocher, et des lames extraordinaires, inexplicables de toute autre façon, s'accumulent sur les rivages. La mer, dans le voisinage de l'éruption, paraît plus ou moins agitée, échauffée, décolorée ; elle est traversée par des fluides gazeux qui la soulèvent et même par des jets de matières fragmentaires, mais ce n'est que lorsque l'accumulation des substances solides vomies d'en bas finit par élever l'orifice au-dessus des niveaux de l'eau, et que les phénomènes pouvant se manifester en plein air rentrent dans la catégorie des éruptions sous-aériennes, qu'ils sont susceptibles d'être directement observés. C'est donc sur cette classe que nous devons diriger notre attention.

§ 7. Une revue rapide de nos connaissances sur les phénomènes des volcans connus, ou des *sources habituelles de produits volcaniques*, nous conduira à la conclusion qu'il existe la plus grande irrégularité quant aux époques et à l'intensité de leur action.

Quelques volcans sont en état d'activité incessante ; d'autres, au contraire, restent pendant des siècles dans un état d'inertie complète quant à l'extérieur, puis retombent dans cet état d'extinction apparente, après une seule éruption plus ou moins intense, mais de courte durée, tandis que d'autres enfin offrent une variété infinie de phases intermédiaires entre l'extrême activité et l'extrême inertie.

Jusqu'ici on a fait toutes sortes d'efforts pour rattacher ce plus ou moins d'activité à la hauteur et à la masse comparative de la montagne volcanique, à sa position relativement à la mer ou à la terre, à son caractère minéral ou aux relations géologiques des rochers parmi lesquels elle s'élève, afin de découvrir une loi générale qui aide à déterminer la fréquence ou la violence des éruptions, mais on n'a pu y réussir (1). Il est probable qu'une telle loi existe ; mais, avant d'en pouvoir bien déterminer le caractère, il faut acquérir, plus que nous ne la possédons en ce moment, la connaissance de ces forces souterraines dont l'éruption volcanique n'est qu'une manifestation extérieure.

Le premier pas vers une telle investigation sera nécessairement une correcte intelligence du mode d'opération ou du vrai caractère de ces manifestations. Avec ce seul but en vue, et en ajournant pour le moment l'examen des théories qui ont été ou qui pourront être mises en avant sur la cause ou l'origine de l'action souter-

---

(1) M. Sainte-Claire Deville annonce qu'il a découvert cette loi, mais telle qu'il la formule, elle consiste simplement en ceci : *que tant que la lave, à l'état liquide en ébullition, est en contact avec l'atmosphère, elle entre en éruption.* Ce qui revient à dire : quand un volcan est en éruption, il y a éruption. (*Comptes rendus*, 1856.)

raine, il conviendra de distinguer les diverses conditions des volcans en activité connus, en trois phases générales, savoir :

1° Celle dans laquelle le volcan est toujours en état d'éruption
extérieure, ou phase d'éruption permanente ;

2° Celle dans laquelle les éruptions, rarement violentes, continuent d'une manière tranquille pendant longtemps, alternant avec
de courts repos, ou phase d'activité modérée ;

3° Celle dans laquelle les paroxysmes éruptifs d'une intense

Fig. 2. — Vue de Monte-Nuovo, dans la baie de Pouzzoles ; cône volcanique, de
450 mètres, rejeté en trois jours, année 1538. — V. Appendice.

énergie alternent avec des périodes prolongées d'inertie extérieure
complète, ou phase d'intermittence prolongée.

CHAPITRE III

PHÉNOMÈNES DES ÉRUPTIONS SOUS-AÉRIENNES ORDINAIRES

§ 1. *Phase d'éruption permanente.* — Il n'y a que de rares exemples d'un volcan en éruption permanente. Les mieux connus sont Stromboli, dans les îles Lipari, en activité non interrompue depuis le temps d'Homère, pour le moins ; Masaya et Amatitlan, dans le Nicaragua ; Isalco, sur la côte occidentale de l'Amérique centrale, en éruption depuis 1728 ; Sangaï, dans l'Amérique du Sud, en éruption permanente ; l'île de Fogo, une des îles du cap Vert, en constante activité depuis 1770. Il est probable que plusieurs des volcans, encore peu connus, de Sumatra, de Java et des autres parties de la grande chaîne dont il a déjà été parlé, qui, traversant le Pacifique, embrasse toute la côte orientale d'Asie, sont aussi dans le même état.

§ 2. *Phase d'activité modérée.* — Mais, en général, les éruptions sont intermittentes, et les intervalles durent des mois ou des siècles.

Quand elles sont constantes, ou très-fréquentes, elles sont généralement d'une placidité comparative, comme s'il s'était formé une issue permanente, agissant à la manière d'une soupape, pour la décharge à l'extérieur du calorique toujours croissant, ou de la matière incandescente, dont l'accumulation, sans ce moyen de décharge, occasionnerait des éruptions plus rares, mais bien plus violentes.

Aussi, conformément à cette hypothèse, une éruption, éclatant après un long intervalle de repos, est-elle d'une violence proportionnée. Des développements si considérables de l'énergie volcanique peuvent prendre le nom de *paroxysmes*.

Les éruptions d'une violence extraordinaire sont cependant souvent précédées d'une phase prolongée d'activité modérée qui, en apparence, n'a pas suffi à évacuer le calorique aussi rapidement qu'il a été transmis des profondeurs de la source souterraine. Comme exemple on peut citer le Vésuve depuis le commencement du siècle ; on pourrait même remonter à l'an 1636, époque où il reprit son activité après un repos d'un siècle et demi. Il est certain que, depuis les soixante dernières années, ce volcan s'est maintenu en éruption pendant plusieurs mois, rejetant de petits jets de scories, de lapillo et de sable par des orifices temporaires au sommet ou sur les flancs du cône, ou au fond du cratère, *lorsqu'il y en avait un*, tandis que des ruisseaux de lave coulaient, presque avec la tranquillité d'un ruisseau de source, des mêmes orifices ou d'ouvertures voisines. Ces périodes d'activité modérée étaient généralement suivies d'intervalles de repos durant quelques mois. Puis l'éruption recommençait par de nouveaux orifices, probablement les points les plus faibles de quelques fissures qui se sont déclarées dans la partie supérieure du cône, par suite des efforts de la lave intérieure pour trouver une issue, car les premières ouvertures étaient fermées par la solidification de la lave qui s'en était échappée. Cette phase d'activité modérée a cependant été quelquefois interrompue par une violente éruption, comme en 1794 et en 1822, époques auxquelles de terribles explosions, se prolongeant pendant des semaines, éclatèrent et firent sauter en l'air toute la partie supérieure du cône, qui était le produit d'éruptions plus faibles, en laissant une espèce de chaudron central d'énorme dimension, creusé dans le cœur même de la montagne. Mais je reviendrai tout à l'heure sur ce phénomène.

L'état actuel de l'Etna offre un semblable exemple d'activité modérée presque continuelle, avec quelques paroxysmes plus ou moins fréquents. Pendant le demi-siècle précédent, six éruptions principales au moins ont eu lieu, savoir : en 1805, 1809, 1811-12,

1849, 1831 et 1852. Chacune d'elles produisit une énorme quantité de lave. Mais les intervalles entre les époques d'exaspération ne se sont point passées sans que des phénomènes de moindre importance aient attesté l'incessante activité du foyer. De fréquents tremblements de terre se sont fait sentir, non pas seulement sur les flancs de la montagne, mais souvent dans l'île tout entière ; une de ces commotions (16 février 1810) fit, dit-on, sentir son influence jusqu'à l'île de Chypre. Le cratère vomissait presque toujours de la fumée, accompagnée de temps en temps de détonations et de jets de scories incandescentes. Quant à l'apparence de *flammes*, souvent mentionnée par les observateurs, elle était sans doute causée par la lumière de ces jets, au fond du cratère, et se réfléchissant sur le nuage de vapeur au-dessus.

Plusieurs des volcans éparpillés dans le Pacifique, aussi bien que quelques-uns des volcans de la grande chaîne sinueuse qui s'étend depuis l'extrémité septentrionale de la péninsule du Kamtchatka, à travers le Japon, les îles Léoutchou, les îles Philippines, les Moluques et Java jusqu'à Sumatra, et la chaîne des îles Andaman, plusieurs de ces volcans semblent, d'après le peu d'informations que nous en avons, exister dans cet état d'activité prolongée, mais modérée, puisque ce sont toujours les mêmes volcans qui sont constamment vus en éruption par les divers navires qui naviguent dans ces archipels.

Telle est sans doute la condition des volcans de Barren-Island, d'Arjuna, à Java, et de la petite île entre Timor et Céram ; de celui de New-Britain, vu en éruption successivement par Dampier, d'Entrecasteaux, Lemaire et Schouten ; de Tanna, dans les Nouvelles-Hébrides, vu en activité par Cook, d'Entrecasteaux et Forster ; du pic de Ternate, dans les Moluques ; de ceux de Mutova et de Tharma, dans les îles Kouriles, et de bien d'autres au Japon, au Kamtchatka et dans les Aléutiennes.

Parmi les volcans d'Amérique, nous pouvons signaler encore le Pichincha, près de Quito, et de Popocatepetl au Mexique, qui ont été en activité presque continuelle depuis la période de l'occupation européenne.

Le volcan de l'île Bourbon présente un autre exemple remarquable de la phase que nous étudions. D'après les relations de M. Hubert, qui, selon Bory Saint-Vincent, dirigea son attention sur les phénomènes de ce volcan depuis 1760, nous savons que durant le siècle dernier il a existé dans un état continuel d'activité modérée, rejetant de la lave au moins deux fois par an. Huit de ces courants ont atteint la mer, et avec d'autres courants couvrent une rampe fort large appelée le *Pays brûlé*, d'un aspect désolé, sans végétation ni habitation, et, à en juger d'après l'aspérité vitreuse des surfaces scoriformes de la lave, à peu près impraticable. Ici, toutefois, comme dans d'autres cas déjà cités, cette activité modérée est quelquefois interrompue par des paroxysmes.

Nous apprenons par de récentes relations qu'une éruption d'une violence prodigieuse s'est manifestée dans le courant de 1859, en donnant naissance à un immense torrent de lave, qui, s'écoulant du sommet du volcan (5,000 pieds) jusque dans la mer, intercepte toute communication par terre le long de la côte orientale.

§ 3. *Phase d'intermittences prolongées et d'éruptions paroxysmales.* — Mais, de tous les phénomènes volcaniques, ce sont ces soudaines et violentes éruptions que j'ai appelées paroxysmales et qui éclatent généralement après une période prolongée de repos extérieur, qui naturellement attirent le plus l'attention. De ces éruptions, les relations les plus détaillées ont été enregistrées.

Le caractère stupéfiant et épouvantable de ces catastrophes, la rareté de leur occurrence, la soudaineté de leur manifestation et l'effrayante série de désastres qu'elles entraînent à leur suite dans les régions adjacentes, en font un sujet d'observations générales et de relations, longtemps après la période de leur manifestation. De là des récits de semblables éruptions dès les premières annales du monde, faisant quelquefois partie de la mythologie fabuleuse d'âges encore plus reculés et fournissant souvent de sublimes images aux poëtes de l'antiquité.

§ 4. Quand nous comparons toutes les narrations de ces catastrophes, observées dans toutes les régions du globe et à des périodes éloignées les unes des autres, nous ne pouvons qu'être frappés de l'extrême ressemblance des faits et des apparences que l'on raconte. Il y a plus, si l'on tient suffisamment compte des effets de la crainte sur l'esprit d'observateurs ignorants et peut-être superstitieux, de la propension universelle à exagérer le merveilleux, de l'absence d'une langue scientifique et des erreurs inévitables dans les récits de personnes inexpérimentées, aussi bien que des distances d'où les observations ont été faites, ce n'est pas aller trop loin que de dire qu'il y a identité parfaite dans les principaux phénomènes et qu'il n'existe d'autres différences que celles provenant de modifications causées par des circonstances locales, des variations dans l'intensité de la force volcanique ou la condition minérale ou chimique des substances rejetées.

§ 5. Voici un bref sommaire des phénomènes qui semblent caractériser d'une manière universelle ces grandes éruptions ou paroxysmes volcaniques.

D'abord, ce sont des tremblements de terre plus ou moins violents, fréquents et prolongés, affectant principalement la montagne elle-même, qui semble bouleversée par des spasmes intérieurs, semblables à ceux de la parturition chez les animaux. Ces commotions sont probablement dues à l'effort expansif d'une masse souterraine de lave dans un état de tension extrême, ou des fluides élastiques qu'elle contient, cherchant à se frayer un passage à travers les roches qui la recouvrent. De fortes détonations souterraines se font entendre, ressemblant, à s'y tromper de loin, aux décharges d'une grosse artillerie ou au feu roulant d'une fusillade, suivant leur degré d'intensité.

La distance énorme à laquelle ces détonations se propagent, la rapidité tout à fait hors de proportion avec leur bruit auprès de leur point de départ, tout prouve qu'elles sont transmises, non par l'atmosphère seule, mais principalement par les couches solides de la terre.

Souvent, dit-on aussi, l'atmosphère prend un caractère particulier de pesanteur et de calme peu ordinaires, causant une sensation
d'oppression.

Ces menaçants indices d'une crise prochaine durent plus ou
moins longtemps, et sont accompagnés de la diminution ou même
de la disparition totale des sources, du desséchement des puits et
d'accidents tels qu'en occasionnent le craquement et le soulèvement de la structure inférieure de la montagne. C'est pendant ce
temps que la lave probablement force son chemin de bas en haut
comme un coin, à travers une ou plusieurs de ces fissures ouvertes
par ces spasmes violents. La communication avec l'air extérieur
étant enfin établie, l'éruption alors commence, généralement par
une formidable explosion qui semble ébranler la montagne jusque
dans ses fondements. D'autres explosions de fluides aériformes,
causant de fortes détonations et augmentant graduellement de
violence, se succèdent avec une grande rapidité à l'orifice de
l'éruption qui se trouve le plus souvent être l'ouverture ou le cratère central de la montagne. Cette ouverture a généralement été
obstruée, pendant une longue période antérieure de repos, soit
par les débris de ses bords, dégradés par l'influence destructive
de l'atmosphère et les commotions des tremblements de terre,
soit par les produits de moindres éruptions précédentes.

Les fluides élastiques, dans leur rapide dégagement, lancent
verticalement, en hauteur, cette accumulation de matières détachées, et les fragments des rochers plus solides à travers lesquels
ils ont forcé leur passage.

La friction mutuelle à laquelle sont soumis ces fragments durant
leur projection rapide et réitérée, à mesure qu'ils retombent vers
l'orifice, les atténue tellement qu'une grande partie en est enlevée
et tenue suspendue en l'air par les nuages brûlants de vapeur
aqueuse qui se dégagent en même temps en volume prodigieux de
l'orifice volcanique.

L'ascension de cette vapeur produit une colonne de plusieurs
milliers de pieds de hauteur, ayant sa base sur les bords du cra-

tère, et, de loin, paraissant formée d'une masse d'innombrables nuages globulaires d'une blancheur extrême, semblables à d'énormes boules de coton roulant les unes sur les autres à mesure qu'elles s'élèvent, poussées par la pression des nouvelles décharges sans cesse vomies en haut par les explosions répétées. A une certaine hauteur, déterminée par sa densité par rapport à l'atmosphère, cette colonne se dilate horizontalement, et, à moins d'être poussée dans une direction particulière par des courants atmosphériques, s'étend de tous côtés en un nuage circulaire, trouble et obscur. Dans certaines circonstances atmosphériques très-favorables, le nuage avec la colonne qui le supporte ressemble à une immense ombrelle, ou au pin d'Italie, auquel Pline le Jeune compara le nuage de l'éruption du Vésuve en 79, et qui se reproduisit identiquement en octobre 1822. En contraste avec cette colonne de blanches bulles de vapeur, on voit un jet non interrompu de cendres noires, de pierres, dont les fragments les plus lourds et les plus considérables retombent, après avoir décrit une courbe parabolique. Le jet de matières solides atteint souvent une hauteur de plusieurs mille pieds, tandis que la colonne de vapeur s'élève encore plus haut. Des éclairs en zig zag d'une grande et vive beauté s'élancent des diverses parties du nuage, mais surtout de ses bords. L'augmentation continuelle du nuage intercepte bientôt la lumière du jour, et la chute précipitée du sable et des cendres qu'il contient contribue à envelopper l'atmosphère dans les ténèbres, et ajoute à l'épouvante des habitants du voisinage. Ces phénomènes proviennent de la lave en ébullition qui s'élève dans la cheminée du volcan. Les fluides élastiques qu'elle contient déchirent et rejettent en l'air des portions de sa surface à mesure qu'elles font explosion, ce qui forme une fontaine de feu, en gouttes ou fragments pâteux et incandescents, qui, par suite de la vélocité de leur mouvement, prennent une apparence lumineuse, que souvent, de loin, l'on a prise pour des flammes.

La colonne intérieure de lave, continuant à s'élever, finit par s'ouvrir une issue soit à la lèvre inférieure du cratère, soit par quelque crevasse ouverte sur le flanc de la montagne, quelquefois au pied même, d'où elle s'écoule en torrents sur les surfaces les plus basses, d'après la loi des corps fluides, et s'étend souvent à une distance de plusieurs milles, sur de vastes superficies, brûlant, renversant et détruisant tout ce qu'elle rencontre, la végétation, les forêts, les constructions, etc. La nuit, le courant de lave paraît rouge-blanc partout où l'intérieur en est visible, mais, comme au contact de l'air sa surface se congèle instantanément en une épaisse croûte scoriforme, l'apparence extérieure est généralement d'un rouge brillant, s'assombrissant graduellement à mesure que la croûte solidifiée augmente d'épaisseur.

Pendant le jour, la lave est presque cachée à la vue par les torrents de vapeur aqueuse qui s'élève de tous les points de sa surface en grande quantité et vont se mêler aux nuages de même nature suspendus au-dessus de la montagne.

Dans quelques cas, il n'y a point de dégagement de lave en torrents, et des scories seules sont rejetées.

Dans tous les cas d'émission de lave, son apparition indique la crise de l'éruption qui atteint généralement son maximum de violence un jour ou deux après son commencement. L'arrêt de l'écoulement de lave indique pareillement la fin de la crise, mais non celle de l'éruption, car les explosions gazeuses continuent souvent pendant quelque temps, avec une immense et presque incessante énergie.

A la fin, cependant, le volcan cesse de vomir de la lave, soit rouge, soit liquide, le niveau s'étant de plus en plus abaissé dans le réservoir; les fragments rejetés ne sont plus que des blocs de roches anciennes ou des scories solides.

Par degrés, ces fragments, dont la plupart retombent dans le cratère, deviennent de plus en plus atténués dans l'immense trituration qu'ils subissent dans cette alternative répétée d'éjection et de chute, jusqu'à ce qu'enfin ils ne s'élèvent plus que sous forme de nuages de sable et de cendres réduites à un certain degré de pulvérisation.

Puis les explosions diminuent graduellement de violence, étouffées en apparence par l'accumulation de la matière si finement pulvérisée, qui obstrue l'orifice et empêche la dilatation des fluides gazeux. La colonne de cendres se raccourcit à chaque éjection ; les éructations, devenant moins fréquentes, semblent provenir d'une source de plus en plus profonde, ayant plus d'obstacles à vaincre, jusqu'à ce qu'enfin toute lutte semble finie ; les explosions se taisent, et l'éruption est finie, plusieurs jours toutefois, et même plusieurs semaines après avoir atteint son maximum.

Après un tel paroxysme, l'éboulement des côtés du cratère obstrue encore plus l'orifice du volcan, et l'oblitère entièrement. On peut alors procéder à des observations, et examiner l'effet produit sur la configuration de la montagne. Le cône est généralement tronqué, par suite de l'ablation de la partie supérieure, remplacée par un vaste abîme, en forme de chaudron, de dimensions proportionnées à la violence de l'éruption, à sa durée, et surtout à la masse de fragments qui ont été rejetés et dispersés sur les surfaces voisines de terre ou de mer. Cependant la quantité de lave émise dans une éruption n'est point en proportion constante avec la force ou la continuité des explosions. C'est tantôt l'une, tantôt l'autre classe de phénomènes qui prédomine.

Ces terribles manifestations de l'énergie volcanique sont généralement accompagnées ou suivies de phénomènes météorologiques plus ou moins violents ; quelquefois aussi effrayants et aussi destructeurs que les premiers, l'atmosphère semblant également soumise aux convulsions qui agitent la terre. Le sommet de la montagne attire, ou la froideur de l'atmosphère condense les volumes de vapeurs aqueuses qui s'élèvent de l'orifice volcanique et des ruisseaux de lave. De là une prodigieuse quantité de pluie sur les flancs de la montagne, formant des torrents qui, entraînant les cendres, le sable, les scories et les fragments dont sont couvertes les pentes, se précipitent, comme des déluges de boue liquide, dans les plaines et les vallées au-dessous, et les couvrent d'immenses alluvions volcaniques (1).

Comme exemples de paroxysmes volcaniques, parmi ceux que l'histoire a enregistrés, on peut citer ceux du Vésuve, dans les années de l'ère chrétienne, 79, 203, 472, 512, 685, 993, 1036, 1139, 1306, 1631, 1760, 1794 et 1822 ;

De l'Etna, en 1169, 1329, 1535 (cette éruption dura deux ans avec la plus terrible violence, après un repos d'un siècle), 1669, 1693-4, 1780, 1800 et 1852 ;

De Ténériffe, en 1704 et 1797-8 ;

De Saint-Georges, l'une des Açores, en 1808 ;

De Palma, l'une des Canaries, en 1558, 1646 et 1677 ;

De Lanzarote, du même groupe, en 1730 ;

De toutes les éruptions connues de l'Islande, mais surtout de celle du Kattlagaia-Jokul, en 1755, qui dura une année, et du Skaptar-Jokul, en 1738.

§ 6. Tels sont les phénomènes qui caractérisent le jeu des forces volcaniques au moment des paroxysmes. Ces efforts sont généralement précédés, et plus constamment *suivis* de longues périodes de tranquillité absolue, l'énergie du volcan semblant épuisée pour quelque temps par la violence de ses manifestations.

La durée de ces intervalles de repos est de très-inégale durée, s'étendant même jusqu'à des siècles; et c'est ainsi qu'il arrive fréquemment que les scories et les cendres composant la surface du cône, et sa cavité intérieure ou cratère, se décomposent au point de former un sol dans lequel peuvent subsister divers végétaux. Toute apparence d'action ignée disparaît; des forêts s'élèvent et

(1) Cette description correspond exactement avec ce que j'ai moi-même observé durant l'éruption du Vésuve en octobre 1822, la plus forte, sans contredit, que l'on ait vue en Europe depuis le commencement du siècle. Je le crois également applicable à toutes les éruptions paroxysmales en général, parce que, après une étude soigneuse des relations croyables de leur occurrence dans d'autres endroits et à d'autres époques, et en tenant compte des causes d'erreurs naturelles en pareil cas, ces erreurs me paraissent parfaitement conciliables avec la croyance fort probable à une identité générale.

dépérissent, et la culture se développe sur une surface destinée peut-être à être réduite en cendres, et dispersée par les vents, lorsque reviendra une nouvelle crise volcanique. Ainsi, pendant l'intervalle de repos entre les éruptions de 1139 à 1306, toute la surface du Vésuve était en culture; des étangs et des bosquets de châtaigners occupaient le fond et les flancs du cratère, comme l'on voit de nos jours sur tant de volcans éteints de l'Etna, de l'Auvergne et du Vivarais.

En général, après la cessation d'un paroxysme, plusieurs *fumerolles*, ou émanations de vapeur, s'échappent des courants de laves qui se sont alors produits, aussi bien que du fond du cratère. Ces vapeurs, qui d'abord sont, pour la plupart, aqueuses, contiennent généralement une certaine quantité d'acides minéraux, et, à mesure que la lave se refroidit, elles déposent des incrustations salines à l'orifice des fumerolles. Ces acides sont l'acide chlorhydrique, l'acide sulfurique, l'hydrogène sulfuré, ou leurs composés, surtout les chlorures de sodium, de potassium, d'ammonium, de fer et de cuivre. Quelquefois on rencontre de l'acide boracique, et du minerai spéculaire de fer se trouve souvent déposé dans les fissures des laves qui débouchent en plein air.

Quand l'acide domine à l'excès dans ces vapeurs et y persiste longtemps, elles exercent une action puissante de décomposition sur les parties exposées des roches qu'elles attaquent, et le cratère d'un volcan dans ces conditions passe à l'état de *solfatare* ou *soufrière*. Telle est la condition de la soufrière de Pouzzoles, des soufrières de Saint-Vincent, de la Guadeloupe et de Sainte-Lucie, dans les îles du Vent; du grand cratère central du pic de Ténériffe; des cratères de Milo, dans l'Archipel; de Volcano, une des îles Lipari; de Crabla, en Islande; de Tanna, une des nouvelles Hébribrides, d'après le docteur Forster, et de plusieurs volcans de Java, des Cordillères de l'Amérique du Sud, et de plusieurs autres localités.

Cet état ne prouve cependant nullement la complète extinction du volcan, comme l'ont démontré les éruptions de la soufrière de Saint-Vincent en 1812, qui avait été complétement tranquille depuis 1119, c'est-à-dire depuis sept siècles ! et la reprise d'activité de Volcano, en 1786, et de la Guadeloupe, en 1778, 1797 et 1812. Des sources d'eau chaude, contenant du soufre et des émanations méphitiques d'acide carbonique , appelées *mofette*, en Italie, sont peut-être les plus persistantes émanations d'un volcan assoupi. Du reste il sera parlé plus loin de ces phénomènes.

Tous les volcans de l'Atlantique, en Islande, aux Açores, aux Canaries, au cap Vert, ou aux îles des Caraïbes, semblent pour le moment traverser cette phase de repos prolongé, interrompu de temps en temps, à d'assez longs intervalles, par des éruptions paroxysmales. Une grande partie de ceux répandus dans les Cordillères des deux Amériques, et de ceux de Sumatra, de Java, des Moluques, du Japon, du Kamtchatka et des nombreux archipels du Pacifique, appartiennent à la même catégorie. Tout le long de ces deux traînées volcaniques (qui, en réalité, n'en font qu'une. allant du sud au nord, puis se repliant vers le sud-ouest), ont lieu de terribles éruptions, jaillissant quelquefois de montagnes dont on n'avait pas soupçonné la nature volcanique, ou dont les catastrophes antérieures n'avaient été considérées que comme des traditions fabuleuses.

§ 7. J'ai cru convenable de distinguer ces trois phases, dans l'une ou l'autre desquelles les phénomènes d'un volcan se présentent généralement, afin de simplifier l'étude de leur nature et de leur mode d'action. Mais il faut se rappeler que cette distinction est purement artificielle ; plusieurs volcans existent dans des conditions intermédiaires, présentant les caractères de plus d'une phase, ou passant successivement de l'une à l'autre. Ainsi le Vésuve, dont les éruptions primitives paraissent avoir été généralemant paroxysmales, suivies de longs intervalles de repos, autant que l'on a pu le déduire par les relations imparfaites (car, comme nous l'avons dit plus haut, il est probable que l'on n'aura noté que les paroxysmes), a persisté pendant la plus grande partie du dix-

septième siècle dans la seconde phase, car de fréquentes éruptions ont été notées entre les années 1660 et 1694, année d'un
violent paroxysme, suivi d'un repos de dix ans, depuis lequel le
volcan est demeuré presque toujours en activité. L'Etna semble
pareillement être entré dans la phase modérée depuis le commencement du même siècle. Depuis cette époque on compte plus de
quarante éruptions, avec un seul intervalle de repos de quelque durée, savoir : de 1702 à 1755. Quelques-unes de ces éruptions, toutefois, sont de vrais paroxysmes, surtout celles de 1669
et de 1787.

De semblables changements ont, sans aucun doute, souvent eu
lieu dans d'autres cas, plusieurs montagnes volcaniques portant
des marques de ces différents changements. C'est même, comme
il sera démontré plus bas, à cet alternat de phases d'activité modérée et d'éruptions paroxysmales qu'est dû ce trait fréquent et
caractéristique des montagnes volcaniques, c'est-à-dire leur disposition en une ou plusieurs rangées circulaires, ou en segments
de cercle, entourant les cônes plus récents, actuellement, et tout
dernièrement encore en activité; ces rangées annulaires extérieures étant, dans chaque cas, *la ruine basale* de quelque cône volcanique antérieur qui a été détruit par un paroxysme. Souvent il se
forme ainsi une série de cratères concentriques, l'un dans l'autre
ou tout à côté, comme dans l'exemple du Vésuve, qui s'élève de
l'ancien demi-cratère de Somma ou l'Atrio, formé par le paroxysme de 79, qui envahit Herculanum et Pompéi, tandis qu'en
1765-1775, et encore en 1822-1835, ce cône contenait dans son
propre cratère (formé par un autre paroxysme), de plus petits cônes à cratères, les uns dans les autres, comme une série de boîtes.
Ce fréquent, mais remarquable caractère des montagnes volcaniques sera plus longuement discuté plus loin.

Après quel intervalle de repos peut-on regarder un volcan
comme éteint, cela n'est pas facile à déterminer, car nous savons
qu'un intervalle de dix-sept siècles s'écoula entre deux éruptions
de l'île d'Ischia. Mais, durant cette période, le Vésuve était en fré-

quente activité, et diminua probablement la tension du foyer souterrain auquel ils appartiennent tous deux. Cette question aussi

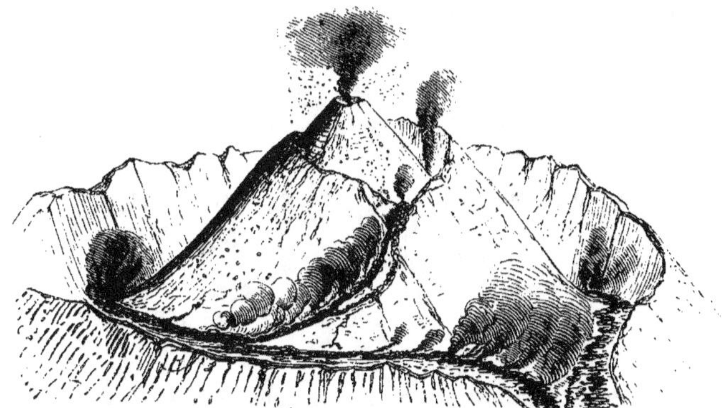

Fig. 3. — Sommet du Vésuve en 1765, avec cônes concentriques (d'après « les Champs Phlégréens » de sir Wm Hamilton).

sera discutée plus bas, dans un chapitre sur les systèmes volcaniques.

CHAPITRE IV

EXAMEN DES PHÉNOMÈNES VOLCANIQUES

§ 1. Le principal agent de tous ces étonnants phénomènes, la puissance qui brise les couches solides de la surface terrestre, qui élève à travers les fissures ainsi formées une lourde colonne de matière minérale liquéfiée, jusqu'au sommet d'une haute montagne; puis de là, lance dans les airs, à plusieurs mille pieds de hauteur, des jets de cette matière et des fragments de roche qui obstruent son passage, cet agent consiste indubitablement dans la force expansive de quelque fluide électrique, aériforme, cherchant à se dégager de l'extérieur d'une masse souterraine de lave, c'est-à-dire de matière minérale en fusion, ou du moins en liquéfaction à une haute température. Cette masse de lave est évidemment, dans de telles circonstances, en *ébullition* ignée, et parvenue à l'air extérieur par une crevasse suffisamment large, elle se comporte exactement comme tout autre liquide bouillant, comme on l'a vérifié par des observations réitérées.

Il est vrai que la manifestation soudaine et le caractère épouvantable ou destructif d'une éruption paroxysmale, telle que nous venons d'en décrire, permettent rarement aux divers témoins de conserver assez de sang-froid et de jugement pour en pouvoir sainement apprécier tous les détails; à plus forte raison leur est-il impossible de s'aventurer assez près du cratère pour examiner ce qui s'y passe. Mais, pendant les éruptions moins fortes de volcans dont l'activité se prolonge pendant des mois et des années, on a pu profiter de plusieurs occasions favorables à cette étude. Les

volcans en perpétuelle éruption, comme Stromboli, sont peut-être
les plus favorables de tous à cet examen. En effet, on est en quelque sorte admis dans les arcanes du laboratoire de la nature, ouvert à un minutieux examen en toute saison, sans danger, car les
explosions qui caractérisent cet ordre de phénomènes dépassent
rarement une certaine force moyenne : par conséquent, le cratère
est parfaitement accessible, et son intérieur peut être étudié à
loisir et avec une entière sécurité.

Ce sont les observations faites par Spallanzani sur Stromboli, en

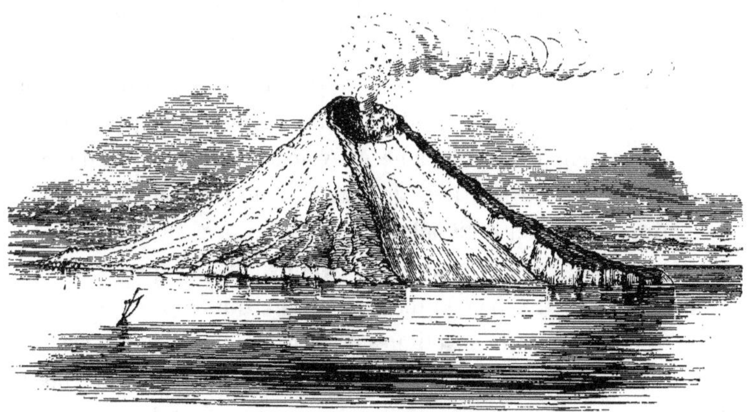

Fig. 4. — Vue de Stromboli, prise du nord.

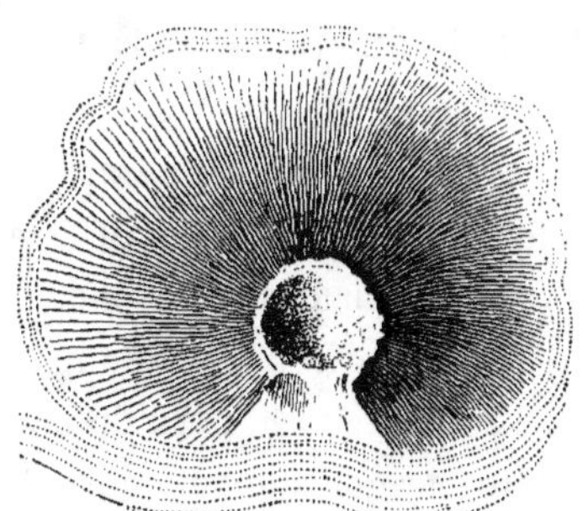

Fig. 5. — Plan de l'île.

1788, qui ont les premières présenté l'action volcanique sous son
vrai jour.

Cette île remarquable est d'un plan elliptique et d'une figure conique, comme on peut le voir par les figures ci-jointes, s'élevant, sous un angle de 30 à 50 degrés, à une hauteur de près de 1000 mètres. Elle possède un cratère à son sommet, ébréché vers le nord. Sur même côté descend jusqu'à la mer un plan incliné uni d'environ 50 degrés, commençant immédiatement du *fond* du cratère. La roideur de ce talus empêche les scories continuellement vomies par le cratère de séjourner sur cette pente. Celles donc qui tombent de ce côté roulent jusque dans la mer, où, après avoir été triturées par les flots, elles sont sans doute emportées au large par les courants.

En arrivant au bord culminant du cratère, par un sentier qui commence dans la partie habitée de l'île, l'observateur peut regarder directement dans la bouche du volcan à une centaine de mètres au-dessous de lui. Lors de ma visite de 1820, je pus vérifier l'exactitude du récit de Spallanzani, et m'assurer que les phénomènes de cette époque étaient précisément les mêmes que ceux qu'il a décrits en 1788. On distingue deux ouvertures grossières parmi les rochers noirs chaotiques de lave scoriforme qui forment le plancher du cratère. Une de ces ouvertures semble vide, mais cependant à de courts intervalles il en jaillit un jet de vapeur rugissante, comme d'une fournaise, lorsque la porte est ouverte, mais avec infiniment plus de bruit, et cela pendant environ une minute. Dans l'autre ouverture, qui a environ vingt pieds de diamètre, et est située à quelques pieds de distance, on aperçoit nettement une masse de matières fondues, brillant d'un vif éclat, même en plein jour, approchant de celui de la chaleur blanche, qui s'élève et retombe à des intervalles d'environ dix minutes. Chaque fois que cette masse, en s'élevant, atteint le bord du cratère, elle s'ouvre à son centre comme une grande ampoule qui crève et vomit, dans son explosion, un volume d'épaisse vapeur, accompagné d'un jet de fragments de lave incandescente et de scories informes, s'élevant à quelques centaines de mètres au-dessus des bords du cratère. Plusieurs des fragments n'atteignent pas cette hauteur. Une grande partie retombe dans le cratère pour en être rejetée de nouveau. Une quantité considérable cependant, tombant sur le roide talus dont j'ai parlé, roule jusque dans la mer, et il est clair, puisque le cratère conserve sa profondeur et sa forme, que, tôt ou tard, après des éjections répétées, presque toutes ces scories doivent prendre le même chemin pour se répandre dans le fond de la Méditerranée (1).

Le volcan de Masaya, près du lac du même nom dans le Nicaragua, que les marins anglais appellent la « Bouche du Diable, » est aussi, comme Stromboli, dans un état d'éruption permanente, et ses phénomènes sont également instructifs. Des scories incandescentes jaillissent constamment du fond du cratère, dans lequel on voit d'énormes bulles de lave liquide s'élever et retomber dans l'intérieur d'un étincelant abîme, avec une remarquable régularité, toutes les quinze minutes. Les phénomènes de son activité éruptive remontent pour le moins jusqu'à l'année 1529, époque où il fut visité et décrit par l'historien Fernand Gonzalez d'Oviedo, qui, familiarisé avec le Vésuve, avait la compétence nécessaire pour faire sur le volcan des observations dignes de foi. « Dans l'état « ordinaire, » dit-il, « la surface de la lave, sur laquelle semblent « flotter les noires scories, demeure à plusieurs centaines de pieds « au-dessus du rebord du cratère; mais quelquefois, sous l'in- « fluence d'une soudaine et véhémente ébullition, elle atteint pres- « que la marge supérieure, et alors vomit une gerbe de pierres « chauffées au rouge. » Cette lumière perpétuelle, que l'on voit de loin, est, avec raison, attribuée par cet historien, non pas à une flamme réelle, mais à la réflexion, provenant des nuages de vapeur suspendue au-dessus de l'abîme, de l'éclat de la lave incandescente qui s'y trouve renfermée, et aussi à l'éclat du jet des gouttes de

____

(1) Ces observations ont été depuis répétées par M. Hoffmann. Je dois faire re- marquer que les scories aujourd'hui rejetées par Stromboli sont remplies d'angite à cristaux parfaits, dont plusieurs sont mâclés. Une grande quantité de sable volcanique qui couvre les hauteurs de la montagne en est composée. Ces cristaux ont dû se former dans la lave avant son éjection. Le trachyte étudié par G. Rose et de Humboldt à Stromboli provient d'un rocher qui forme la base de l'île.

lave qui s'en échappe. Quoiqu'elle ne soit que réfléchie, cette lumière est tellement brillante, qu'à une distance de plus de trois lieues, sur la route de Grenade, le pays est presque aussi éclairé qu'à la pleine lune. Ce volcan, ainsi que Stromboli, fait l'office de phare pour les navigateurs de ces parages. Ces observations sur le Masaya ont été confirmées par M. Squier, pendant sa visite récente, comme dépeignant fidèlement les phénomènes qui se manifestent de nos jours (1).

§ 2. Dans chacun de ces exemples, il existe incontestablement, en dedans et au-dessous des orifices volcaniques, une masse de lave de dimensions inconnues, liquide en permanence, d'une température intense, continuellement traversée par des volumes successifs de quelque fluide aériforme s'échappant à sa surface, et présentant ainsi l'apparence d'une masse liquide en ébullition constante.

Les phénomènes des autres volcans, dont les éruptions sont plus ou moins intermittentes, ne diffèrent guère, tant qu'ils durent, de ceux de Stromboli et de Masaya. Ainsi, durant l'éruption du Vésuve en 1753, les personnes qui s'aventurèrent au sommet du cône remarquèrent des jets de lave liquide et incandescente, en gouttes, vomis successivement de la surface d'une masse bouillante de lave à la chaleur blanche, remplissant le fond du cratère. Des apparences exactement semblables sont décrites par MM. Deville, Roth, Abich et d'autres observateurs, à propos des cratères plus petits du Vésuve, qui, depuis 1822, ont été formés et remplis, reformés et remplis de nouveau par des éruptions plus ou moins placides, dans le grand cratère central produit par les paroxysmes de cette année (2). Spallanzani observa de semblables apparences dans le cratère de l'Etna, en 1788. Le volcan de l'île Bourbon offre un exemple pareil. Bory de Saint-Vincent, qui, par deux fois, visita le cratère en activité, et passa toute une nuit sur ses bords, le dépeint comme rempli d'une masse de lave liquide, portée à une chaleur intense, mais recouverte d'une croûte mince et fendillée

(1) *Le Nicaragua*, p. 374, par Squier.
(2) Voir Forbes, *Journ. d'Édimbourg*, 1850; *Comptes rendus*, 1856, p. 508.

d'une couleur foncée, excepté au centre, où la matière était complétement incandescente, s'élevant et retombant alternativement d'une manière continue, après avoir livré passage à un jet de vapeur mêlé de gouttes de lave. L'oscillation, ainsi causée, détermine la formation d'une série d'ondulations ou de replis concentriques à la surface de la lave, qui se trouve brisée par un réseau de fissures à travers lesquelles la lave est visible à la chaleur

Fig. 6. — Source de lave sur le sommet du volcan de Bourbon (d'après Bory de Saint-Vincent).

blanche, se dégradant jusqu'au rouge pâle, à mesure que ces ondulations s'écartent du centre.

Le cratère de Kilauea à Hawaii, d'après le professeur Dana et d'autres observateurs, présente la même apparence, sur une bien plus grande échelle, d'un lac de lave liquide, plus ou moins recouvert d'une croûte, à travers laquelle, sur différents points, jaillissent des volumes de vapeur, accompagnés de jets de matière à un haut degré de viscosité, qui, en se refroidissant, prend la forme de filaments ou de scories vitrifiées.

Il n'existe, il est vrai, aucune relation de quelque grande éruption sous-aérienne qui n'ait pas été accompagnée d'éjections verticales de scories ou de ponce, c'est-à-dire de fragments projetés

par l'explosion de vapeur d'une surface de lave plus ou moins liquide, et qui, refroidis, se trouvent contenir des pores ou des cellules de vapeur sans nombre. Ce fait suffit à lui seul, même en
l'absence de courants de lave, pour démontrer que les fluides élastiques font explosion de l'intérieur d'une masse bouillante de cette
nature.

Lorsque de faibles éruptions proviennent d'un profond cratère
central sur le sommet d'une haute montagne, les scories incandescentes, vomies du fond de la cavité, peuvent être invisibles à distance. En pareil cas cependant, les habitants des flancs de la
montagne sentent habituellement le choc et entendent le bruit
causés par les détonations répétées; tandis que l'éclatante lumière projetée par les jets de scories ou la lave étincelante d'où
ils s'échappent, réfléchie par le nuage de vapeur aqueuse flottant
au-dessus du cratère, produit cette lumineuse apparence à laquelle
on donne à tort le nom de *flamme* dans les récits faits par des personnes incompétentes. Mais s'échappe-t-il réellement des flammes
d'un volcan en éruption, par suite de l'inflammation de l'hydrogène ou d'autres gaz inflammables? C'est peut-être là une question
encore sans réponse. Si réellement il s'en échappe, ce n'est que
dans certaines circonstances particulièrement favorables que l'on
pourrait les remarquer, car leur faible lumière doit complétement
disparaître devant le plus brillant reflet de la lave incandescente.
Abich croit avoir vu des inflammations faibles, mais réelles, de
gaz hydrogène dans l'intérieur du Vésuve.

Il faut donc admettre comme incontestable qu'il existe en dedans et au-dessous de tout orifice volcanique, au moment de son
éruption, une masse souterraine de matière minérale liquéfiée
(ou *lave*), d'une superficie indéterminée, à une température intense, traversée plus ou moins difficilement par des volumes as-
cendants de fluide élastique, qui éclatent à la surface et s'élèvent
rapidement en l'air. Une telle masse de lave, comme il a été déjà
dit, se comporte exactement comme un liquide en ébullition.

On peut avoir quelque doute si ce fluide prend naissance dans la lave, ou ne fait que la traverser, ayant son origine dans quelque autre substance située plus bas encore ; ce doute doit disparaître devant l'évidence démontrée par la structure vésiculaire ou cellulaire de plusieurs laves d'éruption, non pas seulement près de la surface, mais encore dans toute leur masse, prouvant que le fluide aériforme s'est, dans ce cas, bien certainement développé dans la matière même ; et, quoique ces vésicules ou cellules paraissent à première vue manquer dans d'autres laves, au moins dans leurs couches inférieures, après que la consolidation s'est opérée, le microscope les dénonce toujours ou presque toujours partout. Dans ces cas exceptionnels où la roche est, selon toute apparence, parfaitement compacte, il est permis de supposer que la vapeur qu'elle contenait s'est échappée ou en bulles ascendantes, ou par exsudation, à travers des pores capillaires, ou bien enfin s'est condensée sous la pression et le refroidissement avant la solidification.

Une question peut toutefois se présenter, à savoir, si l'ébullition ne commence dans la lave que lorsqu'elle parvient à communiquer avec l'atmosphère d'une manière plus ou moins libre, ou si elle se manifeste dans les profondeurs du foyer volcanique dès le moment qu'il se forme un espace suffisant pour l'expansion d'une portion de vapeur, par suite de l'élévation verticale des roches supérieures. La première hypothèse paraît la plus probable comme loi normale, non pas seulement d'après le témoignage des phénomènes eux-mêmes, mais aussi d'après le caractère de cette vapeur, qui, à sa sortie d'un cratère, est celle de l'eau, dans la proportion, d'après les expériences de M. Deville et autres, de neuf cent quatre-vingt-dix-neuf millièmes, le millième restant étant principalement de l'hydrogène sulfuré ou tout autre gaz déjà mentionné. Que la grande masse de fluide élastique vomie par une éruption volcanique consiste en vapeur d'eau, c'est là un fait qui a été reconnu par tous ceux qui ont fait là-dessus des expériences directes (1). En outre, ce fait apparaît clairement, comme l'a observé sir

(1) Breislak, Monticelli, Davy, Daubeny, Deville, etc.

Humphry Davy, dans le simple aspect de la colonne de vapeur blanche que fait jaillir chaque éruption, et qui, à moins d'être dispersée par les vents, s'amasse en nuages épais et lourds au-dessus du sommet de la montagne, et bientôt retombe en torrents de pluie sur ses flancs ou sur le pays environnant. Ainsi la vapeur émise par les orifices en éruption permanente, comme Stromboli, forme un nuage constant d'une couleur blanche ou grise qui demeure stationnaire au-dessus du pic, lorsque l'air est calme, l'entoure d'une couronne de brouillard, tombe en averses légères, ou obéit à la direction du vent, selon la densité ou la température de l'atmosphère, exactement comme un nuage ordinaire. La vapeur de l'Érèbe, dans la terre de Victoria (72°-75°, lat. sud), d'après sir James Ross, retombe en neige au vent de ce volcan.

Il y a plus, les résultats de l'étude au microscope des cellules et des cavités disséminées dans la lave, faite par M. Sorby, justifient cette conclusion que la vapeur contenue à l'époque de leur formation était de la vapeur d'eau. C'est aussi ce que M. Delesse et d'autres ont découvert dans toutes les roches plutoniques cristallines, d'où proviennent probablement les laves des volcans. Si, dans certaines roches compactes, la présence de l'eau se soustrait à l'appréciation, c'est qu'elle s'est échappée comme il a déjà été remarqué plus haut, et comme le suppose M. Delesse, par les fumerolles au moment de la solidification (1). Or, on sait que l'eau

---

(1) *Bull. de la soc. géol. de France*, 2º sér., vol. XV, p. 750. — Th. Daubrée, le dernier et le plus persévérant expérimentateur des phénomènes du métamorphisme, s'exprime dans ces termes : « Dans les exhalaisons volcaniques, il est un corps qui n'a pas tout d'abord fixé l'attention, parce que, sous l'empire des idées anciennes, il semblait tout à fait inerte, surtout en présence des minéraux dont il s'agit d'expliquer la formation. Il n'y existe pas en quantité minime, comme les vapeurs dont nous venons de nous occuper ; c'est, au contraire, le produit à la fois le plus abondant et le plus constant des éruptions dans toutes les régions du globe... Nous ne connaissons des masses situées à une certaine profondeur dans notre globe que ce qu'en apportent les volcans ; or, ces déjections renferment toutes, sans exception, de l'eau, soit combinée, soit mélangée ; nous sommes donc en droit de penser que l'eau joue un rôle tout à fait important dans les principaux phénomènes qui émanent des profondeurs. (*Études sur le métamorphisme*, p. 102, 103.)

ne se convertit en vapeur qu'à des températures s'élevant proportionnellement à la pression à laquelle elle peut être soumise (1), et que, lorsqu'elle n'a aucune communication avec l'atmosphère, comme dans une marmite de Papin ou tout autre vase clos, elle peut atteindre la chaleur rouge sans se vaporiser. Mais, à l'instant même où une ouverture se produit, la pression est réduite à celle de l'atmosphère, et l'eau se vaporise avec explosion. Le même effet doit inévitablement se produire dans un liquide imparfait ou dans une pâte composée d'eau et d'une matière solide en suspension mécanique ou en mélange, telle que de la farine, de l'argile, du sable ou toute autre substance granulée, Plus loin, quand j'aurai à parler du caractère minéral des rochers de lave, je démontrerai qu'il y avait lieu de considérer presque toutes les laves, au moment de leur éruption, comme ayant un caractère mixte, et consistant en plus ou moins de matière granulée ou cristalline, contenant de faibles particules, soit d'eau portée à la température rouge, soit de vapeur dans un état de condensation et, par suite, de tension extrême, disséminées dans les interstices des cristaux ou granules, de manière à communiquer une certaine mobilité, et une liquidité imparfaite à tout le composé lui-même. On verra aussi que, malgré sa haute température, la lave est rarement projetée à l'état d'absolue fusion moléculaire, telle que celle à laquelle elle serait réduite sous une température égale ou même inférieure, sous la pression atmosphérique seule.

Laissant de côté cependant cette discussion pour le moment, il est démontré au delà de toute contestation, par l'évidence des phénomènes précités, que le soulèvement de la lave dans un orifice volcanique est occasionné par l'expansion de volumes de va-

---

(1) D'après les expériences de Regnault, il paraît que sous une pression double de celle de l'atmosphère l'eau ne bout pas au-dessous de 249° Fahr. (117° c.). Sous une pression de 20 atmosphères, elle ne bout qu'à 415° (212° c.) Les observations de M. Bunsen sur le Grand-Geyser, dont l'eau augmente de température depuis la surface, où elle est au-dessous de 212° (100° c.) jusqu'à 20 mètres, où elle est de 260° (126° c.), permettent de supposer que dans une fissure étroite et irrégulière une pression proportionnellement moindre peut empêcher l'ébullition.

peur à haute pression, engendrée dans l'intérieur d'une masse de matière minérale, chauffée et liquéfiée en dedans et au-dessous de l'orifice d'éruption.

Les grandes bulles de vapeur qui éclatent à sa surface, à leur contact avec l'air, en explosions qui sont le principal caractère de toute éruption volcanique, s'élèvent évidemment par la force différentielle de leur pesanteur spécifique, et proviennent d'une certaine profondeur au dedans de la masse en ébullition. Mais à quelle profondeur ces masses de vapeur peuvent-elles prendre naissance ? C'est encore une question. Probablement cette profondeur ne se peut déterminer que par les conditions de liquéfaction et de pesanteur spécifique de cette lave, ainsi que par la température et par la pression auxquelles elle se trouve pour le moment soumise. Le degré de largeur et de sinuosité de la fissure par laquelle elle s'échappe doit aussi avoir son influence. D'après ce que nous savons des fissures qui se déclarent dans les roches solides, surtout celles qui, d'après leur contenu, semblent avoir servi de canaux de décharge à des laves d'éruption (dykes des districts volcaniques), il semble raisonnable de supposer que, si une masse quelconque de vapeur prend naissance à des profondeurs considérables, sous un orifice en activité, cette vapeur n'atteint la surface extérieure que dans un état d'extrême condensation, embarrassée dans la lave liquide qui s'élève et s'échappe avec elle, précisément comme ferait toute autre matière épaisse ou visqueuse qui, exposée à une chaleur *sous-jacente* dans un vase à étroite ouverture, bout par-dessus les bords de cette ouverture. L'eau qui reste peut se trouver dans cet état globulaire que M. Bontigny a signalé aux températures élevées, et qui communique un grand degré de mobilité aux molécules de matière minérale dans les insterstices desquelles cette eau est renfermée. Toutefois, cette tendance à la vaporisation doit nécessairement occasionner partout une extrême tension ou force d'expansion dans toute la masse, et n'ayant de limite que le poids énorme et la cohésion des roches supérieures.

L'immense quantité de vapeur aqueuse, émise pendant toute

éruption, doit enlever de l'intérieur du volcan et disperser au dehors une quantité proportionnelle de calorique. La masse de lave si excessivement chauffée, qui s'échappe en même temps, doit en entraîner une quantité égale, ou même plus considérable. Ces phénomènes, si l'éruption se prolonge, comme par exemple dans le cas de volcans en activité permanente, attestent donc qu'il s'opère une continuelle accession de calorique dans la masse souterraine de matière avec laquelle communique celle qui remplit l'orifice ; d'où cette accumulation provient, par quoi elle est causée, il n'est pas pour le moment dans mon intention de le rechercher. Dans le cas de ces volcans permanents, il semblerait que cette continuelle accession de chaleur dût s'échapper, comme il a été dit plus haut, aussi rapidement qu'elle a lieu, ce qui maintient l'équilibre entre la force d'expansion souterraine et celle de la répression, qui consiste dans le poids et la cohésion des roches supérieures, de l'atmosphère et peut être aussi de la mer.

§ 3. Cet équilibre même, dans ce cas là, semble si parfaitement établi, que les variations atmosphériques les plus ordinaires suffisent pour le troubler ; les habitants de Stromboli considèrent leur volcan absolument comme un baromètre. Ce sont, pour la plupart, des pêcheurs ; et, pendant qu'ils se livrent à leurs occupations, à quelque distance de l'île, ils ont constamment le cratère en vue. Il m'a été affirmé, par tous ceux que j'ai questionnés, que les phénomènes de ce dernier sont liés aux variations atmosphériques, augmentant d'intensité lorsque le temps est menaçant, et redevenant comparativement tranquilles, à mesure que le ciel s'éclaircit.

Pendant les tempêtes de la saison d'hiver, le volcan ne conserve plus cette uniformité qui le caractérise le reste de l'année. Les explosions deviennent alors si terribles, que l'île semble ébranlée jusque dans ses fondements ; et ces paroxysmes, qui quelquefois durent plusieurs jours, sont suivis d'un repos complet pendant quelques heures, suivi à son tour d'autres éruptions d'une énergie semblable. C'est dans ces occasions que le flanc rapide du cône, formant le plan incliné sous le cratère, a été souvent déchiré par une fissure verticale, vomissant un torrent de lave jusque dans la mer. Cette ouverture est ensuite scellée par la solidification de la lave, puis recouverte, et enfin cachée par les fragments détachés qui retombent d'en haut.

Pareillement, les éruptions du pic de Ternate, dans les Moluques, sont, dit-on, singulièrement violentes durant les équinoxes ; et dans d'autres volcans, habituellement en éruption, on a observé une semblable coïncidence entre leur activité et une chute soudaine ou prolongée du mercure, ce qui, du reste, ne diffère point de ce que l'on devait attendre. Le point d'ébullition de chaque molécule contenue dans la colonne de lave, qui occupe le cratère, doit varier selon le poids de l'atmosphère et où même l'éruption extérieure n'a pas lieu momentanément, la force d'expansion souterraine, toujours active, pressant continuellement vers le haut avec une énergie qui augmente à mesure qu'elle reçoit un nouvel accroissement de chaleur, ne doit être quelquefois limitée que par un très-faible degré de supériorité dans la force de répression. Aussi, la moindre diminution dans l'un des éléments de cette dernière suffit à donner la prédominance à la force opposée, et par là à occasionner une nouvelle éruption.

Car, dans le cas d'un volcan intermittent, ce ne peut être que l'accroissement de la température intérieure, dans les intervalles de repos extérieur pendant lesquels la chaleur ne peut s'échapper des foyers que par le lent procédé de la *conduction* à travers les roches solides supérieures, ce ne peut être que cet accroissement qui cause à la longue, dans ces roches secondaires, ces soudaines et violentes ruptures dont le soubresaut se fait sentir par une secousse subite, propagée en ondes vibratoires horizontales à une distance plus ou moins grande. C'est là la secousse qui détermine ces tremblements de terre locaux et secondaires, précurseurs ordinaires d'une éruption se reproduisant après un intervalle de repos.

Toute dislocation de cette nature est accompagnée d'un certain déplacement vertical ou d'une certaine élévation des couches supérieures, pour faire place à une expansion proportionnelle de la masse de lave inférieure. En ce cas, on peut supposer, jusqu'à un certain point, la génération de la vapeur dans l'intérieur de la matière qui tend à se dilater. Que cette masse de vapeur demeure disséminée en particules ténues dans toutes les laves, aux points où elle s'est formée, de façon à causer un gonflement général, ou qu'elle prenne la forme de vésicules globulaires s'élevant à la surface, en vertu de la faiblesse de leur pesanteur spécifique, et s'y accumule en grandes masses, cela dépendra probablement, comme je l'ai dit, toutes choses égales du reste, du plus ou moins de liquidité de la lave, c'est-à-dire de sa fusion, ou de sa désagrégation plus ou moins complète, et par conséquent de la mobilité des molécules qui la composent. Il est aussi très-possible que dans le cas de quelques laves d'un grain très-fin, presque réduites à une fusion absolue, et surtout de celles dont la pesanteur spécifique est assez considérable, une certaine masse de vapeur, à un haut degré de tension, puisse s'élever des profondeurs les plus basses de la masse souterraine, et former à la surface des cavités d'une certaine grandeur, semblables à des ampoules; en d'autres termes, que, dans ces cas spéciaux, un certain degré d'ébullition puisse se manifester avant qu'aucune fissure soit encore suffisamment ouverte pour permettre une libre communication avec l'extérieur; de même que l'on voit une portion de gaz ou de vapeur condensée s'élever à la surface de l'eau dans une bouteille d'eau de Seltz ou dans une chaudière à vapeur à haute pression, lorsque le bouchon ou la soupape est assez relâché pour permettre une dilatation partielle. Ce qui pourrait confirmer cette supposition, ce sont les bruits souterrains, semblables à des décharges d'artillerie éloignée, qui se font entendre quelquefois dans le voisinage d'un volcan, avant le commencement d'une éruption, et qu'on peut comparer au bouillonnement de l'eau dans une machine à haute pression, et encore d'autres phénomènes, que je décrirai plus loin, qui semblent indiquer parfois l'existence de cavités considérables sous les rochers superficiels qui se trouvent dans le voisinage immédiat d'un orifice d'éruption. En pareil cas, c'est probablement la tension de la vapeur contenue dans une semblable cavité; tension croissant à mesure que cette cavité se remplit de lave bouillante, qui cause tôt ou tard l'explosion qui commence l'éruption. Mais il y a lieu de croire que de tels cas sont exceptionnels, et que en règle générale, la liquidité, c'est-à-dire la mobilité des parties constituantes de la lave, est trop imparfaite pour permettre à la vapeur de se dilater ou de s'agglomérer en quelque volume que ce soit, si toutefois il s'en forme par suite d'un relâchement partiel des surfaces comprimantes pendant que la lave est enfermée sous les roches. Elle demeure sans doute, la plupart du temps, à l'endroit où elle s'est d'abord développée, causant un gonflement général de la masse, ou de telles portions, que des accidents locaux laisseront se gonfler ainsi; mais elle ne s'agrége pas en grandes vésicules, ni ne s'élève à la surface, avant que quelque quantité de la matière n'ait forcé son chemin vers le haut, par une fissure, de façon à établir une communication libre ou presque libre avec la surface extérieure, et à n'être par conséquent soumise qu'à la seule pression atmosphérique. Alors seulement elle entre en ébullition, et manifeste sa présence à l'extérieur par des explosions de vapeur, des jets de fragments et des torrents de lave.

§ 4. Il est incontestable qu'une dilatation des plus considérables doit de toute nécessité avoir lieu dans une masse minérale ainsi renfermée, et soumise, comme on l'a supposé, à des accroissements de température, *avant* que la vaporisation d'aucune molécule d'eau contenue dans ses interstices *puisse* commencer, c'est-à-dire durant son passage de l'état solide, en supposant cette masse solide à l'orifice, à l'état de fusion ou même de liquéfaction imparfaite. Car, quoiqu'il faille admettre que, dans l'état actuel de la science, on ne sait que très-peu sur la vraie nature de la chaleur, et encore moins sur les changements qui s'effectuent dans la structure intérieure des corps, par suite de l'accroissement ou de l'abaissement de température sous diverses pressions, nous savons que presque toutes les matières minérales se dilatent et se contractent à chaque variation, et cela, avec une force très-considérable. D'après Bischoff, le granit, passant de l'état solide à l'état fluide, se dilate de 0,7481 à 1,000; le trachyte, de 0,8109; le basalte, de 0,8960, c'est-à-dire que ces roches occupent près d'un quart et d'un septième plus de place dans le dernier état que dans le premier. Il est certain que, pendant un tel changement, chaque molécule de la substance doit être affectée dans sa position par le mouvement intérieur, qui, quelque irrégulier qu'il puisse être, ne peut qu'occasionner plus ou moins de friction mutuelle et de désagrégation parmi les particules solides et anguleuses. Il paraîtrait qu'à un certain degré de température et de pression, selon la nature du minéral, la désagrégation causée par l'accroissement de température détruit la cohésion des particules intimes ou molécules, au point de les douer de ce mouvement complétement libre que nous appelons *fusion*, tandis qu'un abaissement proportionné de température, ou un accroissement de pression, les réunit de nouveau en masse solide, quoique n'affectant pas toujours les mêmes formes cristallines. Mais, entre la solidité parfaite ou complète stabilité de toutes les parties constituantes, et la fusion absolue, il doit exister plusieurs degrés intermédiaires de dissolution et de désagrégation partielle, causant plus ou moins de ramollissement ou de liquéfaction imparfaite dans la substance. On voit des exemples de cette fluidité imparfaite dans le ramollissement graduel de la cire à cacheter, ou d'autres substances résineuses exposées à une chaleur modérée, sans atteindre la fusion. On peut encore en voir de meilleurs exemples dans certaines opérations de la fabrication du sucre, lorsque la matière saccharine consiste en une masse toute molle ou *magma* de granules ou cristaux imparfaits enfermés dans le sirop, qui, se séchant par l'évaporation ou le soutirage, se transforme en une masse solide formée de cristaux entrelacés.

Il y a lieu de croire, comme il sera plus loin démontré, que la lave, au moment de son émission, est généralement dans cet état pâteux, imparfaitement liquide, et de condition granulaire, et qu'elle acquiert, comme le sucre, la solidité et une contexture plus cristalline par la disparition du véhicule fluide pendant le refroidissement.

A quelle profondeur dans la cheminée volcanique, sur quelle étendue la masse souterraine de lave existe-t-elle dans cet état de ramollissement, de liquidité incomplète; à quelle profondeur reste-t-elle encore solide, à quels points, s'il s'en trouve, se réduit-elle à une fusion moléculaire absolue? Ce sont là des questions dont la solution doit demeurer toujours incertaine, et doit même nécessairement être dépendante d'accidents locaux, dus à la composition chimique, à la température et à la pression. Cependant il serait conséquent, avec plusieurs analogies physiques, de supposer que toutes ces diverses conditions peuvent souvent, peut-être même toujours, exister simultanément, et s'enchaîner pour ainsi dire l'une dans l'autre, dans le réservoir de lave qui, sans aucun doute, gît sous tout volcan en activité.

Il y a aussi de puissantes raisons de croire que la matière, qui évidemment a été violemment injectée d'en dessous dans les fissures qui se déclarent dans les roches superposées, était à ce moment dans un état pâteux ou semi-fluide, et qu'elle y est parvenue probablement en passant d'un état de solidité plus ou moins complète par la dilatation résultant de l'accroissement de la température ou de la diminution de la pression.

§ 5. Les fissures qui se manifestent dans la masse rigide supérieure, par une semblable expansion d'une masse sous-jacente de lave, seront plus ou moins verticales, parce qu'elles seront à angles droits avec la résistance; mais elles pourront être fort irrégulières dans leur cours et leur délinéation, selon les divers accidents de la composition et de la structure, et par suite de la cohésion, dans les différentes roches. Il y a plus : quelques-unes des fissures mêmes s'ouvriront en bas, c'est-à-dire que le côté le plus large sera dans ce sens; d'autres s'ouvriront par en haut. Aussi les premières seront-elles le plus facilement injectées par la lave. Pour ce qui concerne la formation et la direction de ces fissures, les raisonnements généraux de M. W. Hopkins, dans son mémoire sur la *Théorie du soulèvement et des tremblements de terre,* sont probablement irréfutables (1). Toutefois, ce savant suppose surtout le cas d'une superficie limitée de roche solide, affectée par la force de soulèvement d'un lac souterrain de matière liquéfiée en dilatation, dans l'hypothèse que la force de soulèvement, aussi bien que les résistances, sont approximativement égales à chaque point de la partie inférieure de la masse solide, immédiatement au-dessus de ce lac. Mais, à mon avis, un tel état de choses doit rarement se rencontrer. Quelle que soit la source de l'accroissement de cette force d'expansion qui occasionne le changement, elle doit opérer, et avec plus d'énergie, à un point particulier plutôt qu'à d'autres. En outre, les résistances ne sauraient être égales par toute la superficie affectée ; au contraire, on peut être assuré qu'il doit y avoir de grandes irrégularités locales. Le maximum d'élévation aura nécessairement lieu à quelque point déterminé par la quantité relative de ces influences opposées. C'est ce que l'on pourra appeler le *centre de dislocation.* La production des fissures dépend entièrement de la cohésion et de la rigidité de la masse soulevée. Si cette masse est fluide, ou molle, cédant à la pression, comme de la boue, ou mobile, comme du sable, il pourra s'opérer un changement de place dans les molécules ; mais il ne pourra se former aucune fente ni fissure. Ce dernier effet, sur les roches solides, ne sera déterminé que par leur structure mécanique. Ce semble être une propriété de la substance de la plupart de ces roches, de céder à la pression en fractures plus ou moins *droites* et prolongées. Probablement elle est due à ce que les molécules ont généralement les côtés aplatis, et se trouvent, par quelque action cristalline ou concrétionnaire, disposées en plans plus ou moins continus et parallèles. Proportionnellement au degré qui affecte chaque solide dans un tel arrangement, ce solide tendra à se fendre en plans droits et parallèles dans les fissures primaires ou secondaires, et transversales. Les rochers divisés transversalement en joints cèdent de

(1) *Rapports de l'Association britannique,* 1847.

préférence en plans coïncidant avec ces solutions de continuité, presque toujours droites et parallèles. Mais, même dans les solides qui semblent avoir une structure uniforme et non interrompue, il est remarquable combien les fractures s'approchent du plan rectiligne. Dans une nappe de glace, par exemple, brisée par la pression, les fentes sont généralement prolongées très-loin en lignes droites, croisées de quelques fissures transversales, également rectilignes. La propagation de ces fissures est rapide, quoique assez lente pour devenir visible, et est accompagnée d'un mouvement vibratoire et de bruit, nous rappelant les mouvements et les bruits qui constituent les phénomènes séismiques, lorsque la voûte terrestre semble être pareillement déchirée par des fissures rectilignes prolongées. Même les substances qui, comme le verre, la porcelaine, la résine, etc., ont ce qui s'appelle une fracture conchoïde, étendues en plans très-minces, et exposées à une pression qui les disloque, se fendent en fissures plus ou moins longitudinales et perpendiculairement transversales, comme on le voit dans une vitre *étoilée* par un coup.

§ 6. Maintenant, si nous supposons que les roches au-dessus d'une masse souterraine de matière minérale en dilatation ont une structure intérieure telle, qu'elle leur donne une tendance générale à se fendre en fissures droites et longitudinales (et c'est presque toujours ainsi, comme il a été dit plus haut), les fissures qui se déclarent les premières, au moment où la force d'élévation surmonte la résistance causée par la cohésion et le poids des masses supérieures, ces fissures s'ouvriront où la tension sera le plus énergique, et, par conséquent, dans la surface supérieure des roches, au centre ou à peu près de la superficie disloquée, et dans la surface inférieure vers les limites latérales. Une fissure formée dans la première de ces positions se propagera rapidement vers le bas jusqu'au point, ou plutôt jusqu'au plan où la tension cesse et la compression commence, point que l'on peut appeler le *pivot* ou l'*axe neutre* de la fracture. Une fissure, d'autre part, se manifestant vers les limites latérales de la surface affectée, joignant des parties qui demeurent intactes, s'ouvrira d'abord à la surface inférieure des roches solides et se propagera vers le haut. Les fissures de la première classe s'élargiront vers le côté supérieur à mesure qu'elles se prolongeront le long de l'axe neutre, mais seront violemment resserrées au-dessous de ce niveau par la compression horizontale. Les fissures de la deuxième classe, ou fissures *latérales*, à mesure qu'elles se propageront en haut, s'élargiront vers la matière qui se dilate en dessous, et qui se trouvera subitement dégagée de la pression à cet endroit, et par une rapide intumescence s'injectera dans cette fissure ainsi ouverte. Les roches, des deux côtés de la portion supérieure de ces dernières fissures, se trouveront exposées à une vive compression horizontale, et perpendiculaire à la direction de leurs plans. Mais, comme la surface extérieure ne présente aucune résistance appréciable au mouvement vertical de bas en haut, l'effet de cette compression sera probablement d'élever, plus ou moins, quelques portions de la surface le long de la ligne de ces fissures latérales. En déterminant des fentes parallèles dans les roches supérieures, elle affaiblira aussi la résistance de ces dernières aux efforts de la lave, qui, s'injectant dans la partie inférieure des fissures, cherche, par l'air intermédiaire, à communiquer avec l'air extérieur. D'un autre côté, si les couches superficielles sont molles et flexibles, cette pression horizontale tendra à les comprimer en plis onduleux.

On a cherché, dans la figure ci-jointe, à représenter d'une manière approximative les positions relatives probables de ces différentes classes de fissures, et des masses de roches déplacées qu'elles divisent.

J'aurai occasion de revenir sur ces considérations en traitant de la puissance d'élévation des forces plutoniques profondes, car, en réalité, c'est surtout à cet ordre de faits qu'elles se rapportent.

Je crois devoir devancer ici ce qui pourrait être avantageusement renvoyé à une autre partie; mais il est, à dire vrai, impossible de distinguer l'action de la force souterraine qui soulève l'axe cristallin d'une chaîne de montagnes, élevant, fracturant et tordant les couches rocheuses supérieures, de cette action qui, au même moment, et selon toute probabilité, par le même effort,

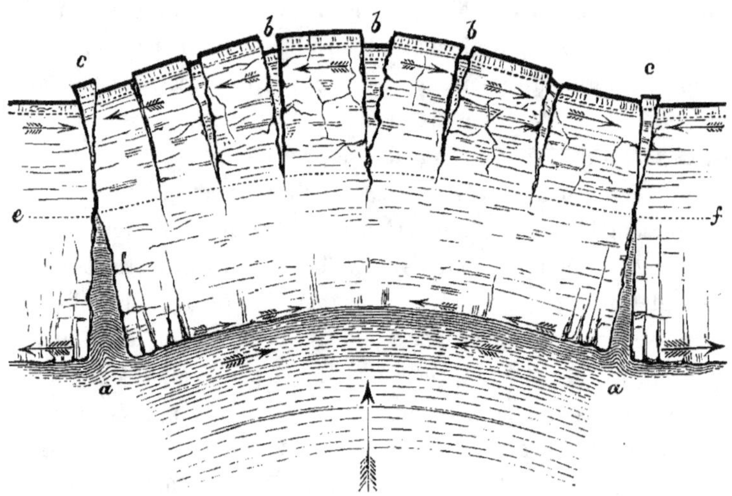

Fig. 7. — Section idéale d'une masse de roches superficielles d'une surface limitée, soulevée par la dislocation de matières minérales sous-jacentes.

aa. Fissures s'ouvrant par-dessous, injectées par la lave de dessous. — *bb.* Fissures s'ouvrant par-dessus, laissant tomber des coins de roche au-dessous du niveau des masses intermédiaires. — *cc.* Coins forcés en haut par la compression horizontale. — *ef.* Plan neutre, ou axe pivotal, au-dessus et au-dessous duquel la direction du déchirement et de la compression horizontale est respectivement indiquée par les petites flèches. La grande au-dessous indique la direction du maximum d'expansion.

ouvre les crevasses par lesquelles quelque portion de la matière incandescente se trouve en libre communication avec l'air extérieur durant une éruption volcanique.

Pour ce qui est de la direction particulière des fissures primaires qui se forment dans une masse de roches soulevées, elle se détermine, sans aucun doute (comme semble l'indiquer M. Hopkins), par la position accidentelle de deux ou plusieurs points de moindre résistance, cédant simultanément, et par là influant sur la formation d'une fissure adjacente, qui, une fois commencée, se propage rapidement dans la même direction jusqu'à une distance qui sera déterminée par les circonstances. Et de semblables cir-

constances détermineront aussi la position des fissures transversales, qui doivent souvent se produire par le déplacement inégal
des roches supérieures dans la direction que suivent les fissures
primitives. Des fissures parallèles secondaires peuvent, à mon
avis, se former de chaque côté des fissures primaires par l'effet
disloquant des ondes vibratoires causées par le choc subit des
roches qui se fendent, et ces fissures peuvent se propager dans
des directions perpendiculaires à la fente. Les fissures primaires,
à ce point de vue, imposent leur direction à toutes les fissures latérales, sauf évidemment les déviations qui peuvent être, et sont
sans aucun doute, occasionnées par des irrégularités locales provenant de la résistance. Je suis très-porté à croire que c'est le choc
et la vibration, propagés à travers les roches contiguës par l'ouverture de chaque fissure, qui occasionnent les tremblements de
terre, quelle qu'en soit l'intensité. Je diffère en ceci, quoique avec
déférence, de M. Robert Mallet, qui les attribue à un choc causé
par la soudaine condensation des volumes de vapeur surchauffée
s'échappant à travers quelque fissure sous-marine. M. Hopkins
semble aussi incliner vers cette manière de voir (p. 90, *loc. cit.*),
ainsi que M. Darwin (*Trans. géol.*, 2ᵉ série, vol. V). M. Hopkins cite
l'observation que l'on fait souvent concernant la position des
strates déplacées des deux côtés d'une faille, savoir : que le côté
qui s'est élevé le plus est celui vers lequel s'incline la faille en
montant, et il l'explique en supposant que, lorsque des fractions
de roche superficielle en forme de coin se trouvent entre deux fissures non parallèles, les coins dont la partie étroite se trouve en
bas seront moins affectés par la force d'altération que les parties
voisines dans la condition opposée, c'est-à-dire dont la partie large
est dirigée vers le point originaire du mouvement (p. 63, *loc. cit.*).
Ceci est juste, pour ce qui concerne les fissures ou failles formées
autour de la portion centrale de la surface soulevée, et en admettant que ce résultat ne provient pas de ce que les coins à base
renversée atteignent la lave inférieure. En effet, il en serait de
même, quelle que fût l'épaisseur de roche irrégulièrement dis-

loquée traversée par le mouvement, celui-ci étant causé par la force de levier donnée à la pression de bas en haut par l'étendue des surfaces inférieures, et aussi par le *bâillement*, pour ainsi dire, des fissures superficielles, ce qui permet aux tranches de roc brisées en coin, le côté aigu en bas, de *tomber* en vertu de leur propre poids, ou de demeurer stationnaires pendant que les parties les plus larges sont élevées des deux côtés (*fig.* 7). Mais, pour ce qui est de ces fissures qui peuvent atteindre la surface vers les limites latérales de la superficie soulevée, où les roches sont dans un état de compression, les tranches en coin qui peuvent s'y trouver tendent à s'élever comme il a été déjà dit, plutôt qu'à tomber au-dessus du niveau des couches avoisinantes, étant forcées de bas en haut par l'étreinte résultant des pressions verticale et horizontale combinées, et ne rencontrant aucun obstacle appréciable d'en haut, exactement comme nous voyons des éclats en forme de coin rejetés hors des bords de quelque fente formée dans la même position relative, à travers une masse rigide de pierre ou de métal qui se brise sous la compression.

L'idée de M. Hopkins semble être que la compression horizontale ou l'écrasement latéral des couches soulevées est dû à leur affaissement subséquent en portions s'étayant mutuellement à angles irréguliers, « n'ayant pas assez d'appui pour les maintenir dans une position plus élevée, » après le dégagement des vapeurs élastiques auxquelles on attribue l'action du soulèvement. M. Darwin tombe là-dessus d'accord avec lui. A mon avis, comme on peut le voir d'après la figure précédente, la compression horizontale, dont les effets sont si évidents dans toutes les couches si puissamment soulevées, provient de la même cause qui agit dans une poutre scellée à chaque extrémité, et brisée au centre par une pression de bas en haut, c'est-à-dire d'une compression ayant son effet, pour la partie centrale, au-dessous, et pour les points latéraux ou extrémités scellées, au-dessus d'une ligne neutre, ou axe pivotal. Cette idée sera plus amplement développée lorsqu'il s'agira du soulèvement des chaînes de montagnes et des convolutions de leurs couches latérales.

En tous cas, il est toujours certain que, dans quelque partie de la superficie bouleversée qu'elles se déclarent, ces fissures, qui s'ouvrent d'abord à la surface inférieure des roches supérieures, et, à mesure qu'elles s'étendent, s'élargissent vers le bas, dans la direction de la lave en dessous, ces fissures seront instantanément injectées de la matière la plus fluide, qui se trouvera violemment pompée ou aspirée dans les plus petites comme dans les plus grandes déchirures, par suite de l'énorme pression hydrostatique, à laquelle, dans de telles circonstances, tout fluide doit se trouver soumis. Ces fissures, lorsque plus tard la lave s'est refroidie et consolidée, paraissent alors comme des dykes plus ou moins verticaux, traversant les roches, mais sans généralement en déranger la position.

§ 7. C'est un fait bien connu que des dykes remplis de cette façon sont très-nombreux dans tous les districts volcaniques, surtout dans le voisinage d'orifices d'éruption. Par exemple, à Sainte-Hélène, M. Darwin décrit la surface de quelques plaines comme couvertes d'un réseau d'innombrables dykes de lave basaltique, et s'intersectant comme les fils d'une toile d'araignée. Des dykes multipliés pareils se voient sur les rochers qui bordent l'ancien cratère de la Somma (Atrio del Cavallo), dans le cratère de l'Etna (Val del Bove), dans les gorges centrales du mont Dore et du Cantal, et généralement dans les régions voisines de l'axe de toute montagne volcanique, enfin, partout où s'est échappé de la lave, et où la structure des roches inférieures a été mise à nu par une dénudation subséquente ou d'autres influences destructives. Ils abondent naturellement davantage dans les cônes composés ou les montagnes volcaniques dont nous allons traiter présentement, et qui sont le produit de l'accumulation d'éruptions répétées. L'étendue horizontale de quelques dykes est considérable ; la fissure occupée par la lave, s'étant probablement par degrés ouverte de plus en plus. Dans la grande éruption de 1783, du Skaptar Jokul, la lave fut consécutivement vomie à différents endroits sur une longueur linéaire de 320 kilomètres. Il n'y a aucun doute qu'une fissure souterraine de cette longueur fut injectée de lave, et forme maintenant un dyke traversant les couches inférieures, semblable aux dykes que l'on trouve dans le nord de l'Angleterre, traversant les terrains houillers et les oolites du Durham et du Yorkshire sur des lignes droites de 100 kilomètres et plus. De telles fissures, dans le voisinage de volcans actifs, sont généralement cachées par les averses de cendres et de pierres. Puis, il n'est pas nécessaire de supposer que partout elles atteignent la surface extérieure. Leur présence n'est souvent révélée que par un affaissement de la surface du terrain le long de leur parcours. Les dykes anciens, que l'on peut remarquer dans des districts où la surface a été soumise à une grande dénudation, se gonflent quelquefois subitement à des endroits qui probablement indiquent les points où la lave avait atteint la surface, et s'était fait jour au dehors à l'époque de l'injection de la fissure.

En pénétrant dans une telle fissure, la matière injectée presse avec toute la force de sa propre tension et l'impulsion qu'elle reçoit du dessous contre les flancs de cette fente, et agit comme un coin, ce qui l'élargit et la prolonge. Aussi, tôt ou tard, selon le degré d'accroissement dans la température et, par conséquent, dans la tension dans la masse de lave à quelque point plus faible de l'une des fissures, rendu tel probablement par la rupture superficielle dont il a été parlé comme causée par la compression horizontale dans les surfaces latérales supérieures d'une surface soulevée, tôt ou tard donc il arrivera qu'une ouverture se produira à une hauteur suffisante pour permettre à la lave de s'élever jusqu'au contact avec l'atmosphère. Alors les volumes de vapeur, qui doivent aussitôt se former dans l'intérieur de la matière incandescente, à des profondeurs plus ou moins grandes, et forcer leur chemin à travers l'orifice, sous forme de bulles rapidement croissantes, éclateront avec de fortes explosions, de la manière déjà décrite comme caractérisant une éruption volcanique.

La pression sur de semblables bulles de vapeur, à mesure qu'elles

s'élèvent dans la fissure, doit être si énorme, par suite de la colonne de lave qui pèse sur elles et de la compression des roches des
deux côtés, qui ne sont maintenues écartées que par l'expansion
de la lave, qu'elles occupent probablement un volume comparativement bien faible jusqu'à ce qu'elles atteignent l'air extérieur.
Alors elles éclatent avec une énergie proportionnée à leur tension
et à leur compression antérieure, comme la poudre enflammée
dans un canon de fusil. Cette explosion ayant lieu à quelque profondeur dans le canal, doit tendre à disloquer les flancs de la fissure, et à rejeter les fragments qui en proviennent en un jet vertical, exactement comme la déflagration de la poudre à la culasse
du canon tend à le faire éclater, et à expulser violemment tout
corps résistant par la gueule, dans la direction du canon. A dire
vrai, les explosions aériformes d'une éruption violente, ont tous
les caractères des décharges continues et successives de vapeur
d'un colossal canon de Perkins, dans une position verticale.
Sans aucun doute, c'est la pression, égale de chaque côté, de
bulles élastiques éclatant dans la partie la plus large de la fissure,
qui finit par donner à cet orifice la forme circulaire ou quasi-circulaire si caractéristique dans les cratères volcaniques. Je crois
qu'il n'y a aucun autre moyen d'expliquer cette particularité si
universelle dans les volcans.

Néanmoins, la pression à laquelle les bulles de vapeur sont soumises dans leur ascension entre les parois de la fissure donne souvent lieu à une forme elliptique. Bien des cratères, même lorsque
l'éruption a éclaté dans une roche solide, non-seulement sont
elliptiques dans leur section horizontale, mais montrent encore,
à l'extrémité du grand axe, des signes incontestables d'un prolongement dans la fissure, par laquelle l'éruption s'est frayé un chemin. Cette particularité était visible dans le cône du Vésuve, après
la grande éruption de 1822, dans une profonde dépression du bord
sud-est du cratère, ainsi que durant les éruptions de 1852-1856,
selon MM. Deville et Roth. Du reste, j'aurai occasion de citer d'autres exemples dans quelque autre chapitre.

CHAPITRE V

DISPOSITION DES PRODUITS FRAGMENTAIRES

§ 1. C'est donc, par la décharge rapide, continue et explosive, de bulles de vapeur, s'élevant d'une certaine profondeur dans la lave qui a forcé son chemin par quelque fissure jusqu'à l'air extérieur, que cet orifice s'agrandit graduellement, que la matière obstruante est expulsée en l'air, et qu'un cratère se forme d'une grandeur proportionnée à la violence et à la durée de l'éruption. Mais, quoique les matières rejetées d'abord consistent principalement ou même entièrement en débris des roches solides qui ont été ainsi disloquées, aussitôt que la surface de la lave, s'élevant en bouillant comme il a été déjà dit, a atteint un point suffisamment élevé dans le canal, aussitôt des jets de cette matière liquide et incandescente se précipitent en haut, arrachant les fragments de la croûte solide qui tend à se former sur la surface exposée. C'est ainsi qu'un jet continu et une averse de matières incandescentes et fragmentaires s'observe à des hauteurs plus ou moins considérables, et dans les paroxysmes, à plusieurs milliers de pieds.

On peut se faire une idée de la force de ces décharges d'après ce que raconte Ulloa (1), que, lors de l'éruption du Cotopaxi en 1533, vue par les Espagnols commandés par Sébastien de Belelcazar, la plaine autour de la montagne fut couverte, dans un rayon de 25 kilomètres et plus, de gros fragments de rocher, dont plusieurs avaient un diamètre de neuf pieds.

(1) *Voyage historique de l'Amérique méridionale*, t. I. p. 264.

Humboldt, lui aussi, parle d'un rocher, pesant plus de 200 tonnes, lancé en l'air à une hauteur de plusieurs centaines de pieds par une éruption du même volcan.

Quelques-unes des parties plus liquides de la lave ainsi jetées en l'air prennent, par le mouvement de rotation, une forme globulaire ou piriforme. Ce sont les *bombes volcaniques* que l'on trouve souvent dans le voisinage d'un volcan ; et, comme elles ne peuvent se produire que de la manière que je viens de désigner, leur présence peut être très-précieuse pour indiquer l'emplacement de quelque éruption à quelque époque reculée, lorsque tout autre indice peut manquer (1).

Le noyau en est généralement compacte, consistant quelquefois en un fragment solide de quelque roche plus ancienne engloutie par la lave liquide ; mais, plus près de leur surface, elles ont une enveloppe vésiculaire recouverte d'une couche extérieure d'une structure compacte. Leur volume varie depuis la grosseur des grandes poulies des vaisseaux de guerre jusqu'à celle d'une amande et d'une noisette.

La grande masse des fragments de lave rejetés se refroidit rapidement dans son passage dans l'air, prend une forme raboteuse, couverte d'aspérités, et, à l'examen, se trouve remplie de cellules vésiculaires. Les fragments de lave lourde et ferrugineuse sont appelés *scories,* à cause de leur ressemblance avec les cendres ou résidus des hauts fourneaux. Les scories des laves feldspathiques, d'une pesanteur spécifique moindre, sont généralement plus vésiculaires ou filamenteuses, et d'une cassure vitreuse. On leur donne le nom de *ponce.* Dans certains cas où la lave est particulièrement tenace et visqueuse, elle est tirée en filaments et prend un lustre presque égal à celui de l'asbeste.

A mesure que l'éruption s'avance, le niveau de la lave s'abaisse

---

(1) Le plus grand nombre de courants basaltiques qui sillonnent les flancs du mont Dore et du Cantal peut être retracé à quelque mamelon dans les plus hautes parties de ces deux montagnes, où l'on trouve de ces *bombes* ainsi qu'une profusion de scories indiquant la vraie source du courant de lave.

dans la cheminée plus ou moins, par suite soit d'une décharge par quelque orifice inférieur sur le flanc du volcan, soit de l'épuisement de l'énergie souterraine par la perte de chaleur due à la quantité de vapeur dégagée. Les éructations perdent donc par degré de leur puissance, et projettent les fragments à peine au-delà des bords du cratère. La trituration répétée de ces fragments qui y retombent, et qui en sont continuellement revomis, semble étouffer les explosions sous une accumulation de poussière fine mais lourde. Elles deviennent de plus en plus faibles, jusqu'à ce qu'elles cessent tout à fait. Quelquefois, cependant, les explosions du premier cratère ouvert cessent tout d'un coup, étant transférées en quelque sorte à quelque autre orifice qui s'est ouvert dans le voisinage. Cette migration de l'éruption se manifeste quelquefois à différents orifices ouverts successivement sur une ligne droite, ce qui indique clairement le parcours d'une fissure souterraine. Quelquefois aussi, après une éruption partielle, l'éruption recommence avec une nouvelle vigueur, comme si un nouvel effort de la lave avait causé un subit élargissement de la fissure.

Dans les fragments plus petits rejetés verticalement d'un orifice d'éruption, ceux qui, par leur friction mutuelle dans l'air ont été réduits à une sorte de gravier, de scories arrondies, sont nommés *iapillo* par les géologues italiens, dénomination quelquefois corrompue en celle de *rapillo*. Ceux qui par une trituration plus prolongée sont réduits en une espèce de sable sont nommés *pouzzolane*, et ils prennent le nom de *ceneri* ou de cendres, lorsqu'ils sont amenés à l'état de poussière fine. Le lapillo est généralement d'une couleur foncée, la pouzzolane est rouge comme de la brique brûlée, les cendres sont d'un gris blanchâtre. Mais on comprend que ces trois conditions se rencontrent souvent ensemble, aussi bien que mêlées aux détritus de roches plus anciennes à travers lesquelles les explosions se sont fait jour. C'est probablement par suite de la friction mutuelle, dans l'air, de toutes ces matières, qu'est engendrée l'électricité qui souvent se manifeste en éclairs fourchus s'élançant des bords de l'épaisse colonne. Pendant la grande éruption du Vésuve, en 1822, de tels éclairs étaient continuellement visibles et ajoutaient beaucoup à la majesté du spectacle.

§ 2. La cendre fine réduite à une poussière impalpable, surtout vers la terminaison d'un paroxysme, lorsque le cratère a été fort agrandi et que la lave s'est profondément abaissée, est enlevée par les vents, qui peuvent souffler à ce moment, à des distances qui sont quelquefois prodigieuses, et qui peuvent se mesurer par centaines de kilomètres. Les fragments les plus forts se groupent nécessairement autour de l'orifice de décharge, en plus ou moins grande abondance, selon la violence et la durée de l'éruption, et s'y accumulent en forme de banc circulaire qui, à mesure que l'éruption continue, devient une colline en cône tronqué, avec un creux en cheminée ou cratère au sommet, indiquant l'orifice d'éruption. Les flancs extérieurs de cette butte ou cône, produits par une seule éruption, ont une inclinaison de 20 à 35 et même 40 degrés, déterminée, comme la pente de tout talus de débris, par la grosseur moyenne, la forme et la cohérence de ses éléments. Les scories, cependant, rejetées par un volcan, étant le plus souvent dans un état de chaleur intense, adhérent et deviennent immobiles à un angle plus élevé que ne le font les débris ordinaires. De tels cônes de cendres, produits de fragments détachés d'un seul cratère et d'une seule éruption, sont les traits les plus ordinaires et les plus caractéristiques de presque tout district volcanique. Leurs dimensions varient depuis le volume d'une meule de foin jusqu'à celui d'une colline de mille pieds de haut et de trois ou quatre kilomètres de circonférence. D'après Sartorius de Waltershausen, on en voit plus de sept cents sur les flancs de l'Etna ; et, d'après le professeur Dana, plusieurs milliers dans l'île de Hawaii !

On trouve ample matière pour l'étude des variétés de forme qu'affectent ces cônes de scories et celles des circonstances qui ont pu les modifier, dans les provinces d'Auvergne, le Velay et le

Vivarais. La chaîne des Puys, près de Clermont, compte plus de soixante cônes volcaniques enfilés, pour ainsi dire, sur une ligne droite d'environ 18 kilomètres. La suite de cette ligne, probablement l'indice d'une fissure souterraine traversant le Velay et le Vivarais, est couverte de plus de deux cents de ces cônes, éparpillés sur une étroite bande d'environ 30 kilomètres de longueur. Dans ce nombre, on peut observer des exemples de groupes de cônes, évidemment le produit d'explosions qui se sont manifestées en trois, quatre ou même plusieurs points d'une même fissure. Quelquefois un chapelet de cônes est créé par des explosions assez rapprochées pour mêler leurs éjections, tout en étant assez éloignées pour permettre à chaque butte de conserver un certain degré de régularité vers son centre, ce qui permet d'en reconnaître l'individualité. Il arrive aussi qu'une longue crête assez étroite (que les Italiens appellent avec justesse *schiena d'asino*, ou dos d'âne), s'est formée par l'action simultanée de nombreuses éruptions sur une même fissure, et si rapprochées qu'elles confondent leurs produits.

Le grand axe d'une telle crête, aussi bien que celui de la base des cônes voisins, dont la plupart sont plus ou moins elliptiques, suit habituellement la même direction que la chaîne générale dont il fait partie; ce qui probablement indique la direction de la fissure originelle dans laquelle les roches superposées ont cédé dès le principe à la force d'expansion souterraine.

Le Vésuve offre un exemple de la formation de cinq petits cônes très-rapprochés sur la même fissure, immédiatement au-dessus de Torre del Greco, successivement élevé par l'éruption qui détruisit une partie de cette ville en 1794. On peut dire, en règle générale, que tous les cônes parasites qui s'élèvent par suite d'éruptions latérales sur le flanc d'une montagne volcanique offrent le même caractère, et qu'ils sont généralement disposés en chapelets rayonnants du centre.

Dans la province prussienne de l'Eifel, sur la rive gauche du Rhin, il y a un nombre considérable de cônes indépendants semblables à ceux d'Auvergne. Il paraît aussi, d'après le rapport du capitaine Smyth (1), que dans la province de Victoria, en Australie, on peut voir éparpillés sur toute la contrée des cônes par centaines, et qui ont versé des torrents de basalte sur une surface de 6,000 kilomètres carrés. M. Heaphy a dessiné un grand nombre de cônes semblables dans la Nouvelle-Zélande, près d'Auckland, et dont chacun a produit un courant de lave. Dans l'île de Lancerote, il s'en forma près d'une centaine dans la terrible éruption de 1730, décrite par Von Buch, sur une ligne droite traversant l'île entière. Au Jorullo, au Mexique, six cônes se formèrent sur une fissure du même caractère, dans l'éruption de 1759.

§ 3. Dans sa structure intérieure, tout cône de cette nature contient sans aucun doute quelque stratification grossière, analogue à celle du gravier d'alluvion, composée de couches fragmentaires superposées, d'un caractère plus ou moins varié, selon les divers accidents de leur éjaculation et de leur chute. Ces couches, ainsi superposées d'une manière plus ou moins régulière, auront nécessairement une disposition extérieure que l'on peut nommer *quaquaversale*, à partir d'un plan vertical passant à travers le bord bombé du cône. Bien plus, où un cratère subsiste après l'éruption, il existera un autre talus, en sens inverse, formé dans l'intérieur par l'accumulation des fragments qui, surtout vers la fin de l'éruption, sont tombés ou ont roulé le long des pentes intérieures de la cavité. Ces fragments formeront aussi des couches ayant une disposition intérieure *concentrique* dans la direction inverse, c'est-à-dire *vers* le centre en partant du plan vertical du bord. Ainsi, la section d'un pareil cône présentera plus ou moins l'apparence ci-dessous (*fig.* 8).

Et ce n'est pas là une simple hypothèse, car cette disposition doublement annulaire anticlinale se voit dans les sections naturelles de cônes volcaniques nombreux ; comme, par exemple, ceux des Açores, selon Darwin, et ceux des champs Phlégréens, près de Naples. La figure ci-jointe fait voir la section du cône

(1) *Geol. jour.*, 1858, p. 228.

formant le cap de Misène, qui est la corne septentrionale de la baie de Pouzzoles.

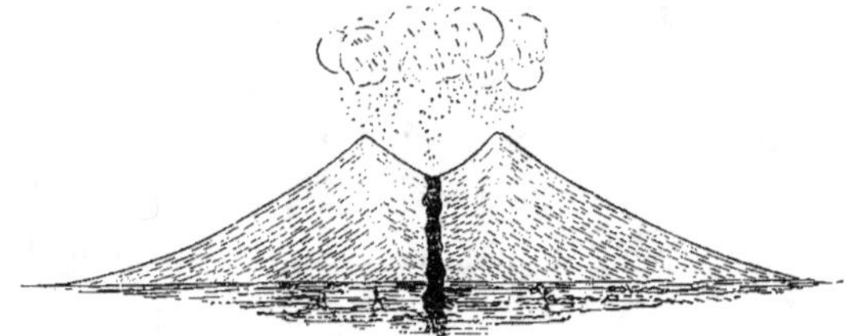

Fig. 8. — Section idéale d'un simple cône de cendres rejetées par une seule éruption.

La figure suivante est une vue de l'île de Graham, sur la côte sud-

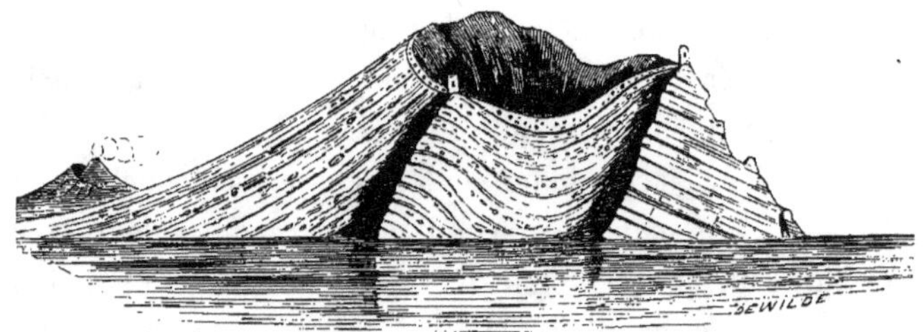

Fig. 9. — Section naturelle d'un cône d'éruption, formant le cap de Misène.

ouest de Sicile, prise par M. Joinville, en septembre 1831, quelque

Fig. 10. — Ile de Graham, ou île Julie, telle qu'elle paraissait en septembre 1831.

temps avant sa disparition. On y peut voir aussi la même disposition intérieure des couches qui composaient le cône.

Ces couches, à cause de leur proximité de l'orifice, étaient, sans aucun doute, plus solidement cimentées par la chaleur que ne l'étaient les couches extérieures, et cette circonstance, non moins que leur position centrale, aura contribué à les faire résister plus longtemps à l'action destructive des vagues. Telle est aussi exactement la structure de la petite île, en forme de cratère, sur la côte de Saint-Michel dans les Açores, près de Villafranca, décrite par Darwin (1); et d'autres exemples se présenteront à l'esprit de quiconque connaît un peu les districts volcaniques.

Les couches de la masse extérieure de la colline seront de tous les côtés approximativement parallèles à la surface extérieure, à moins que celle-ci n'ait subi quelque dégradation; et leur direction sera circulaire, tendant à l'ellipse, si l'orifice où se font les explosions est plus large dans un sens que dans l'autre, ou, ce qui arrive souvent, si ce n'est qu'une fissure qui permet le dégagement par plusieurs points contigus sur sa ligne de direction. En effet, la multiplicité de ces orifices voisins produit généralement, comme je l'ai dit, non pas un cône régulier, mais une longue chaîne de collines, ayant plusieurs cratères sur un même alignement, et indiquant évidemment la direction de la fissure intérieure; quelquefois, cependant, il n'y a pas de cratères du tout, l'irrégularité des éjaculations les ayant tous oblitérés.

Il est important de reconnaître que la disposition des couches intérieures d'un cône a lieu *vers* le point d'éruption, parce que autrement il serait fort difficile de pouvoir expliquer leur apparente irrégularité. La difficulté même deviendrait encore plus grande, lorsque l'action explosive se porte sur de nouveaux points de la fissure sous-jacente; changement assez fréquent, comme je viens de le dire, et qui alors produit un cône double ou composé. Un exemple des plus simples se voit dans le double cône parfait, appelé le Puy de Pariou, dans les monts de Dôme, dont voici le plan et la section idéale.

La violence du vent, soufflant dans une direction particulière

(1) *Iles volcaniques*, p. 108.

durant l'éruption, en faisant toucher les matières éjaculées, surtout du côté du vent de l'orifice, modifiera considérablement

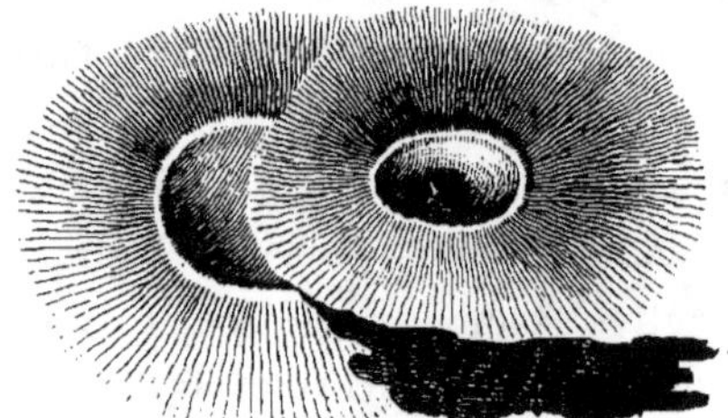

Fig. 11. — Plan du Puy de Pariou.

la forme qu'elles peuvent affecter. D'après M. Moreau de Jonnès, les déjections fragmentaires des volcans des îles du Vent se sont

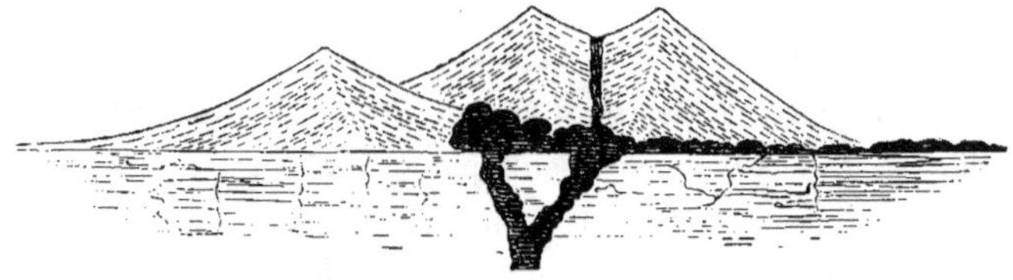

Fig. 12. — Section du même.

uniformément accumulées en plus grande quantité à l'ouest des soupiraux que du côté opposé. Il est clair que cette accumulation est due à l'influence des vents alisés, qui soufflent constamment de l'est, et dominent dans ces parages. M. Darwin fait la même remarque à propos des cônes volcaniques du Pacifique, qui se trouvent dans la zone de ces vents.

Il est évident que la figure et la structure normale d'un cône de cendres doivent souvent se modifier par des accidents variés, tels, par exemple, que l'inégalité primitive de la surface sur laquelle se sont accumulées les déjections; la dégradation occasionnée par les vagues ou les courants sous-marins, ou les torrents de pluie qui accompagnent ou suivent fréquemment les éruptions; la débàcle de lacs qui occupent par la suite le fond du cratère, ou même la fonte soudaine des neiges, si l'éruption a lieu pendant l'hiver, ou enfin d'autres causes encore, auxquelles j'aurai l'occasion de référer.

Mais, par-dessus tout, la forme et la structure d'un cône volcanique simple, produit par une seule éruption, qui est pour le moment le seul que nous considérions, sont souvent matériellement modifiées par le flux de lave qui, en général, accompagne

Fig. 13. — Vue du Vésuve, prise de Sorrente, montrant le cône moderne s'élevant du milieu du vieux cratère de Somma.

l'éjaculation. C'est donc de la lave que nous allons maintenant nous occuper.

CHAPITRE VI

ÉCOULEMENT ET DISPOSITION DE LA LAVE

§ 1. L'émission de la lave est généralement un trait des éruptions aussi caractéristique que les explosions aériformes décrites plus haut. Quelques volcans, il est vrai, en émettent des quantités énormes, sans donner lieu à des explosions correspondantes, parce que la vapeur et les gaz s'échappent avec elle, par suite de leur mélange intime avec la matière en fusion, au lieu de la traverser et de se dégager en grosses bulles faisant explosion à la surface, dès qu'elles arrivent en contact avec l'atmosphère. Cette apparente anomalie est probablement due en grande partie aux différentes pesanteurs spécifiques des laves.

Il arrive généralement cependant qu'une masse de lave est expulsée dans un état plus ou moins fluide, en même temps que les matières fragmentaires et par le même orifice. Si le cône existe déjà tout formé, la lave peut s'élever jusqu'à remplir le cratère jusqu'à son rebord le plus bas, et de là s'écouler le long de la pente extérieure, en y laissant une croûte ou une couche de roche scoriforme ou solide. Le plus souvent, cependant, son énorme poids et sa violente pression lui frayent un passage dans le flanc même du cône, composé de fragments détachés, sans cohésion, d'où elle s'échappe en un ruisseau ou courant vers un niveau plus bas. Plusieurs des points d'éruption sur les flancs de l'Etna sont indiqués par de semblables cônes de scories, dont le flanc est crevé par une pareille explosion de lave ; et, à dire vrai, les cônes ébréchés sont les traits les plus ordinaires d'une région volcanique. Ils abondent en Islande et à Ténériffe. On en rencontre une grande quantité dans la région volcanique éteinte de la Sardaigne, si l'on en croit le général La Marmora ; dans celle de la Nouvelle-Zélande, suivant M. Heaphy ; dans Lancerote, dans l'Asie Mineure ; à Olot, en Espagne, et ailleurs. Un des exemples les plus frappants, pris dans la chaîne des Puys, près de Clermont, est retracé dans la figure ci-jointe.

Quelquefois le rebord restant d'un cratère donnera la hauteur

Fig. 14. — Les Puys Noir, Solas et la Vache, monts de Dôme (Auvergne), cônes volcaniques ébréchés.

jusqu'à laquelle il avait été rempli par la lave, au moyen d'une sorte de corniche intérieure de lave qui s'y est durcie en cimentant les fragments.

Si la lave, après avoir rempli le cratère, s'est échappée sans ébrécher le cône, par une espèce de soutirage, à travers quelque issue formée à la base, il peut arriver qu'un rebord, en mur cylindrique, restera tout autour de la lèvre supérieure ; Darwin en signale plusieurs autour des cratères de Gallapagos. Le volcan de Kilauea, à Hawaii, décrit plus loin, en offre un remarquable exemple sur une grande échelle. Le pic de Ténériffe et celui du Cotopaxi, d'après Humboldt, ont chacun un parapet de ce genre, composé de roches scorifiées et vitrifiées, ce qui donne à leur sommet l'apparence d'une mitre de cheminée. La matière en fut sans doute cimentée, par les vapeurs chaudes et acides, à un degré de solidité telle que la roche résiste efficacement à la dégradation météorique.

Mais il arrive plus souvent que la rapide congélation et le durcissement de la surface de la lave, à mesure qu'elle s'écoule du

soupirail, creusant une espèce de ruisseau couvert, le cône s'élève
au-dessus, formé par les déjections qui accompagnent l'écoulement, et cela, sans perturbation, parce que la lave continue, jusqu'à la fin de l'éruption, à couler au-dessous de sa base.

Quelques auteurs semblent supposer que chaque ruisseau de
lave doit nécessairement avoir pris sa source dans un cratère et
doit pouvoir y être retracé. Mais, quoiqu'il soit vrai que les explosions gazeuses qui rejettent un cône et y laissent un creux ou cratère au sommet, sont accompagnées généralement d'une émission
de lave plus ou moins liquide, cependant, comme je l'ai déjà dit,
ces deux phénomènes ne sont pas toujours invariablement réunis.
Il n'est pas rare que la lave s'échappe par un orifice différent de
celui qui rejette les matières fragmentaires, tout en se trouvant
dans son voisinage. Et même, lorsque les deux catégories de produits s'échappent du même orifice, la seule accumulation des déjections peut cacher la source de laves. D'autres changements superficiels, tels que la dénudation, produisent souvent le même
résultat. On en voit un exemple près du Puy, où une large couche
de lave basaltique, le plateau de Fay, est séparée d'un cône de
cendres en parfaite conservation (le Puy de Chaspinhac), qui indique le point probable de son émission, par une gorge rongée à
travers le rocher, par la rivière Sumène, à une profondeur de plus
de deux cent quarante mètres !

Cet exemple offre une preuve remarquable, mais nullement isolée, de la grande durabilité de semblables cônes de cendres désagrégées, dans des positions où aucune action diluvienne n'a pu
agir, n'étant exposés qu'à des pluies tombant verticalement, tandis que les roches solides adjacentes ont dû subir une puissante
érosion. A dire vrai, partout où ils se trouvent, ils prouvent d'une
manière décisive que depuis leur formation ils n'ont été soumis à
aucune action aqueuse torrentielle d'un caractère diluvien. Au
contraire, les laves qui s'en sont dégagées, dans leur position
comme plateaux sur le sommet de collines aujourd'hui entourées
de profonds ravins, ou même de profondes vallées qui ne pou-

vaient exister lorsque la lave était fluide, sont une preuve également convaincante de la puissance d'érosion des eaux météoriques à l'action desquelles la surface seule peut avoir été depuis soumise. Nous avons donc ainsi un moyen d'épreuve, et jusqu'à un certain point une mesure, du temps pendant lequel plusieurs grandes surfaces de la superficie terrestre ont existé dans une condition sous-aérienne, sans avoir été attaquées par aucune action diluvienne extraordinaire. Ces preuves, si elles sont convenablement appliquées, ne peuvent qu'avoir une très-haute portée scientifique.

§ 2. Quel que soit l'endroit d'où elle s'échappe, la lave suit son cours comme fait un ruisseau de métal fondu ou tout autre liquide imparfait, obéissant aux lois de la pesanteur, suivant les pentes comme elles se présentent, inondant les surfaces planes, remplissant les creux qu'elle peut rencontrer avec plus ou moins de rapidité, dans les mêmes circonstances de niveaux, toujours proportionnellement à son degré de fluidité.

Ce dernier caractère varie beaucoup ; quelques laves, par suite de causes peut-être un peu obscures, mais qui seront présentement discutées, étant beaucoup plus résistantes, plus tenaces ou plus visqueuses que d'autres, et par conséquent, moins fluides, quoique en apparence également chauffées, même jusqu'à l'incandescence. Parmi les torrents de lave sortant d'un même orifice, du Vésuve, par exemple, quelques-uns s'écoulent du haut jusqu'en bas de la pente avec une extrême rapidité (1), tandis que d'autres suintent languissamment des côtés les plus roides, et s'y refroidissent sans même atteindre la base, comme la cire ou le suif d'une chandelle qui *goutte* se durcit à l'extérieur, quoique vertical. Cette différence est sans doute due, jusqu'à un certain point, à une décharge plus ou moins abondante de lave, à un moment donné. Mais, dans la plupart des cas, il est incontestable qu'elle est due à

(1) En octobre 1822, je vis, de mes yeux, en compagnie de MM. Monticelli et Covelli, une lave descendre tout le flanc du Vésuve, du cratère à Pedamentina, en *quinze* minutes.

des différences de température, de pesanteur spécifique, de consistance ou de composition minérale de la lave, au moment de son émission. En effet, l'aspect des différentes laves, refroidies et consolidées, indique clairement qu'elles avaient à ce moment divers degrés de fluidité.

§ 3. La surface d'une lave fluide, par son exposition à l'air, se refroidit et se durcit, comme il a été dit plus haut, avec une rapidité étonnante, presque instantanément, par suite, sans doute, de l'immédiate expansion et du dégagement de l'abondante vapeur d'eau qui y est développée, ce qui absorbe soudainement une grande quantité de calorique. La croûte scoriforme ainsi rapidement formée, conduit si mal la chaleur, que l'on peut marcher dessus impunément presque aussitôt, même pendant que le courant de lave, portée à la chaleur blanche, se voit encore à travers les crevasses qui s'y ouvrent en grand nombre. Des observateurs ont pu ainsi avoir l'occasion d'approcher et de minutieusement étudier une coulée de lave même à sa source, à mesure qu'elle s'échappe de quelque crevasse.

La chaleur d'irradiation n'est nullement aussi intense que l'on s'y attendrait d'une telle masse de matière fondue. Son plus haut point de fluidité ne paraît pas dépasser celle du miel, mais elle est généralement si imparfaite qu'il faut un certain degré de pression pour la pénétrer avec un bâton pointu ou une baguette de fer. Sa consistance ressemble plutôt même à celle de gros mortier à moitié sec, ou à celle de la farine quand elle s'échappe toute chaude de la meule (comparaison de sir William Hamilton, un fréquent et pénétrant observateur du Vésuve), qu'à une substance en fusion complète. Le jour, les parties fluides, présentent une couleur rouge brune, mais la nuit elles sont presque blanches ou couleur de flammes; aux endroits où la coulée fait cascade sur une pente roide ou par-dessus quelque rocher, la lave est très-brillante et flamboyante, et chaque crevasse qui s'ouvre, mettant à nu l'intérieur non recouvert par la croûte extérieure, brille comme les charbons ardents d'une fournaise.

De ces crevasses jaillit quelquefois une nouvelle rigole de lave encore liquide et incandescente, qui, à son tour, se congèle et se craque superficiellement. C'est par ces innombrables fissures, dues à la contraction et, comme toutes ces sortes de crevasses, prenant une direction généralement à angles droits avec les plans de refroidissement ou de dessiccation superficielle, que s'échappe une grande partie de la vapeur contenue dans la lave. Par la puissance de ce dégagement, mais peut-être surtout par la friction et le mouvement irrégulier de la matière qui coule au-dessous, la surface de la plupart des laves se brise, chemin faisant, en croûtes grossières ou dalles scoriformes, dentelées ou anguleuses, ce qui la fait ressembler aux rivières gelées ou aux mers des latitudes boréales, où une glace épaisse, brisée par le mouvement des courants et des flots, est violemment emboîtée en masses saillantes et informes. Quelques-unes de ces masses incohérentes de lave peuvent s'élever de 10, 20 ou même 50 pieds au-dessus du niveau, et pourraient même être facilement prises pour des restes de dykes, surtout lorsque, ainsi qu'il arrive quelquefois, ces masses affectent une structure prismatique rudimentaire (1).

De là cette surface grossière et rugueuse des courants de lave de l'Islande, de Ténériffe, de l'Etna, et d'autres contrées volcaniques qui, par leurs protubérances aiguës, anguleuses, en forme de *scie*, ont mérité le nom de *Serres*, de *Cheires* ou de *Sciaras*. Dans l'Amérique espagnole, on les appelle généralement *Malpais*, à cause de leur inaccessibilité et de leur apparence déserte.

Dans quelques laves, le craquement par dépression et par déperdition de chaleur et de vapeur au contact de l'air, pénètre à la profondeur de plusieurs pieds, et divise la roche en blocs détachés plus ou moins cubiques, surtout vers les côtés ou l'extrémité du courant, la tendance à se diviser ainsi étant accrue par l'impulsion de la matière qui s'écoule en dessous.

(1) La lave de Graveneire, au-dessus de Royat, offre quelques masses toutes droites d'au moins 60 pieds de haut.

Dans les Cordillères de l'Amérique du Sud, il y a des champs de laves ainsi disloquées, que Humboldt appelle *traînées de blocs*, et qu'il suppose, ainsi que M. Boussingault, avoir été rejetées sous cette forme ; c'est là une hypothèse improbable. Cependant on peut admettre que ces blocs, durant leur formation par contraction, ont été souvent mis en mouvement à mesure que le courant par-dessous ou derrière eux les roulait en avant, et que ce mouvement a dû augmenter la confusion apparente dans laquelle ils se trouvent. De telles surfaces n'offrent aucune apparence d'une liquéfaction intérieure, mais ressemblent plutôt aux débris rocheux d'une montagne déchirée par une explosion. Le professeur Dana décrit quelques-uns des courants de lave de Hawaii, qu'il appelle « *clinker-fields* », comme étant composés de blocs angulaires détachés, de toutes formes et de toutes dimensions, depuis la grosseur d'un boisseau jusqu'à celle d'une maison, et présentant « une surface raboteuse. » Des photographies de l'ouvrage du professeur Piazzi-Smyth, sur Ténériffe, font naître les mêmes idées sur les *clinker-fields* de ce volcan.

Par suite de cette rapide consolidation des surfaces extérieures, un courant de lave s'avance généralement avec un mouvement rotatoire, les scories et les croûtes qui se forment sur son front roulant à terre devant lui. Ces fragments forment une espèce d'empierrement sur lequel passe ce courant et finit par reposer. C'est ce qui explique comment on trouve généralement une couche de scories sous tous les courants de lave, même là où il n'est point tombé de matières éjaculées par les explosions. Une coulée que j'ai eu l'occasion d'observer sur l'Etna en 1820 et qui marchait au pas d'un mètre par heure (car l'éruption qui lui avait donné naissance avait cessé depuis au moins un an), ressemblait exactement à un tas énorme de cendres grossières roulant sur elles-mêmes par suite de la propulsion qui s'effectuait par derrière. Ce mouvement était accompagné d'un bruit de craquement métallique, causé par la contraction de la croûte qui se solidifiait et la friction des scories qui se choquaient en tombant, et nécessairement excluait toute idée de fluidité. Cependant, dans l'intérieur de cette masse si inerte, on pouvait encore apercevoir, pendant la nuit, un noyau d'un rouge sombre, et les crevasses laissaient échapper, pendant le jour, une grande quantité de vapeur.

Les couches scoriformes supérieures et inférieures de ces courants ont souvent une épaisseur de plusieurs pieds, tandis que la couche intermédiaire de matière compacte, qui s'est refroidie plus lentement, est comparativement mince et peu profonde, surtout lorsque la descente a été rapide (1).

§ 4. Quelques laves cependant d'une liquidité différente, probablement à cause de variations dans la contexture ou la composition minérale, affectent des formes filandreuses comme des cordes et présentent une surface unie et même vitreuse. Cela arrive surtout lorsque les laves vitreuses se changent en obsidienne ou en ponce. Il en est de même des laves plus ferrugineuses, mais non moins visqueuses, de Bourbon et des îles Sandwich. Ces dernières même sont généralement d'une consistance si glutineuse au moment de leur émission, qu'elles sont étirées, sous l'explosion des gaz, en filaments vitreux, soyeux et fins comme du verre filé, qui flottent en l'air quelques instants avant leur chute; les naturels leur donnent le nom de *cheveux de Pelé.*

La lave d'une consistance aussi visqueuse et aussi tenace se coagule superficiellement, à l'instant de son contact avec l'air, comme fait la cire, en croûtes polies ou ridées, qui présentent des formes singulières, comme des câbles, des stalagmites, ou des plis roulés de draperie, des bâtons de sucre d'orge ou des choux-fleurs, des branches d'arbre, etc. Lorsqu'une lave semblable s'est lentement écoulée d'un orifice, sans être accompagnée de grandes explosions de vapeur, la surface ainsi refroidie laisse voir des replis concentriques comme ceux dont M. Heaphy a fait le dessin dans les champs de lave de la Nouvelle-Zélande (2) (*fig.* 15).

Lorsque la substance est encore plus visqueuse, son accumula-

tion au-dessus d'un soupirail peu important produit généralement une colline à rebords courbes et à replis concentriques, ou

Fig. 15.

même un dôme ou une protubérance en pain de sucre. Le professeur Dana en décrit quelques-unes sur les pentes du Mauna Loa
dans Hawaii, comme ayant la figure d'une colonne ou bouteille
droite, ou d'une fontaine pétrifiée.

Fig. 16. Colonne de lave dans Hawaii (d'après Dana, Géologie de l'expédition
exploratrice américaine).

Quelques-unes, dit-il, ont au moins cent pieds de haut, avec une
ouverture au sommet ou sur les flancs, formée par les dernières
explosions des fluides élastiques dont l'élévation et le dégagement
ont lancé des jets de lave liquide qui se sont coagulés en ces formes étranges à mesure de leur chute autour de l'orifice.

Bory de Saint-Vincent décrit de semblables collines, aussi de
grandeur considérable, de quatre-vingts à cent pieds, sur le volcan

de Bourbon, dont les laves sont hautement visqueuses et duc-
tiles, analogues à celles de Hawaii. Il donne une esquisse de l'ap-

Fig. 17. Source de lave sur le sommet du volcan de Bourbon (d'après Bory
de Saint-Vincent.)

parence de cette source de lave, telle qu'il la vit de nuit, s'écoulant tranquillement, mais avec continuité, du sommet d'un de ces
mamelons et formant une croûte de corniches concentriques, et
aussi d'un autre qui n'était pas alors en activité.

Fig. 18. — Mamelon ou cône de lave sur le sommet du volcan de Bourbon
(d'après Bory de Saint-Vincent).

Les cônes de ce caractère se forment seulement de lave ductile et visqueuse, qui ressemble beaucoup au verre par sa con-

texture ; il ne faut pas les confondre, comme l'ont fait plusieurs
géologues, avec les cônes ordinaires d'éruption entièrement composés de fragments détachés. L'intérieur des cônes de la première classe doit cependant, tout autant que celui des cônes de
la seconde, se composer de couches concentriquement disposées,
avec plus ou moins de régularité, dans un sens quaquaversal, parallèles aux pentes extérieures. Ils ressemblent en structure ainsi
que dans leur mode de production, aux cônes en forme de cloche,
formés par les éruptions de boue froide de Macaluba en Sicile, ou
de Beila, près de l'Indus. Comme eux, ils sont solides, excepté
lorsqu'il existe un petit orifice au sommet, et sont composés de
couches plus ou moins concentriques et disposées en mantelet,
qui sont le résultat de l'efflux et du dépôt d'une couche de la matière semi-fluide sur l'autre.

§ 5. Si, cependant, des scories sont éjaculées du même orifice
pendant la formation d'une semblable colline, sa contexture se
composera de couches irrégulièrement alternées de lave et de
fragments. Un exemple bien instructif d'un cône de cette catégorie, formé en dedans du cratère vésuvien en 1735, est publié
par Abich, dans ses « *Vues de l'Etna et du Vésuve* » (*fig.* 19).

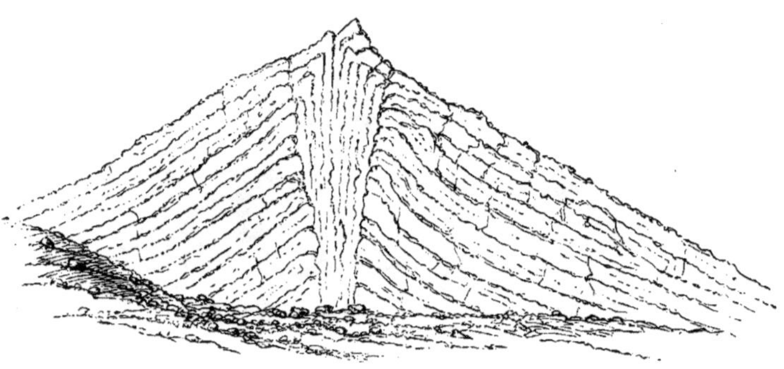

Fig. 19.

Les couches inclinées sont des couches de laves, séparées par
des couches plus minces de scories et de lapillo. L'axe du cône

est un dyke vertical, évidemment le canal d'éruption, rempli de
roche basaltique, en couches verticales, par la consolidation des
dernières colonnes de matières liquéfiées qui ont été successivement expulsées. On voit que ces couches se replient et s'écoulent
à l'extérieur, à mesure qu'elles atteignent le niveau de la couche
qui, au moment de chaque émission, formait le bord de l'orifice.
Ce dernier caractère (qui est justement celui que l'on doit s'attendre à trouver en pareil cas, par suite du mode de production d'un
cône semblable) se voit aussi dans une autre section naturelle fort

Fig. 20. — Section naturelle d'un dyke basaltique dans le val del Bove (d'après
Abich; *Quaterly Journ.* de la Société géologique, 1858, p. 127).

intéressante, citée dans le même ouvrage, d'un dyke observé par
M. Abich dans un des rochers du Val del Bove.

Ici les scories qui autrefois enfermaient le dyke et à travers lesquels la lave a forcé son chemin, ont été entraînées par les pluies,
et le dyke est mis à nu, laissant voir la manière dont la lave qui le
compose a débordé à l'état liquide par-dessus la lèvre de l'orifice et a pris son cours le long des pentes extérieures (1).

§ 6. Un ruisseau de lave, en coulant le long d'une côte, devien-
dra, par l'imperfection de sa fluidité, généralement plus épais
vers son centre, et par conséquent présentera une section convexe
sur sa surface supérieure, et les côtés s'élèveront comme des pentes rapides sur le terrain adjacent. Mais lorsque l'efflux de lave

(1) Il est assez singulier que M. Abich suppose que les couches inclinées du
premier petit cône ont été formées dans une position horizontale et qu'elles ont
été postérieurement soulevées, pendant que, dans ce dernier cas, il accorde que
la couche de lave s'est écoulée et solidifiée dans sa position actuelle sous un angle
de 25°. Mais ce n'est pas là le seul exemple d'inconséquences dans lesquelles la
doctrine des soulèvements entraîne ses adhérents. (*Vues du Vésuve et de l'Etna*,
pl. V. Berlin, 1837.)

provenant de la source vient à diminuer ou même à cesser, la
partie intérieure centrale étant encore liquide continue toujours
de couler, sous la pression de son propre poids. Alors la croûte
supérieure, minée pour ainsi dire, tend à se déprimer en proportion. Aussi trouve-t-on souvent des courants de lave enfermés
entre des bords élevés, et présentant une section *concave*; les
côtés qui se sont nécessairement refroidis plus promptement
que le centre ayant conservé leur épaisseur primitive et pris
la forme de talus, entre lesquels le ruisseau intérieur a coulé

Fig. 21.

quelque temps, comme dans un canal, tandis que le niveau de
la surface s'abaissait à mesure que la source diminuait (*fig.* 21).

L'exemple le plus curieux dans ce genre peut-être, se trouve
dans la vallée de Thingvalla, en Islande, dû, ce me semble, incontestablement, à l'affaissement, par le procédé que je viens d'indiquer, de la croûte supérieure d'un vaste torrent de lave qui s'est
écoulé d'une montagne voisine jusque dans le lac de Thingvalla.
Cette vallée forme une dépression de quatre milles de large et environ huit cents pieds de profondeur, bordée de chaque côté, pendant sept ou huit milles avant d'arriver au lac, par une grande
fissure ou abîme, parfaitement droite, mesurant environ cent pieds
de largeur sur cent quatre-vingts ou plus de profondeur. Les côtés en sont des roches noires de laves à pic qui ont été séparées
par une violente déchirure, puisque leurs dentelures opposées se
correspondent exactement. Ces crevasses, dont la plus grande est
nommée Almanagia, me semblent, sans aucun doute, des fissures
qui se sont déclarées sur les côtés du courant de lave, par la séparation de la masse centrale d'avec ses rives latérales, à mesure
que la surface s'abaissait par l'écoulement de la lave inférieure,
encore liquide dans les incommensurables profondeurs du lac,

après que la source du volcan fut tarie. Il y a de nombreuses crevasses parallèles et également profondes, mais moins considérables, sur la surface de la lave, entre les deux grandes fissures latérales qui, sans doute, furent produites en même temps. Deux
d'entre elles se rejoignent et enferment un espace de terrain dans
lequel, en raison de sa position ainsi fortifiée, l'ancien Althing ou
Parlement de l'île, tenait ses réunions. Les voyageurs parlent généralement de cette dépression comme étant causée probablement
par l'affaissement de la surface dans quelque *grande cavité immédiatement inférieure*. Il me paraît bien plus probable que la vraie
cause est celle que j'ai indiquée, savoir : l'écoulement de la lave
encore liquide de dessous la surface durcie, lors de la cessation
de l'efflux abondant du volcan, efflux qui avait d'abord rempli la
vallée au moins jusqu'à la hauteur actuelle des bords. Un analogue exact peut se voir lorsqu'une rivière gonflée est gelée, et que
le surplus s'écoule avant que la glace soit fondue. La surface cède,
laissant de grandes fissures longitudinales et parallèles aux côtés
du courant. Plusieurs fissures du même caractère et formées de
la même façon sont visibles dans quelques-uns des autres champs
de lave, et, à vrai dire, on peut en chercher partout où la lave
s'est abondamment écoulée dans des circonstances qui ont permis son échappement après que la source s'est tarie. Ces fissures
étant toujours longitudinales, ou dans le sens du courant, ont souvent favorisé la formation d'un nouveau canal pour le dégagement
des eaux des lacs ou des rivières momentanément obstruées par la
lave, et indiqué la direction de leur force d'érosion.

Quelquefois les bords latéraux longitudinaux d'un courant de
lave se trouvent multipliés, et plusieurs rebords et sillons alternés,
sur une très-grande échelle, apparaissent dans la section transversale de la surface du courant. Au fait, ce sont les indications
d'autant de courants distincts qui se sont superficiellement consolidés l'un après l'autre. D'autres fois ces sillons forment une série
de replis courbés ou ondulés, ayant leur convexité tournée dans
le sens du courant, et ressemblent aux rides superficielles d'un

glacier. Ces variations sont incontestablement dues aux différents degrés de mouvement des diverses parties du courant, ou à des courants successifs, dont les uns durcissent, tandis que les autres continuent à couler. Quiconque a vu des charrettes de boue liquide déchargée sur une surface plane ou légèrement inclinée, a pu observer, sur une petite échelle, dans les configurations qu'elle affecte en séchant à l'air, plusieurs des variétés de ces rides superficielles qui caractérisent les courants de lave.

Lorsqu'il s'agit de laves très-visqueuses, qui tendent, comme on l'a déjà fait remarquer, à affecter des formes filandreuses ou stalagmitiques à leur surface, la matière ne se refroidissant pas aussi rapidement au dedans que le font les laves plus grossières et plus sujettes à se fendre, son échappement inférieur sous la croûte donne souvent naissance à des gouttières creuses, recouvertes seulement par une croûte mince et fragile, tellement qu'elle cède sous le pied qui s'y pose. Ces petites voûtes ont des projections intérieures en guise de stalactites, provenant du retrait du liquide et recouvertes d'un vernis brillant. Quelquefois, comme dans les laves de l'Etna, de Bourbon, d'Islande, de Saint-Michel des Açores, de Ténériffe et de beaucoup d'autres localités, il se forme ainsi des cavernes de très-grandes dimensions sous la surface d'un courant de lave, qui imitent tant par leur étendue que par leurs sinuosités ces caves bien connues, produites par l'eau dans les rochers calcaires. Le mode de leur formation par le dégagement d'une lave à un haut degré de liquidité le long d'une surface inclinée, par-dessous la croûte durcie, est facile à saisir.

D'autres cavités de différentes dimensions, mais souvent considérables, se produisent dans quelques laves extrêmement liquides par l'agrégation de plusieurs bulles de la vapeur qui se forme ou se trouve engagée dans leur masse. Ces volumes de vapeur, sous l'action de leur élasticité et de leur pesanteur spécifique inférieure, s'élèvent vers la surface de la lave à mesure qu'elle s'écoule, et, quand ils ont assez de force pour en crever la croûte, ils éclatent en petits jets, imitant, sur une petite échelle, ceux de l'orifice principal d'éruption. Les petites vésicules, ne pouvant trouver une issue, restent dispersées dans la lave et ressemblent à celles qui se trouvent dans un pain glutineux ; les plus grandes gonflent souvent çà et là la surface d'un courant de lave, comme celles qui, sur une moindre échelle, gonflent aussi la croûte supérieure du pain, en protubérances coniques ou arrondies. Quelquefois elles sont ouvertes au sommet ou sur le côté et dégagent des vapeurs en plus ou moins grande quantité. Elles prennent alors le nom de *fumerolles*. De tels soupiraux demeurent, sans aucun doute, pendant longtemps en communication avec la lave encore liquide qui coule sous la surface endurcie. De là ces jets de vapeur, et quelquefois ces jets de scories et de lave, ce qui leur donne l'apparence de petits volcans. Dans l'éruption vésuvienne de 1855, plusieurs de ces petits cônes, de 10 à 20 pieds de haut, se formèrent successivement à la surface du courant principal. Ils ont été dessinés par Schmidt, qui pense qu'ils communiquent avec l'intérieur de la montagne, et non pas seulement avec le ruisseau sous-jacent de lave, comme je le pense. C'est une erreur, selon moi, car j'en ai observé plusieurs, n'ayant certainement que le dernier

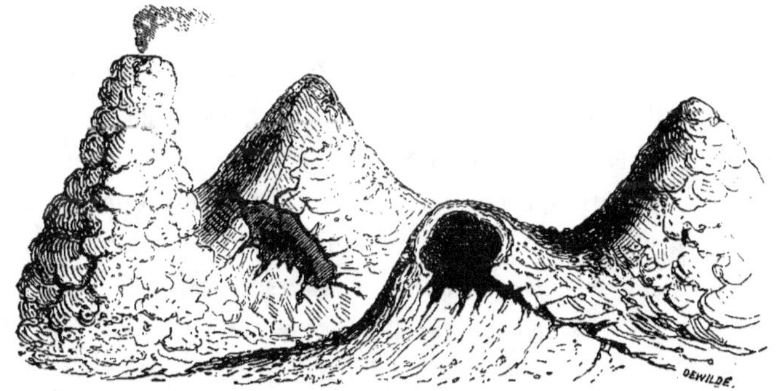

Fig. 22. — Petits cônes formés sur la surface de la lave du Vésuve en 1855
(d'après Schmidt).

caractère, sur la surface de la lave de 1822, qui, après avoir coulé du sommet du cône, formait une espèce de lac sur la Pedamentina et dans l'Atrio del Cavallo. M. Darwin aussi décrit la surface d'un courant hautement vitrifié dans une des Gallapagos, comme couvert « de petites collines en forme de mamelon » et de quelques dépressions circulaires qui lui semblèrent avoir été formées par l'affaissement ou l'explosion des voûtes arquées de bulles aussi considérables. Ces ouvertures ont quelquefois 20 et même 40 pieds de profondeur, et sont circulaires.

Le professeur Dana mentionne aussi des dômes semblables, en forme de bulles, sur la surface de quelques-uns des courants de Hawaii. Ils étaient généralement craqués ou fendus ; le plafond, en quelque sorte, variait de 1 à 10 pieds d'épaisseur, « et les fragments détachés étaient quelquefois tombés dans les cavités en *forme de four* qu'ils recouvraient. »

Telle aussi, sans aucun doute, fut l'origine des *hornitos* ou collines en *forme de four*, décrits par Humboldt comme éparpillés sur la surface de la grande lave du Jorullo, appelée *Malpais*, et qui parurent si problématiques au grand voyageur. Ces *hornitos* étaient couverts de 1 ou 2 pieds de cendres fines, le dernier produit d'éruption de six orifices, maintenant recouverts par autant de cônes. Cette espèce de conglomérat, comme il arrive souvent sous l'influence de vapeurs chaudes, avait pris une structure à concrétions globulaires, ce qui leur donnait un aspect assez singulier, si le dessin qu'en donne Humboldt, dans son *Atlas pittoresque*, d'où sont copiées les figures 23, 24 et 25, n'est pas quelque peu exagéré, comme il est permis de le croire. Des voyageurs plus récents assurent que les *hornitos* ont presque disparu, ce qui peut s'expliquer par l'abondance des pluies tropicales ou par la présence de la végétation dans leurs intervalles.

Pour ce qui concerne la question controversée de l'origine de la plaine élevée du Malpais, M. de Saussure, le dernier visiteur, et le plus digne de foi, confirme entièrement l'opinion que je me suis hasardé à manifester en 1825, que Humboldt était dans l'erreur en supposant qu'elle avait été « soulevée par-dessous en une vessie ; » et que ce n'est réellement qu'un courant ordinaire de lave qui, à cause de sa liquidité imparfaite au moment de son émission,

aussi bien qu'à cause de l'écoulement d'une nappe sur l'autre, est
d'abord très-épais à sa source, puis va toujours en s'amincissant vers

Fig. 23. — Vue du Jorullo et des Malpais (d'après Humboldt).

Fig. 24. — Section des mêmes. *a, b.* Niveau de la plaine primitive.

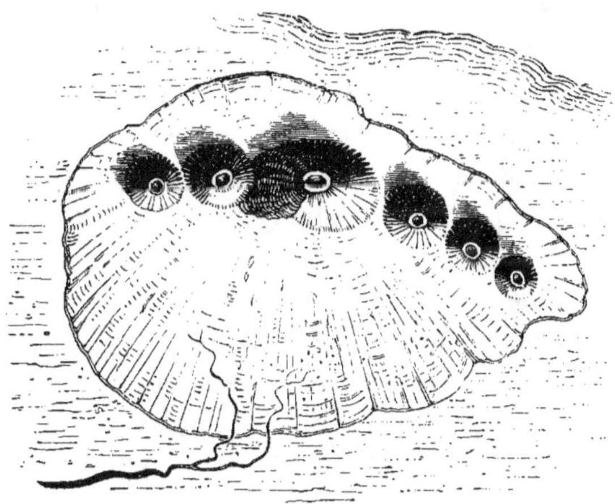

Fig. 25. — Plan des mêmes.

les limites extérieures de la surface elliptique qu'il recouvre (1).

(1) Voir « *Cônes et Cratères,* » *Quart. Journ. geol. Soc.* Novembre 1859 et mai 1861.

§ 7. La quantité de lave rejetée par une seule éruption, et l'étendue de surface qu'elle recouvre, sont souvent considérables. Le volcan de Skaptar Jokul, en 1783, vomit deux énormes torrents, l'un, d'environ 80 kilomètres, et quelquefois large de 24 ; l'autre, de 65, et large de 12. La profondeur en était, par endroits, de 150 mètres, et l'on a calculé que toute la masse devait dépasser le volume du mont Blanc. C'est là peut-être l'émission la plus copieuse, par une seule éruption, qui soit connue. Mais rien ne s'oppose à ce qu'elle puisse être égalée par quelques-unes provenant des volcans de l'Amérique méridionale ou du Kamtschatka.

Parmi les produits des éruptions volcaniques plus anciennes, les trapps, par exemple, des périodes tertiaires et secondaires et d'origine sous-marine, on trouve des exemples analogues. Dans le Dekkan, aux Indes, le colonel Sykes nous dit qu'il existe une superficie de 400,000 kilomètres carrés, couverts d'un plancher non interrompu de basalte (1). Il n'y a aucune preuve qu'il soit provenu d'une seule source, mais les efflux de lave ont dû être prodigieux pour inonder une surface plane aussi considérable.

Probablement quelques-unes de ces énormes nappes de lave, anciennes ou modernes, proviennent de divers points, ou même de l'entière longueur de la fissure de décharge. C'est ce qui semble arriver continuellement dans la région volcanique de l'Amérique du Sud. Le commodore Forbes décrit de véritables inondations de laves trachytiques et doléritiques (basaltiques), dans les Cordillères du Pérou et de la Bolivie, et incontestablement provenues de fissures prolongées, dont quelques-unes ont au moins 80 kilomètres. Mais comme la lave, en s'étendant des deux côtés de la fissure et aussi par-dessus, la cache nécessairement sur la plus grande partie de son parcours, il sera toujours difficile de déterminer si elle a coulé par plusieurs ouvertures distinctes ou par la fissure tout entière. Il est probable que les laves des volcans sous-marins se sont plus étendues en largeur, eu égard à leur

______

(1) *Trans. geol.*, 2ᵉ série, vol. IV, p. 409.

profondeur, que n'ont pu le faire les laves qui se sont écoulées en plein air, à cause de la plus grande résistance opposée, en pareil cas, au dégagement de la vapeur qu'elles contiennent, et à cause de la longue persistance de leur fluidité.

§ 8. Par suite de l'extrême lenteur avec laquelle la surface durcie laisse passer la chaleur, l'intérieur d'un courant de lave retient souvent une très-haute température longtemps après son émission, continuant à dégager de la vapeur par ses crevasses et ses fumerolles. Probablement même elle demeure liquide, et même plus ou moins en mouvement à sa partie centrale ou inférieure, pendant plusieurs années. J'ai vu, moi-même, en 1819, un courant de lave encore en mouvement, très-lent, il est vrai, à son extrémité inférieure, neuf ou dix mois après que l'éruption qui l'avait produit avait cessé.

Avec un mouvement aussi ralenti, le moindre obstacle parait avoir un effet considérable pour retarder la marche d'un courant de lave. Un buisson, un arbre, un mur, une grosse pierre même suffisent pour arrêter un courant jusqu'à un degré tout à fait inégal à la résistance que l'on supposerait qu'ils pussent opposer au poids et à la pression de la lave pesant sur eux. Ce qui ne peut s'expliquer que par la condition semi-fluide de cette lave et par le peu de mobilité dont sont douées les molécules. Et encore cette faible mobilité se trouve-t-elle détruite jusqu'à une certaine distance du moindre obstacle par l'accroissement de compression qui en résulte.

Il y a plus, la résistance qu'opposent les moindres aspérités de terrain que parcourt une lave diminue ou même anéantit la liquidité de cette substance, jusqu'à un certain point, de bas en haut. De là ce mouvement rotatoire, déjà décrit, que semble affecter un courant dans son parcours. La couche inférieure, arrêtée par la résistance du terrain, fait saillir la partie supérieure ou centrale, qui, n'étant supportée par rien, tombe sur le sol, pour être à son tour couverte par une masse de lave plus liquide qui roule par-dessus et la déborde.

Aussi toutes les fois que le cours de la lave se trouve entravé par un empêchement matériel, celle-ci s'accumule sur elle-même et s'élève en hauteur jusqu'à ce qu'elle puisse surmonter l'obstacle et le franchir en cascade, ou le tourner latéralement. L'extrême difficulté avec laquelle une telle déviation s'accomplit est fort remarquable, sans être surprenante toutefois, car elle est commune à tous les liquides d'une grande viscosité et d'une certaine consistance, qui, descendant un plan incliné sous l'influence de la pesanteur, se meuvent, pour ainsi dire, comme des corps solides, car les molécules constitutives, au moyen d'une puissante cohésion mutuelle, retenant presque absolument leurs positions relatives, ne roulent point les unes sur les autres de cette manière libre et facile qui caractérise le mouvement des corps plus liquides.

C'est à ce mouvement tout particulier qu'est due la profondeur et la masse d'un courant partout où quelque obstacle a entravé son cours. C'est pour cela qu'en Auvergne, qu'au Vivarais, et que dans les autres districts volcaniques, où des gorges étroites et sinueuses ont été obstruées par des courants descendants de lave, sur une étendue assez considérable, chaque coude concave se trouve rempli d'une masse volumineuse de basalte, pendant que les sections intermédiaires n'offrent que des bandes comparativement étroites et peu profondes. C'est aussi pour la même raison que, si l'obstacle est d'une grande hauteur, et tel qu'il ne puisse pas être *tourné*, mais doive être *surmonté* par le courant, l'accumulation nécessaire atteindra souvent, à ce point, un niveau plus haut que la surface du courant en arrière, de façon à faire croire que le courant a coulé en *montant*. La cause est que la croûte durcie agit comme un canal couvert, dans lequel le liquide s'élève vers le niveau de son point de départ, comme l'eau dans un tuyau.

Lorsque la lave, dans son parcours, rencontre des matières inflammables, telles que de l'herbe sèche, des arbrisseaux, des arbres, etc., elle les incendie généralement, et les flammes ainsi produites sont souvent prises de loin pour des flammes émanant de la lave elle-même. Lorsque les arbres sont rapidement enveloppés par la lave, les parties supérieures seules flambent et se réduisent en cendres ; le tronc est simplement carbonisé, et, s'il est postérieurement enlevé par des infiltrations aqueuses, il peut laisser son impression en forme de tube cylindrique dans la lave solidifiée. Des tubes semblables sont très-fréquents dans les laves de l'île Bourbon qui ont poussé leurs ravages jusque dans les forêts de palmiers, et l'on en voit un dans le cabinet du Jardin des Plantes de Paris.

Le professeur Dana raconte que, lorsque les forêts ont été traversées par quelques-unes des laves vitreuses du volcan de Kilauea dans Hawaii, la dépression de la surface du courant laisse de nombreuses stalactites d'obsidienne suspendues aux branches supérieures des arbres, comme des glaçons formés par la gelée qui suit une abondante neige et un dégel. Et, ce qu'il y a de plus curieux, c'est que les branches auxquelles adhèrent ces stalactites, et qui certainement ont été enveloppées par la matière en fusion, donnent à peine des marques de chaleur, l'écorce même n'étant que très-rarement carbonisée. Ce fait pourrait s'expliquer peut-être par l'humidité de leurs surfaces, qui, étant subitement vaporisée, a pu agir comme une espèce de fourreau protecteur pendant le court intervalle entre leur immersion dans la lave et le refroidissement de la première enveloppe. C'est peut-être un fait analogue à celui que je vais décrire.

Lorsqu'un courant rencontre dans son cours une surface plane et étendue, formant un obstacle perpendiculaire à sa direction, tel qu'un mur de maison, on remarque qu'il s'arrête comme par magie, à quelques pouces de distance, sans venir en contact actuel avec l'obstacle. Ce fait et plusieurs autres analogues peuvent être ainsi expliqués.

Une quantité de vapeur élastique, à un degré élevé de tension, s'échappe de chaque nouvelle surface de lave qui se développe successivement à mesure qu'elle s'avance ; mais, quand la lave s'approche d'une surface de résistance d'une grande étendue, la vapeur ne peut plus s'échapper, et remplissant l'étroit espace ou crevasse intermédiaire, doit nécessairement créer un obstacle suffisant tôt ou tard pour empêcher le contact immédiat entre les surfaces opposées. La rapide consolidation de la face du courant élève donc, pour ainsi dire, un autre mur en face de celui qui fait résistance.

Si l'impulsion du courant par derrière est considérable, ce mur pourra céder, mais si le mouvement de la lave est lent, et sa fluidité imparfaite, la lave s'élève, sans renverser et presque sans toucher ce mur, jusqu'à ce qu'elle ait atteint une hauteur suffisante pour le franchir en cascade, ou prendre une direction latérale. C'est une observation qui a été plusieurs fois répétée pendant les éruptions destructives du Vésuve, et il n'y a aucun motif d'en attaquer la justesse. La lave de l'Etna qui, en 1669, coula jusqu'à Catane, s'arrêta devant le mur de la ville, haut de 60 pieds, et s'accumula sur elle-même jusqu'à ce qu'elle fût capable de le surmonter et de rouler par-dessus en cascade de feu. Le mur ne fut point renversé, mais il existe encore, et l'on peut voir une arcade de lave se recourbant par-dessus comme une vague sur la plage.

Lorsqu'il se trouve une porte de bois dans un mur, il a été remarqué que la chaleur qui rayonne de la lave finit par y mettre le feu, et, quand elle est totalement consumée, la lave entre par l'ouverture, mais en respectant le mur des deux côtés. On a aussi trouvé moyen de donner une direction artificielle au parcours d'une lave. Pendant que celle de 1669 se dirigeait sur Catane, un propriétaire dont les terres se trouvaient menacées, employa des ouvriers armés de pics à ouvrir dans la croûte scorifiée un lit qui livra passage au courant. Il réussit ainsi à donner une issue à la lave dans une direction autre que celle qu'elle eût prise, si elle avait été abandonnée à elle-même. C'est aussi de la même manière que les ouvriers de hauts fourneaux ouvrent un lit pour les minerais fondus en renversant les levées de sable qui les retiennent.

§ 9. Les fragments de roches préexistantes accidentellement enveloppés par la lave sont diversement affectés par la chaleur.

En général, lorsqu'ils se trouvent tout à fait au centre du courant, la surface se fond partiellement, et quelquefois elle s'incorpore si bien à la matière environnante, qu'il est difficile de nettement distinguer leur silhouette. Les fragments de chaux conservent encore leur acide carbonique, mais leur grain devient cristallin, probablement parce qu'ils se sont partiellement fondus sous la pression, comme le démontrent les expériences de sir James Hall. Près d'Aurillac, dans le Cantal, j'ai trouvé des coquillages d'eau douce de ce caractère, dans la couche inférieure d'un courant de basalte, qui semble avoir coulé des hauteurs de la montagne dans un lac tertiaire à sa base. Des fragments de grès enveloppés de cette manière acquièrent plus de dureté, et l'argile est souvent convertie en une substance semblable au jaspe-porcelaine, et dans quelques cas au tripoli.

Dans de telles circonstances, un mélange s'est opéré d'une manière si intime entre la lave fondue et le sédiment plus ou moins amolli, qu'il est difficile de déterminer lequel prédomine, et s'il faut ranger la roche qui en résulte dans la catégorie ignée ou la catégorie aqueuse. Ainsi, dans la grande plateforme basaltique du Dekkan, dont l'éruption en grands courants de lave semble avoir eu lieu simultanément avec le dépôt d'abondantes matières calcaires et arénacées dans des lacs d'eau douce, le basalte est saturé de chaux qui en remplit les fissures et les crevasses, et contient des coquillages d'eau douce, du bois, etc., aussi bien que du spath calcaire, du jaspe, des zéolithes, des cristaux de quartz, etc. Quelques portions de la matière arénacée sont converties en silex gris ou rouge, « profondément enterré dans le basalte » et en partie émaillé (quartz-rétinite) (1). La chaux ainsi engagée fut quelquefois problablement fondue. M. Darwin décrit, à Santiago (îles du cap Vert), une couche entièrement composée de chaux, qu'il considère comme évacuée par éruption à l'état liquide, mêlée à la lave fondue. « Dans Quail Island une seule nappe de lave, de 12

______

(1) Malcolmson, « *Le grand district basaltique de l'Inde occid. et centrale.* » *Trans. geol.*, 2ᵉ série, vol. V, p. 537.

« pieds de profondeur seulement, roulant sur de la chaux ter-
« reuse, l'a changée en un spath calcaire cristallin, ou brèche lui-
« sante de scories noires, cimentée par une base blanche comme
« neige, hautement cristalline ; tandis que de nombreuses petites
« boules, composées de cristaux de spath calcaire, remplissent
« les interstices (1). » Cette description s'applique également au
peperino calcaire de la France centrale, formé là où les éruptions
ont éclaté à travers le sédiment mou ou marneux des lacs. Où l'a-
cide carbonique a été en partie expulsé et la matière réduite en
chaux vive, cette dernière a souvent été emportée par la vapeur
d'eau qui a pénétré dans les pores du rocher, et remplacée par de
la silice dissoute qui, ainsi, en imprègne toute la roche et remplit
les moules des coquillages laissés par la disparition de la chaux.
Il est probable que quelques-unes des roches de lave hautement
siliceuses proviennent de cette origine métamorphique.

La production de la magnésie caractérise souvent le contact des
couches calcaires avec la lave chauffée, provenant sans doute de
l'abondance de l'élément augitique dans cette dernière. De là la
transformation en dolomite de la chaux en contact avec le trapp,
et la production des roches stéatitiques, savonneuses et serpen-
tineuses.

De même aussi, la lave injectée de bas en haut, à travers des
fissures, et formant des dykes, a quelquefois opéré des changements d'un caractère analogue dans les roches qu'elle traverse,
surtout là où le dyke étant très-large, elle a dû conserver sa chaleur longtemps. Mais, par suite de la solidification immédiate de
la lave, dès que, coulant en plein air, elle tombe sur un obstacle,
elle semble rarement émettre une chaleur suffisante pour produire
aucun changement important dans la substance de ces obstacles.
Les nombreux courants modernes d'Auvergne, qui ont coulé sur
une grande étendue de granite et de calcaire, ont rarement occasionné des changements, excepté sur les simples surfaces des
roches solides avec lesquelles ils se sont trouvés en contact, ou

(1) Darwin, *Iles volcaniques*, p. 12.

sur les fragments qu'ils ont engloutis. Le terrain que recouvre une coulée de lave prend généralement un ton rouge-brique, comme s'il avait été brûlé. Ce changement pénètre quelquefois à une profondeur de plusieurs pieds ; quelquefois aussi, il n'est que superficiel. L'argile est quelquefois convertie en jaspe: la marne, en pechstein ou en rétinite. Lorsque Torre del Greco fut inondé de lave,.en 1794, on remarqua plusieurs curieuses circonstances dans les effets produits sur les substances métalliques et terreuses qu'elle enveloppa. Dans les deux cas, il s'opéra une volatilisation partielle et des dépôts de cristaux sublimés sur des points voisins. Les métaux constitutifs de certains alliages se cristallisèrent séparément (1). Ceci avait lieu, qu'on le remarque bien, dans l'intérieur de la masse de lave, qui conserva une haute température pendant longtemps. Dans ces sortes de changements métamorphiques, le temps parait un élément essentiel.

Lorsque la lave coule sur une surface inégale, elle remplit tous les creux qu'elle rencontre, toutes les fissures ou crevasses qui peuvent exister sur cette surface. Après que la matière est refroidie, les fissures ainsi remplies prennent le caractère de dykes: mais la plupart des dykes sont probablement formés par l'injection de la lave de bas en haut, plutôt que par son invasion de haut en bas, car les soulèvements des roches qui recouvrent ou avoisinent un orifice volcanique durant ou avant les éruptions, produisent probablement, comme il a été dit plus haut, de nombreuses crevasses qui s'ouvrent intérieurement, dans la proximité immédiate de la lave qui bouillonne dans le tuyau principal de décharge.

Les dykes des deux catégories s'embranchent souvent les uns aux autres. Ils suivent généralement la verticale, ou à peu près: quelques-uns cependant suivent pendant un certain temps un cours horizontal, la lave s'injectant dans les joints qui séparent les couches contiguës des roches, dans laquelle direction elles se fendront plutôt qu'en sens transversal. La lave peut encore, si elle rencontre une couche de fragments plus ou moins désagrégés, s'y

(1) Breislak, *Voyage en Campanie*, t. I, p. 278.

forcer ou s'y fondre un chemin. En pareil cas, il n'est pas facile, dans des sections peu étendues, de distinguer un dyke d'une couche véritable. Cependant des dykes çoncordants persistent rarement au delà d'une certaine distance, mais souvent divergent dans une direction transversale aux plans des couches qu'ils ont pénétrées. Règle générale : des couches de lave, dans une position horizontale ou presque horizontale dans une section verticale, peuvent être considérées comme ayant coulé en courants, dans cette position, tandis que les couches verticales ou à peu près, qui croisent les couches horizontales, sont de véritables dykes, intrus pour ainsi dire, qu'ils proviennent d'en haut ou d'en bas.

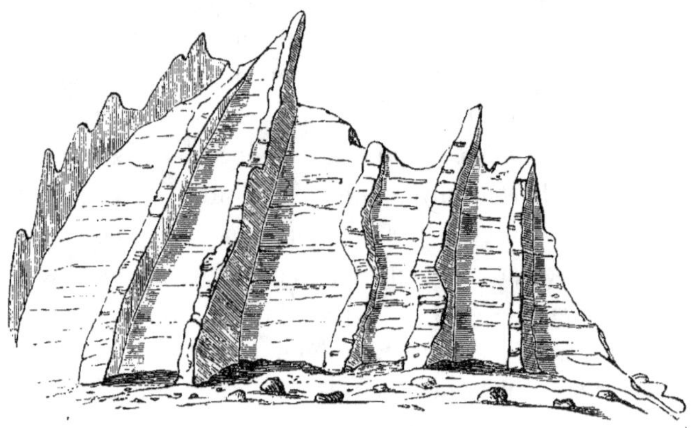

Fig. 26. — Dykes saillants de couches horizontales de lave et de conglomérat, au Val del Bove. (D'après le manuel de Lyell.)

Ces dykes étant composés de roche dure, pendant que les couches qu'ils traversent sont plus facilement désagrégées, paraissent souvent saillir d'une surface exposée, de la façon représentée par la figure 26. De là leur nom, le mot *dyke* signifiant un mur, dans le dialecte du nord de l'Angleterre.

Lorsqu'un courant de lave coule sur un terrain marécageux, la soudaine vaporisation de l'humidité inférieure occasionne des explosions qui, çà et là, se font jour à travers la masse suprajacente en la déchirant et en rejetant les fragments dans l'air, et forment ainsi des cavités irrégulières ou des protubérances scoriformes à la surface.

Lorsqu'un tel courant entre dans la mer, ou dans toute grande étendue d'eau, les mêmes effets se produisent en partie, mais ces explosions n'ont aucun caractère de violence extraordinaire. On a supposé qu'en pareil cas une lutte terrible aurait lieu entre les deux éléments, et des images fort poétiques ont été employées pour animer le tableau ; mais les choses se passent différemment. Une certaine quantité de l'eau la plus proche de la lave incandescente, à mesure que le courant s'avance, est bien chauffée et vaporisée, mais la consolidation superficielle qui s'opère instantanément arrête tout contact ultérieur. Les gerçures qui se déclarent dans cette croûte à mesure qu'elle se solidifie, émettent des torrents de vapeur dès qu'elles se forment, et cette vapeur doit s'opposer à l'entrée de l'eau jusqu'à ce que les côtés de ces gerçures soient consolidés et comparativement refroidis par l'échappement même de cette vapeur.

Pour tout le reste, je crois qu'un courant de lave s'avançant dans l'eau se comporte comme sur terre; c'est ce que du reste l'observation a confirmé. Un ruisseau de lave s'écoula du Vésuve en 1794, et, après avoir envahi Torre del Greco, se déversa dans la mer. Un courant plus copieux descendit des monts Rossi (Montagnes Rouges), au-dessus de Catane, en 1669, et s'écoula aussi dans la mer, près de la ville, formant un promontoire qui se projette à plus d'un demi-mille au delà de la ligne réelle de la côte. Mais, dans aucun de ces deux cas, il n'y eut de commotion extraordinaire occasionnée par le conflit des éléments.

Cependant le calorique soustrait à la lave, tant par le contact actuel de l'eau que par la condensation de la vapeur chauffée, communique une chaleur proportionnellement élevée à l'eau qui l'entoure. Celle-ci alors, ainsi que l'a prouvé l'observation, se décolore et se trouble sur une assez grande étendue. On trouve souvent une grande quantité de poissons tués par ce subit changement de température. Ainsi, pendant les grandes éruptions de

Lancerote, dans les Canaries, qui continuèrent sans interruption avec une violence inouïe pendant les années 1730-1736, des bancs immenses de poissons morts échouèrent sur la plage. La même chose se vit en Islande en 1783. A Stromboli, les pêcheurs m'ont assuré qu'après des éruptions violentes, pendant lesquelles probablement la lave s'échappe au-dessous du niveau 'd'eau des flancs de cette montagne sous-marine, des monceaux de poissons échaudés sont rejetés sur la rive. Il est plus que probable que les ichthyolithes du Monte-Bolca furent détruits par une cause semblable, puisque le calcaire fissile tertiaire dans lequel ils sont enterrés est immédiatement recouvert d'une couche de basalte et de peperino calcaire. Cette dernière roche est une preuve que l'éruption qui a produit le basalte fut sous-marine, et en outre les singulières attitudes de plusieurs de ces poissons démontrent la soudaineté extrême de la catastrophe qui, à la fois, les détruisit et les ensevelit dans la couche molle de sédiment marneux qui se déposait alors au bord de la mer.

§ 10. *Consolidation des courants de lave.* — La croûte scoriacée qui se forme à la surface d'une coulée de lave en contract avec l'air, étant, comme je l'ai déjà dit, très-mauvaise conductrice de la chaleur, la masse intérieure se refroidit et se solidifie très-lentement, surtout lorsqu'elle a une certaine épaisseur. Dans quelques cas, on a observé que, même plusieurs années après l'émission, la chaleur est encore assez forte, à peu de pieds au-dessous de la surface, pour embraser un bâton enfoncé dans les crevasses les plus profondes. On peut donc en conclure que dans les endroits où le courant est d'une grande profondeur (et il en existe, en Islande, par exemple, de 5 à 6 000 pieds) il doit s'écouler une très-longue période, peut-être même des siècles, avant que le refroidissement et la solidification soient complets. La partie inférieure du courant sera nécessairement la dernière à se consolider, et c'est par cette raison qu'il arrive que, lorsqu'elle est mise à nu par une dénudation postérieure, la partie inférieure d'une coulée se trouve toujours plus régulièrement divisée par des fissures de retraite que ne l'est la portion supérieure ; si régulièrement même, que, dans certains cas, elle présente la disposition prismatique connue sous le nom de *colonnade basaltique*. Dans les vallées du Vivarais, les laves qui ont envahi le lit des rivières, et plus tard ont été creusées par les eaux courantes, laissent voir des sections intérieures, de plusieurs kilomètres de longueur, disposées en colonnades régulières, depuis la base, jusqu'au tiers ou jusqu'à la moitié de l'épaisseur de ces couches, qui est souvent de plus de 30 mètres. La partie supérieure est divisée en groupes de prismes plus grossiers de diverses dimensions, prenant diverses directions, mais le plus souvent, cependant, à angles droits avec certaines fentes primaires généralement verticales. Le plan de séparation entre les portions supérieure et inférieure de la coulée, est très-nettement défini, et uniformément parallèle à la base. Cependant les deux portions adhèrent fortement et même s'emboîtent l'une dans l'autre.

On a, je crois, généralement supposé que ces deux portions

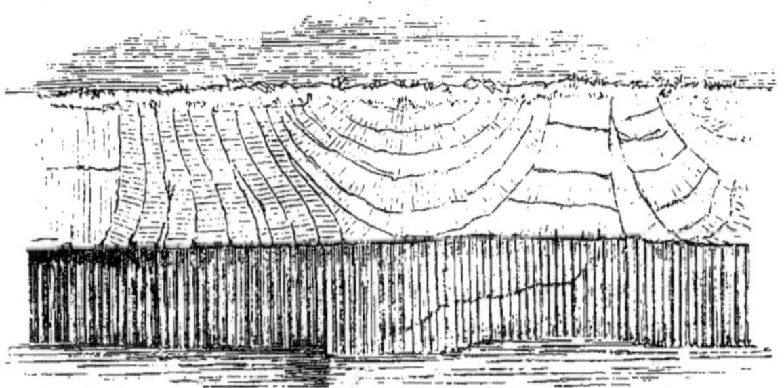

Fig. 27. — Section naturelle d'un courant basaltique dans la vallée de l'Ardèche
(Vivarais).

étaient des courants distincts de lave, superposés l'un à l'autre. Mais leur union intime sur la ligne de jonction, sans l'interposition d'une seule scorie, exclut absolument une telle hypothèse. Le plan de séparation marque probablement la division entre la position supérieure, qui fut d'abord consolidée par l'échappement à l'extérieur de sa chaleur et de sa vapeur, et la portion inférieure qui abandonna son calorique aux couches sous-jacentes, et demeura longtemps liquide, et peut-être même en mouvement, quoique très-lent, longtemps après la consolidation des couches supérieures. On peut même dire que cette hypothèse est justifiée par ce fait, que partout où la lave repose sur une surface irrégulière, les colonnes sont invariablement perpendiculaires au plan de cette surface. Cette surface doit donc être celle où le refroidissement et la division ont dû commencer.

Ainsi, lorsque la lave en colonnes repose sur une surface con-

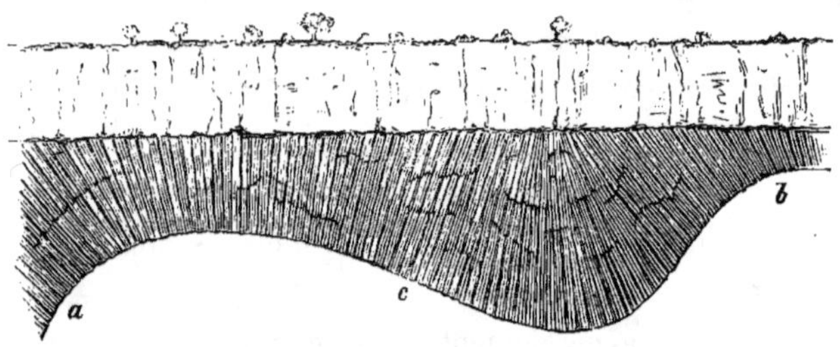

Fig. 28.

vexe, comme de *a* à *c*, les prismes convergent vers le bas, et sur une surface concave, de *c* à *b*, par exemple, ils convergent vers le haut.

§ 11. Il peut être intéressant d'examiner plus attentivement la cause de cette structure et de cette division si régulière dans certaines laves. Lorsqu'une matière pâteuse ou semi-liquide, telle que la lave, abandonne son véhicule fluide, eau ou chaleur, isolées ou combinées, ses molécules tendent à se resserrer, par conséquent sa masse se contracte ou diminue. Si la consolidation commence à la surface, comme cela a toujours lieu par le contact d'un corps moins dense ou plus froid, cette tendance à la contraction s'exerce sur tous les points de la couche superficielle qui subit cette influence. Le resserrement causé par la force de contraction, dans une direction perpendiculaire à la surface, n'occasionne aucune déchirure, parce que la liquidité de la matière lui permet de céder, par le mouvement de ses molécules dans cette direction-là, mais aussi la force de contraction qui s'exerce sur un point quelconque de la surface est contrariée par la contraction simultanée des points environnants. Par suite de cet antagonisme, le plan supérieur doit être divisé par un nombre plus ou moins considérable de fissures, en portions distinctes, dans chacune desquelles la force totale de contraction surmonte les forces adverses des points adjacents. Dans chacune s'établit un centre de contraction, et la molécule qui occupe ce point demeure stationnaire, tandis que toutes les autres y sont plus ou moins attirées. Dans des circonstances favorables, ce changement de position est accompagné d'une disposition concrétionnaire, qui leur permet de se ranger selon leurs affinités mutuelles et cette tendance qu'ont tous les corps à s'assembler, par une sorte d'attraction moléculaire, agissant dans un rayon sensible, autour d'un noyau qui se trouve à l'endroit et au moment convenables. Les déchirures, ou fissures de retraite, divisant les portions séparées, se forment le long des lignes où les forces contractiles ou concrétionnaires des centres voisins se contre-balancent. Si ces réactions avaient lieu lorsque la matière

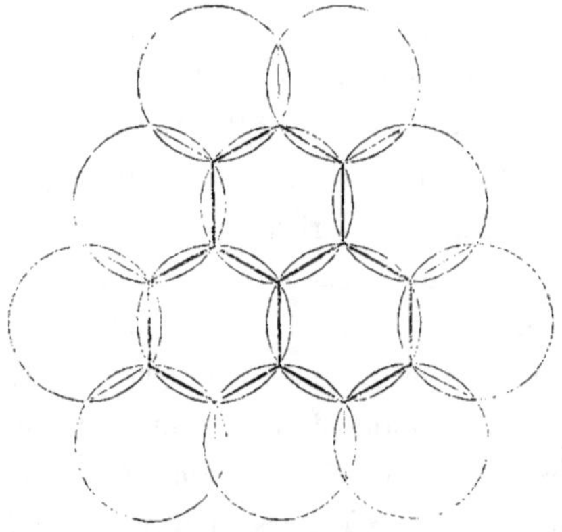

Fig. 29.

est complétement tranquille et que sa substance est parfaitement homogène, les centres seraient à égale distance, et tous les cercles soumis à leur influence seraient égaux. Les fissures diviseraient donc

7

la couche solide en hexagones réguliers, chaque fissure étant tangente aux deux cercles voisins entre lesquels elle se forme (*fig.* 29).

Mais tant que la liquidité de la matière au-dessous de cette couche superficielle lui permet de céder à la force de contraction dans une direction perpendiculaire à la surface, il ne se produira aucune fissure parallèle à ce plan. Par conséquent, par la propagation intérieure continue de cette consolidation, les fissures se prolongeront vers l'intérieur en plans perpendiculaires à la surface dans laquelle s'est commencée la consolidation, ce qui divisera la masse en prismes de forme hexagonale, dont l'axe sera la ligne décrite par le centre de contraction.

Dans tous les courants de lave, toutefois, la consolidation de la surface extérieure exposée à l'air est si rapide et si dérangée par le mouvement continuel et irrégulier du courant inférieur, aussi bien que par le violent dégagement des vapeurs renfermées, que la contraction elle-même devient irrégulière et tumultueuse, et que les blocs polygonaux dans lesquels se divise la portion supérieure de la masse sont grossiers, inégaux et souvent informes, quoique généralement on puisse apercevoir une tendance vers l'hexagone. Il y a plus, le prolongement des prismes dépendant de ce que la lave continue à céder à la force de contraction dans la direction des axes, il arrivera qu'à mesure que la liquidité devient plus imparfaite, des fissures transversales, ou des joints, se formeront et sépareront les prismes en autant d'articulations.

Ce double système de division, là où le grain de la lave est grossier et la contexture exposée, et la consolidation, par suite, précipitée à cause du rapide dégagement de la vapeur, ce double système brise la lave en blocs cuboïdes ou prismatiques, analogues à ceux qui caractérisent plusieurs champs de lave. Et ce n'est que dans très-peu de cas que cette structure divisée, causée par la consolidation intérieure, à partir de la surface exposée, présente une régularité considérable. Dans les nappes peu profondes, et par conséquent rapidement refroidies, les fissures de contraction pénètrent souvent toute la masse. Mais là où l'épaisseur de la couche suffit pour contraindre la partie inférieure à retenir sa fluidité pendant quelque temps, et où la consolidation, de cette portion du moins, provient lentement et tranquillement de la surface inférieure, là, les prismes prennent souvent une forme très-régulière et très-symétrique, affectant la figure bien connue de la colonne, dont la section approche beaucoup de l'hexagone.

La régularité de cette structure se voit aussi dans plusieurs dykes (qui, sans aucun doute, se sont généralement refroidis plus lentement que la lave exposée à l'air), et les axes des colonnes sont perpendiculaires aux côtés respectifs des dykes, c'est-à-dire des surfaces qui se refroidissent; mais, comme le phénomène commence généralement des deux côtés à la fois, il est peu probable que les colonnes se rencontrent continuellement ou régulièrement au milieu. Aussi le plus grand nombre de dykes en colonnes ont-ils un filon central de lave amorphe, ou plan irrégulier, séparant les deux moitiés. Quelquefois un nouveau jet de lave pénètre ce filon central, et produit le phénomène d'un dyke dans un autre.

De même, dans une couche horizontale de lave, un joint, ou plan nettement défini de séparation, distingue la partie supérieure, rapidement consolidée par la déperdition par en haut de la chaleur, et par les causes déjà mentionnées, grossièrement prismatique, si même elle l'est, de la partie inférieure qui s'est consolidée plus lentement et plus tranquillement par son dégagement de calorique par en bas. Par conséquent, celle-ci se trouve divisée avec plus de régularité, souvent en colonnes d'une uniformité et d'une beauté tout à fait artistique. Le contraste entre la partie supérieure de la masse, souvent tout à fait amorphe, et la colonnade inférieure, est tellement frappant, que quelques géologues ont été amenés à supposer qu'elles formaient deux couches provenant de flux distincts de lave. Mais un minutieux examen, à mon avis, démontrera toujours une incontestable intimité et l'*interpénétration* des deux portions (voyez *fig.* 27). On n'y trouve point de scories, qui existeraient certainement si les deux couches avaient été deux courants séparés. La célèbre colonnade de la grotte de Fingal et celles des côtes d'Antrim présentent le même phénomène d'une façon remarquable.

Comme on peut s'y attendre, plus la lave est liquide, plus le

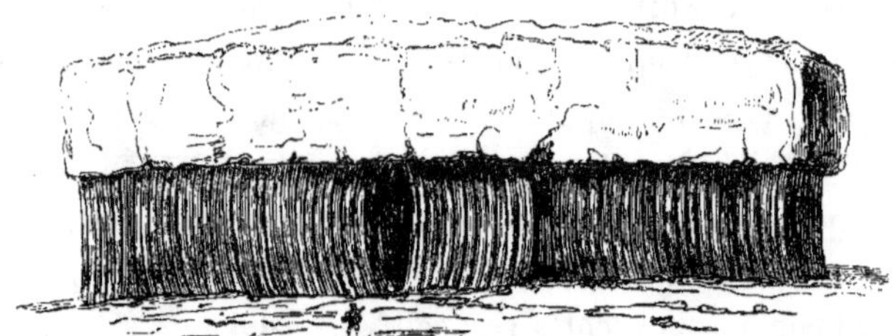

Fig. 30 — Partie de la colonnade basaltique de Portrush, comté d'Antrim (Irlande).

grain en est fin; et plus la substance est homogène, plus, toutes choses égales d'ailleurs, le procédé concrétionnaire s'est opéré uniformément, et par conséquent, plus les colonnes sont régulières et nombreuses. Ce résultat est encore favorisé par l'épaisseur et le lent refroidissement de la couche. Comme je l'ai déjà dit, les axes des colonnes étant toujours perpendiculaires à la surface qui se refroidit, là où cette surface est concave, elles y convergent, et où elle est convexe, elles en divergent en sens opposé. De là ces groupes de prismes en éventail que l'on remarque souvent dans les colonnades (1). Quelquefois les colonnes prennent une courbe

(1) Puisque l'une des principales causes de la prompte dégradation des roches volcaniques, et surtout du basalte, provient de la facilité avec laquelle l'eau de pluie en pénètre les divisions prismatiques, et permet à la gelée de les disjoindre par l'effet de la dilatation, il est clair que cette désagrégation est grandement favorisée par la convergence *en bas* des prismes, puisque leur propre poids concourt encore à les séparer, tandis qu'au contraire, elle est efficacement empêchée par une disposition opposée. C'est là ce qui explique l'origine de ces pics coniques isolés que l'on rencontre souvent dans les districts basaltiques, et qui ont été si heureusement adoptés, dans la France centrale, l'Allemagne et l'Italie, pour la construction des forteresses féodales. Ces pics sont dus pour la plupart, sinon tous, à l'extrême stabilité, causée par un groupe pyramidal de colonnes, et à l'absence de fissures, ce qui leur a permis de survivre à la destruction du reste des couches auxquelles ils appartenaient. Un des pics les plus magnifiques en ce genre est celui de Murat (Cantal), en France. (Voir planche X, de mes *Volcans de la France centrale*. Murray, 1858.)

Il faut remarquer que la destruction des couches basaltiques dans lesquelles

graduelle et gracieuse, probablement par suite de quelque mouvement lent, imprimé à la lave durant la consolidation.

Fig. 31. — Groupe de colonnes courbes de trachyte, près de l'île de Ponza.

Quelquefois, comme à la Tour-d'Auvergne, au Mont-Dore, les colonnes consistent en cylindres de basalte noir et compacte, enfermés dans des enveloppes prismatiques de couleur plus claire et d'une contexture moins serrée, due à la désagrégation des matières étrangères durant l'action concrétionnaire.

Ce fut une erreur longtemps entretenue que celle qui supposa

de telles éminences coniques étaient jadis renfermées a été le résultat de la lente action de causes qui agissent encore. Une violente invasion d'eaux balaierait un groupe pyramidal de colonnes presque aussi facilement qu'un groupe vertical. C'est l'influence longuement prolongée de la pluie verticale et de la gelée qui peut seule expliquer la destruction uniforme des uns et la conservation des autres.

Une autre cause fréquente de la dégradation, particulière aux roches volcaniques, mais dont ce n'est pas le lieu de parler, est leur superposition sur des couches d'argile, de tuf, de scories et autres matières mobiles, qui sont facilement balayées par les eaux, ce qui mine la roche suprajacente. La structure prismatique, en laissant infiltrer l'eau jusqu'aux couches inférieures, favorise cette action. Là où les dykes en colonnades ont été mis à nu par la dégradation de leurs clôtures latérales (consistant souvent en roche friable, probablement un conglomérat de scories), ils se projettent en avant, comme des murs d'architecture cyclopéenne, et les extrémités des prismes couchés horizontalement laissent voir leurs surfaces polygonales des deux côtés. Lyell, dans son *Manuel*, p. 487, donne le croquis d'une masse ainsi isolée appelée la *cheminée*, à Sainte-Hélène, haute de 65 pieds. En Auvergne, les murs de quelques vieilles forteresses, étant bâtis de prismes ajustés horizontalement, ont une ressemblance telle avec les dykes naturels, qu'on peut aisément les confondre.

que la configuration en colonnes appartient seulement aux temps les plus anciens. En réalité, cette structure est commune *à l'intérieur* des masses de lave de tout âge, dans lesquelles la composition, la liquidité et l'arrangement moléculaire se sont montrés favorables à cette formation. Ces laves, lorsqu'elles sont de dates très-anciennes, ont généralement été mises à nu par l'érosion aqueuse ou par d'autres actions destructives, ce qui a révélé la configuration prismatique de leur intérieur, pendant que, dans les courants plus modernes, on a moins d'occasions d'observer leur structure intérieure. Mais où cette observation peut réellement être faite, comme dans les sections occasionnées par les profondes ravines ou les roches verticales de l'Etna, de l'Islande et de Bourbon, et même du Vésuve, on peut remarquer des dispositions en colonnes très-régulières, même dans les laves dont la date est connue. Dans certaines circonstances particulièrement favorables, des colonnes basaltiques se sont formées en longueurs de 100 et même de 150 pieds, quelquefois mesurant 50 pieds sans jointure, quoique d'une épaisseur de 8 ou 9 pouces seulement. La colonne pyramidale de Murat en a fourni de très-longues et de très-belles au Muséum de Paris. Celles de la caverne de Fingal sont, je crois, presque aussi longues, mais plus grosses.

Dans certains cas, surtout lorsque le grain de la lave est grossier, les prismes sont d'un volume énorme et mesurent 6 à 8 pieds de diamètre (1).

(1) Il me semble que l'explication de cette structure en colonne donnée dans divers traités est à peine complète ou satisfaisante. M. Delesse, il est vrai, la considère, ainsi que moi, comme un résultat de la cristallisation (je dirais plutôt de l'attraction concrétionnaire et de la contraction combinées). Le docteur Daubeny nie l'influence de la contraction (*Volcans*, p. 660). Sir Ch. Lyell touche à peine la question (*Manuel*, p. 489). Le professeur Jukes (*Manuel de géologie*, p. 199) attribue cette disposition prismatique « à la contraction pendant la consolidation ; » mais à la page suivante, il la déclare le produit « *de la compression naturelle* de sphéroïdes contigus ; » suivant et citant l'opinion de Grégoire Watt, qui, ainsi que le docteur Daubeny et quelques autres auteurs récents, semble considérer ces prismes comme nécessairement composés de *sphéroïdes se comprimant mutuellement*. Mais il est clair que les sphéroïdes contigus ont dû *d'abord être distinctement séparés* avant de pouvoir se comprimer, si jamais ils l'ont fait. La question à

Dans les colonnes basaltiques très-régulières, les jointures transversales ne sont pas plates, mais courbées en surfaces concaves et convexes, semblables à des rotules (*fig.* 32). Dans tous les cas où j'ai fait cette dernière observation, la convexité est toujours dirigée vers le bas, c'est-à-dire dans le sens de la surface de refroidissement, que je crois être uniformément la plus basse, ou la base de la lave. J'expliquerais ce phénomène par la consolidation de l'extérieur de la colonne, plus prompte que celle de l'intérieur, qui aurait pour effet de produire la jointure plus loin de la base, d'où s'est propagé le refroidissement, aux côtés plutôt qu'au centre. Pour la même raison, savoir : que les angles se consolident plus tôt que les côtés plans, ces angles se trouvent quelquefois faire saillie au-

résoudre est celle-ci : Quelle cause a séparé les prismes, c'est-à-dire a formé la fissure, la solution de continuité entre eux, solution si complète qu'ils tombent dès que leur centre de gravité n'a plus de soutien? Cette cause doit évidemment être la contraction. Il y a plus, la théorie qui repose sur la concrétion sphéroïdale n'explique que la formation d'une agrégation irrégulière de sphéroïdes. Le prolongement d'une colonne dans une direction perpendiculaire à la surface qui se refroidit, *sans aucun joint*, atteignant une distance quelquefois centuple du diamètre, ne peut, à mon avis, être expliqué que par une force de contraction attirant les molécules vers une surface déjà consolidée et crevassée, pendant que la fluidité de l'intérieur n'empêchait point leur mouvement dans ce sens.

Il n'y a point de raison de supposer que ces longues colonnes contiennent des sphéroïdes distincts. Là où il s'en est formé, cette formation est due à la multiplicité des crevasses transversales, ce qui fait un sphéroïde par articulation. Et puisque les sphéroïdes sont toujours enfermés dans les prismes, il paraît évident qeu ces derniers ont été formés d'abord ; en d'autres termes, que les fissures dues à la contraction furent complétées avant que la disposition concrétionnaire fût effectuée. Si le contraire avait eu lieu, comme le pensent certains géologues (Daubeny, par exemple, *loc. cit.*), les concrétions sphéroïdales se fussent dispersées irrégulièrement à travers la masse au lieu de se renfermer dans les limites des prismes. Aussi ces écrivains eux-mêmes comprennent cette objection, et ils reconnaissent l'impossibilité où ils sont d'expliquer cette disposition particulière. (Voir Jukes, *loc. cit.*)

On sait qu'une structure semblable se présente dans des masses de boue, d'argile, de tuf humide, d'amidon ou toute autre matière pâteuse, lorsqu'elles se dessèchent. Cette identité de structure est singulièrement remarquable dans des cas de juxtaposition où la lave a coulé sur un lit d'argile humide ou feuilletée qui, se desséchant sous la chaleur qui lui est ainsi communiquée, s'est crevassée en colonnes hexagonales perpendiculaires aux surfaces en dessiccation, et aussi régulières que celles des laves au-dessus. Dans son *Manuel*, le professeur Phillips en donne un exemple. J'en ai vu aussi plusieurs dans les pays volcaniques. De même aussi, le grès friable de Rotherham et d'autres pays, employé au revête-

dessus des côtés en projections anguleuses, ce qui donne aux diverses articulations la forme de coupes épaisses s'emboîtant les

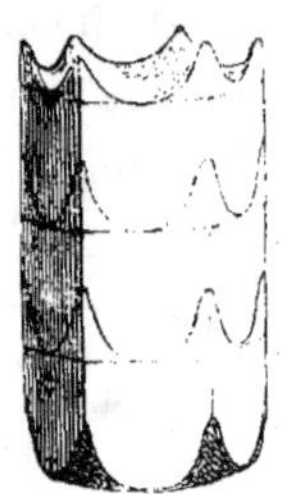

Fig. 32.

unes dans les autres; et ces projections sont souvent elles-mêmes séparées de la portion inférieure de la coupe par une jointure distincte.

Par une extrême multiplicité de jointures, la structure en colonnes tend à passer à la structure sphéroïdale ou globulaire. Il y a même des prismes de colonnades basaltiques qui semblent composés de sphéroïdes empilés les uns sur les autres. Cette structure, toutefois, n'apparaît que par un commencement de décomposition; les angles saillants en excès des

ment de fours à chaux ou de fournaises, se durcit et se crevasse en concrétions très-régulières en forme de colonnes. A coup sûr, il est peu rationnel de supposer que dans ces derniers cas ce soit la contraction, et dans le cas du basalte, que ce soit l'action opposée, c'est-à-dire la compression, qui a causé une structure identique.

On a nié que, dans le cas des colonnes basaltiques, la configuration prismatique ait pu être produite par la contraction, parce que les prismes sont souvent en contact si intime qu'il est impossible d'y insérer la pointe d'un couteau. Il ne faut pas oublier, toutefois, que la force qui produit la contraction n'agit que dans les distances les plus minimes et presque imperceptibles, et qu'un espace consistant en un certain nombre de ces distances peut cependant échapper encore à nos moyens d'observation. Il est certain aussi que les fissures de retraite se rétrécissent par la suite, et se remplissent souvent par des infiltrations, généralement d'oxyde de fer, qui se déposent sur la surface des colonnes. L'existence de cette contraction, la force extraordinaire dont elle est douée, sont attestées par ce que j'ai eu l'occasion de voir à Burzet dans le Vivarais. Le basalte de cette localité contient de nombreux et puissants rognons d'olivine, souvent de la grosseur du poing; il est en même temps disposé en colonnes très-irrégulières et fort rapprochées. Cependant, dans plusieurs endroits, il est arrivé que les fissures de retraite ont divisé un rognon d'olivine en deux morceaux, enfermés respectivement dans deux colonnes voisines. Quoique la division soit complète et que la cassure soit polie, probablement par suite du temps et de l'infiltration aqueuse, la correspondance des deux faces est si parfaite qu'il est impossible de douter de leur réunion primitive dans un même nodule. Cette séparation ne peut donc s'expliquer que par une puissante force de contraction en jeu durant la formation des colonnes, ayant le double caractère de la *torsion* et de l'*arrachement*. Aucune compression mutuelle de sphéroïdes contigus ne saurait avoir un tel effet. De même, dans les conglomérats bien solidifiés, les cailloux les plus durs sont souvent coupés net par des joints qui se forment sous l'influence d'une semblable contraction. Dans certains granits aussi les gros cristaux de feldspath se trouvent souvent coupés en deux, et se font pareillement face par leurs sections opposées, sur chaque côté d'une crevasse.

sphéroïdes se décolorent d'abord, puis tombent en feuilles concentriques. La lave en colonnes du volcan de Bertrich, dans l'Eifel, paraît comme formée de piles de fromages de Hollande, d'où le nom de « cave à fromages, » donné à l'une des grottes (1). Dans l'île de Ponza, des prismes de pechstein vert vitreux se divisent facilement en sphéroïdes parfaits ou en ovoïdes d'un pied ou même de quelques pouces de diamètre, qui, sous la percussion, s'éraillent en lames concentriques, semblables aux pelures d'un oignon.

Fig. 33. — Obsidienne prismatique prenant la forme globulaire. (Chiaja di Luna, île Ponza.)

Quelquefois il se fait successivement plus d'une séparation dans la même masse.

La partie supérieure ayant été rapidement crevassée par suite de la diminution de volume qui se manifeste par le dégagement des véhicules fluides à travers les pores de la roche qui se durcit, il peut se former une seconde série de fissures, perpendiculaires, ou à peu de chose près, à la première, lorsque la température de la lave est encore abaissée par une lente transmission de vapeur

(1) Voir cette gravure dans le *Manuel* de Lyell, p. 637, édit. 1858.

et de chaleur à travers la première série. De cette façon, les blocs grossiers de la première formation se divisent en d'innombrables petits prismes perpendiculaires à leurs surfaces. Les premiers seront gros et irréguliers, à cause de la rapidité de la formation; les seconds, petits et réguliers. Les colonnades du Vivarais offrent d'admirables exemples de cette double structure prismatique. On peut en voir une partie dans la figure 27, plus haut.

De même aussi, il arrive quelquefois qu'une masse de lave, après avoir affecté une structure globulaire, ait été, par une contraction postérieure, divisée, soit en prismes d'un axe perpendiculaire à la surface du sphéroïde, et, par suite, convergeant à son centre, ou en lames concentriques, selon que la force de contraction, dans son progrès de la surface au centre de la masse, éprouve moins de résistance au mouvement des molécules dans la direction du rayon ou des tangentes à la sphère. A Saint-Sandoux, en Auvergne, il y a un bel échantillon de la première variété; c'est un énorme sphéroïde de basalte, de plus de 50 pieds de diamètre, composé de colonnes très-régulièrement jointoyées, rayonnant de son centre, où elles sont étroitement réunies, jusqu'à la circonférence, où elles sont très-espacées (1). Dans le Siebengebirge, on peut voir un sphéroïde de basalte, laminé concentriquement, et d'un diamètre de 5 à 600 pieds ! Dans ce cas, les lames montrent une tendance vers la division en colonnes, les prismes faisant angle droit avec les plans courbes des lames (2).

§ 13. La division en sphéroïdes concentriques est assez commune, et bien connue. Elle a lieu sur toute échelle, depuis le sphéroïde de plusieurs pieds de diamètre jusqu'au plus petit point oolitique. Plusieurs roches de lave sont ainsi séparées en morceaux angulo-globulaires de la grosseur d'un pois, ce qui produit une structure pisolitique. Ces sphérulites ne sont quelquefois distinguées que par la décomposition. Dans les laves de greystone,

____

(1) Un dessin de ce rocher a été publié par Faujas de Saint-Fond : « sur le Vivarais et le Velay. »
(2) Noggerath, *Rheinland*, II, p. 250.

ou les laves semi-augitiques, chacune a pour noyau un grain en cristal de feldspath. Cette espèce de roche prend le nom de Variolite. Dans les laves très-feldspathiques, et surtout dans les laves vitreuses, cette structure est fréquente; les sphérulites ont l'éclat des perles, d'où le nom de perlite, dont on rencontre de grandes masses en Hongrie et dans les Andes péruviennes. Les sphérulites ou cristallites, comme on les nomme quelquefois, sont plus ou moins cristallines, offrant quelquefois une structure lamellaire radiée, quelquefois concentrique, et, plus rarement, les deux combinées. Elles ont exactement le même caractère que celles qui se forment dans les scories des verreries; et la multiplicité de ces concrétions sphérulitiques, par toute la masse, transforme sa contexture vitrée en une contexture plus ou moins pierreuse ou écaillée, comme on peut le voir dans le lent refroidissement du basalte de Rowley-Rag, fondu dans la manufacture de pierre artificielle, de MM. Chance, de Birmingham. Cette transition d'une texture entièrement vitreuse à une texture pierreuse peut se voir dans bien des roches feldspathiques. Dans quelques-unes, par exemple dans celles des îles Ponza ou d'Ischia, le mouvement de la matière, probablement sous une pression considérable, a évidemment étiré les sphérulites feldspathiques en disques aplatis, et finalement en plans minces, ce qui donne au rocher une structure en lames et en rubans.

§ 14. Certaines laves, par la quantité de jointures parallèles aux surfaces refroidies, affectent, par la consolidation, une structure tabulaire ou lamellaire. Ceci arrive, le plus souvent, là où les cristaux ou écailles inéquiaxes qui les composent sont convenablement disposés. La fluidité est alors plus grande dans la direction des surfaces planes les plus longues que dans le sens transversal, ce qui occasionne la production de moins de fissures contre le fil du rocher que dans le sens de ce fil. C'est ainsi que la lave se divise en plaques ou lames concrétionnaires, d'une épaisseur plus ou moins grande, selon la différence de fluidité de la lave dans ces deux sens. Quand l'épaisseur est relativement grande, la structure est *tabulaire;* lorsqu'elle l'est moins, elle est *lamellaire;* et lorsque les plaques sont très-minces, elle devient *schisteuse.* Le parallélisme des particules cristallines de ces laves provient sans doute de la compression ou de l'*étirement* auquel elles ont été soumises pendant leur mouvement, ou sous la pression déjà mentionnée comme cause de la structure lamellaire de plusieurs trachytes. C'est la même action, à dire vrai, qui est aujourd'hui reconnue comme cause du clivage de l'ardoise.

La structure lamellaire est souvent accompagnée de la structure prismatique ou colonnaire, dont toutefois elle est entièrement distincte. Les prismes, étant perpendiculaires aux surfaces exposées, sont généralement, quoique ce ne soit pas rigoureusement nécessaire, transversaux au plan des lames, qui, étant toujours parallèles à la direction du mouvement de la lave, dont les molécules, par suite de ce mouvement, se sont formées en plans, sont aussi le plus souvent parallèles aux surfaces extérieures de la couche, du courant ou du dyke.

On voit un remarquable exemple de cette structure combinée dans la roche tuilière du Mont-Dore. Le phonolite, dont se compose la roche (c'est un fragment isolé de l'énorme courant descendant du Puy-Gros), est régulièrement divisé en colonnes presque verticales. Ce phonolite est aussi extrêmement schisteux, comme son nom l'indique, et les lames en sont employées pour la toiture. La direction des lames dans le centre du rocher est horizontale, et par conséquent perpendiculaire à l'axe des prismes, mais s'incline graduellement vers le nord jusqu'à ce qu'elle devienne parallèle à l'axe. La première de ces divisions donne une grande solidité aux prismes, tandis que la dernière laisse un libre accès aux agents de division et de dégradation ; c'est ce qui justifie complétement l'isolement de cette roche, car la partie où domine la seconde disposition a été complétement dénudée. Cette courbe des lames est probablement due, comme on l'a dit, à quelque changement dans la direction du mouvement ou de la pression à laquelle la matière a été soumise durant la consolidation. Elle semble analogue à la courbure des veines bleues et blanches des glaciers.

Quelques-unes des laves basaltiques du Mont-Dore, comme celle de Saint-Bonnet, sont remarquables par leur structure tabulaire; ces tables ont souvent de 10 à 12 pieds de longueur et presque autant de largeur, et seulement de 2 à 6 pouces d'épaisseur. Elles résonnent comme des cloches; le grain en est serré, fin et composé de cristaux tissus. Les phonolites résonnent de même, de là leur nom.

De même que l'affaissement incomplet de la lave dans une direction verticale à la surface qui se refroidit forme les fissures transversales, ou les joints, par lesquels sont divisées les concrétions colonnaires; de même, lorsque la fluidité des laves lamellaires dans la direction des écailles se trouve entièrement insuffisante pour contre-carrer la tendance à la contraction dans ce sens, il s'y produit aussi des joints transversaux, à des intervalles plus ou moins rapprochés. Par la multiplicité de ces joints les tables affectent une forme cubique ou rhomboïdale, telle qu'on la remarque dans les trapps primitifs, la syénite et même le granit (1).

§ 15. On a vu que la structure ou régularité de la forme intérieure que peut affecter une masse de lave pâteuse, durant son refroidissement ou sa consolidation, peut, selon les circonstances, comprendre les variétés suivantes :

1° La structure prismatique ou colonnaire;

2° La structure tabulaire, lamellaire et schisteuse;

3° La structure rhomboïde ou cubique;

4° La structure globulaire ;

5° La structure angulo-globulaire.

Et deux de ces variétés, ou même davantage, peuvent se trouver combinées dans la même masse.

(1) En fait, la *stratification* des roches de toute nature, où de telles divisions se laissent voir, est produite par cette action concrétionnaire accompagnant la disposition définitive des molécules de la masse sous l'influence de la pression et la perte de son véhicule fluide.

Mais avant d'aller plus loin pour considérer les diverses modifications affectées par les laves après leur émission sur la surface
de la terre, il faut tourner un instant notre attention vers les caractères et la composition minéralogique qu'elles présentent à
l'examen. Ce sujet a déjà été touché, mais n'a pas été approfondi.

CHAPITRE VII

CARACTÈRES MINÉRAUX ET CONSTITUTION DES LAVES

§ 1. Les roches de lave, c'est-à-dire des rochers que l'on a vu s'écouler d'orifices volcaniques sous forme de laves, ou qui semblent, par leur position (tels que dykes, coulées, mamelons massifs sur les flancs ou à la base d'une montagne volcanique), avoir été évidemment évacuées à l'état de liquéfaction ignée; ces rochers, dis-je, quoique différant plus ou moins par leurs caractères minéraux, se trouvent tous, par l'analyse, être composés de silicates d'alumine ou de magnésie, avec du protoxyde de fer, de la potasse ou de la soude, et de la chaux. Ces éléments sont généralement cristallisés sous quelques-unes des formes diverses de feldspath, de quartz, d'augite ou de hornblende, de mica, d'olivine, ou de fer titané. Lorsque les minéraux augitiques ou ferrugineux dominent, la roche a une pesanteur spécifique plus considérable que lorsque ce sont les éléments feldspathiques, dans la proportion de 3 à 4 (1). La dernière classe de lave prend le nom générique de *trachyte*, et l'autre celui de *basalte* (*dolérite* de Brongniart). Il y a plusieurs laves d'un ordre intermédiaire, auxquelles, à cause de leur teinte gris clair, tenant le milieu entre la couleur noire ou ardoise foncée du basalte et les teintes grise cendrée, brune, blanche ou jaune sale du trachyte, j'ai depuis longtemps donné

---

(1) M. Darwin donne la pesanteur spécifique des minéraux composant généralement les laves : dans le feldspath, elle varie de 2 à 2,74 ; dans la hornblende ou l'augite, de 2,4 à 3,4 ; dans l'olivine, de 3,3 à 3,4 ; dans le quartz, de 2,6 à 2,8 ; et enfin, dans les oxydes de fer, de 4,8 à 5,2. (*Iles volcaniques.*)

le nom de *greystone*. Cette classe correspondrait à la *téphrine* de Brongniart et à la *trachy-dolérite* d'Abich. Je persiste à croire que le nom de *greystone* convient mieux qu'aucun des deux autres. On donne le nom de *clinkstone (phonolite)* aux variétés schisteuses du greystone. Il contient généralement une grande proportion de minéraux d'alumine. On ne rencontre pas souvent le quartz granulaire ou cristallisé dans les roches de lave, mais on le trouve dans quelques trachytes. Ces cristaux sont des prismes hexagonaux, tronqués en pyramide à chaque extrémité, ce qui fait supposer qu'ils ont dû se cristalliser *avant* aucun des autres minéraux constitutifs. Généralement, cependant, le quartz est granulaire et semble extérieurement fondu, ou bien il est mêlé à la base compacte du rocher. Parmi les trachytes de Hongrie, des îles Ponza et des Andes, quelques-uns sont extrèmement siliceux, et même peuvent se confondre avec le silex ordinaire, dont ils ont la fracture conchoïde à bords tranchants, souvent avec des veinules de quartz et de cristal. Le feldspath du trachyte est généralement vitreux, mais il est quelquefois opaque.

Les cristaux qui se rencontrent dans les trachytes porphyritiques atteignent quelquefois plus de 2 pouces de longueur. Dans quelques laves, ce feldspath est remplacé par la leucite ou cristaux dodécaèdres, qui atteignent aussi de grandes proportions. L'augite aussi y figure sous forme de hornblende. Les cristaux, souvent de grandes dimensions, affectent une grande régularité. Le mica se présente généralement en tables hexagonales ou rhomboïdales; l'olivine, en cristaux ou granules vert-olive brillant, et le fer titanifère en grains ou en cristaux octaèdres.

§ 2. Les laves les plus anciennes, c'est-à-dire la matière volcanique qui pénètre et quelquefois recouvre les couches secondaires ou anciennes, de façon à ce qu'on reconnaisse cette matière pour dater de l'époque prétertiaire, ces laves diffèrent quelque peu lorsqu'on les considère dans leur ensemble, tant dans leur apparence que dans leurs caractères minéraux, des laves plus récentes qui viennent d'être décrites. Pour les en distinguer on leur donne le nom de *trapp*. Celles qui représentent le groupe basaltique contiennent généralement plutôt de la hornblende que de l'augite et prennent le nom de *greenstone* (*grünstein*, allemand; *diorite*, français). Les roches augitiques de cette classe ont même de nombreuses variétés, connues sous les noms de *mélaphyre*, *gabbro* ou *diallage*, *diabase*, *kersanton*, etc. On peut même y classer la serpentine. Ces dernières variétés se trouvent généralement dans le voisinage des couches calcaires dans lesquelles elles semblent passer, les éléments des roches sédimentaires et éruptives étant mêlés par une action à la fois mécanique et chimique. Les roches feldspathiques anciennes sont le plus souvent compactes et prennent le nom de *feldstone* ou feldspath compacte; si la base contient des cristaux bien définis, on leur donne le nom de *porphyre feldspathique*. L'elvanite ou porphyre quartzifère a la même base, ou du moins une base granulaire composée des mêmes éléments entremêlés de cristaux ou de grains cristallins de quartz. Les trapps, tant feldspathiques que basaltiques, sont accompagnés de leurs conglomérats respectifs de cendres ou de tuf, dont quelques-uns, lorsqu'ils sont lamellés ou feuilletés, ont été dénommés trapps-schistes. Les noms de *claystone* et de *wacke* s'appliquent généralement au feldstone et au greenstone, respectivement, ou à leurs tufs, lorsqu'ils entrent en décomposition.

Considérées dans leur ensemble, on peut dire que les roches volcaniques anciennes sont plus denses et plus compactes dans leur contexture, et présentent moins souvent des parties cellulaires ou scoriformes que ne le font les laves et les tufs d'époque récente. On ne peut cependant pas dire qu'elles soient plus cristallines. Certainement, elles ont été plus exposées aux infiltrations et aux autres agents de décomposition, et c'est ainsi que l'on peut expliquer jusqu'à un certain point quelques-uns de leurs caractères distinctifs; sans être obligé de supposer qu'elles se sont produites dans des circonstances différentes de celles qui ont formé les roches volcaniques plus récentes. Quelques-unes, cependant, telles que les serpentines, les porphyres et les syénites, ont quelquefois tant de ressemblance de caractère et de position avec le granit et les roches cristallines qui l'accompagnent, qu'on doit peut-être leur attribuer une origine plutonique plutôt qu'une origine volcanique. Au reste, nous reviendrons plus loin sur cette considération (1).

§ 3. Outre leurs différences dans la composition minérale, telles que les dévoilent les analyses mécanique ou chimique, les roches de lave varient beaucoup en contexture et en apparence. Quelques-unes sont parfaitement vitreuses, tandis que les autres ne le sont qu'à demi. Les variétés les plus vitreuses et semi-transparentes prennent le nom d'*obsidienne*. Les variétés opaques et résineuses sont connues sous le nom de *pechstein*. Les premières ne se trouvent point parmi les trapps ou les laves anciennes ; toutes deux se rencontrent le plus souvent dans le trachyte. Quelquefois cependant, comme en Islande, à Bourbon et à Hawaii, des laves augitiques contenant de l'olivine ont coulé sous forme de verre noir.

Les variétés vitreuses sont quelquefois porphyritiques, mais le plus souvent, comme il a été dit, par suite de la formation à l'intérieur de cristaux ou de concrétions globulaires, principalement de feldspath, elles se transforment en perlite. Dans les laves basal-

(1) A cette brève description de la composition minérale des roches volcaniques, on peut objecter qu'il n'est fait aucune mention des différentes espèces du genre feldspath ; savoir : l'albite, l'albite de potasse, le feldspath de soude, l'orthoclase, l'anorthite, la labradorite, l'oligoclase, l'andésite, la ryacolite, l'adulaire, la péricline, etc., telles que Gustave Rose et ses disciples les ont classées. J'ai peut-être commis cette omission par suite d'une appréciation incomplète de la valeur de divergences chimiques si minimes, au point de vue géologique, et d'une conviction profonde de la complexité qu'elles introduiraient dans la classification des roches volcaniques. On sait, toutefois, que les chimistes ne sont pas encore tout à fait d'accord sur les caractères spécifiques de ces variétés. D'un autre côté, il n'y a point de désaccord sur les caractères génériques du feldspath, sur ses cristaux, son clivage et sa composition, telle qu'elle résulte de l'analyse, presque entièrement de silice et d'alumine, avec plus ou moins de potasse, de chaux ou de soude, mais sans magnésie ou oxyde de fer, ou bien avec une trace seulement de ces substances qui entrent en si grande proportion dans les autres minéraux, comme l'augite, la hornblende, le mica, l'olivine et la titanite, généralement réunis au feldspath dans les roches volcaniques et hypogènes. (Voir Lyell, *Manuel de géologie*, 1855.

tiques et les trapps on rencontre aussi une semblable structure globulaire, le plus souvent cependant mise à nu par la décomposition, mais dans ce cas le lustre vitreux ou perlé manque généralement. Les laves vitreuses dans les deux catégories sont exceptionnelles. La contexture de la grande masse des laves est lithoïde granulaire, souvent même très-cristalline. Les cristaux constitutifs de feldspath, d'augite, de hornblende, de mica, d'olivine et peut-être de quartz, quoique entrelacés et enchevêtrés les uns dans les autres, sont souvent aussi distincts et aussi considérables que dans le granit. Parfois les plus grands cristaux sont disséminés dans une espèce de pâte feldspathique compacte, comme dans les porphyres anciens. Dans quelques laves les minéraux cristallins ou granulaires sont peu serrés, ce qui forme une roche poreuse, terreuse, et presque pulvérulente; dans d'autres, au contraire, étant plus compactes, ils forment un rocher dur, dense et solide, la contexture est quelquefois lamellaire, plaquée ou squameuse, avec les cristaux inéquiaxes disposés en plans parallèles, comme dans le gneiss ou le mica-schiste, mais le plus souvent ils sont irrégulièrement agrégés en mélange granitoïde, où le microscope, malgré une apparence de contexture compacte, ne saurait manquer de découvrir une infinité de pores et de cavités. Quelquefois, mais rarement, diverses variétés de ces contextures passent de l'une dans l'autre, dans le même rocher, et sur une assez grande échelle, souvent aussi des rognons ou des nodules d'une espèce se trouvent renfermés dans une masse d'une espèce toute différente.

§ 4. C'est une question d'un grand intérêt que de savoir quelles sont les circonstances qui déterminent ces différences de contexture dans les roches laviques. L'opinion dominante, ou plutôt dirai-je, qui dominait, est que toutes les laves ont été vomies de l'orifice volcanique à l'air libre, ont coulé jusqu'à leur position actuelle dans un état de fusion ignée complète, et ont postérieurement acquis une contexture plus ou moins cristalline, selon que leur refroidissement et leur consolidation se sont opérés plus ou

moins lentement. On a cité certaines expériences de Watt en faveur
de cette doctrine, mais elle n'est pas confirmée par une plus juste
appréciation de ces expériences elles-mêmes, ou par des observations et des comparaisons plus étendues de la contexture des différentes laves.

Il est vrai que le basalte, tel que celui du Rowley-Rag, près de
Birmingham, sur lequel a opéré Watt, et qu'emploient aujourd'hui
MM. Chance, dans leur fabrique de pierre artificielle, complète-
ment fondu dans un fourneau, s'il est abandonné à un refroidissement fort lent, durant plusieurs jours, affecte graduellement une
contexture plus ou moins pierreuse, par la formation de cristallites
ou concrétions globulaires, qui, à mesure qu'elles se multiplient,
se compriment et se pénètrent mutuellement, jusqu'à ce que toute
la substance ait pris un grain squameux et semi-cristallin. Mais
si cette même matière en fusion est déversée en plein air, comme
on déverse le fer fondu d'un creuset dans un moule, ou comme
la lave s'échappe d'un orifice volcanique pendant une éruption,
invariablement elle se durcit en un verre parfait, ne différant point
en apparence de l'obsidienne. Or, on peut voir un grand nombre
de ruisseaux de lave entièrement composée d'une roche à contexture absolument vitreuse. Je puis citer les courants de ponce vitreuse et d'obsidienne dans les îles Lipari, Volcano, Pantellaria,
Ténériffe, sur le mont Ararat, Héklà, Krabla, et plusieurs autres
volcans, en Islande et dans les Andes. Ces coulées vitreuses, nous
pouvons bien le croire, se sont répandues dans un état de fusion
aussi complète que celle du métal ou du verre ordinaire, ou du
basalte artificiellement fondu. Mais on n'a jamais découvert dans
aucun de ces exemples, et personne n'a jamais justifié la supposition, que le refroidissement ou la consolidation ait été, ou même
ait pu être plus rapide que dans les cas des nombreux courants
pareillement disposés sur les mêmes volcans ou sur les volcans
voisins, offrant les mêmes caractères minéraux, mais dont la contexture est entièrement lithoïde et granulaire, souvent aussi cristalline que le granit, et n'offrant pas la moindre pellicule superfi-

cielle de matière vitreuse. Cette différence de contexture doit donc provenir de quelque autre cause plutôt que d'un refroidissement plus ou moins rapide.

A dire vrai, les bombes granulaires et les fragments raboteux de lave, rejetés à l'état liquide de la bouillante chaudière d'un orifice volcanique, en se durcissant instantanément, durant leur chute, aussi bien que la croûte scoriforme qui se congèle avec une rapidité extrême à la surface du torrent de lave exposé à l'air, possèdent généralement la même contexture granulaire ou cristalline, et contiennent la même proportion de grands ou petits cristaux que contient l'intérieur du courant, qui a dû nécessairement se refroidir et se consolider de la manière la plus graduelle et la plus tranquille. S'il était correct de supposer qu'un refroidissement plus ou moins lent occasionne une cristallisation plus ou moins complète de la lave, les portions intérieures et inférieures d'un courant profond qui a été plusieurs années à se refroidir, devraient être infiniment plus cristallines que la partie supérieure plus rapidement solidifiée. Même, le degré et la régularité de la cristallisation devraient croître progressivement et uniformément du haut jusqu'en bas. Mais ceci n'existe dans aucun cas, que je sache. Les coulées du grain le plus fin et le plus compacte sont généralement d'une contexture et d'un grain uniformes dans toute leur épaisseur, ainsi que celles qui sont d'une contexture grossière, ou contenant le plus de purs cristaux visibles.

Toutes ces considérations m'ont conduit depuis longtemps (depuis 1825) à cette conclusion, que, dans le plus grand nombre de cas, la lave, à sa sortie d'un volcan, est déjà granulée ou composée de cristaux plus ou moins imparfaits, enveloppés dans une pâte d'un grain plus fin, mais encore minutieusement granulaire, sans être réduite à l'état de fusion moléculaire, et que sa liquidité, c'est-à-dire la mobilité des molécules solides, est due surtout à la présence d'un fluide qui remplit les interstices. Ce fluide ne peut guère être autre que cette même eau, ou plutôt que cette vapeur d'eau, tenant quelquefois en suspension plus ou moins de silex, ou autre matière minérale (1) que l'on voit sortir abondamment de la surface et des crevasses de lave incandescente, au moment de son exposition à l'air, et dans le fait même de la solidification.

Dolomieu, ce grave observateur des phénomènes volcaniques dans le siècle dernier, avait déjà énoncé une semblable théorie sur la nature de la fluidité des laves, avec cette importante différence, qu'il supposait que le véhicule qui donne la mobilité à leurs particules solides, était, non pas l'eau ou la vapeur d'eau, mais le soufre. Or, la quantité de soufre découverte dans les laves ordinaires est absolument insuffisante pour justifier une telle opinion (2). Depuis son époque cependant, l'analyse chimique a découvert que l'eau est un ingrédient très-abondant dans presque toutes les roches cristallines pyrogènes, et maintenant tous les géologues admettent que le granit même a dû sa liquidité et sa plasticité à cet élément comme véhicule de ses particules cristallines. Il ne devrait donc y avoir aucune difficulté à admettre le même principe pour les laves feldspathiques et augitiques d'une contexture granulaire ou cristalline.

Il est vrai que M. Delesse (qui est le partisan le plus avancé de la plasticité aqueuse du granit et des roches cristallines) déclare que les laves volcaniques sont anhydres, c'est-à-dire *comparativement* dépourvues d'eau. Mais c'est justement ce que nous devrions attendre en conséquence de ce que ces roches ont perdu leur eau dans les éruptions ou les exhalaisons plus tranquilles de vapeur qui ont eu lieu lors de leur communication libre avec l'atmosphère. Les granits, au contraire, et les trapps anciens, n'ont pas, selon toute probabilité, atteint l'air dans un état de liquéfaction, mais ont été, dans cet état, forcés entre les couches suprajacentes, peut-être à

(1) Il est bien avéré maintenant que l'eau chaude ou la vapeur contenant une certaine quantité de potasse dissout facilement le silex. De cette façon, il se peut très-bien que le feldspath ou le quartz de roches volcaniques ou plutoniques ait existé à l'état liquide ou visqueux à des températures inférieures à leur point de fusion.

(2) Dolomieu, *Iles Ponces*, Avant-propos, 1788.

de grandes profondeurs sous la mer, certainement sous des pressions énormes; ce qui fait qu'ils retiennent encore leur véhicule fluide.

Il y a plus, les cristaux de plusieurs laves semblent avoir subi une grande trituration, et s'être arrondis et désintégrés par la friction. C'est surtout ce qui se voit dans la base des laves d'un grain fin. L'on ne peut observer les gros cristaux feldspathiques vitreux de quelques trachytes porphyritiques, ou les lentilles de quelques greystones, donnant des indices, non-seulement de rupture, mais aussi de pénétration, par la pâte plus fine qui les entoure, et de vitrification partielle, sans se convaincre que ceux-là du moins se formèrent longtemps avant que la lave dans laquelle ils se trouvent se fût figée. M. Darwin cite, dans l'île d'Albemarle, l'une des Galapagos, une coulée très-fluide de lave, noire et compacte, avec des bulles d'air angulaires, et épaissement parsemée de gros cristaux brisés de feldspath vitreux (*albite*), dont plusieurs ont un demi-pouce de diamètre, et qui, dit-il, ont été évidemment enveloppés et pénétrés par la lave, et arrondis par la friction, à mesure que le courant s'avançait (1). MM. Monticelli et Covelli décrivent la lave du Vésuve, lors de l'éruption de 1822, comme contenant de la leucite dans une proportion de six à un. Les granules cristallins de leucite présentent d'incontestables indices d'une fusion partielle dans l'intérieur du volcan *avant* l'émission, étant fondus à la surface, et couverts d'un vernis bleuâtre. M. Forbes dit, en parlant des trachytes de l'Amérique du Sud : « Il y a tout lieu « de croire que le plus souvent ils ont été vomis à l'état pâteux, « après la cristallisation du quartz et l'abaissement de la tempé-« rature bien au-dessous du point de pression de la roche elle-« même (2). »

Quelques laves contiennent des nodules d'olivine ayant l'apparence de boulders ou cailloux roulés, tellement il est visible qu'ils ont subi une forte trituration durant l'écoulement du courant qui

(1) Voir Bischoff, *Géologie chimique*. Publications de la Soc. de Cavendish, II.
(2) *Quart. Journ. Geol. Soc.*, vol. XVII, p. 26.

les contient. Il a été remarqué par Van Buch, à propos des laves basaltiques de Lancerote, et j'ai eu l'occasion de faire la même observation relativement à celles de l'Eifel et du Vivarais, que tandis que les nodules de l'olivine sont gros quelquefois comme la tête d'un homme, près de la source du courant, ils diminuent vers l'extrémité, de manière à être à peine visibles, l'olivine se trouvant là brisée et mêlée avec les autres grains plus fins de la lave. Si l'olivine s'était cristallisée par lent refroidissement après l'émission de la lave, c'est l'inverse qui eût dû se produire. De même, la roche, qui forme plusieurs dykes, a toujours un grain plus fin vers les côtés ou salbandes du dyke qu'à son centre, sans doute à cause de la plus grande somme de friction mutuelle à laquelle ont dû être soumises les molécules cristallines et granulaires, dans le premier cas plutôt que dans le second, si nous les supposons formées avant l'injection du dyke.

Plusieurs dykes laissent voir une structure lamellaire, en plans parallèles à leurs côtés, ce qu'il faut attribuer, comme dans le cas des laves analogues, à une friction intérieure, et par suite à des mouvements variés dans la matière cristalline qui les compose, pendant qu'elle était poussée entre les parois du dyke, sous une forte pression latérale.

De plus, les scories de-toutes les laves contiennent autant de cristaux, aussi forts et aussi parfaits que ceux contenus dans les parties centrales de la roche. Les explosions de Stromboli rejettent quantité de cristaux hexaèdres parfaits d'augite, généralement doubles. Une grande partie du sable vomi par l'Etna et par d'autres volcans se compose de cristaux bien formés d'augite, de fer titanifère, de mica, etc., qui tous ont dû être cristallisés avant leur expulsion. Il serait incroyable que de tels cristaux se fussent formés pendant les courts instants qu'a duré la consolidation de ces scories. « Les géologues, » dit M. Bischoff, « sont maintenant « unanimes dans leur opinion, savoir : que la formation des miné- « raux cristallins, quelle que soit leur origine, s'est opérée très-

« lentement (1). » Je ne suis pas d'accord avec Bischoff, qui estime que des milliers et même des millions d'années sont nécessaires à la formation d'un gros cristal de feldspath ou de leucite; mais je crois que tout le monde conviendra qu'une telle opération n'a pu être d'une durée éphémère.

Il n'est pas certainement dans mes intentions de nier que les laves aient été fondues avant leur éjection, ou, lorsqu'elles sont évacuées, qu'elles soient généralement en fusion, si par ces mots il faut seulement entendre un certain degré de mobilité causée par la chaleur. Cette fusion, quoique imparfaite, est égale sans doute, dans la plupart des cas, à celle de la matière moitié terreuse et moitié métallique des scories qui se produisent à la surface du fer fondu dans un haut fourneau, auxquelles impuretés, tant en contexture qu'en apparence, les scories de lave ressemblent beaucoup. Et la théorie qui suppose l'état semi-cristallin ou granulaire de la lave avant sa sortie du cratère, ou son arrêt sur la surface de la terre, n'exclut point la supposition que plusieurs des cristaux observés dans la roche qu'elle produit par sa solidification, aient pu se former, ou plutôt s'agrandir et se régulariser pendant cette phase. Cela paraîtrait même, *à priori*, très-probable, puisque le dégagement de la plus grande partie de l'eau contenue dans les interstices, sous forme de vapeur (par exsudation à travers les crevasses et les pores de la roche), et par conséquent la rapide déperdition de chaleur qui tenait les molécules cristallines plus ou moins écartées les unes des autres, doivent les rapprocher, et ce, pendant qu'elles ont encore une certaine liberté d'action, de la manière la plus favorable à l'influence de la force polarisante (quelle qu'elle puisse être) qui détermine la cristallisation. Quelques-unes des particules plus fines peuvent s'être unies ainsi, selon leurs affinités, en cristaux plus parfaits que les autres. Il est même certain qu'une action approchant de la cristallisation, et affectant toutes les molécules de la masse, et les faisant adhérer les unes aux autres avec plus ou moins de cohésion, accompagne

(1) *Géologie chimique.* Publ. de la Soc. de Cavendish, II, p. 103.

la *prise* ou consolidation, même des surfaces les plus exposées de la lave semi-liquide (1).

Il y a une remarquable analogie, comme on l'a déjà fait observer, entre la condition de certaines laves au moment de leur émission d'un orifice volcanique, et aussi durant leur refroidissement et leur consolidation, et la condition du sirop de sucre pendant les dernières phases de sa fabrication. Dans les deux cas, il s'agit, non pas d'un liquide dont les molécules sont homogènes, tel qu'une substance entièrement fondue, mais, d'après mon idée sur la lave, d'un *magma* ou composé de molécules cristallines ou granulaires, douées d'une certaine mobilité par la présence d'un fluide dans leurs interstices, qui, dans les deux cas, se trouve être de l'eau chauffée ou de la vapeur. Dans les deux cas, la consolidation s'effectue par l'évaporation et le dégagement de ce véhicule aqueux, par lequel les molécules sont amenées en contact d'une manière favorable à leur cohésion en une masse rigide, plus ou moins cristallisée. Il est digne de remarque que presque chaque variété de contexture existant dans la lave a son pendant dans quelques-unes des diverses modifications que subit le sucre dans sa fabrication. Les laves visqueuses, filandreuses, filamenteuses et vitreuses ont leurs analogues dans le sucre d'orge et les autres sucres obtenus par fusion, et les laves *rubanées* dans les boules ou les bâtons de sucre coloré. Il y a aussi du sucre cristallisé et de la lave, dans lesquels on n'aperçoit qu'une contexture granulaire très-fine, ou en écailles, tandis que le grain, hautement cristallin et étincelant du sucre en pain, a une forte ressemblance avec les laves poreuses et très-cristallines, qu'elles soient augitiques ou feldspathiques. Enfin, le sucre candi peut être comparé aux trachytes granitoïdes et porphyritiques, composés de gros et parfaits cristaux de feldspath, d'augite, de hornblende, de mica ou de quartz. Le pa-

---

(1) Bischoff remarque que « des cristaux imparfaits empâtés dans la lave peu-
« vent, plus tard, devenir parfaits, car, d'après les expériences du docteur Jor-
« dan, les arêtes et les angles brisés des cristaux se reforment lorsqu'ils se trou-
« vent en suspension dans des solutions de même nature, et ce n'est qu'après la
« formation des parties manquantes que les cristaux commencent à grandir. »

rallèle que j'établis n'est nullement imaginaire. Quelque peu relevée que soit cette comparaison, elle peut éclaircir l'origine des diverses contextures distinctives des roches laviques, et démontrer quelles faibles différences de température, de mouvement ou d'exposition à l'action atmosphérique, peuvent causer ces variétés de contexture dans la même matière.

Je sais que ces idées ne sont pas en concordance complète avec celles de M. Bischoff, qui, tout en pensant (et en donnant à peu près les mêmes motifs que moi) que plusieurs des cristaux composant les laves furent formés dans la cheminée du volcan, avant l'éruption (*Op. cit.*, p. 231), suppose cependant que tous les plus grands cristaux ont *grandi,* pour ainsi dire, jusqu'à la taille où on les voit aujourd'hui, par une opération très-lente, ayant duré des milliers et même des millions d'années. Cette opération, si je l'ai bien comprise, est la dissolution graduelle de la base amorphe par l'infiltration des eaux météoriques, et sa cristallisation à nouveau sur des cristaux antérieurs, comme sur des noyaux (*Op. cit.*, vol. II, p. 25). De là, il conclut que les gros cristaux de granit, de syénite, etc., qui atteignent quelquefois un pied ou davantage de longueur, sont proportionnés au temps qui s'est écoulé depuis la consolidation de ces roches; mais de nombreux faits s'opposent à cette hypothèse. Par exemple, bien des ruisseaux de lave moderne, depuis l'époque historique, sont remplis de gros cristaux, et beaucoup plus forts que ceux qui se trouvent dans la majorité des temps les plus anciens. Bischoff lui-même parle de cristaux de leucite dans les laves de Rocca-Monfina (peu ancienne, quoique peut-être d'une époque anté-historique), gros comme des oranges; et il est notoire que, là et autre part, lorsque de gros cristaux se trouvent dans un rocher de lave, il s'en trouve aussi dans les scories et les tufs contemporains. Bischoff dirait probablement (et même il le dit) que les cristaux, dans le tuf, ont été formés, depuis son dépôt, par la formation aqueuse; mais, outre que l'élément du *temps,* auquel il attribue leur formation, manque souvent en pareil cas, il est, je crois, impossible de concevoir qu'une cristallisation métamorphique aqueuse, lente, ait pu produire les gros cristaux trouvés dans les scories détachées après leur éjection, sans aucun changement dans la matière semi-vitreuse scoriforme qui leur est adhérente. Pilla dit que beaucoup de gros cristaux de leucite et d'augite furent rejetés par le Vésuve, lors de l'éruption du 22 avril 1845. Les premiers étaient gros comme des noix, d'un lustre vitreux, et étaient parfaitement conformés. De petites molécules de matière scorifiée y adhéraient et même pénétraient dans l'intérieur. La lave provenant de cette même éruption était remplie de cristaux semblables. Ceux-ci devaient tous avoir été formés dans le volcan avant l'éruption.

§ 5. Il est fort probable en soi que les laves se seront souvent partiellement refroidies, consolidées et cristallisées, quand elles formaient encore la partie supérieure d'une masse en fusion dans la cheminée du volcan. Ce phénomène peut avoir lieu pendant tout intervalle de repos, s'il est suffisamment prolongé. Un temps assez court même peut suffire pour qu'il se produise jusqu'à une certaine profondeur. Il se peut aussi que la pression, tout autant que la température, ait son influence sur la cristallisation plus ou moins complète d'une lave pendant qu'elle est encore enfermée dans le volcan à de plus grandes profondeurs. Dans cet état, il est facile de concevoir que les variations de température ou de pression peuvent alternativement la dilater ou la contracter, la liquéfier, ou même la fondre entièrement, puis la solidifier, avant qu'elle ne sorte finalement de l'orifice volcanique; pendant ces alternatives, plusieurs changements peuvent survenir, non-seulement dans la contexture, mais aussi dans la composition minérale de la roche.

Comme il a été dit plus haut, notre imparfaite connaissance des lois qui déterminent la formation des différents minéraux, est pour le moment trop limitée pour que nous puissions maintenant résoudre ces questions. Toutefois, puisque nous avons assez de preuves que la chaleur et la vapeur qui s'élèvent d'une masse de lave incandescente peuvent changer une roche solide, avec laquelle elle vient en contact, d'un carbonate de chaux compacte en une dolomite hautement cristalline, contenant quarante-cinq centièmes de magnésie (1), il ne paraîtra certainement pas incroyable que des altérations considérables dans le caractère minéral puissent s'effectuer dans une masse souterraine de la lave elle-même, pendant la répétition des phases de dilatation et de contraction sous différentes variations de pression et de température, à laquelle nous savons qu'elle doit se trouver soumise. Les cristaux d'argile, d'olivine ou de leucite peuvent avoir été produits par quelques-uns des éléments triturés, fondus ou même vaporisés du mica, du feldspath et du quartz, et même la matière granitique originelle peut, sous certaines influences, avoir été transmutée en trachyte, et, sous certaines autres, en basalte.

L'eau chauffée, ou la vapeur d'eau dont la masse de la lave a été pénétrée, a probablement joué un rôle dans ces changements, en tenant le quartz en dissolution, pour prendre postérieurement peut-être des formes pseudo-morphiques, ou envelopper d'autres minéraux dans une base siliceuse. Les expériences de M. Daubrée démontrent que, par le concours simultané de la chaleur et de la pression, des cristaux d'augite, de feldspath, de quartz et de mica, peuvent se former dans l'eau contenant des silicates alcalins, en solution, mêlés avec l'argile ordinaire (2). La volatilisation des minéraux ferrugineux peut quelquefois avoir séparé leurs éléments et produit une lave feldspathique, contenant fort peu de fer, dans une partie du canal, et une lave hautement ferrugineuse dans une autre, ou tapissé les cavités de la masse supérieure avec du fer spéculaire ou titanifère. Là où le feldspath, ou une partie, est réduit à l'état de division extrême, presque à la fusion moléculaire complète, durant l'expansion d'une masse de lave dans l'intérieur d'un volcan, la consolidation nouvelle du rocher peut avoir occa-

(1) Dans le Tyrol (V. de Buch, *Lettre à Humboldt*) ; dans l'île de Skye (Maccalloch, *Iles occidentales*, vol. I, p. 325) ; dans l'île de Zannone (îles Ponza, *Trans. géol.*); dans les dykes, dans les craies du nord de l'Irlande, etc.

(2) Daubrée, *Études*. Paris, 1859.

sionné la cristallisation de ses éléments dans d'autres proportions et d'autres formes, telles que la leucite ou l'olivine.

En pareille circonstance, il est à présumer que les gravités spécifiques différentes des éléments constituant les laves, peuvent amener de ces métamorphoses. Il est très-facile de comprendre que, exposés dans le foyer d'un volcan à une liquéfaction et une consolidation successives, les minéraux les plus lourds puissent filtrer en quelque sorte à travers les plus légers, ce qui rend les couches supérieures de la masse plus feldspathiques, et les plus basses plus ferrugineuses et augitiques. M. Darwin partage mon opinion, que les cristaux feldspathiques les plus légers d'une masse de lave liquéfiée tendent à s'élever, et que les cristaux ou granules des minéraux plus lourds tendent à tomber; la viscosité de la matière empêchant toutefois la complète séparation des éléments dont les pesanteurs spécifiques n'offrent pas une grande différence (1). Ou bien encore, un résultat pareil (peut-être l'inverse, relativement aux positions des divers minéraux) peut avoir lieu par l'expression mécanique des molécules plus fines, ou des minéraux plus facilement fusibles, hors des plus grossiers et moins fusibles, sous des pressions extraordinaires et localement variables (2).

Bischoff dit (3) : « Lorsqu'un mélange de plomb et d'étain, dans « une proportion quelconque, se refroidit lentement, l'un ou l'au- « tre de ces métaux se solidifie le premier, et demeure mécani- « quement mêlé avec la portion encore liquide qui est un alliage « des deux métaux en proportions définies. » Si les métaux en fusion, encore dans cet état, étaient déversés et subitement refroidis, le résultat serait une base d'alliage contenant des cristaux de l'un

____

(1) *Iles volcaniques*, p. 118-124.

(2) Le professeur Jukes, dans l'art. Minéralogie et Géologie, de l'*Encyclopédie britannique*, dit fort bien : « Si l'on pouvait suivre un courant de lave jusqu'à sa « source dans le sein de la terre, on trouverait peut-être que, selon les diverses « circonstances de profondeur et de pression, elle est à l'état de scories, de ponce « ou de granit. »

(3) Vol. II, p. 93. Publ. de la Soc. de Cavendish.

des métaux, qui s'y dissémineraient, comme le font ceux de feld-spath et d'augite, dans un mélange, homogène en apparence, des deux éléments dans une roche de lave. Dans ce dernier cas, nous n'avons qu'à supposer la cristallisation des différents minéraux constitutifs d'une masse de lave sous-volcanique, interrompue par une éruption (ce qui est fort vraisemblable), pour expliquer l'exis-tence de cristaux bien formés, tant dans les scories éjaculées que dans les laves plus lentement refroidies. La base consisterait pro-bablement dans les deux produits de petits cristaux imparfaits, ou de granules composés des divers minéraux, lubrifiés par une so-lution de silex dans la vapeur d'eau qui les a pénétrés, car, on le sait, le feldspath, aussi bien que le quartz, est insoluble dans l'eau chaude (1).

A la suite de ces changements, l'expansion et la protrusion des laves pourraient produire des courants alternés de trachytes, de clinkstone, ou de feldspath compacte, de basalte ou de greystone leucitique. De cette façon, on peut expliquer ce fait, que les prin-cipales variétés de lave se trouvent souvent, généralement même, avoir été émises successivement, quelquefois alternativement, mais sans ordre régulier de succession, d'un même volcan ou du moins d'un même système d'orifices. Ainsi, en France, dans le Mont-Dore, le Cantal et le Mezen, trois volcans éteints, on voit s'alterner les courants de basalte, de trachyte et de phonolite. La section ci-jointe des roches usées par la cascade, immédiatement au-dessus du Mont-Dore-les-Bains, en offre un frappant exemple.

Dans le Cantal, de pareilles couches alternées sont aussi visibles. Dans le Mezen, un phonolite très-feldspathique (trachyte squa-meux) repose sur le basalte, et, à son tour, soutient une couche de la même roche; ceci peut se voir en plusieurs endroits. Dans la chaîne des Puys, près de Clermont, des éruptions de laves basal-

(1) Ces idées sur les changements qui probablement ont eu lieu dans la roche souterraine d'où jaillissent les laves, furent mises en avant, dès 1825, dans la pre-mière édition de cet ouvrage (p. 145, 146). Elles sont maintenant soutenues par la haute autorité de M. Darwin et du professeur Jukes, aussi bien que par les expériences et les raisonnements de MM. Delesse, Deville, Durocher et Daubrée.

tiques ont presque constamment succédé à celles de trachyte ou greystone, provenant d'un même orifice ou d'orifices contigus. Sur

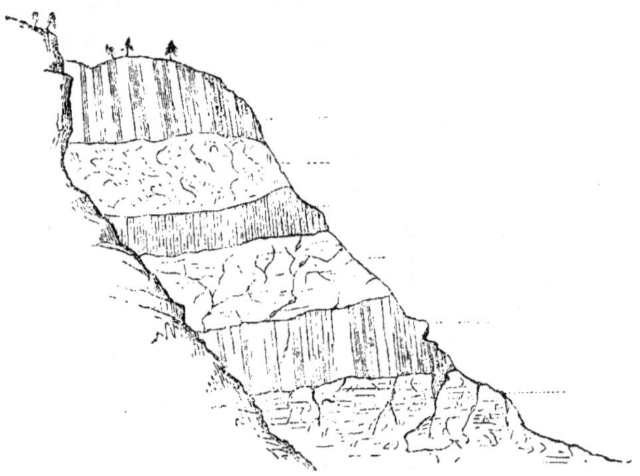

Fig. 34. — Section de rochers à la Cascade, bains de Mont-Dore.

la Somma, le greystone leucitique surmonte un tuf trachytique.

Dans les collines Euganéennes, dans les monts Cimini, au lac de Bracciano, dans les champs Phlégréens, les îles Ponza et Ischia, dans les groupes de Hongrie, le Siebengebirge, à Ténériffe, en Islande, à Guahilagua et à Xalapa au Mexique, le trachyte, le greystone et le basalte se rencontrent ensemble, et semblent avoir été successivement éjaculés d'un même orifice ou d'orifices très-voisins. Ces exemples, et plusieurs autres que l'on pourrait citer, prouvent que MM. de Humboldt et Beudant, et quelques autres géologues qui partagent leur opinion, sont dans l'erreur en parlant d'une prétendue répulsion ou antagonisme entre les formations trachytiques et basaltiques (1). Il est naturel, et il faut s'y attendre, que là où le basalte a été le dernier et le plus copieux produit d'un volcan, ses courants doivent cacher en tout ou en partie les courants de trachyte qui l'ont précédé, *et vice versâ.* En outre, la grande différence dans la fluidité de ces laves (différence dont nous allons

(1) Humboldt, *Essai géognostique,* p. 349; Beudant, *Hongrie,* t. III, p. 587.

nous occuper) les aura conduites à s'accumuler, l'une à certaine distance, et l'autre dans le voisinage immédiat de l'orifice. Ainsi, au Mont-Dore, les courants de trachyte n'ont, en aucun cas, coulé à plus de 7 à 8 kilomètres des hauteurs centrales du volcan; les courants de basalte, au contraire, ont atteint une distance double, ou davantage. Il paraît assez probable, comme le suggère M. Darwin, que la grande pesanteur spécifique des laves augitiques peut faire qu'elles éclatent plus souvent au pied qu'au sommet d'une montagne volcanique, ce qui donne lieu à ces fréquentes nappes de basalte que l'on rencontre autour de la base des volcans trachytiques. Mais au lieu d'une répulsion mutuelle, savoir, la production du trachyte entravant celle du basalte, et réciproquement, comme l'affirment certains auteurs, la loi *générale* semble être une production successive du même orifice ou d'orifices voisins, quoique sans ordre régulier de succession, et en général à de longs intervalles de temps. Le complet isolement des formations basaltiques ou trachytiques n'est qu'une exception à la règle générale, et peut souvent s'expliquer par le fait que les produits primitifs du volcan, souvent sous-aqueux, se trouvent cachés.

Une erreur plus grande fut la tentative de limiter en théorie la production des roches volcaniques d'une composition minérale particulière à des périodes séparées de l'histoire du globe. D'après M. Beudant, tous les trachytes sont de l'époque secondaire, et tous, sans exception, antérieurs à l'époque tertiaire. Mais les trachytes du Cantal et du Mezen reposent sur de la chaux d'eau douce tertiaire; ceux de Montamiata et des monts Cimini sur les calcaires et les argiles tertiaires des collines sous-apennines; celui des collines Euganéennes coupe et recouvre des couches de calcaire grossier. De plus, les éruptions de plusieurs volcans modernes ont produit et produisent encore des laves trachytiques. La plupart des volcans d'Amérique, surtout le Popocatepetl, l'Orizaba, le Capac-Urcu, le Cotopaxi, le Sotara et le Ruccupichinca, sont trachytiques, et vomissent de la pierre-ponce. Les volcans de Sumatra, de Java et des Moluques paraissent aussi produire principalement des laves feldspathiques. Les mers dans le voisinage de ces îles sont souvent, après une éruption, couvertes, sur une grande échelle, de ponce flottante.

Le pic de Ténériffe, qui a certainement été en éruption à une époque encore très-récente, est trachytique, tandis que les anciens produits du volcan sont basaltiques. En Islande, les laves anciennes qui composent la grande masse de l'île sont toutes basaltiques, et ont principalement une origine sous-aqueuse. Les laves produites récemment par les volcans encore en activité sont feldspathiques, pour la plupart. Volcano, une des îles Lipari, pendant l'éruption de 1786, vomit de la ponce, et les laves récentes de Lipari elle-même sont d'obsidienne feldspathique et de ponce. La lave de l'Arso, dans l'île d'Ischia, et celle d'Olibano, près de Pouzzoles, toutes deux d'une date connue, sont des trachytes, minéralogiquement parlant. Les laves de Bourbon, dont le volcan est en éruption presque permanente, sont hautement feldspathiques. Sainte-Hélène est un volcan trachytique, surgissant d'un cirque de basalte, base d'un volcan antérieur. Le trachyte lui-même, toutefois, est percé de dykes de lave augitique, de sorte qu'il s'est fait là, comme ailleurs, une production alternative des deux sortes de lave. On a aussi observé des passages du trachyte au basalte dans un même dyke (1).

A dire vrai, bien loin que les laves feldspathiques datent d'une époque antérieure aux laves dans lesquelles dominent les miné-raux augitiques ou ferrugineux, on sait, au contraire, que la plu-part des anciens trapps appartiennent à cette dernière classe (basalte ou greenstone). L'opinion que la composition minérale est un indice de l'âge, relativement aux roches pyrogéniques, perd rapidement du terrain parmi les géologues, dont la plupart considèrent aujourd'hui que le porphyre, la serpentine, et même le granit, peuvent être d'origine récente, et même en cours de formation et de soulèvement de dessous les couches superficielles, même de nos jours.

(1) Daubeny, *Volcans*, p. 93.

§ 6. Mais j'irai plus loin. Il semble très-probable que sous l'influence des variations de température et de pression auxquelles les laves doivent être exposées, au dedans ou au-dessous d'un volcan, avant leur expulsion, les cristaux qui composent une roche granitoïde d'un grain grossier peuvent, sans éprouver de changement dans leur caractère minéral essentiel, être assez désagrégés, disloqués, ou même dénaturés, pour donner à ce granit la contexture d'une pâte à grain fin, lorsqu'elle s'échappe de l'orifice d'éruption pour se consolider en plein air (1). Dans tous les cas, il semble évident que plus le grain sera fin, plus grande sera la mobilité des molécules, et, par suite, la liquidité de la matière et la facilité d'agrégation des volumes de vapeur élastique qui peuvent se former dans la masse, ainsi que la facilité de leur élévation en vertu de leur pesanteur spécifique, moindre que celle de la masse qui les enveloppe. D'un autre côté, lorsque les molécules cristallines demeurent extrêmement grossières, il est facile de concevoir qu'un gonflement général peut avoir lieu par l'expansion de la vapeur dans les interstices des cristaux ou des plaques cristallines, sans occasionner la mobilité nécessaire pour admettre son agrégation en bulles visibles. Dans un cas, il y aura une masse poreuse, gonflée, mais encore hautement cristalline, d'une liquidité imparfaite, et par cela même exerçant une puissance plus perturbatrice sur les roches suprajacentes, et une plus grande force de coin contre les parois d'une fissure où elle pourrait s'introduire. Dans le second cas, ce sera une matière bien plus liquide, à travers laquelle les bulles de vapeur peuvent se dégager, en augmentant de volume avec leur ascension, et qui s'injectera bien plus facilement dans, ou à travers des fissures d'une largeur modérée. Ainsi, de même, lorsque les laves de divers caractères se sont frayé une voie jusqu'à l'air libre, elles affectent des dispositions différentes. L'une cou-

---

(1) Je suis appuyé dans ces idées que je soutiens depuis 1825, par MM. Scheerer et Delesse, qui tous deux affirment que l'eau existe en combinaison mécanique avec toutes les matières cristallines (voir *Bull. de la Soc. géol. de France*, **IV**, 2e série, p. 468 et suiv.), et par Bischoff, qui dit « qu'une lave cristalline peut être désagrégée, *sans fusion*, par l'action de la vapeur surchauffée. »

lera rapidement, presque comme de l'eau ou tout autre liquide
véritable, selon les lois du mouvement des fluides; l'autre s'accumulera en une masse volumineuse, poreuse ou semi-solide au-
dessus ou autour de l'orifice de dégagement. Entre ces deux
extrêmes, on peut supposer qu'il existe tous les degrés de liquidité, et par conséquent on peut s'attendre à rencontrer toute variété de forme dans la masse de la lave émise; et c'est, par le fait,
ce qui s'observe dans les roches volcaniques.

Quelques laves (et ma remarque s'applique surtout aux variétés
d'un grain fin) ont évidemment coulé avec tant de rapidité le long
des côtés du cône auquel elles appartiennent, ou des autres
pentes d'où elles descendent, qu'elles n'ont laissé qu'une mince
croûte de roche solide, ou un canal étroit et souvent tubulaire, par
lequel s'est échappée la matière extrêmement fluide qui, ayant
atteint une surface plane, s'est étendue en nappe mince sur une
superficie fort considérable. D'autres laves, au contraire, surtout
celles d'un grain grossier, comme les trachytes poreux, terreux et
cristallins, et quelquefois certaines laves basaltiques, par suite de
leur imparfaite liquidité ou extrême viscosité, jointe à la lenteur
de leur mouvement, s'accumulent en couches massives auprès
de l'orifice de dégagement, ou en excroissances ou mamelons
hémisphériques, quelquefois directement au-dessus de cet orifice.

§ 7. Il est aussi probable, *à priori*, que la pesanteur comparative de la lave exercera une influence considérable dans la déter-
mination de sa fluidité, et aussi de sa configuration, lors de son
émission. Cette supposition a été confirmée par l'observation. On
peut généralement affirmer que plus la proportion est grande
des minéraux ferrugineux (augite, hornblende, mica et fer titanifère), dans la constitution d'une lave, plus, toutes choses égales
d'ailleurs, ses dimensions horizontales seront grandes proportionnellement à sa masse, et aussi plus l'épaisseur de sa couche sur
une surface unie ou presque unie se trouvera uniforme. Je puis
citer comme exemples les anciennes nappes ou plateaux de basalte

du Dekkan, dont il a été déjà parlé; ceux du Cantal et de la Haute-Loire, que l'on voit aujourd'hui à une hauteur considérable au-dessus des vallées de dénudation adjacentes. Mais les dimensions horizontales de quelques courants ferrugineux, produits par de récentes éruptions, sont aussi étonnantes. Le torrent qui détruisit Catane, en 1669, a 22 kilomètres de long, et, en quelques endroits, 10 de large. Recupero en mesura un autre sur le flanc nord de l'Etna, et lui trouva une longueur de 65 kilomètres. Spallanzani mentionne sur l'Etna des courants de 24, 33 et 48 kilomètres. Deux torrents du Skaptar-Jokul, en Islande, en 1783, couvrirent rapidement une surface de 65 et de 80 kilomètres de long, sur une largeur de 16 à 25 kilomètres. Dans l'île de Hawaii, une récente éruption, en août 1855, fit jaillir un fleuve de lave de 105 kilomètres de longueur, et d'une largeur variant de 2 à 16 (1). Ces laves sont toutes des basaltes ou des greystones ferrugineux d'une pesanteur spécifique élevée.

§ 8. D'un autre côté, une pesanteur spécifique faible, surtout lorsqu'elle est combinée avec une contexture cristalline ou granulée grossière, ne donnera lieu qu'à un minimum de fluidité. Cela ressort de la disposition commune à tous les trachytes à gros grain ou poreux, comme ceux qui composent les mamelons et les dômes qui sont groupés autour des centres volcaniques du Mont-Dore, du Cantal, du Mezen, en France, et des volcans de Hongrie et des Andes. Peut-être n'y a-t-il pas de meilleurs exemples du volume que produit cette imparfaite fluidité que les trois ou quatre puys de domite, des monts de Dôme, savoir, le Puy-de-Dôme lui-même, et les collines voisines, en forme de cloches, de Sarcouy et de Cliersou. Ces collines s'élèvent chacune du cratère ou creux d'un cône de cendres formé de blocs de différentes laves, ou de cendres et de ponce. L'expulsion de ces matières dans l'air a évidemment accompagné ou suivi l'émission de la lave trachytique qui semble s'être élevée dans un état si pâteux et si imparfaitement liquide, qu'elle s'est accumulée au-dessus sous forme de

(1) Coan, *Quart. Journ. Geol. soc.*, 1856, p. 170.

dôme ou de cloche, tout à fait comme une masse de cire fondue ou d'argile humide qui serait violemment expulsée au dehors, à travers un orifice, dans la couverture du vaisseau qui la contiendrait. La substance de ces collines est d'un trachyte fort terreux, poreux et spongieux comme la ponce.

Voici une esquisse du Puy-de-Dôme, enfermé dans ses deux cônes de scories.

Fig. 35. — Esquisse du grand Puy de Sarcouy (trachyte) entre le Puy de la Goutte et le petit Sarcouy (cônes de cendres) en Auvergne.

Il est clair, dans cet exemple, que le mamelon central a été produit par la même éruption qui a formé les cônes de cendres.

La structure interne d'un tel dôme doit probablement être telle que l'indique la figure 37.

On peut supposer qu'une couche de la masse pâteuse peut en avoir débordé une autre, à mesure qu'elle surgissait de l'orifice, de manière à former, soit un mamelon homogène, soit une série· de couches irrégulièrement concentriques, divergeant toutes vers l'extérieur. Les petits mamelons de lave feldspathique vitreuse sur le sommet du volcan de Bourbon, dont il a déjà été question, p. 75, dont Bory de Saint-Vincent observa la formation actuelle, par le flux d'une matière hautement visqueuse, à la température blanche, et la consolidation, à mesure qu'elle s'écoulait le long de la butte, qu'elle se créait par couches concentriques irrégulières; ces petits mamelons peuvent, à mon avis, être regardés comme des types du mode de production des dômes trachytiques et des mamelons plus considérables.

Tel fut, je crois, le mode d'émission des buttes de lave trachytique que l'on rencontre dans le fond du cratère d'Astroni, près de

Naples, de celle de Santa-Croce, qui s'élève dans le centre du cratère de Rocca Monfina, de celle des Camaldoli, de Montamiata, de

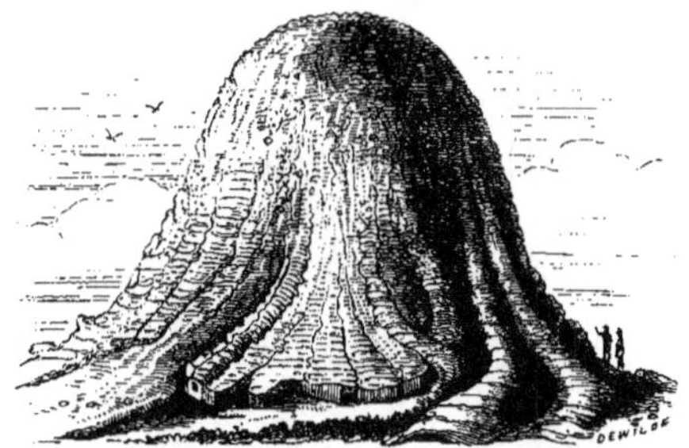

Fig. 36. — Le Mamelon Central, colline de lave vitreuse sur le sommet du volcan de Bourbon. (D'après Bory de Saint-Vincent.)

Palma, ainsi que de beaucoup d'autres qui ont quelquefois été cités par le docteur Daubeny et d'autres, à l'appui de la théorie

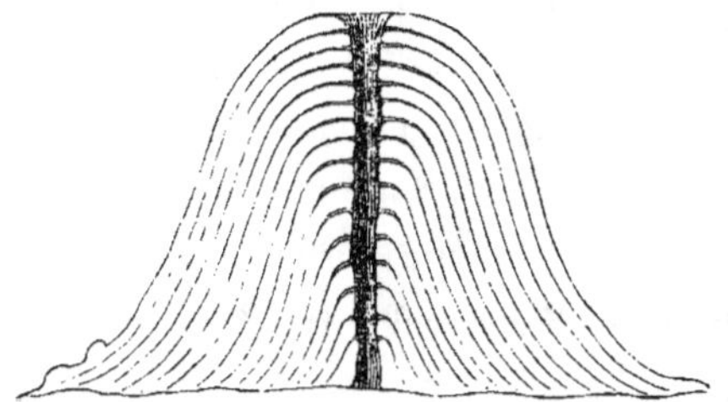

Fig. 37. — Section idéale du Mamelon Central.

du soulèvement des cratères volcaniques, en supposant que leur protrusion avait soulevé les couches inclinées des cônes environnants.

Il est clair que si une lave d'une liquidité si imparfaite peut être vomie sur plusieurs points contigus d'une fissure prolongée, elle donnera lieu, par son accumulation de chaque côté, ou au-dessus, à une chaîne de dômes ou de mamelons, ou à une crête prolongée, d'une structure anticlinale, ce qui fait qu'il est quelquefois difficile de la distinguer d'un courant puissant qui aurait coulé d'une seule source. Comme exemple, je puis citer la chaîne de collines arrondies de trachyte qui s'étendent vers le nord, en partant des hauteurs centrales du mont Dore, sous le nom du Puys-de-l'Angle, de Hautechaux, Barbier, Baladou, l'Aiguiller et Pessade (1).

Selon toute probabilité, plusieurs des massives formations trachytiques des Andes, à quelques-unes desquelles M. de Humboldt attribue une épaisseur verticale de mille mètres, furent produites de cette façon par de vastes et larges fissures qui dégagèrent, pendant une longue période d'éruption à travers plusieurs orifices sur tout leur prolongement, une immense quantité de lave feldspathique, n'ayant qu'une très-faible fluidité.

Humboldt exprima l'opinion que semblent partager quelques géologues, que ces dômes trachytiques sont des ampoules creuses, soufflées, gonflées comme des vessies, et qu'ils ont ou n'ont pas un cratère à leur sommet, selon que la vessie a *crevé* ou non. Il n'y a cependant aucun motif de croire que ces montagnes soient moins solides que les autres, et leurs cratères, loin d'avoir été formés par l'explosion d'une seule ampoule, ont été, sans aucun doute, comme tous les cratères, formés par de continuelles explosions, durant quelquefois des mois entiers, ainsi qu'on l'a souvent observé (2).

Tel aussi a dû être le mode de formation de la grande chaîne de mamelons de phonolithe, ayant son origine dans le Mezen, près du Puy en Velay, et s'étendant jusque dans la gorge de la Loire, à cinquante kilomètres, sur une largeur moyenne de dix, soit environ une superficie de deux cent cinquante. On voit qu'elle repose sur le basalte en quelques endroits, et sur des marnes et des argiles tertiaires d'eau douce dans d'autres; plus fréquemment encore sur du granit. Cette disposition et sa pente graduellement inclinée, depuis les hauteurs du Mezen jusque dans l'ancien lit de la Loire,

(1) Voir mon ouvrage : *Volcans de la France centrale*, 2ᵉ édit., 1858.
(2) Voir mon Mémoire sur les « *Cônes volcaniques et les cratères*. Paris, juillet 1860.

où elle se termine (en appuyant son extrémité contre le pied de la chaîne granitique de la Chaise-Dieu, sur la rive opposée), font douter si ce ne fut pas un courant continu, plutôt qu'une éjaculation provenant d'une fissure plus ou moins prolongée. Les agents atmosphériques ont toutefois effectué de grands changements dans cette chaîne, depuis sa formation, en la coupant entièrement dans les parties les moins résistantes, et en l'ébréchant en un grand nombre de petites éminences d'une forme plus ou moins capricieuse, généralement conoïde, de cent cinquante à deux cents mètres de hauteur. Certaines différences locales de dureté et de structure, en laissant plus ou moins de facilité aux agents de dégradation, surtout à la pluie et à la gelée, ainsi que la facile destruction des parties basées sur les couches friables de marne et d'argile que la structure fendillée des phonolithes au-dessus exposait aux infiltrations pluviales, furent sans aucun doute les causes de ces altérations (1).

Toutefois, je crois qu'il n'est pas improbable que les laves de phonolithes ont pu généralement avoir été rejetées dans un état de

---

(1) Plusieurs géologues ont remarqué la tendance particulière des phonolithes à se dégrader en masses détachées de forme conique. On ne peut nulle part mieux apprécier cette remarque que dans cette chaîne du Mezen, qui est réduite à une série d'éminences présentant toutes les gradations de figure, depuis le segment rudimentaire d'une masse informe jusqu'au cône parfait. (Voir la carte panoramique du Puy dans mon ouvrage : *Volcans de la France centrale.*)

La cause de cette uniformité provient évidemment de la plus grande facilité avec laquelle cette roche cède à l'influence météorique en certains endroits plutôt que dans certains autres, aussi bien que de ses fréquentes différences de contextures plus ou moins aptes à se décomposer, comme de ses variétés accidentelles de structure, car les modifications colonnaires ou lamellaires se combinent quelquefois de façon à hâter la désagrégation, comme je l'ai fait remarquer à propos de la roche Tuilière (Mont-Dore), et quelquefois de façon à donner le *summum* de résistance, comme lorsqu'un faisceau de colonnes s'appuyant mutuellement converge en un groupe conique. Les mêmes causes influencent l'aspect de la masse après qu'elle a été complétement isolée et réduite à une forme arrondie par la dégradation des arêtes angulaires. Là où le phonolithe est de nature à facilement se dégrader, il présente un cône uni, couvert d'une épaisse couche d'humus blanchâtre, qui souvent nourrit de luxuriantes forêts de chênes et de sapins. Là où la roche est plus résistante, le sommet est formé en pic arrondi, déchiqueté et raboteux, et la base est encombrée de ruines et de stériles fragments d'ardoise.

consistance approchant de la solidité, ce qui leur a permis de s'élever en haute pyramide ou en muraille fort élevée au-dessus de l'ouverture, sans supports latéraux. M. Darwin suppose, en se basant sur l'état vertical de la forme, que les roches de phonolithe sont toujours des dykes dénudés. Pourtant, la position de la grande chaîne de phonolithes du Mezen est incompatible avec un semblable mode de formation, puisqu'elle atteint dans toute sa longueur à des hauteurs de deux cent cinquante mètres et plus, au-dessus de la plate-forme granitique de chaque côté, que nous ne pouvons supposer avoir été usée à ce point depuis l'éruption du phonolithe.

Il est probable que les masses évacuées dans un pareil état de semi-solidité doivent avoir une influence perturbatrice bien plus puissante que n'en ont les laves plus liquides sur les roches qu'elles traversent si violemment. Ce qui confirme cette opinion, c'est que l'on trouve quelquefois que le trachyte a plus ou moins bouleversé les strates adjacentes. Ceci cependant est une exception, et restreint à un voisinage immédiat. Je puis citer comme exemple la remarquable colline appelée le Puy-Chopine, dans les monts de Dôme. MM. Hamilton et Strickland font une remarque semblable à propos des trachytes de l'Asie Mineure, en ajoutant que le plan horizontal général des strates est demeuré intact (1).

Comme exemples de laves trachytiques ou hautement feldspathiques qui ont coulé sur des plans inclinés, mais qui montrent encore, par l'épaisseur énorme de leurs couches, comparativement à leur superficie, l'imperfection de leur fluidité, je citerai celles du Mont-Dore, surtout les plateaux de l'Angle, de Rigolet et de Chambon, juste au-dessus des Bains, d'environ trente mètres d'épaisseur (2) ; celles qui descendent de leur source centrale vers la ville d'Aurillac, dans le Cantal, en passant sur des marnes d'eau douce ; celle d'Olibano, sortant du cratère de la Solfatare, près de Naples ; celles qui composent le substratum de Procida, de l'île Lipari, des Salines, de Volcano et d'Ustica, dans l'archipel Lipari ;

(1) *Trans. de la Soc. géol.*, 2ᵉ série.
(2) Voir la fig. 34, p. 127.

tiene, etc. Le groupe des monts Cimini, près de Viterbe, offre plusieurs exemples analogues; ce sont d'épais courants trachytiques,
basés sur des tufs, qui forment les pentes de ces montagnes. Il n'y
a aucun doute que les montagnes volcaniques de l'Islande et de
la Hongrie ne présentent des faits semblables, car, dans les deux
cas, de massives collines, ou couches de trachytes, sont décrites
comme enveloppées de tufs et de conglomérats, ou alternant avec
eux.

§ 9. *Structure vésiculaire.* — J'ai déjà dit que certaines laves
sont plus poreuses ou plus cellulaires que d'autres, et cela, non pas
seulement dans les parties supérieures du courant, où l'on peut
s'attendre à trouver la plus grande partie des bulles de vapeur (1),
mais dans toute la masse entière. Les laves dans lesquelles dominent les minéraux feldspathiques, sont, comme on peut le supposer d'après leur peu de pesanteur spécifique, bien plus fréquemment vésiculaires dans toute leur masse que ne le sont les laves
ferrugineuses ou autres plus lourdes. Telles sont les laves de Volvic, près de Clermont, dont on se sert pour la construction dans
la contrée; celle de Piperno, près de Naples, employée de la même
façon; la lave meulière de Niedermening, près du lac de Laach, et
surtout les laves vitreuses, ou plutôt les courants de ponce de Volcano et de Lipari.

Dans tous ces exemples et d'autres analogues, les cavités vésiculaires semblent plus ou moins aplaties et allongées, présentant
leurs grands axes invariablement dans la direction du courant.
D'après ce principe, il est facile de remonter à la source ou au

____

(1) Un des exemples les plus remarquables de lave cellulaire que je connaisse
est la portion supérieure du massif roc basaltique surmontant le haut plateau de
Radicofani, sur la route de Florence à Rome. La masse en est généralement
lourde et cristalline, dense, compacte et dépourvue de pores, pendant que les
parties scoriformes sont composées de vésicules globulaires, comme un rayon de
miel. Les séparations de ces vésicules sont si minces qu'une hache peut couper à
travers la masse aussi facilement qu'à travers un véritable rayon. Le capitaine
Smyth décrit quelques-unes des laves basaltiques de Victoria en Australie, comme
« tellement cellulaires qu'il est facile à un homme de soulever des masses de
plusieurs pieds carrés. »

point d'éruption. Ces parties du courant, dans lesquelles quelque condition accidentelle de mouvement ou de pression a donné aux bulles de vapeur un développement particulier, sont aussi étirées et aplaties dans la même direction que le mouvement, en masses lenticulaires, ou bien en zones, alternant avec les parties plus compactes. Cet aplatissement a probablement été favorisé par la pression hydrostatique et le lent affaissement de la masse, à mesure qu'elle se refroidissait et se consolidait. La cause principale, toutefois, de cet allongement est évidemment le mouvement différentiel entre les portions vésiculaires et non vésiculaires. Les bulles opposant une certaine résistance au mouvement du liquide environnant, les parties dans lesquelles existaient ces bulles se mouvaient plus difficilement que les parties d'où elles étaient absentes. La même loi a aussi souvent déterminé la disposition des cristaux solides ou des nodules concrétionnaires de matière minérale plus ou moins mélangée, ou d'autres matières hétérogènes que la lave peut avoir contenues, car les grands axes se trouvent dans la direction des mouvements internes de la masse.

Von Buch décrit un courant de lave à Ténériffe, contenant d'innombrables cristaux de feldspath, minces, et en forme de plaques, disposés en traînées comme des fils blancs, les uns derrière les autres, dans la direction du courant. M. Darwin a aussi remarqué de nombreux exemples semblables dans les laves de l'Ascension, comme je l'avais fait antérieurement dans celles de Ponza et d'Ischia.

Je crois même avoir été le premier observateur qui ait fait remarquer cette structure lamellaire ou rubanée de plusieurs laves, et qui ait suggéré une explication de leur origine, dans un mémoire, lu devant la Société géologique, en 1823 (1). Je fus amené à trouver cette explication par l'observation, dans les îles Ponza, de transformations continuelles d'obsidienne vitreuse en perlite, par la formation de sphérulites feldspathiques dans la matière vitreuse, semblables à celles qui se forment dans les scories d'un

____

(1) *Trans. de la Soc. géol. de Londres*, 1824.

fourneau de verrier, ou dans le basalte fondu dans la fabrique de pierre artificielle de MM. Chance, de Birmingham. Ces concrétions feldspathiques ont été évidemment, par le mouvement inégal des veines plus liquides qui les entourent sous une haute pression, brisées et étirées en plaques ou en lames, et quelquefois repliées ou tordues d'une façon singulière. De tels exemples abondent, non pas seulement dans les îles Ponza, mais encore dans celles d'Ischia, de l'Ascension, et dans les perlites de Hongrie et des Andes. Le commodore Forbes mentionne même cette disposition des cristaux en plans parallèles, comme caractéristique d'une grande proportion de laves trachytiques de l'Amérique du Sud.

J'ai déjà mentionné, et j'aurai l'occasion de le faire encore, cette structure lamellaire ou feuilletée, qui, je crois, pourra expliquer l'origine probable d'une semblable structure dans les roches hypogènes, appelées métamorphiques, les gneiss, les micas et la serpentine.

§ 10. *Brèches.* — Quelquefois la lave affecte la structure de la brèche; la base de la lave enveloppe alors des fragments, soit de roches à travers lesquelles elle s'est percé un passage, soit de sa propre substance déjà consolidée, brisée et entraînée par une reprise de mouvement, causée par quelque nouvelle explosion ou quelque changement dans son cours. Ces fragments sont quelquefois partiellement fondus, et paraissent se fondre dans la base; quelquefois, mais pas toujours, ils se métamorphosent sous l'influence de la chaleur, ou des agents chimiques contenus dans la lave. Dans ces conditions, le quartz se fond en partie; le feldspath se brise en fragments, et devient plus ou moins vitreux; le mica se bronze; le calcaire se transforme en dolomie, et le grès se fond en partie.

§ 11. *Influence métamorphique de la lave.* — Plusieurs nouveaux minéraux ont aussi été trouvés dans les crevasses ou cavités de masses ainsi enveloppées. L'exemple le plus remarquable en ce genre se voit dans la quantité extraordinaire des rares minéraux hautement cristallins que l'on rencontre dans les blocs du calcaire altéré des Apennins et dans d'autres rochers trouvés dans les déjections fragmentaires de l'ancien Vésuve (la Somma). Les tufs volcaniques du Latium sont remplis de ces produits tout à fait exceptionnels, ainsi que le sont ceux d'Auvergne (1).

Il existe encore de pareilles modifications dans certaines roches traversées par des dykes de lave, comme dans l'exemple bien connu du calcaire transformé en dolomite par le contact avec le basalte, à la chaussée des Géants, et de l'incinération du charbon en des circonstances analogues. Dans plusieurs cas pareils, de nouvelles combinaisons cristallines se sont développées. Les trapps anciens semblent avoir exercé cette influence métamorphique sur les couches qu'ils ont pénétrées, bien plus fréquemment que ne l'ont fait les laves plus récentes. Peut-être est-ce seulement la dénudation qui a plus fréquemment mis à nu les places de jonction intérieure où s'est produit cet effet (2). Je n'insiste pas là-dessus, et ne résume point les variétés de minéralisation ou de métamorphisme ainsi formées, parce que dans les ouvrages de sir Ch. Lyell, du docteur Daubeny, de MM. Delesse et Daubrée, cet intéressant sujet est traité avec plus de développement et d'autorité.

Il ne faut cependant pas oublier que ces phénomènes de métamorphisme, par le contact avec la matière volcanique, sont exceptionnels. Les côtés du plus grand nombre de dykes n'ont aucune apparence de ce genre. Probablement, ces changements ne s'opèrent que lorsque la matière injectée est à une haute température,

(1) On peut en citer quelques-uns, tels que l'haüyne, l'ice-spar, la sodalite, la spinellina, la mélilite, la sommite, la néphéline, l'idocrase, le zircon, la wollastonite, la brieslakite, le grenat, l'humite, la sphène, etc., etc. (Voir la liste complète dans « *les Volcans,* » de Daubeny, p. 236, édit. de 1848.)

(2) M. Austin (*Géol. du Devonshire, Trans. géol.,* VI, p. 470), donne quelques exemples de l'influence des trapps injectés dans les calcaires secondaires et les schistes argileux. La magnésie, provenant sans doute de la hornblende du trapp, caractérise plus ou moins les calcaires altérés. Les schistes argileux sont souvent fondus en jaspe et en quartz rétinite. Le calcaire solide est cristallisé jusqu'à quelque distance du dyke, le grès se durcit, les lignes de stratification s'oblitèrent, et les fissures verticales qui s'y forment sont revêtues de manganèse, comme on le voit à Dartmoor.

ou fort volumineuse, et par conséquent fort lente à se refroidir, ou lorsqu'elle a été longtemps traversée par de l'eau chauffée, ou de la vapeur contenant des matières minérales en suspension. De semblables altérations, on le voit, sont souvent observées là où les roches plutoniques se trouvent en contact avec le calcaire, le grès, le schiste argileux, ou d'autres couches sédimentaires, surtout parmi les veines métalliques qui se rencontrent fréquemment en pareilles circonstances.

Il y a une grande analogie, comme on pourrait s'y attendre, et souvent elle va jusqu'à l'identité, entre les minéraux cristallins produits sous cette action métamorphique, et les cristaux dont il va être parlé, qui se présentent sous forme de zéolithes, et incontestablement formés dans les cavités vésiculaires des laves, par l'infiltration de l'eau ou de la vapeur contenant des matières minérales en dissolution. La vapeur qui s'échappe par *percolation* d'une masse de lave qui se refroidit, à travers les pores et les crevasses de la partie extérieure et déjà consolidée, est toujours accompagnée d'une quantité de substances minérales dans un état de dissolution ou de sublimation, ou à l'état de gaz permanent. Ces substances, comme il a déjà été dit, sont à peine perceptibles dans les vapeurs qui s'élèvent en gros volumes de la lave, aussitôt son dégagement; vapeurs qui semblent ou simplement aqueuses, ou du moins ne contenir qu'une très-minime proportion de matière minérale. Mais à mesure que la quantité de vapeur diminue, au point de se réduire à de minces filets ou *fumerolles,* exhalés des crevasses étroites et irrégulières de la lave supérieure, la proportion des matières gazeuses qui la composent se trouve augmentée. En arrivant en contact avec l'air extérieur, une certaine quantité de vapeur se condense par le froid, et dépose les matières en dissolution sur les côtés et les bords de la fissure.

Ces substances sont principalement des acides sulfurique, chlorhydrique et carbonique, soit à l'état de pureté, soit à celui de combinaison avec des bases alcalines, terreuses ou métalliques. Parmi ces combinaisons, dominent les sulfates de chaux, de magnésie, d'ammoniaque, de soude et de potasse ; les hydrochlorates de soude et d'ammoniaque, et le carbonate de soude. Il semble probable que le premier des acides est quelquefois, sinon toujours, formé sur place par la combinaison d'une partie du soufre, provenant de l'hydrogène sulfuré, avec l'oxygène de l'air. Le reste du soufre, qui se produit en abondance, se dépose à l'état de pureté en cristaux angulaires ou octaèdres, ou, lorsqu'il est fort copieux, en stalactites ou incrustations, au bord des orifices, ou sur les points où la vapeur qui le tient en suspension subit la condensation. Quelques volcans épuisés, qui ont probablement longtemps existé à l'état de ce qu'on appelle des solfatares, présentent d'abondants et massifs dépôts de soufre pur ; par exemple, quelques-uns des cratères de Lipari, de l'Islande, de Java, de Quito, etc. Les composés d'acide boracique sont rares. Toutefois, il s'en forme continuellement une grande quantité au fond du cratère de Volcano, une des Lipari. Il s'en dégage aussi beaucoup, dit-on, de quelques solfatares d'Islande (1), et aussi dans la Californie.

Les sublimations métalliques se condensent de la même façon sur les parois des fissures. Les plus fréquentes sont celles de fer spéculaire. Les hydrochlorates de cuivre et de fer, les sulfures de fer, de cuivre, d'arsenic, et le sélénium, se trouvent aussi quelquefois.

Il n'est pas facile de distinguer, parmi ces différentes substances, celles qui furent, dès l'origine, contenues dans la lave, et ont été simplement volatilisées par la chaleur, de celles qui sont le produit des combinaisons chimiques qui s'opèrent, durant la consolidation, entre ses divers éléments et ceux de l'eau ou de la vapeur qu'elle contient, et qui peut subir une décomposition partielle en filtrant à travers la masse, à un degré fort élevé, quoique décroissant. La soude, la potasse, la chaux et le fer sont des ingrédients constants dans presque toute espèce de lave. L'analyse chimique y a aussi quelquefois découvert de l'ammoniaque, du bi-

(1) Voir le Mémoire de M. Warrington, *Journ. Soc. Geol.* 1860, et l'*Islande,* de Forbes, 1860.

tume et de l'acide chlorhydrique. Le soufre, en combinaison avec le fer ou le cuivre, s'y trouve aussi. Ces substances amenées en contact par la condensation de la lave sous la pression ou le refroidissement, tout en conservant encore une haute température, et pénétrées par la vapeur d'eau qui s'élève des profondeurs du foyer, peuvent donner lieu à des combinaisons multipliées.

L'intense chaleur de la lave dans l'intérieur de la masse est peut-être suffisante par elle-même pour opérer la combinaison de quelques-uns de ses éléments. Le fer spéculaire, que l'on rencontre si fréquemment dans les roches de lave, est évidemment sublimé par cette action, et il est remarquable qu'on le trouve toujours dans les couches supérieures du courant. Les parties inférieures, au contraire, dans ce cas, n'ont aucune influence sur la boussole, ayant perdu la plus grande partie de leur fer par la sublimation. Ou bien, comme dans plusieurs courants de l'Etna, les parties supérieures, qui sont à la fois très-poreuses et cellulaires, contiennent beaucoup de fer spéculaire ou oligiste, tandis qu'au contraire, les parties plus basses et plus compactes sont remplies de fer magnétique, en grains ou en cristaux octaèdres. Ici, le fer magnétique, originairement contenu dans les couches centrales et supérieures du courant, s'est clairement volatilisé, puis déposé de nouveau, sous forme de fer spéculaire, tandis que celui de la partie inférieure, d'où n'a pu s'échapper que peu ou point de vapeur, demeure intact.

C'est d'une manière analogue que les autres minéraux contenus dans une lave sont ordinairement volatilisés et déposés de nouveau, souvent sous de nouvelles combinaisons et de nouvelles formes, dans les cavités de la lave, à mesure que sa température s'abaisse. C'est là probablement l'origine de ces cristaux si délicats, et souvent capillaires, de hornblende, d'augite, de mélilite, et d'autres minéraux que l'on rencontre dans les cellules de plusieurs laves (le Capo di Bove, près de Rome, par exemple). Brieslak prétend aussi que les cristaux d'augite se sont formés par sublimation dans l'intérieur de quelques maisons de Torre del Greco,

détruites par une lave de 1794, et M. Daubrée même a dernièrement réussi à en fabriquer artificiellement dans les mêmes circonstances (1).

§ 12. *Lave amygdaloïde.* — Les substances tenues en dissolution
par la vapeur d'eau sont souvent, sans aucun doute, déposées de
la même façon, soit en cristaux, soit en stalactites ou en concrétions *mammiformes*, remplissant l'intérieur des vésicules, ou les
interstices de la masse. Les minéraux trouvés en pareil cas sont
principalement siliceux ou calcaires, ou consistent en carbonate
de chaux, en calcédoine, en fiorite, et en quelques-unes des nombreuses variétés de zéolithes. Tous prouvent jusqu'à l'évidence le
dépôt d'une solution aqueuse. Nous savons, en effet, que l'eau à
une haute température, surtout avec le concours d'un alcali, dissout facilement le silex et le carbonate de chaux. Il est donc facile
de comprendre comment une vapeur aqueuse, portée à une chaleur élevée, peut dans son passage à travers la lave, soit par infiltration, soit sous forme de bulles, s'imprégner de l'un de ces éléments, ou même de tous les deux, et comment, par suite d'un
refroidissement et d'une condensation graduels, ne pouvant plus
se dégager, ces substances se cristallisent sur les parois de la cavité qui les contient.

Quelquefois l'eau demeure au centre de cette géode, accompagnée de quelque fluide gazeux permanent, comme dans les calcé-
doines des monts Berici, et dans les cavités des nombreux cristaux
de quartz des roches granitiques. En général, l'eau s'est dégagée,
probablement par infiltration, vers les parties inférieures de la
masse, après leur entière consolidation. Pendant cette infiltration,
elle aura continué à déposer les matières qu'elle tenait encore en
dissolution dans les cavités, les pores et les petites fissures à travers lesquels elle s'insinuait lentement. C'est ce qui explique comment plusieurs des cavités cellulaires de ces roches se trouvent
entièrement remplies par des couches successives de dépôts calcaires ou siliceux, qui certainement n'auraient pu être tenus en

(1) *Études et Expériences*, 1859.

dissolution par la minime quantité de vapeur à la force expansive de laquelle est due la formation primitive de la vésicule. Les études au microscope de M. Sorby ont toutefois révélé la présence de l'eau dans les pores mêmes de ces zéolithes.

En plusieurs circonstances, l'infiltration subséquente de l'eau, entraînant des particules minérales des roches suprajacentes, peut produire les mêmes effets. Ceci peut surtout s'appliquer aux basaltes amygdaloïdes que l'on trouve sous des strates calcaires, ou dans des positions telles qu'il est probable qu'ils en ont été autrefois recouverts, et, par conséquent, se sont consolidés dans des eaux contenant du calcaire en suspension.

§ 13. *Solfatares.* — Les acides sulfurique et chlorhydrique qui se dégagent en liberté, lorsqu'ils sont déposés par la condensation sur la lave qui forme les bords des fissures d'échappement, agissent sur cette lave, et donnent lieu à divers changements. L'acide sulfurique, s'unissant à l'alumine de ces roches, forme un sulfate d'alumine, qui est souvent emporté par les pluies, et accumulé en grande quantité dans les terrains inférieurs. Les exploitations des diverses mines d'alun, de Hongrie et d'Italie, s'opèrent dans des dépôts de cette nature. Il existe aussi à Java un cratère-lac, nommé Taschem, dont l'eau est si fortement imprégnée d'acide sulfurique, qu'aucun poisson n'y peut vivre, non plus que dans la rivière qui lui sert d'émissaire dans l'Océan. Cette rivière a son analogue dans le *Fleuve du Vinaigre,* qui, d'après Humboldt, descend du volcan de Puracé.

L'acide sulfurique, s'unissant à la chaux, produit une efflorescence gypseuse, que l'on trouve souvent revêtant ces roches décomposées, en vastes quantités. Le fer contenu dans la lave est attaqué par l'acide, et aggloméré en cristaux ou en pyrites concrétionnaires, disséminées dans la roche désagrégée, ou bien par l'effet de l'oxydation à différents degrés, il la colore en rosaces plus ou moins brunes, jaunes, rouges, vertes et bleues. Le silex seul demeure intact, et lorsque tous les autres éléments, ou seulement une partie un peu considérable, ont été entraînés par les eaux, la lave semble quelquefois changée en une roche légère, âpre au toucher, cariée en quelque sorte, et hautement siliceuse, ou en une matière blanche, poudreuse ou terreuse comme de la craie en poussière, mais consistant en silex presque pur, et différant totalement de son apparence primitive.

Là où des exhalaisons de vapeur, fortement imprégnées de cet acide, ont continué pendant un temps prolongé, les changements ainsi effectués dans les roches adjacentes deviennent, par suite du continuel déplacement des fumerolles, plus considérables et plus imposants, et prennent alors la dénomination générique de solfatares ou soufrières. Elles se trouvent généralement dans l'intérieur d'un cratère volcanique, comme on doit s'y attendre, car le dégagement de vapeurs d'un courant de lave qui s'est échappé de l'orifice sur la surface de la terre, doit être fort limité en quantité et en durée. Après une éruption, au contraire, il reste généralement une énorme masse de lave, hautement chauffée au-dessous du fond du cratère, dans laquelle s'opère lentement la solidification, durant une période indéfinie, et souvent fort longue, donnant naissance à une source continuelle de vapeur plus ou moins chargée de substances minérales.

§ 14. *Sources chaudes.* — Lorsque les parties superficielles d'une telle masse de lave souterraine se sont refroidies au niveau de la température de l'atmosphère, et que la vapeur peut s'échapper par des fissures dans ces parties, ou dans des roches suprajacentes, cette vapeur doit être plus ou moins condensée par le refroidissement, avant de se dégager à l'air, et apparaître sous la forme de sources d'une température élevée, souvent même au-dessus du point d'ébullition.

De semblables sources chaudes se rencontrent dans tous les districts volcaniques, et là où il y a longtemps que le développement plus énergique de l'action éruptive ne s'est fait sentir; elles sont les seules indications de l'élévation de température du foyer souterrain. On ne saurait douter que la quantité de calorique qui trouve moyen de passer ainsi à travers des fissures permanentes, ne contribue matériellement à maintenir la tranquillité extérieure de ce foyer. On conçoit même que cette transmission régulière et placide du calorique puisse, pendant des périodes prolongées, se proportionner exactement à la quantité constamment fournie par le réservoir volcanique, et le maintenir à une température uniforme de façon à prévenir une accumulation de chaleur qui donnerait naissance à de nouvelles éruptions. Ce repos, ou, comme on l'appelle, cette extinction, de ces foyers volcaniques sera, dans ce cas, généralement dû aux fissures par lesquelles l'excédant de calorique peut s'échapper en combinaison avec l'eau. Ainsi, les sources chaudes de Bath, de Buxton, de Carlsbad, d'Aix et d'autres localités peuvent très-bien agir comme des soupapes de sûreté, laissant échapper l'excès de chaleur de quelque foyer souterrain, qui, autrement, pourrait, tôt ou tard, se manifester par des tremblements de terre ou des éruptions volcaniques.

L'eau des sources thermales tient en dissolution diverses substances minérales, que sous forme de vapeur elle a entraînées de la lave brûlante ou enlevées aux roches avec lesquelles elle a pu se trouver en contact. Quelques-unes de ces substances se déposent immédiatement en arrivant à l'air libre, tandis que d'autres demeurent en combinaison permanente. Les croûtes siliceuses déposées par les sources chaudes d'Islande sont bien connues, ainsi que les eaux calcaires pétrifiantes de nombreux districts volcaniques (Auvergne, la Tolfa, le Pont des Incas dans les Andes, etc.).

Mais lors même que les sources de cette dernière classe ne conservent plus leur degré de haute température, et découlent de roches qui ne donnent aucune indication d'action volcanique récente, on peut encore supposer, dans plusieurs cas, qu'elles ont la même origine que les sources chaudes, mais qu'elles ont perdu leur chaleur par un plus long passage à travers des roches froides et peut-être aussi par leur mélange avec d'autres sources superficielles d'origine atmosphérique. Là' où les traces de l'action volcanique sont récentes, et la lave hautement échauffée est très-proche de la surface d'où jaillissent les sources, il se produit parfois le curieux phénomène de fontaines intermittentes dont les Geysers d'Islande sont de si magnifiques exemples.

La plus grande partie de l'eau chaude de ces sources est sans doute dérivée de l'infiltration des eaux atmosphériques à travers les crevasses ou interstices d'une masse de lave qui n'est point encore refroidie.

La théorie de ces sources a donné lieu à bien des controverse; les observations suivantes pourront cependant peut-être suffire à expliquer leurs différents phénomènes. Les laves d'Islande sont remplies de vésicules creuses ou de cavités.

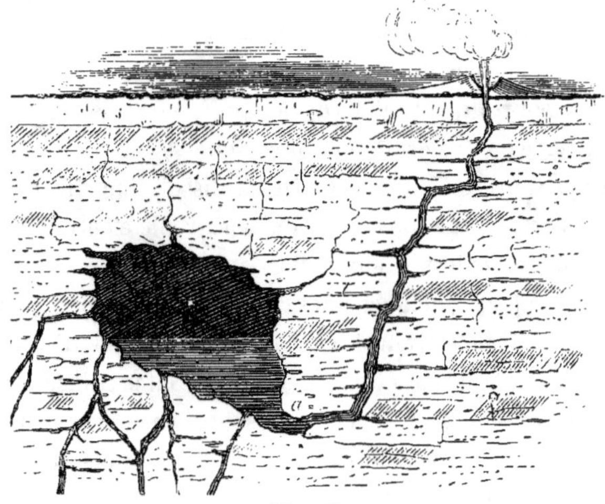

Fig. 38.

Supposons une semblable cavité dans une vaste couche de lave, qui peut être isolée, et alors se refroidir lentement, ou communiquer avec le foyer volcanique qui est dessous, d'où elle tire constamment son calorique. La vapeur, émanant de nombreuses fissures, s'accumule et se condense partiellement en eau par suite de la pression de la colonne dans le canal de décharge. La température croissante du fond et des parois de la cavité, l'accumulation de la vapeur fournie par ces diverses fissures augmentent la force d'expansion de cette vapeur jusqu'à lui faire surmonter la résistance de cette colonne d'eau et l'expulser par l'orifice au-dessus. A mesure que cette eau se dégage, la pression sur la vapeur dans la cavité diminue; une quantité plus considérable d'eau se trouve vaporisée, et la force d'expansion augmente en raison directe de la diminution de la résistance de la colonne.

Les jets donc augmentent de violence. A mesure que la quantité d'eau diminue, il se dégage simultanément de la vapeur, et enfin, lorsque toute l'eau a été évacuée, tout le reste de la vapeur se dégage en quelques explosions.

Mais par la vaporisation de l'air qu'elle contenait, la température de la cavité est réduite au point d'ébullition par la seule pression atmosphérique et les parois sont proportionnellement refroidies. La vapeur qui s'élève par les injecteurs est donc condensée en eau et s'accumule au fond. Cette eau s'élève dans le conduit à mesure que la vapeur s'accumule, se maintenant en équilibre avec sa force d'expansion, jusqu'à ce qu'il soit rompu par ce fait, que cette force d'expansion a acquis assez d'intensité pour évacuer une certaine quantité de l'eau par l'orifice de la crevasse; puis les phénomènes aqueux recommencent.

Un des derniers voyageurs en Islande, M. Forbes, conteste cette théorie, due à sir George Mackenzie, pour lui en opposer une moins satisfaisante, et que même j'ai de la peine à comprendre (Islande, 1860).

Et même, puisque tout courant de lave (comme je l'ai démontré), repose sur une couche de scories détachées, il s'ensuivra presque forcément que, lorsqu'un courant a occupé le lit d'une rivière, les eaux qui y coulaient auparavant parviendront jusqu'à un certain point à se frayer un chemin à travers ces matières mobiles et que leur température sera affectée par celle de la lave au-dessus, tant qu'elle demeurera supérieure à la moyenne température de la terre. Un exemple sur une grande échelle nous est donné par le Jorullo au Mexique. Les rivières de Cuitemba et de San Pedro qui se perdent d'un côté, au-dessus de cette vaste mer de lave qui forme le Malpais, reparaissent du côté opposé comme des sources permanentes de vastes réservoirs, conservant pendant longues années leur température élevée. Lorsque Humboldt visita le Jorullo en 1804, quarante-six ans après l'éruption de cette lave, leur température était de 52° centigrades, mais des voyageurs qui ont récemment visité cette région rapportent que depuis ce temps elle s'est abaissée par le refroidissement de la couche de lave et dépasse aujourd'hui de fort peu la température moyenne de l'atmosphère.

A Bertrichbad, dans le duché de Luxembourg, s'élève une source thermale immédiatement au-dessous d'un point où se sont déclarés trois orifices volcaniques dans une période récente; cette source doit probablement ses qualités à son infiltration à travers une partie de la lave du foyer datant de ces éruptions et non encore refroidie. On sait que la température et l'état minéral de cette source ont progressivement diminué. Elle est aujourd'hui à la température du sang, et a presque le goût d'eau de fontaine. Autrefois ses qualités thermales et minérales étaient bien plus accentuées et étaient en grande réputation.

§ 15. Les gaz permanents qui émanent des crevasses de la lave durant ces consolidations sont moins perceptibles et ne se reconnaissent pas si facilement, parce que, se mêlant aussitôt avec l'air atmosphérique, ils ne laissent aucune trace de leur existence. Ceux que l'on a pu observer sont principalement l'acide carbonique, le nitrogène et l'acide sulfhydrique.

Le premier de ces gaz fut dénoncé par MM. Monticelli et Covelli dans les exhalaisons de la fumerolle de la lave du Vésuve, pendant qu'elle était encore incandescente. Ce même gaz, peut-être mêlé au nitrogène, s'échappe souvent en grandes quantités des nombreuses crevasses dans les flancs d'un volcan aussitôt après la terminaison d'une éruption, c'est-à-dire lorsque l'ouverture centrale de dégagement est complétement obstruée.

Ces émanations méphitiques sont extrêmement nuisibles à la végétation et font un grand tort aux plantes qui croissent dans leur voisinage. Pendant la terrible éruption qui bouleversa l'île de

Lancerote en 1730-1734, des émanations de cette nature semblent avoir été également funestes à la vie animale ; tout le bétail du pays en fut suffoqué. M. Hubert, cité par Bory de Saint-Vincent, assure que pendant une éruption du volcan de Bourbon, il remarqua que sept ou huit oiseaux qui volaient à une portée de fusil au-dessus du courant, tombèrent subitement, comme asphyxiés, dès qu'ils furent entrés dans la vapeur qui s'en dégageait.

Dans l'île de Java, il y a un cratère, appelé le *Guevo Upas*, ou Vallée du Poison, de 800 mètres de circonférence, toujours tellement rempli d'acide carbonique, que tout être vivant qui s'y aventure est asphyxié. Le sol en est jonché de carcasses d'animaux, d'oiseaux et même d'hommes qui y sont morts. Ces faits confirment la vérité de ce que racontent les anciens auteurs du lac Averne, qui est certainement un cratère de date récente, d'où l'acide carbonique et l'acide nitrique ont pu un jour, en s'élevant dans l'atmosphère en raison de leur haute température, s'exhaler avec une abondance capable de tuer les oiseaux qui volaient au-dessus de ce lac. Il est bien plus raisonnable de croire que cette fable se trouve basée sur la vérité, que de supposer que l'invention fortuite d'un poëte puisse coïncider si exactement avec des phénomènes connus. Les rives du lac d'Aguano, dans le voisinage immédiat de l'Averne, émettent encore de l'acide carbonique, aussi bien que des vapeurs sulfureuses, et cela, sur plusieurs points. Toute personne qui est descendue dans un cratère volcanique, en activité ou à l'état de solfatare, et a senti l'effet de ces vapeurs acides sur ses propres poumons, croira facilement à la vérité de cette vieille tradition.

Il existe encore de nombreuses exhalaisons d'acide carbonique dans plusieurs autres districts qui ont été les théâtres primitifs de l'action volcanique, comme l'Auvergne, le Vivarais, l'Eifel et toute la chaîne basaltique de l'Allemagne septentrionale, depuis le Rhin jusqu'au Riesengebirge. Bischoff suppose que ce gaz est développé par la décomposition du carbonate de chaux sous l'influence de la chaleur volcanique ou de l'eau bouillante.

§ 13. La période qui s'écoule entre le dépôt d'une couche de lave sur le sol ou son élévation dans le voisinage et son complet refroidissement, c'est-à-dire sa mise en équilibre avec la température ambiante moyenne, doit se déterminer par la combinaison de nombreuses circonstances, savoir :

1° La configuration de la masse. Il est clair que plus il y aura d'égalité de dimension dans chaque direction, plus le centre retiendra longtemps sa chaleur; et *vice versâ*, plus l'étendue superficielle de la couche sera considérable proportionnellement à l'épaisseur, plus le refroidissement sera rapide, toutes autres circonstances demeurant les mêmes.

2° La situation de la couche, par laquelle elle est plus ou moins exposée aux influences réfrigérantes, telles que courants d'eau, d'air, etc.; la puissance conductrice et l'épaisseur des masses solides avec lesquelles elle est en contact ou à travers lesquelles seules la chaleur puisse s'échapper;

3° La tendance de la lave elle-même à perdre sa chaleur plus ou moins promptement, soit par une combinaison avec la vapeur d'eau, soit par *conduction* ou rayonnement. Cette tendance est probablement influencée par son degré de densité ou de porosité, par la somme de ses fissures de retrait, ou même par sa composition minérale.

Il a déjà été démontré que plus la lave est poreuse et plus la disposition du grain en est irrégulière, plus alors la quantité de vapeur qui s'en échappe par filtration est considérable, et plus, par conséquent, toutes choses égales d'ailleurs, la solidification devient rapide. La déperdition du calorique par conduction et par rayonnement suit peut-être la raison inverse, puisque le pouvoir conducteur de la masse est proportionné à la densité, et par suite, à la finesse du grain et à la régularité de sa disposition.

Dans des circonstances favorables, une masse de lave pourra conserver une chaleur intense et une certaine fluidité pendant une longue période. Sir William Hamilton alluma de petits morceaux de bois en les insinuant dans les fissures d'un courant du Vésuve, quatre ans après l'éruption. Ferrara et Dolomieu citent des laves de l'Etna qui descendaient encore les flancs de la montagne dix ans après l'éruption qui les avait produites, et d'autres émettant de la vapeur au bout de vingt-six ans. Dans l'exemple du Jorullo, une couche massive de lave semble avoir conservé une chaleur interne extrême, comme l'indique l'énorme quantité de vapeur exhalée par de nombreuses fissures jusqu'à ces dernières années, quoique l'éruption date de 1759.

Pour ce qui est des masses souterraines de lave autrefois peut-être en communication éruptive avec l'air extérieur, il est évident qu'on ne saurait assigner de limite à la durée de leur chaleur, leurs conditions de position et d'étendue étaient inconnues et impossibles à deviner. Il est de même difficile de savoir si, et à quel degré, elles sont alimentées par un calorique venant de dessous ou latéralement. Du reste, ce sont des considérations qui seront reprises plus loin.

CHAPITRE VIII

MONTAGNES VOLCANIQUES

§ 1. Ayant dans les chapitres précédents traité d'une manière générale des phénomènes normaux d'une seule éruption volcanique, de la nature des matières éjaculées et du mode par lequel elles tendent à se disposer extérieurement autour de l'orifice, je me propose maintenant de considérer les cas plus complexes, provenant d'éruptions prolongées ou répétées à des intervalles rapprochés, sur le même point, pendant une longue période, peut-être des milliers d'années, que nous savons parfaitement être un caractère de l'action volcanique.

Il est évident dès l'abord, que des éruptions aussi répétées ne sauraient manquer de charger la surface de la terre autour de leur source d'une excroissance monstrueuse, d'une grandeur proportionnée à la quantité de matière rejetée. Quelques-uns des cônes latéraux ou parasites, par exemple, formés sur les pentes de l'Etna dans le cours de quelques jours par une seule éruption, mesurent 800 ou 1,000 pieds de hauteur et sont proportionnellement volumineux. Chacun a aussi donné naissance à des coulées de lave qui ont couvert des surfaces de plusieurs kilomètres carrés de couches solides, épaisses de 8 à 10 mètres, et quelquefois bien davantage. Et puisque nous savons que l'Etna a eu des centaines d'éruptions depuis l'ère historique, il est impossible de nier que l'énorme quantité de matière ainsi ajoutée à sa surface extérieure durant cette période n'ait pas considérablement augmenté son volume total. Cependant cette période ne forme vraisemblablement qu'une fraction pour ainsi dire infinitésimale du temps pendant lequel ce volcan a été dans une activité pour le moins égale.

Puis en examinant la structure de la montagne, nous trouvons que sa masse entière (1), telle du moins que nous en pouvons juger par ce qui en reste après les effets de la dénudation ou d'autres causes (et un vaste gouffre, le val del Bove, pénètre jusqu'au cœur), se compose de couches de lave rocheuse, alternant plus ou moins régulièrement avec des couches de scories, de lapillo et de cendres, d'une identité presque complète, aussi bien pour le caractère minéralogique que pour la disposition générale, avec les couches de lave évacuées à des époques connues de la période historique. Nous sommes complétement fondés à croire que toute la montagne a été édifiée pendant le cours des âges, d'une manière semblable, par des éruptions réitérées (2). Cet argument s'applique par analogie à toutes les autres montagnes volcaniques, quoique l'histoire de leurs éruptions récentes ait pu n'être pas aussi correctement enregistrée, pourvu que leur structure corresponde avec ce mode de production et y trouve son explication. Ce même raisonnement est encore applicable, toujours sous la même réserve, à toutes les montagnes composées entièrement ou du moins, pour la plus grande partie, de roches volcaniques, quoiqu'elles n'aient pas été en éruption depuis les temps modernes.

Afin donc d'être en mesure de décider cette question par rapport à une accumulation montueuse quelconque de matières volcaniques, il sera nécessaire de soigneusement considérer la manière dont les produits d'éruptions répétées tendent à se disposer

(1) A l'exception de quelques couches insignifiantes de dépôts marins intercalés dans les matières volcaniques jusqu'à un certain niveau, ce qui n'affecte point sensiblement mon argument.

(2) Si quelque géologue adhère encore à l'opinion de M. Élie de Beaumont, savoir : que les laves qui forment les remparts autour du Val del Bove et autres anciennes parties de l'Etna, n'ont pas coulé dans leurs positions actuelles, mais ont été *soulevées* d'un plan presque horizontal par une seule et subite convulsion, et cela parce qu'il croit que de telles couches de lave ne peuvent se consolider sous un angle supérieur à 4°, je le renvoie à la réfutation par Lyell, d'une assertion si peu fondée, surtout pour l'Etna.

ou le font nécessairement, en vertu des lois de l'action volcanique déjà découvertes.

§ 2. Lorsque, dans un autre chapitre, nous avons discuté la forme et la composition du cône ou monticule, simple ou composé, produit par une seule éruption continue de matières fragmentaires d'un seul orifice, j'ai fait observer que le poids et la pression de la lave, montant dans la cavité en forme d'entonnoir d'un semblable cône, enfonce souvent un des côtés, ce qui permet un dégagement latéral de la matière liquide, qui se dispose au pied de la colline, selon les circonstances. Il a aussi été ajouté que si le cône offre une suffisante résistance à cette pression, la lave s'élèvera souvent jusqu'à ce qu'elle puisse déborder par-dessus le bord le plus bas du cratère, et s'écouler le long du flanc extérieur du cône. En pareil cas, une partie se coagule en descendant et demeure fixée, comme un contre-fort plus ou moins solide, au cône composé de fragments.

L'effet de chaque éruption subséquente du même orifice, ayant déjà produit un cône de scories et un courant de lave, doit être de les couvrir de nouveaux produits d'un caractère semblable, disposés plus ou moins conformément aux pentes de ce cône. La fréquente répétition de tels phénomènes doit créer des alternatives irrégulières de laves solidifiées et de strates conglomérées produites par les éruptions contemporaines. Ces couches diverses ont une direction quaquaversale *venant du centre* d'éruption, et s'accumulant en une masse plus ou moins considérable en proportion avec la violence ou le nombre des éruptions.

Le cône primitif prend ainsi par degrés la grandeur et la majesté d'une montagne. Les courants de laves qui ont pu forcer leur chemin à travers le flanc de cette éminence, se durcissent en contre-forts massifs au pied ou sur ses bords ; ceux qui ont débordé par-dessus le bord du cratère ajoutent considérablement à la solidité du cône, formant comme autant de côtes solides, enterrées dans les fragments détachés et les cimentant plus ou moins. De cette façon, la masse devient graduellement de plus en plus renforcée, et tandis que la pression de la colonne de lave qui s'élève durant les éruptions dans le tuyau central du volcan, augmente en raison de son élévation, la force et la solidité de la montagne, et par suite, la résistance qu'elle oppose à cette pression, se trouvent pareillement augmentées.

Cette appréciation du mode de formation des volcans, était, dois-je le dire? celle de tous les géologues, avant que la *Théorie du soulèvement* n'eût été mise en avant par Humboldt et Von Buch, et surtout des géologues qui avaient fait des volcans leur étude particulière, comme de Saussure, Spallanzani, Hamilton et Dolomieu. Spallanzani, par exemple, en décrivant la formation de Salina, l'une des Lipari, comme étant composée de couches répétées de laves et de scories, l'une au-dessus de l'autre, descendant des bords du cratère jusqu'à la mer qui l'environne, dit : « On doit conclure « qu'il y a eu au moins autant d'éruptions des points les plus élevés « de la montagne, que l'on compte de couches de lave.... *Voilà* « *comment se sont formées la plupart des montagnes volcaniques.* Dans « le principe, ce n'est que l'*amoncellement* des produits d'une pre-« mière éruption ; il en survient une seconde, puis une troisième, « et la masse va toujours en augmentant en raison du nombre et « du volume de ces éruptions. Tel on a vu se former, s'accroître et « s'étendre l'immense colosse de l'Etna ; telle a été l'origine du Vé-« suve, des îles Lipari et d'autres montagnes ignivomes, sans ce-« pendant oublier qu'il en existe, comme le Monte Nuovo et le Monte « Rosso, sur le flanc de l'Etna, qui furent l'ouvrage d'une seule « éruption. » (*Voyage dans les Deux-Siciles.*)

La théorie adverse, qui attribue la formation de toute montagne volcanique à un *soulèvement subit en vessie*, a été amplement réfutée dans une autre publication (*Mémoires sur les cônes volcaniques*, 1859-1860). Elle est tout à fait inconciliable avec les théories soutenues dans le présent ouvrage.

§ 3. Cette résistance, cependant, est souvent surmontée, mais pas de la même manière que dans le cas d'un cône formé uniquement des fragments détachés, dont le flanc fort élevé est alors brisé et ébréché d'un coup. Quand le cône consiste en couches de fragments et en couches solides alternées, cimentées en une construction compacte par la chaleur et la pression, si la lave, montant dans le débouché central et agissant comme un coingigantès que poussé de bas en haut jusque dans le cœur du cône, triomphe de la cohésion latérale, il se déclarera dans les flancs une ou plusieurs fissures verticales dans une direction approximativement radiale. Par ces fissures la lave se dégage souvent avec une rapidité et une abondance déterminées par sa fluidité, par les dimensions de la fissure et la hauteur relative de la colonne intérieure. Comme elle coule indifféremment par toute ouverture latérale ainsi ouverte, le niveau de cette colonne doit graduellement s'abaisser, jusqu'à ce qu'elle atteigne le niveau de l'orifice d'émission. Celui-ci devient alors l'issue des jets de fluides élastiques, la surface de la colonne se trouvant en communication avec l'atmosphère. Pendant ce temps, la pression et la haute température de la lave qui bout toujours jusqu'à la fissure, tendent à l'agrandir et à l'allonger, de façon à ce qu'il peut s'en déclarer une autre à un niveau plus bas. Ici encore les mêmes phénomènes se présentent, et se répètent souvent à chaque nouvel orifice produit l'un au-dessous de l'autre sur le flanc de la montagne, jusqu'à ce que la pression de la colonne intérieure de lave soit assez diminuée pour ne plus pouvoir surmonter la résistance opposée par la structure solide de la masse. La pléthore interne du volcan étant ainsi soulagée, toute décharge de lave en courant cesse bientôt ; la colonne baisse encore davantage à l'intérieur par l'issue de la seule vapeur, rejetant quelques scories encore, soit par la dernière ouverture, soit par le cratère central, ou même par les deux alternativement, et l'éruption se termine graduellement, la somme des résistances qui s'opposaient au dégagement, à cet endroit et de cette façon, de l'excédant de la chaleur souterraine, ayant reconquis la prédominance sur les forces antagonistiques.

L'action ainsi décrite est prouvée par l'observation comme l'action normale de tout volcan en éruption habituelle, car les annales de toutes les montagnes volcaniques (1) sont remplies de mentions

(1) Ferrara, *Les Champs Phlégréens*, et Borelli, *Hist. de l'éruption*, Hoffmann.

d'éruptions caractérisées par de semblables détails. Voyons l'Etna par exemple. Pendant l'éruption de 1536, douze différentes bouches s'ouvrirent successivement, l'une au-dessous de l'autre, sur le même rayon, chacune produisant de la lave pendant que le cratère central vomissait de la vapeur et des scories. En 1669, le flanc sud-est de l'Etna est décrit comme ayant été visiblement ouvert par une déchirure énorme, partant du sommet jusqu'à deux tiers en bas de la montagne. De son point le plus bas, jaillissait un puissant torrent de lave qui, descendant sur Catane, en détruisit le tiers, et forma un vaste promontoire s'avançant à plus d'un kilomètre en mer (1). Après que l'émission de la lave eut cessé (c'est-à-dire lorsque la colonne intérieure de la lave fut retombée au niveau de l'orifice latéral) des explosions aériformes lui succédèrent du même orifice et continuèrent avec violence pendant plus de quatorze jours. Les produits de ces explosions formèrent le double cône appelé Monti Rossi, près de Nicolosi, et couvrirent un espace d'un rayon de 3 kilomètres d'une couche épaisse de sable noir contenant d'innombrables cristaux d'augite. Cette région ne commence qu'aujourd'hui à nourrir une chétive végétation, malgré les efforts assidus des habitants pour la fertiliser. Une partie de la fissure ouverte à cette époque est encore visible derrière les Monti Rossi.

En 1780, la terre s'enfonça suivant une ligne droite depuis le cratère supérieur jusqu'à un cratère latéral nouveau qui produisit une éruption, dénotant par là l'existence d'une fissure dans cette direction. Dans l'éruption de 1792, Ferrara remarqua qu'une fissure s'était déclarée dans le flanc de la montagne, d'où, pendant dix jours, la lave s'écoulait très-lentement, pendant que les explosions aériformes n'avaient lieu qu'au cratère principal. Puis les explosions de ce cratère cessèrent et commencèrent à l'extrémité de la fissure dès que la lave cessa de couler, la colonne liquide étant évidemment rabaissée par une émission continuelle, jusqu'au niveau de l'ouverture latérale.

(1) Fazelli.

En 1809, de nombreux orifices émettant de la lave s'ouvrirent successivement sur une fissure, partant du bord du grand cratère (1). Le même phénomène se manifesta pendant l'éruption de 1811-1812, d'après ce que m'en a raconté M. Gemellaro, témoin oculaire du fait. Il paraît qu'après que le grand cratère eut, par ses violentes détonations, attesté que la lave qui montait toujours avait presque atteint le sommet de la montagne par l'orifice central, une secousse d'une violence inusitée se fit sentir, et un torrent de lave jaillit du flanc du cône, à très-peu de distance du sommet. Quelque temps après que celui-là eut cessé de couler, un second courant s'ouvrit une seconde issue bien au-dessous de la première, puis un troisième encore plus bas, et ainsi de suite jusqu'à ce que sept issues différentes eussent été successivement ouvertes, toutes sur la même ligne, prolongée depuis le sommet jusque près de la base. Dans cet exemple, comme dans les autres, cette ligne était, à n'en pas douter, une déchirure perpendiculaire à travers la structure intérieure de la montague, et probablement, non pas ouverte dans toute la longueur par une seule secousse, mais graduellement prolongée jusqu'au bas par le poids, l'intense chaleur et la pression en coin de la colonne de lave, à mesure que le niveau s'abaissait graduellement par chaque orifice. L'écoulement de la lave par chacun de ces orifices était suivi d'éjaculations de scories donnant naissance à autant de cônes parasites (1). En fait, dans presque toute éruption latérale de l'Etna, on a observé la formation de semblables fissures, avec la lave s'écoulant de l'extrémité inférieure, et successivement de différents points, à mesure que la fissure se prolongeait jusqu'en bas.

D'autres volcans présentent les mêmes phénomènes. Je puis surtout mentionner la grande éruption du Vésuve de 1760, pendant laquelle cinq petits cônes se formèrent successivement à la base méridionale de la montagne sur une ligne qui, prolongée de bas en haut, eût intersecté le sommet. Ces cônes existent encore

(1) *Ann. de physique et de chimie*, 1810.
(2) D'après sir Ch. Lyell, le même phénomène s'est répété en 1852.

et marquent les points d'où partirent les ruisseaux qui engloutirent Torre de l'Annunziata.

Dans tous ces exemples le cratère central des deux volcans continua à vomir des torrents de fluides élastiques, de scories, de lapillo et de cendres, pendant que les laves s'écoulaient en courants à un niveau beaucoup plus bas. Lorsque, cependant, des explosions aériformes se manifestaient aux orifices latéraux, celles du cratère central s'arrêtaient quelque temps et recommençaient lorsque les premières s'arrêtaient de nouveau.

Mais un des exemples les plus remarquables et les plus instructifs de faits analogues est celui de la formidable éruption qui tourmenta la côte occidentale de l'Islande en 1783, lorsque la lave jaillit en quantité énorme de diverses sources ouvertes successivement dans une plaine au pied du cône élevé du Skaptar-Jokul d'où s'étaient échappées pendant assez longtemps des explosions gazeuses.

Ces sources de lave étaient à peu près à huit milles de distance l'une de l'autre, et s'étaient formées sur la même ligne droite qui marquait clairement la direction d'une fissure ouverte à travers les couches supérieures de la plaine, par la pression de bas en haut de la lave inférieure, communiquant avec celle qui forçait son chemin dans la cheminée du volcan voisin. Une quatrième source s'ouvrit sur le prolongement de la même ligne, mais dans la mer, à une distance de trente milles, créant une île rocheuse, qui est aujourd'hui réduite à un bas-fond par l'action érosive des flots et des courants sous-marins. La lave vomie par les trois torrents terrestres inonda la plaine sur une étendue de plus de 650 kilomètres carrés, et la distance entre les sources extrêmes, ou la longueur totale de la fissure, était au moins de 160 kilomètres !

Par cet exemple, il semble que la charpente, pour ainsi dire, du volcan offrait une structure plus solide et une résistance plus énergique à la pression de la colonne intérieure de lave, que les couches composant la plaine à sa base, qui, par leur facilité à céder, ouvrirent une issue au fluide. La fissure ainsi formée n'était, par le fait, qu'un prolongement ou une ouverture nouvelle de la fissure fondamentale qui, traversant l'île entière du nord-est au sud-ouest, a donné naissance à toutes les récentes éruptions de lave trachytique qui compose et entoure la grande chaîne centrale des *jokuls* ou volcans de l'Hécla, du Katlugaia, du Skaptar, du Skalbreide, de Sneyfels, etc. L'immense quantité de lave produite par l'éruption de 1783 et la rapidité de son écoulement étaient en proportion directe avec la grande hauteur d'ascension atteinte par la colonne dans l'intérieur de la montagne avant la formation de la fissure. La distance des ouvertures par lesquelles s'échappait la lave du cratère, qui n'éjaculait plus que les fluides aériformes, indique assez quelle était l'étendue horizontale du réservoir souterrain, ce qui cependant est moins étonnant depuis que l'on sait que l'île entière d'Islande a surgi du fond de la mer par les éruptions successives d'un même système volcanique, je dirai plus, *d'un même volcan.*

Les grandes éruptions de Lancerote dans les Canaries, en 1738, présentent des exemples analogues. Une quarantaine d'orifices s'ouvrirent successivement sur l'alignement d'une fissure qui traversa toute l'île, qui n'est elle-même que le sommet d'un grand volcan sous-marin. Chacun de ces orifices vomissait des torrents de lave et des masses de scories. Celles-ci formaient autant de cônes, tandis que les premières inondaient les surfaces adjacentes de nappes de basalte. Ces éruptions persistèrent pendant plusieurs années.

§ 4. On ne saurait douter que la plupart des ébranlements plus ou moins faibles qui agitent les environs d'un volcan, avant et pendant une éruption, ne soient dus au déchirement de quelque partie de la charpente solide de la montagne ou des couches sur lesquelles elle repose, par l'action de la force que nous avons décrite comme résultant de la pression en tous sens de la matière liquéfiée en communication avec celle qui s'élève dans le cratère.

Le prolongement ou l'élargissement d'une fissure formée auparavant, aurait le même effet vibratoire que la création d'une nouvelle ; c'est même une remarque commune à toutes les observations sur les éruptions, que des tremblements de terre locaux précèdent toujours l'émission de la lave, cessant dès qu'elle coule, pour recommencer lorsqu'elle s'arrête. Les chocs les plus violents, que l'on ressent à de grandes distances, sont sans doute causés par de nouvelles déchirures occasionnées dans les strates solides sous-jacentes qui supportent ou environnent le volcan. Quelques-unes même de ces secousses appartiennent peut-être plutôt à la catégorie des tremblements de terre plutoniques, qui sont rarement accompagnés d'éruptions extérieures, quoiqu'il y ait lieu de supposer qu'ils les préparent.

§ 5. Les déchirures ainsi occasionnées dans une montagne volcanique sont quelquefois d'une largeur suffisante pour la fendre entièrement en deux. C'est ce qui arriva au volcan de Machian, une des Moluques, en 1646. Le cratère de la soufrière de Montserrat, et le cône volcanique de la Guadeloupe paraissent tous deux avoir subi le même sort, ainsi que la montagne Pelée de la Martinique. L'éruption du Vésuve, en octobre 1822, particulièrement féconde en phénomènes intéressants, offrit un exemple analogue. Le cratère, ou plutôt l'abîme laissé par cette éruption ne fut que l'agrandissement local d'une énorme fissure ouverte à travers le cône, du nord-ouest au sud-est. La déchirure se prolonge à travers le cône entier sur le côté du sud-est, en faisant une profonde entaille dans l'arête du cratère. Cette entaille, quoique considérablement remplie par la quantité de scories et de matières évacuées, était encore de 500 pieds en dessous du reste du bord de la coupe.

Ces déchirures axiales d'un volcan sont probablement la cause de la formation des vastes gorges qui conduisent au cratère central, comme le Baranco de Palma, le Val del Bove de l'Etna, etc. Mais nous reviendrons tantôt sur ce sujet.

§ 6. Les fissures plus étroites qui se manifestent à l'intérieur d'une montagne, sont immédiatement envahies par la lave en liquéfaction, se trouvent hermétiquement scellées par sa solidification et deviennent alors des dykes. Comme ceux-ci se forment

généralement, ainsi que je l'ai déjà dit, dans le sens vertical, et par
conséquent, en travers des couches ou des courants de lave superposés composant la plus grande partie de la montagne, ils augmentent considérablement la solidité de la montagne, remplissant
les fonctions des maîtresses poutres d'un édifice.

La section de la Somma, que laissent voir les roches escarpées
de l'Atrio del Cavallo, formant les murs restants d'un ancien cratère central, présente à l'observateur un nombre presque infini de
semblables dykes traversant la masse de la montagne dans toutes
les directions, tous cependant s'approchant plus ou moins de la
verticale, et s'entre-croisant, aussi bien que les couches, plus massives et plus rapprochées de l'horizontale, de laves et de scories
alternées, de façon à donner à la surface de la roche l'apparence
d'un réseau. Ces dykes sont de basalte leucitique compacte, et fréquemment divisés en prismes à angles droits avec les murs des
dykes. Le cratère du Vésuve formé en 1822, laissa voir des traits
semblables, qui sont communs, du reste, aux parties centrales de
toutes les montagnes volcaniques dont la structure est suffisamment exposée à la vue par la dénudation ou autrement.

Quelques-uns de ces dykes sont fort étroits et souvent ne dépassent pas un pied ou deux. Les petites veines sont probablement
des ramifications des plus grandes et ne sont jamais parvenues
jusqu'à la surface. Il est toutefois facile de concevoir qu'une fissure très-étroite et irrégulière peut agir comme un canal pour l'ascension et l'écoulement extérieur de grandes quantités de lave
très-fluide, en suppposant que les explosions aériformes, qui nécessairement élargiraient la fissure surtout vers son extrémité, se
feraient jour à quelque autre joint contigu, au cratère central, par
exemple. Les dykes visibles dans les murailles à pic du cratère
Vésuvien de 1822 étaient verticaux et pouvaient se suivre à plus de
500 pieds plus bas, pénétrant à travers les couches horizontales
de lave et de scories qui formaient la masse du cône. Plusieurs
se erminaient dans quelques couches de lave qu'ils semblaient
avoir alimentées d'en bas (voir les figures 19 et 20, pp. 76 et 77).

Des dykes semblables, composés de trachyte, peuvent se voir dans le val de l'Enfer, un abîme vers le centre du Mont Dore. Trois ou quatre n'ont que de 5 à 8 pieds de largeur, et s'élèvent verticalement à près de 1,000 pieds du fond du ravin, jusqu'aux pics élevés appelés les Aiguilles, ce qui indique leur nature. M. Darwin décrit un dyke de Sainte-Hélène ayant 1,260 pieds (385 mètres) de hauteur et une largeur uniforme de 9 pieds du haut en bas.

La matière formant ces dykes est généralement compacte et libre de toutes vésicules. Elle est souvent d'un grain plus fin aux côtés qu'au centre. Cette particularité peut être attribuée à la friction contre les murs, qui désagrége les éléments cristallins de la lave à mesure qu'elle est poussée dans la fissure, si l'on suppose qu'elle est déjà dans un état à demi cristallin. Quelques dykes cependant ont des salbandes latérales d'une contexture vitreuse. Cela est-il dû à la désintégration par suite d'une friction allant assez loin pour causer la fusion complète de la lave à un degré de chaleur qui a permis à la portion centrale de retenir sa cristallisation partielle ? Ou bien, d'après sir Ch. Lyell (1) et d'autres, est-ce parce que la lave injectée était à l'état vitreux liquide et s'est ensuite cristallisée, pendant que ses côtés conservaient leur texture vitreuse à cause de la rapidité relative du refroidissement ? La première de ces alternatives semble confirmée par ces faits, que la matière latérale des dykes est souvent laminée comme par la friction ; que les dykes de syénite sont souvent bordés de salbandes, de greenstone, c'est-à-dire de syénite désagrégée ou d'un grain plus fin ; ou encore que les dykes de greenstone, traversant le calcaire, sont bordés de serpentine, formée, selon toute apparence, au moyen d'un procédé métamorphique par le mélange de la magnésie de l'augite avec le calcaire des roches latérales, et tirée en lames *chiffonnées* par la pression et la friction de la lave échauffée, forçant son chemin dans le dyke.

L'invasion de ces fissures par la lave liquide a généralement lieu

(1) *Manuel*, p. 532, édit. 1855.

avec fort peu de dérangement dans les roches, si même il y en a.
« Il est rare que les dykes bouleversent ou altèrent les couches
« qu'ils pénètrent », dit sir Ch. Lyell, parlant surtout de l'Etna, de
Madère et des Canaries (1). Et cette remarque s'accorde avec ce que
l'on observe généralement, même parmi les dykes anciens volcaniques (trapp), sauf quelques exceptions qui vont être mentionnées.

§ 7. Il est cependant évident que toute fissure ainsi formée, et
remplie par-dessous de matière solide, doit, proportionnellement
à sa grandeur, éprouver un certain degré d'irrégularité dans
les roches qu'elle traverse, et en même temps contribuer jusqu'à
un certain point à la distension ou au gonflement intérieur de la
montagne, qui, par le fait augmentera de volume, non pas seulement par l'addition extérieure des matières éjaculées, mais aussi
par l'accroissement intérieur des laves injectées. Cette dilatation
a été justement comparée par sir Charles Lyell, à la croissance endogène d'un arbre par l'ascension de la séve. L'augmentation de
volume produite de cette façon ne sera cependant qu'insignifiante,
en comparaison de celle due aux produits de l'éruption extérieure,
assertion confirmée par le faible volume proportionnel de la
réunion des dykes visibles dans l'intérieur d'un volcan partout où
il est exposé à la vue, en comparaison du volume des couches répétées de lave et de conglomérat qui, s'inclinant du sommet central jusqu'aux bords extrêmes, composent, évidemment la plus
grande partie de la masse. Il faut remarquer cependant, que les
dykes étant plus nombreux près de l'orifice central, leur effet
réuni dans le soulèvement de ces couches, sera plus énergique *là*
et causera une inclinaison plus considérable près du sommet que
plus bas, sur les flancs de la montagne. C'est là une des causes
(mais elle est loin d'être la principale), qui fait que l'angle d'inclinaison des couches supérieures et de la surface extérieure, est
généralement compris entre 20 et 35 degrés, tandis que plus bas,
il n'est plus que de 10 et finit même par aboutir à l'horizontale.

(1) **Laves du mont Etna.** *Trans. phil.,* 1858.

Les causes plus efficientes de ce résultat général, comme il va être démontré, sont la fréquence des éruptions latérales sur les pentes inférieures de chaque montagne volcanique, ce qui les couvre de cônes parasites et de torrents de lave, ainsi que l'abondance de matières détachées charriées par les pluies et les inondations, ce qui agrandit considérablement la base.

Quoique l'expansion d'une montagne volcanique par l'accroissement intérieur (quel que soit son degré de développement), doive être lente et graduelle, et concomitante avec l'accumulation graduelle aussi, mais bien supérieure, des couches inclinées, tant fragmentaires que solides, formées par les déjections extérieures, il ne faut cependant pas que cette expansion puisse étayer l'idée fondamentale de la théorie dite des *Cratères de soulèvement*, c'est-à-dire, de la formation des montagnes volcaniques, « *par l'expansion soudaine et d'un seul coup*, EN FORME DE VESSIE CREUSE, *de couches horizontales préexistantes de lave ou de scories ;* théorie soutenue si longtemps et si opiniâtrément par MM. de Buch, de Beaumont et leurs adhérents (1). ·

Par suite de cet enchevêtrement de ses couches par des dykes entrelacés et des veines de lave solidifiée, il est clair qu'à mesure qu'une montagne volcanique s'élève en hauteur et en volume, la force de cohésion de sa structure doit augmenter en proportion au

______

(1) Voir *Cônes et Cratères (Journ. de la Soc. géol.,* 1859). M. Élie de Beaumont, dans un de ses derniers ouvrages, parle de dykes semblables comme « *preuve et mesure* » du soulèvement de la montagne volcanique dans laquelle ils se trouvent. Tout le monde acceptera cette proposition, mais c'est précisément parce que les dykes ne forment qu'une fraction de la masse totale d'une telle montagne, que le degré de soulèvement, dont ils sont la *mesure*, ne peut être, à mon avis (et en même temps d'après le principe de M. de Beaumont lui-même), que fractionnaire. Bien plus, l'injection de ces dykes ne saurait être simultanée, puisqu'ils s'entrelacent et s'entre-croisent les uns les autres. Cette décision de M. de Beaumont équivaut clairement à l'abandon de la doctrine du *soulèvement en vessie,* car s'il existait sous la masse soulevée un creux quelconque, ce serait ce creux, et non point les dykes solides, qui serait la mesure du soulèvement. En outre, il est impossible de concevoir comment les fissures de la croûte soulevée pourraient être injectées de lave fluide, en même temps qu'il demeurerait au-dessous une cavité vide ! Mais ce ne sont pas là les seules inconséquences des adhérents de ce système.

moins égale, ce qui, combiné avec son poids également augmenté, lui permet de résister à la pression hydrostatique croissante de la colonne de lave liquide qui peut s'élever dans le canal central à diverses époques de l'éruption. De là on pourrait conclure qu'il n'y a point de limite absolue à un semblable accroissement, soit en hauteur, soit en volume. Et en effet, nous savons que plusieurs volcans atteignent des hauteurs extraordinaires : l'Etna, en chiffres ronds, atteint 3,350 mètres ; le pic de Ténériffe, 3,700 ; le Klutschew, un des volcans du Kamtschatka, 4,900 ; un autre dans la chaîne des Aléoutiennes, 4,600 ; le volcan de Sainte-Hélène, au N. de la rivière de Colombie, N. O. de l'Amérique (52° N. et 122° O.), 4,400 ; le Popocatepetl et l'Orizaba, dans l'Amérique centrale, 5,400 ; Sahama, en Bolivie, 7,300 ; Aconcagua, 7,400 ; Sangay, 5,600 ; Antuco, 5,300 ; le Chimborazo, 7,000 ; ces quatre derniers au Chili. Plusieurs autres pics volcaniques des Andes, naguère encore considérés comme les montagnes les plus hautes du monde, sont des exemples de l'immense élévation quelquefois atteintes par les accumulations de matières éruptives. Il est vrai que la circonstance du Pic de la Teyde, du Chimborazo, d'Aconcagua et de quelques autres de ces très-hautes montagnes volcaniques, de n'avoir pas, depuis des siècles, montré d'éruption de leurs sommets, peut sembler d'abord une preuve que lorsque la montagne a atteint une hauteur extrême, elle devient incapable de résister à la pression d'une colonne de lave aussi énorme, qui en conséquence s'ouvre un débouché sur le flanc ou au pied. Mais il faut se rappeler que ces éruptions latérales tendent continuellement à fortifier les flancs de la montagne par l'accumulation et la consolidation de leurs produits. On peut donc prévoir que, si le foyer intérieur de ces volcans continue à demeurer en activité, il viendra un moment où ils seront suffisamment renforcés de tous côtés pour résister à la pression de la lave, qui dans ce cas n'aura plus d'issue qu'au sommet principal.

§ 8. Les éruptions latérales dont il est ici question, agissant exactement comme celles qui s'ouvrent de nouveaux orifices, (voir chap. v), produisent comme elles des cônes de scories plus ou moins réguliers sur tous les points où elles trouvent une issue.

Les pentes de l'Etna sont couvertes de plus de sept cents de ces cônes parasites de cendres, dont plusieurs sont fort élevés. Presque tous ont un cratère, et chacun marque la source d'un courant de lave; celui du Monte Rosso, qui s'élève de 700 pieds au-dessus de sa base et mesure 3 kilomètres et demi de circonférence, détruisit Catane en 1669.

Le Vésuve a quelquefois produit des collines semblables ; celle sur laquelle se trouvent les Camaldules della Torre, en est un exemple. A l'est de ce point s'élèvent les cinq autres petits cônes voisins déjà mentionnés comme formés par l'éruption de 1760, au pied de la montagne.

Peu de volcans de premier ordre, si même il y en a, sont dépourvus de ces petites éminences qui jouent le rôle de satellites. Tous cependant ne sont pas des cônes de scories. Dans certains cas, surtout parmi les volcans qui produisent de la lave feldspathique, l'écoulement latéral de cette dernière donne naissance à d'informes excroissances de roche trachytique seule, et les explosions concomitantes qui vomissent des fragments de ponce ou scories feldspathiques, éclatent au cratère central à plus ou moins de distance.

C'est ce qui nous amène à considérer le mode de disposition que tendent à suivre les déjections d'un volcan habituellement en éruption.

§ 9. La plus grande partie des fragments évacués pendant une éruption violente ou paroxysmale de l'orifice central ou principal d'une montagne volcanique, à mesure qu'ils retombent des hauteurs de l'atmosphère, s'étendent en manteau sur la surface ou les pentes ; mais la partie la plus légère et la plus finement pulvérisée est enlevée, souvent à de grandes distances, par les vents soufflant au moment. L'abondance de ces matières et l'étendue de pays qu'elles couvrent, sont souvent étonnantes. Lors de l'épouvantable éruption de Coseguina, par exemple, dans le golfe de Fonseca, dans l'Amérique centrale, en 1835, tout le pays, dans un rayon de 40 kilomètres, fut couvert de scories et de cendres à une profondeur de 10 pieds et plus ; les maisons et les bois furent enterrés à cette hauteur, pendant que la cendre la plus fine fut enlevée par les vents à plus de 1100 kilomètres !

L'éruption de Sangay, dans les Cordillères de l'Amérique du Sud (1842-43), vomit des scories noires et de la cendre qui couvrit la région environnante, à une distance de 20 kilomètres, d'une couche de 90 à 120 mètres, suivant M. Sébastien Wise. Pendant l'éruption de Tomboro, dans l'île de Sumbawa, en 1815, *les toits des maisons, jusqu'à une distance de 64 kilomètres, furent enfoncés* par le poids des cendres ; sans compter celles qui furent emportées à 450 kilomètres en nuages qui obscurcissaient l'air, pendant que la ponce flottait dans la mer à l'ouest de Sumatra, formant une masse de plusieurs pieds d'épaisseur et de plusieurs milles d'étendue, à travers laquelle les vaisseaux avaient beaucoup de peine à se frayer une route (1).

On peut donc facilement concevoir jusqu'à quel point la configuration et la structure de la montagne elle-même, ainsi que son voisinage immédiat, doivent être affectées par l'accumulation de si prodigieuses quantités de fragments qu'il en est tombé dans chacun de ces exemples et d'autres analogues.

§ 10. *Torrents éluviaux.* — La disposition de ces matières est aussi considérablement modifiée par l'action des torrents qui souvent roulent le long des pentes au moment d'une éruption. Ces torrents sont dus en général à des pluies violentes causées par la condensation des volumes de vapeurs aqueuses dégagées ; souvent aussi, lorsque par suite de l'altitude ou du site géographique de l'endroit, ou même de la saison de l'année, les sommets se sont trouvés couverts de neiges ou de glaciers, à la fonte subite causée par les averses de scories rouges qui les recouvrent, ou par le contact de la lave plus brûlante encore, ou même par

(1) Voir pour d'autres exemples, mon *Mémoire des Cônes et Cratères,* juillet 1860, trad. franç., p. 54-55.

la chaleur interne transmise à travers les flancs de la montagne.

C'est en Islande, comme on doit s'y attendre, que les phénomènes de cette dernière catégorie accompagnent chaque éruption, et constituent le caractère le plus dangereux des effrayantes catastrophes volcaniques auxquelles sont exposés les habitants de ce brasier océanique. Durant l'éruption de Katlugaia en 1756, de prodigieux torrents d'eau, mêlés de glaces, de rochers et même de sable, provenant de la fonte des glaciers, se précipitèrent du sommet et formèrent trois promontoires parallèles, s'avançant à plusieurs lieues dans la mer et s'élevant bien au-dessus de son niveau, là où jadis on mesurait quarante brasses de profondeur (1).

Sir Charles Lyell raconte que sur l'Etna on trouva récemment une couche de *glace solide* sous une couche de lave. On peut trèsbien concevoir qu'une couche de sable et de scories, les plus mauvais conducteurs de la chaleur, puisse protéger la glace contre l'action même d'un courant de lave portée au rouge. Il est probable qu'en Islande un pareil exemple s'est souvent répété, et nous pouvons nous attendre à y trouver des glaciers alternant avec des couches de lave et de conglomérat. La transmission de la chaleur à de semblables masses, par l'élévation continuelle de la lave dans la cheminée du volcan, ou dans quelque fissure traversant ces masses intercalées de glace, suffirait pour les fondre rapidement et précipiter des torrents d'eau et de débris pierreux jusqu'au bas de la montagne. Mais la plus puissante de toutes ces causes serait sans doute la chute continuelle des scories portées au rouge sur le sommet d'une montagne couverte de neige.

Ce fut un torrent de cette nature qui jaillit près du sommet de l'Etna en 1755 et roula à travers le Val del Bove en entraînant une immense quantité de détritus. Les habitants des flancs du Vésuve désignent les déluges de boue et de cendres auxquels ils sont souvent exposés pendant les éruptions, sous le nom de *Lave d'acqua* (*laves d'eau*) ou *di fango* (*de boue*) par opposition à *Lave di fuoco* (laves de feu).

(1) Olafsœn et Povelsen, *Brit. Quart. Rev.*, av. 1861.

§ 11. Mais il existe encore une cause fréquente de semblables débâcles. Toutes les fois que les déjections pulvérulentes d'un volcan sont de nature à former une argile ou pâte, par le mélange avec l'eau, ce qui arrive généralement aux cendres de laves feldspathiques qui abondent dans les minéraux aluminés, les molécules les plus fines emportées par la pluie dans le fond du cratère doivent former une couche imperméable dans l'intérieur de la cavité, et favoriser la réunion en un lac de l'eau qui tombe des nuages. Dans certaines circonstances favorables, cet amas d'eau augmentera de profondeur et de volume, jusqu'à ce que sa pression emporte un côté de son lit et occasionne une débâcle, qui doit entraîner jusqu'au niveau le plus bas et disperser de vastes quantités de fragments. Une telle brèche peut encore être causée par un tremblement de terre ou une nouvelle éruption; dans ce dernier cas, les éjaculations aqueuses et les déjections ignées doivent se mêler dans la plus singulière confusion.

§ 12. Ce sont de telles éruptions *éluviales*, qu'elles soient provenues de l'ébrèchement des cratères-lacs ou d'une fonte subite de neiges, ou d'autres causes, qui semblent avoir toujours joué un grand rôle dans les phénomènes des volcans du Sud-Amérique. Dans une seule nuit, en 1803, dit Humboldt, toute la neige sur le vaste cône du Cotopaxi fut fondue, et charria des torrents de cendres et de boue dans le Rio Napo et le Rio de los Alaguos. Ces torrents de boue, c'est-à-dire, de cendre fine mêlée en pâte avec l'eau, ont dans plusieurs exemples, jailli du flanc ou du sommet de ces énormes volcans, et porté la destruction dans les vallées et les plaines qui se déroulent à leurs pieds. Dans la province de Quito, cette boue volcanique est nommée *moya*, et plusieurs poissons, surtout une espèce particulière, le *Pimelodes Cyclopum*, s'y trouvent quelquefois renfermés. Une quantité de poissons, vomie par le volcan d'Imbambaru en 1691, fut si considérable que leur putréfaction détermina des fièvres dans tout le voisinage. La matière carbonée qui se trouve ainsi mélangée avec la boue, quelquefois même au point de la rendre inflammable, provient sans doute des

algues et autres plantes d'eau qui ont poussé dans les cratères-
lacs d'où est provenue la débâcle. L'abondance d'infusoires dé-
couverts par Ehrenberg dans les roches qui ont cette origine, doit
s'expliquer de la même façon, les volcans dans lesquels on les
trouve étant exclusivement trachytiques. Comme exemples bien
connus, on peut citer les éruptions de boue de Carguirazo en 1698,
du Cotopaxi en 1743 et 1854, de Tunguragua en 1797, du Nevado
de Ruiz dans la Nouvelle-Grenade en 1845, et de Puracé en
1848 (1). Les volcans de Java évacuent aussi des laves de boue
pour la plupart.

Parmi les volcans trachytiques éteints d'Europe, de tels phénomènes ne sont pas rares, c'est à eux qu'est dû le trass d'Andernach, de l'Eifel et du Siebengebirge (2).

Les arbres et les plantes qui croissent sur la pente d'un volcan,
quelquefois des forêts entières, sont déracinés et enlevés par ces
débâcles et enterrés dans les couches alluviales de la base. Telle
est, sans aucun doute, l'origine du bois fossile que l'on rencontre
souvent dans ces formations. Le Surturbrand de l'Islande, alternant
avec des conglomérats volcaniques, est considéré par quelques-uns
comme provenant du bois flottant à la dérive à travers l'Atlantique
charrié par le Gulf-Stream, le climat étant trop rude pour une végétation de quelque importance, mais ce pourrait être aussi la trace
d'une végétation plus vigoureuse que celle d'aujourd'hui, datant
d'une période dont le climat était plus favorable. Cette dernière
supposition semble confirmée par les abondantes couches de
feuilles que l'on y rencontre. Il faut espérer que des voyages plus
récents en Islande nous éclairciront ce point intéressant.

La fibre végétale dans ces dépôts est quelquefois minéralisée,
mais pas toujours. Dans le district du Rhin elle est invariablement
carbonisée, et quelquefois passe à l'état de jais. En Hongrie, elle

(1) *Comptes rendus*, XXII, p. 700.
(2) Voir la monographie des *Volcans du Rhin*, par le docteur Hibbert ; et mon
Mémoire sur le même sujet (*Journ. des sciences*, 1826) ; aussi l'Appendice du présent volume, v° *Eifel*.

est quelquefois silicifiée, et même transformée en opale. Dans le
Mont Dore, j'ai vu un tronc d'arbre enveloppé de tuf, réduit à une
extrémité à un jais parfait, et retenant à l'autre la couleur et la texture du bois, sans être le moins du monde carbonisé. Les expériences de M. Daubrée jettent un jour considérable sur ces métamorphoses.

§ 13. Les conglomérats d'alluvion, lorsque les éléments en ont été
violemment mêlés avec l'eau en masse boueuse, acquièrent par la
dessiccation une grande solidité même sans être cimentés, comme
ils le sont souvent, par des infiltrations ferrugineuses ou autres.
Les cendres fines de l'éruption du Vésuve en 1822, que je vis balayées le long de ses flancs par des pluies torrentielles, se consoli-
dèrent en une roche extrêmement dure et tenace, ne se cassant que
sous un coup de marteau très-sec ; évidemment les particules en
étaient agrégées par une espèce de cohésion comme la *prise* du
mortier ou du ciment. Les couches de tuf durci qui recouvrirent
Herculanum à la profondeur de cinquante à cent cinquante pieds
furent, sans aucun doute, produites de cette façon par l'éruption
de 79, qui, en même temps, engloutit les villes plus éloignées de
Pompéi et de Stabies sous une pluie de cendres moins compactes
qui se disposèrent en couches à mesure qu'elles tombaient. Il est
probable que la plus grande partie des tufs semblables qui revêtent
les couches extérieures de Somma et en entourent la base sont le
produit du même paroxysme. Ainsi que sir William Hamilton l'a
remarqué depuis longtemps, ils sont identiques de caractère et
continus en disposition avec ceux dans lesquels sont enterrées les
villes grecques. Même à la distance de Naples, les cendres vomies
par cette éruption semblent avoir atteint une hauteur de plusieurs
pieds, car dans plus d'un endroit, par exemple derrière les Studii,
j'ai observé des couches de ponce stratifiée et de lapillo de 8 à
12 pieds, recouvrant des terres molles, qui contenaient de nombreuses tombes grecques et romaines (1).

§ 14. D'après quelques-unes, ou même par la combinaison, de

(1) Voir la planche des *Transactions géologiques*, 2e sér., vol. II, pl. III.

ces causes, des dépôts d'alluvion de fragments, formant, comme l'on peut s'y attendre, une partie considérable de la masse de la montagne volcanique, en remplissent les vides, en couvrent les bords et, s'étendant même à quelque distance de la base, alternent avec les courants de lave, qui, par leur plus grande fluidité, s'écartent le plus du sommet central. Telle, en effet, se trouve être la structure des montagnes de cette classe, toutes les fois que la dénudation les a suffisamment exposées à l'examen géologique ; tels sont le Cantal, le Mont Dore et le Mezen en France, Ténériffe, Madère, l'Islande, la Hongrie et les Andes.

La manière tumultueuse et violente dont plusieurs de ces conglomérats volcaniques ont été déposés les a fait s'accumuler en couches massives de plusieurs centaines de mètres d'épaisseur. Sur d'autres points, où peut-être la rapidité des eaux s'est ralentie en formant de petites baies et de petits étangs, les éléments les plus fins se sont déposés assez lentement pour former des roches feuilletées en plaques plus minces que des feuilles de papier. Au contraire, dans d'autres, la matière est faiblement réunie comme du gravier, et contient de gros boulders ; d'autres, au contraire, sont assez compactes pour en permettre l'emploi comme pierre à bâtir. Le peperino du Mont Albano, près de Rome, et le tuf durci dont Naples est bâtie, sont tous deux des exemples de ces caractères (1). Le tuf du rocher Corneille et d'autres rochers dans le voisinage du Puy sont des peperinos. Ces tufs basaltiques durcis, partout où ils se rencontrent, sont fort employés pour bâtir, parce qu'ils se façonnent facilement sous la hachette.

Si la mer ou un lac baigne la base d'un volcan, des fragments semblables à ceux qui en sont charriés par les torrents au moment des éruptions ou qui en tombent par la seule force de projection, doivent être répandus sur le fond ou sur le rivage par des courants et se mêler en stratifications avec d'autres dépôts sédentaires. Après la grande éruption du Tomboro en 1818, la mer dans le voisinage,

____

(1) *Peperino* est le nom donné par les Italiens aux tufs, ou au conglomérat durci des laves de basalte ou de greystone (leucite).

d'après des témoins oculaires, était couverte de ponce flottante et de troncs d'arbres à demi brûlés, enlevés, sans aucun doute, aux côtés disloqués de la montagne, et lancés en l'air avec tous ses fragments, par ce violent paroxysme. Ces fragments ont dû retomber en couches de cendres volcaniques, de ponce et de conglomérat au fond de la mer, alternant avec des couches végétales (1). Telle a été, sans aucun doute, l'origine des tufs stratifiés de la Terre de Labour, qui pénètrent dans les cavités des Apennins et des tufs semblables de la campagne de Rome, ayant émergé les uns et les autres de la mer, par l'élévation qu'a subie la côte occidentale de l'Italie sur une hauteur de plus de 60 mètres, comme on peut le voir à Sorrente. En Hongrie les conglomérats de ponce alternent avec les couches de calcaire tertiaire. Il en est de même en Asie Mineure, en Sardaigne, dans le Dekkan, la Nouvelle-Zélande, et d'autres localités. Dans le voisinage de Pont-du-Château et de Veyres en Auvergne, un peperino volcanique calcaire alterne avec des couches de marne remplies de coquillages d'eau douce. A Monton et à Gergovie, colline voisine, des courants de lave basaltique sont interstratifiés avec des couches pareilles, par suite d'éruptions qui ont évidemment eu lieu du fond du lac d'eau douce de la période miocène, dans lequel se déposait alors une grande quantité de matière calcaire. Les collines Euganéennes, à la base méridionale des Alpes de Vicence, présentent un semblable mélange de cendre volcanique et de dépôt calcaire. Au point d'éruption, ou tout près, ce pareil cas, le mélange des deux substances, semble avoir été si violent et si complet, qu'il y a de fréquents passages de la chaux à la lave, ce qui rend difficile de déterminer où la roche aqueuse finit et où la roche ignée commence. Quelquefois aussi une sorte de séparation a lieu, des scories arrondies (*lapillo*) ou des fragments angulaires et des nodules granulaires de basalte s'étant cimentés avec du spath calcaire, forment des veines dans la roche ignée. Des conglomérats calcaires volcaniques de même nature, alternant avec de la cendre

(1) *Journal of Science*, vol. I, p. 255.

trachytique, se sont déposés de la même façon dans la période anté-carbonifère.

Dans les roches formées principalement de cendre volcanique éluviale, il se manifeste évidemment une grande variété, occasionnée par les divers caractères minéraux des laves auxquelles elles doivent leur origine, et par leur tendance plus ou moins grande à *prendre* ou à se durcir, soit sous l'eau, soit à mesure que l'eau en est graduellement soustraite par écoulement ou par pression. Il est bien connu que la pouzzolane et le trass, mêlés à la chaux, *prennent* facilement sous l'eau. Ils contiennent fréquemment des cristaux d'augite, de leucite, de feldspath ou de mica, ce qui leur donne un faux air de porphyre ; aussi, par suite de leur cohésion assez dure, il est quelquefois fort possible de les confondre avec de la lave terreuse ou lithoïde. Bischoff pensait que ces cristaux sont toujours formés par la voie humide, dans le tuf, depuis son dépôt. Il serait présomptueux de dire que c'est impossible, mais je n'ai jamais vu dans les conglomérats volcaniques ordinaires des cristaux d'une forme assez délicate, ou dans des positions telles, qu'il parût incroyable qu'ils fussent tombés de l'atmosphère ou de la surface de l'eau dans laquelle ils ont pu flotter plus ou moins tranquillement, enveloppés dans de la ponce ou des scories légères, après avoir été rejetés d'une bouche volcanique.

Lorsque les tufs ont été longtemps exposés à l'action de la chaleur par le contact d'un dyke de lave ou d'un courant, ou par toute autre cause, il n'y a pas de doute que de nouvelles cristallisations puissent avoir lieu, et c'est probablement là l'origine des rares minéraux cristallins des peperinos. D'autres ont peut-être été formés de matières vomies après une longue cuisson dans un foyer volcanique. Les porphyres argileux ou les laves trachytiques des dates anciennes sont accompagnés de conglomérats d'un caractère très-semblable et sont sans aucun doute d'origine éruptive (1). Certains conglomérats enterrés sous un volcan peuvent eux-mêmes

(1) Voir Ramsay, sur les *Roches ignées du pays de Galles et d'Écosse*, p. 175-190 ; *Catalogue des roches* du Musée de géologie pratique, 1858.

avoir été plus ou moins altérés par la chaleur, ou même fondus partiellement. Aussi est-il fort difficile de distinguer ces tufs altérés des laves ordinaires. Par exemple, le trachyte vitreux de Ponza a toute l'apparence d'un conglomérat de ponce partiellement refondu. Comme on peut s'y attendre, des roches énigmatiques de ce caractère hybride ne manquent dans aucune région volcanique.

La contraction qu'éprouvent les conglomérats durant la dessiccation, combinée avec l'action concrétionnaire, leur a, dans plusieurs cas, donné une structure divisionnaire globuliforme, prismatique, colonnaire ou même tabulaire, semblable à celle qu'affectent les laves qui se sont consolidées par le refroidissement dû à la même cause, savoir : le dégagement de leur véhicule de fluidité ; dans l'espèce, l'eau. Cependant cette structure est rarement aussi parfaitement développée dans la première classe que dans la seconde. Lorsque des fissures se sont formées par suite de perturbations dans des conglomérats d'un caractère aussi solide, elles ont généralement été remplies, comme des veines dans du marbre, par l'exsudation de la matière la plus fine demeurée liquide dans le voisinage de cette crevasse et s'y infiltrant. On peut observer plusieurs veines ou dykes semblables dans les tufs feldspathiques durcis, dans les Champs Phlégréens, près de Naples. M. Darwin a observé de semblables veines dans le tuf des Galapagos.

Quelquefois les fissures des tufs volcaniques sont remplies de spath calcaire ou aragonite, quelquefois de sélénite ; souvent d'opale, de calcédoine ou de quartz. Quelquefois aussi on en voit laisser suinter du bitume, provenant probablement de matières animales ou végétales enterrées au-dessous à l'époque de leur formation. Les veines du tuf durci de Pont-du-Château en Auvergne sont remplies de bitume, de calcédoine et de superbes groupes de cristal de roche, taillé en rose. La solidité, aussi bien que la masse de ces tufs, est sans aucun doute due au mélange violemment opéré de leurs éléments avec de l'eau, les éruptions qui les ont produits n'ayant pu avoir lieu que sur une plage basse. Ils contiennent souvent des coquillages marins d'un caractère moderne. Le Monte-

Nuovo (*fig.* 39), dont le noyau est de tuf dur, se forma, sous les yeux des témoins, par une éruption de boue, c'est-à-dire de cendre volcanique et d'eau, rejetée en jets répétés d'un endroit assez bas sur le bord de la mer (1). On peut facilement voir comment de tels jets lanceraient de tous côtés des flots de matières plus ou moins boueuses qui doivent s'accumuler autour de l'orifice, en couches concentriques, tout comme nous le voyons au Monte-Nuovo, à Nisida, et sur tous les autres cônes à cratères des champs Phlégréens, des Galapagos, etc., pour être ensuite recouvertes par des couches en mantelet de fragments détachés de la même

Fig. 39. — Le Monte Nuovo (vu des environs de Pouzzoles).

matière, derniers résidus de l'éruption, tombant à l'état tout à fait sec.

§ 15. La gravure suivante (*fig.* 40) présente la section idéale d'un volcan après une éruption paroxysmale que l'on suppose avoir *égoutté* le cône, en laissant un grand cratère central.

La ligne pointillée représente celle des sommets avant l'éruption. Il ne faut cependant pas supposer que les couches alternées de lave et de conglomérats reproduites ici, puissent jamais s'étendre d'une manière continue avec régularité autour de la montagne entière. Au contraire, chaque courant séparé n'occupe probablement qu'un faible segment de la section circulaire horizontale.

(1) La lettre de Pierre Jacobeo, de Tolède, imprimée à Naples l'année même de l'éruption (1538), aujourd'hui au Musée britannique, dit expressément : « *La boue* (*fango*) *était d'abord très-fluide, puis moins*, et elle était rejetée en telles quantités qu'avec l'aide de pierres énormes évacuées en même temps, il s'éleva, en trois jours, une montagne de mille pas de haut. »

Dans les sections visibles des cratères de Somma et du Vésuve, ainsi que des autres volcans en général, les couches de lave s'a-

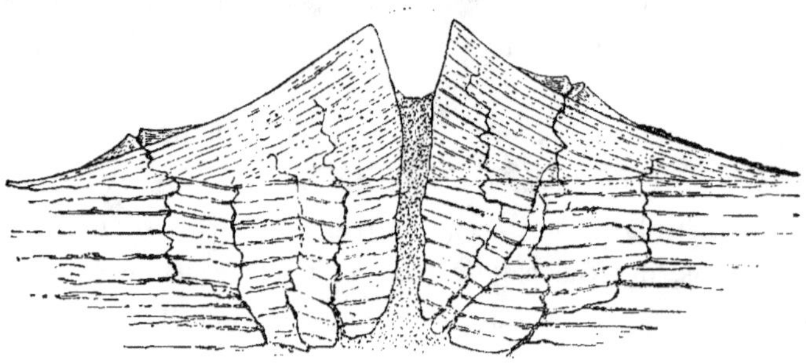

Fig. 40. — Section idéale d'une montagne volcanique produite par des éruptions successives.

mincissent et disparaissent avant d'aller bien loin ; plusieurs s'é-coulent le long des pentes extérieures en rubans étroits, d'autres en courants plus larges, mais aucune n'atteint bien loin au delà du cône. De plus, la gravure reproduit une plus grande régularité de structure qu'on n'en doit rencontrer dans la nature, car la multi-tude des dykes qui pénètrent les parties centrales d'une semblable montagne, et les inégalités et les dérangements des couches par l'intervention mutuelle des cônes de scories et des courants de lave produits à diverses périodes, doivent occasionner bien plus de confusion dans l'arrangement des parties composantes qu'il n'en est ici représenté. Cette gravure ne doit donc être considérée que comme une esquisse approximative.

Certaines montagnes volcaniques, néanmoins, offrent une figure conoïde d'une extrême régularité due à l'émission et à l'accumu-lation toujours égales et uniformes des déjections d'un orifice cen-tral. Le cône du Cotopaxi, tel que nous le donne Humboldt, est un exemple de cette admirable régularité sur la plus vaste et la plus frappante échelle. Probablement il n'y a que peu de laves d'émises de ce pic sublime, mais principalement de la ponce et des cendres qui, ne rencontrant point les vents à cette extrême hauteur, re-tombent en pluie également de tous les côtés.

Le sommet tronqué est « un rebord annulaire semblable à un
mur » : la bordure du cratère, sans aucun doute, quoiqu'il soit

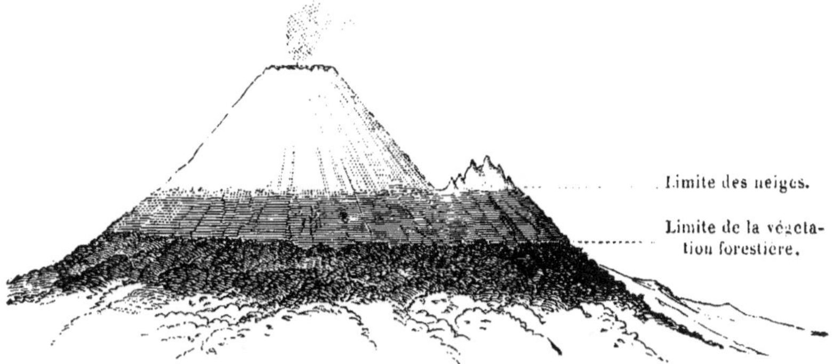

Fig. 41. — Le Cotopaxi (5700 mètres), vu à une distance de 140 kilomètres.
(D'après Humboldt.)

comblé par les neiges et les déjections récentes. Les pics raboteux
sur la droite, appelés Cabeza de l'Inca, sont probablement des
rochers trachytiques, restes d'une coulée latérale de lave imparfaitement liquide, ou du cirque d'un cratère latéral. Humboldt ne
donne aucune indication à ce sujet (1).

Le pic d'Orizaba, au Mexique, est un autre frappant exemple de
la forme conique dans un volcan de premier ordre (*fig.* 42).

Les volcans de Java qui vomissent une grande quantité de boue,
c'est-à-dire de la cendre de ponce violemment mélangée avec de
l'eau, sont également remarquables par la régularité de leur forme.
Leurs surfaces coniques sont cependant singulièrement déchirées,
selon le docteur Junghuhn, par des ravins rayonnants, dus à l'action de lourdes pluies sur le conglomérat léger et friable dont ces
surfaces se composent.

Il faut remarquer toutefois que les volcans qui sont principalement formés par l'émission continue de lave très-liquide d'un
même orifice central, sont quelquefois aussi également réguliers.
Par exemple, le dôme aplati de Mauna-Loa et d'autres volcans

(1) *Cosmos*, vol. IV. Voy. la trad. du général Sabine, note 454.

d'Hawaii, et dont les déjections fragmentaires sont comparativement insignifiantes. Ainsi, règle générale, la permanence continue

Fig. 42. — Le pic d'Orizaba (5400 mètres) vu de la forêt de Xalapa. (D'après
Humboldt.)

de l'action éruptive d'un même orifice semble être la cause principale de la régularité de forme dans un cône volcanique, quel
que soit le degré de violence des éruptions, du moins aussi longtemps qu'aucune catastrophe paroxysmale ne fait sauter la plus
grande partie de la montagne en l'air, et n'en disperse les fragments aux alentours. C'est là, au surplus, un événement qui n'est pas
rare, et la conséquence en est, comme je l'ai déjà indiqué, et vais
le démontrer, la formation d'un cratère de premier ordre.

CHAPITRE IX

CRATÈRES DES MONTAGNES VOLCANIQUES

§ 1. A propos de simples cônes de cendres rejetés par une seule
éruption, il a été tenu compte de la cause et des traits caractéristiques du *cratère*, ou creux en forme d'entonnoir qui se voit si
souvent à leur sommet ou sur leurs flancs, et qui indique l'orifice
d'éruption. Ces montagnes coniques, qui sont le produit d'éruptions répétées d'un même orifice, laissent aussi voir pour la plupart
une cavité centrale ou cratère principal à leur sommet ou tout auprès. Cette cavité toutefois est sujette à de fréquents changements
dans sa forme, et quelquefois elle fait entièrement défaut.

Après un instant de réflexion, on verra que ces changements
sont le résultat nécessaire d'éruptions inégales, qui ont eu lieu
successivement à un même point. Car, lorsqu'après une éruption
paroxysmale qui a laissé un cratère de dimensions considérables,
l'activité du volcan se manifeste de nouveau au fond de cette excavation avec beaucoup plus de modération, comme cela a lieu d'habitude, les fragments éjaculés retomberont probablement tous
dans son périmètre, et les laves émises s'accumuleront en étangs
dans le fond même. La répétition de ces faibles éruptions rem-
plira forcément tôt ou tard la totalité de ce vide créé par le
dernier paroxysme, et les matières évacuées, tant liquides que
fragmentaires, franchiront le bord du cratère qui sera alors entièrement oblitéré.

Par cette série de phénomènes, le cratère d'une grande montagne volcanique est remplacé par une plaine irrégulière, douée

d'un certain degré de convexité, et souvent même exhaussée par
des cônes parasites et des nappes de lave que continuent à vomir
à sa surface les plus faibles éruptions, jusqu'à ce qu'enfin leur accumulation successive finisse par élever par degrés un nouveau
sommet conique sur l'endroit même où jadis était béant un profond
et large gouffre. Dans ce dernier état de choses, le produit de toutes les éruptions mineures suivantes s'amoncelle en mantelets autour des pentes extérieures.

Si, après cette formation, un autre paroxysme a lieu, par exemple, par la formation d'une profonde fissure pénétrant jusqu'à un
point démesurément chauffé du foyer volcanique, ses puissantes
explosions brisent et disjoignent bientôt la masse de roches solides
et fragmentaires qui se sont accumulées dans l'intérieur de l'ancien
cratère, et dispersent tous ces fragments dans l'air, d'où une partie retombe sur les flancs extérieurs de la montagne, tandis que
le reste retombant dans l'orifice en est de nouveau expulsé indéfi-
niment, jusqu'à ce qu'il soit réduit à l'état de poussière impalpable.
Ces explosions durent des journées, des semaines, des mois, quelquefois même des années, comme on l'a vu dans le chapitre (III) qui
traite des paroxysmes. Le résultat final de ce nouveau phénomène
est de laisser un nouveau cratère portant des marques de la violence
avec laquelle il a été foré à travers les entrailles de la montagne, et
mesurant un diamètre et une profondeur proportionnés à l'énergie
et à la durée de l'éruption. Le mur entourant une telle cavité sera
plus ou moins perpendiculaire, et présentera des sections, des
couches, tant de lave solidifiée que de conglomérat, à travers lesquelles les explosions aériformes ont forcé leur chemin. Avec le
temps cependant ces murs s'écroulent souvent, et leurs fragments
formant talus en bas, adoucissent le caractère abrupte de la cavité
et la roideur de l'enceinte.

La section horizontale de ce cratère d'une montagne volcanique,
comme celle d'un simple cône, est généralement circulaire, mais
quelquefois elliptique, étant allongée dans le sens de la fissure
dont l'élargissement a causé l'éruption.

§ 2. Les phénomènes du Vésuve, pendant le siècle dernier, serviront à illustrer la série de changements décrits plus haut, comme pouvant avoir lieu au cratère central ou principal de toute montagne habituellement volcanique.

En l'année 1756, le Vésuve ne possédait pas moins de trois cônes et autant de cratères emboîtés l'un dans l'autre, sans compter le grand cône et cratère de Somma qui encerclait le tout. Sir W... Hamilton en donne un dessin à cette époque.

Fig. 43. — Sommet du Vésuve en 1756 avec cônes concentriques (tiré des *Champs Phlégréens*, de sir W. Hamilton).

Dès le commencement de 1767, la continuité des éruptions modérées avait oblitéré le cône intérieur et accru le cône intermédiaire, jusqu'à ce que le cratère principal fût presque rempli.

Une éruption du mois d'octobre compléta l'opération et reforma le volcan en un seul cône avec une pente continue tout autour, depuis le plus haut de son sommet tronqué, mais solide, jusqu'en bas (*fig. 44*).

Un intervalle de tranquillité comparative s'ensuivit, lorsqu'en 1794, arriva l'éruption paroxysmale, décrite par Breislak, qui vida complétement ce cône solide, abaissa sa hauteur et fora un énorme cratère dans le sens de l'axe. Des éruptions subséquentes, notamment celle de 1813, non-seulement remplirent cette vaste cavité de leurs déjections, mais exhaussèrent encore une fois le cône de quelques centaines de pieds. Quand je le vis pour la première fois en 1818, le sommet en était une raboteuse plate-forme convexe,

Fig. 44. — Sommet du Vésuve en 1767. (D'après le même.)

s'élevant du côté du midi où se trouvait le point culminant. Plusieurs petits cônes et cratères d'éruption étaient en activité modérée sur cette plaine, et des ruisseaux de lave coulaient le long [des rampes extérieures du cône. Les choses durèrent ainsi jusqu'en

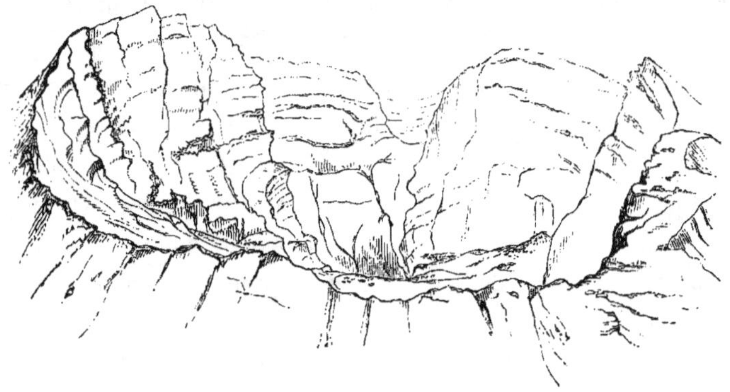

Fig. 45. — Cratère du **Vésuve** (1508 mètres de diamètre) après l'éruption d'octobre 1822.

octobre 1822, lorsque le cœur entier du cône fut expulsé, sous les formidables explosions auxquelles j'ai si souvent fait allusion;

un vaste cratère se déclara, et le cône lui-même perdit plusieurs centaines de pieds de sa hauteur. Par le fait, il n'en resta rien que la coque extérieure (*fig.* 45).

Les éruptions cependant recommencèrent bientôt. En 1826-7, un petit cône se forma dans le fond du cratère, et l'activité continuant, il atteignit une hauteur qui le rendit visible de Naples, en 1829, époque où il devait sans aucun doute à peu près remplir le cratère. En 1830, il le dépassait de deux cents pieds; en 1831, la cavité étant entièrement remplie, les ruisseaux de lave en découlèrent sur le cône *extérieur*. Dans l'hiver de cette année, une violente éruption évida encore une fois la montagne, laissant un nouveau cratère qui bientôt commença à se remplir de nouveau. Dès le mois d'août 1834, l'oblitération fut complète, et la lave, dépassant son rebord, s'écoula vers Ottaiano. En 1839, le cône fut encore nettoyé, et un nouveau cratère se montra sous la forme d'une immense cheminée, accessible jusqu'au fond, qui demeura tranquille pendant quelques années. En 1841, cependant, un petit cône commença à s'y former; un second apparut un peu plus tard, et

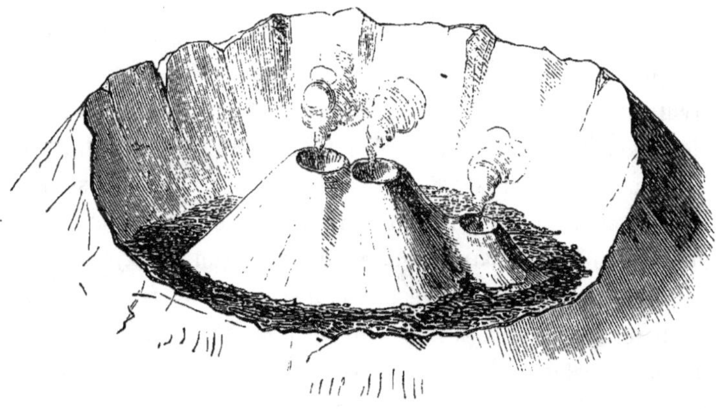

Fig. 46. — Intérieur du cratère du Vésuve en 1843.

enfin trois se montrèrent en activité à la fois, au milieu d'un lac de lave.

Ces éminences s'accumulèrent si rapidement qu'en 1845 le sommet du cône intérieur se voyait de Naples par-dessus le bord du grand cratère, qui ne tarda pas à se remplir complétement. Et dès ce moment, le cône principal augmenta de volume et de hauteur, par l'effet des éruptions mineures, jusqu'à ce qu'en 1850 un paroxysme violent détermina deux cratères profonds au sommet dont j'ai déjà parlé. L'éruption plus récente de mai 1855, s'étant bornée à un énorme efflux de lave du flanc extérieur, sans explosions remarquables du sommet, n'a pas matériellement altéré la silhouette de 1850. Les deux cratères sont cependant aujourd'hui, ou étaient récemment (1860) représentés par deux cônes, chacun avec une faible dépression au sommet. Un troisième s'est depuis formé à quelque distance vers l'est.

On voit par là que, dans ces cent dernières années, le cône du Vésuve a été cinq fois évidé, *égoutté*, par autant de paroxysmes, savoir : en 1794, 1822, 1831, 1839 et 1850, et que les cratères centraux qu'ils ont formés ont été graduellement remplis et refaits de nouveau. D'un autre côté, ce qui reste de l'ancien cratère extérieur de Somma s'encombre à son tour sous l'accumulation de tous les torrents de lave et de tous les fragments qui sont expulsés au nord du cône, qui augmente uniformément de volume. Il rentrerait donc dans les habitudes de ce volcan, ainsi que des volcans en général, si, à la longue, l'*Atrio* finissait par se combler entièrement, combinant les deux cônes en un seul, les exhaussant et les augmentant, et, finalement peut-être, si cette nouvelle montagne se voyait lancée dans les airs par l'effet d'un paroxysme exaspéré, en reformant de nouveau le cratère de Somma.

L'histoire de l'Etna, si nous la possédions aussi exacte, pendant quelques siècles en arrière, nous révélerait, sans aucun doute, une semblable série de phénomènes. Je vais plus loin, il est presque impossible de considérer sa silhouette actuelle, de quelque côté que ce soit, sans reconnaître que le bord circulaire de la plate-forme sur laquelle repose le cône supérieur, marque le rebord d'un ancien cratère de vastes dimensions, dû à la réduction de la

montagne lorsqu'elle formait un cône d'une hauteur bien supérieure, par une éruption paroxysmale. et que ce cratère, depuis sa
formation, a été rempli jusqu'aux bords, et en outre, surchargé
des matières qui composent le cône plus élevé actuellement existant et enferment son orifice actuel.

Fig. 47. — Vue du cône tronqué de l'Etna (Mongibello) couvert de laves, sur
lequel se trouvent le cône supérieur et le cratère actuels. (D'après Sartorius de
Walterhausen.)

Fig. 48. — Silhouette de l'Etna, vue de Catane. (D'après les *Mém. de la Soc.
géol. de France*, vol. IV, pl. 2.)

Ce cratère moderne lui-même offre un semblable exemple sur
une plus petite échelle. Le remplissage était déjà fort avancé lorsque je le vis en 1820. Il y avait alors au fond un petit cône para-
site en pleine activité, d'où s'échappaient des jets de scories qui
contribuaient matériellement à diminuer la profondeur de la cavité. Depuis cette époque, il a été plus d'une fois rouvert et rempli
de nouveau par les explosions d'éruptions successives, dont quelques-unes ont été fort violentes. Le cône lui-même continue à

augmenter de volume, tant par accroissement endogène que par accumulation extérieure.

§ 3. Il est donc évident que, outre l'action du temps et des forces extérieures, qui détruit totalement la configuration des cratères, il existe encore dans les phénomènes volcaniques eux-mêmes une tendance à altérer leur forme, une série de causes qui alternativement évident l'intérieur d'une montagne volcanique et comblent de nouveau la cavité ainsi produite. Des centaines d'éruptions peuvent jaillir du fond avant qu'un tel cratère central soit comblé jusqu'aux bords. Lorsque cela a lieu, le sommet de la montagne ressemble alors à une plaine, quelquefois bombée au milieu en forme de dôme, ou chargée de un ou deux petits cônes, comme dans les exemples précités de l'Etna et du Vésuve.

C'est la *troncation* d'un cône volcanique, par l'explosion de son sommet et l'excavation d'un cratère qui donne à ces montagnes le profil cornu, en quelque sorte, ou en forme de selle, qu'elles paraissent avoir quand on les voit de loin, et, par les raisons plus

Fig. 49. — Profil caractéristique des cônes volcaniques.

haut énoncées, il est toujours incertain, si, en atteignant le sommet d'une telle éminence, l'on trouvera un cratère plus ou moins profond, avec un petit cône au fond ou une plaine, semée de petits cônes d'éruption. Ceux-ci sont pareillement tronqués, mais dans ce cas leur sommet n'a jamais été complété.

D'après le professeur Junghuhn, on voit de singulières configurations dans plusieurs des nombreux volcans de Java, où l'action érosive des pluies tropicales auxquelles leurs surfaces coniques, composées de boue et de cendre de ponce, se trouvent exposées, les a déchirées tout autour de ravins et de rebords alternés, rayonnant avec une extrême régularité, à partir du sommet, comme les baleines d'une ombrelle. Lorsque la montagne n'a point de cratère, ou seulement un cratère fort petit, ces ravins, comme tous les lits de ruisseaux dus à la pluie, s'élargissent et se creusent à mesure qu'ils descendent, tandis qu'ils arrivent à rien au sommet de la montagne. Mais, lorsque ce sommet a été enlevé par une éruption paroxysmale, et remplacé par un grand cratère central, les extrémités supérieures des ravins, là où ils ont été scindés par les explosions, forment autant d'entailles d'une singulière régularité autour du bord du cratère. On trouve des entailles d'une origine analogue, quoique moins régulières, dans la plupart des grands cratères, comme dans le cirque de Ténériffe, de Palma, de l'Etna (le Val del Bove), etc. (1). La plus profonde devient souvent la grande gouttière de la cavité intérieure et s'agrandit considérablement.

§ 4. Les éruptions d'un volcan ou d'un orifice habituellement volcanique, se manifestant par intervalles au même point, les cratères se formeront souvent concentriquement l'un à l'autre. Les cratères successifs du Vésuve ont toujours été exactement concentriques les uns aux autres et au demi-cratère extérieur de la Somma (voir la fig. 13, p. 65). Il peut arriver quelque défaut dans cette régularité par suite du scellement, pour ainsi dire, du premier orifice, et de l'ouverture d'un autre débouché sur un autre point de la fissure d'éruption. Ainsi, dans l'île de Volcano, une des Lipari, il s'élève un cône avec un cratère *en dedans* du circuit d'un cratère plus grand, mais sans être tout à fait concentrique. Une éruption plus moderne a dévié davantage, et formé un autre cône avec son cratère (Volcanello), dans le voisinage immédiat de la base du précédent, mais un peu plus loin sur la même ligne (*fig.* 50 et 51).

Je donnerai plus loin d'autres exemples de ce trait fréquent et en même temps caractéristique, de volcans habituellement en éruption.

Les géologues semblent quelquefois oublier que les changements que j'ai décrits plus haut se manifestent continuellement et

(1) Mémoire sur le mont Etna, *Trans. philos.*, 1858, p. 63, par Ch. Lyell.

inévitablement dans la configuration de ces montagnes, puisqu'ils s'attendent à trouver dans chacune d'elles un cratère central ;

Fig. 50. — Vue de Volcano et de Volcanello, îles Lipari.

Fig. 51. — Plan des mêmes.

cependant l'oblitération de ces ouvertures par des éruptions subséquentes est un résultat de leurs phénomènes normaux aussi régulier que leur formation. On a aussi considéré les cratères comme étant toujours rattachés aux cours de lave ; pourtant ces derniers s'échappent souvent de points situés à quelque distance de l'orifice d'où éclatent les explosions auxquelles sont dus les cratères.

Il faudrait aussi remarquer que les explosions qui déterminent un cratère au centre d'un volcan sont souvent *précédées* immédiatement d'un efflux de lave liquide à son sommet. Cette réflexion aurait dû empêcher Dolomieu de supposer que le grand cratère de Volcano, dans les îles Lipari, avait été comblé jusqu'au bord de verre liquide avant la production du courant d'obsidienne qui s'en écoula en 1786. Ici, comme dans tous les cas où le bord abrupte d'une coulée de lave surplombe un cratère, l'émission de cette lave était antérieure à l'excavation de la cavité. Je puis citer comme exemple la solfatare de Pouzzoles dont le cratère fut évidemment formé *après* l'écoulement de la lave d'Olibano et d'un courant plus récent et moins important, lequel, avec le cratère, date sans doute de 1198, époque dont on a enregistré une éruption.

§ 5. Les dimensions du creux formé de la manière décrite ci-dessus seront déterminées par la violence et la durée de l'éruption, ou par la nature plus ou moins résistante des parois de la fissure d'éruption. Il est probable que les deux premières conditions dépendront aussi de la profondeur et de la température du foyer d'où provient le bouleversement. Dans des circonstances favorables, de vives explosions de vapeur agrandissent rapidement la crevasse qui communique avec la lave violemment chauffée au fond, et non-seulement brisent et projettent dans l'air les matières qui depuis longtemps, s'étant accumulées dans l'ancien cratère, ont obstrué l'orifice habituel des volcans, mais même elles forcent leur chemin en détruisant la plus grande partie du volcan lui-même, en ne laissant qu'un vaste abîme bordé des ruines du cône ainsi démoli. De pareils exemples se sont vus de notre temps. Ce fut une semblable catastrophe qui, en 1638, détruisit le cône colossal appelé le Pic, dans l'île de Timor, une des Moluques. Toute la montagne, qui jusque-là avait été en continuelle activité et si élevée que la lumière de ses éruptions se voyait, dit-on, à près de 500 kilomètres, sauta en l'air et fut remplacée par un abîme contenant aujourd'hui un lac.

L'île de Sorca, une autre du même groupe, disparut entièrement d'une manière analogue, pendant un violent paroxysme, en 1693.

D'après M. Moreau de Jonnès, le 6 et le 7 mars 1718, Saint-Vincent, l'une des îles du Vent, fut ébranlée, par le choc d'un terrible tremblement de terre, et des nuages de cendres furent chassés dans l'air par de violentes détonations provenant d'une montagne à l'est de l'île. Quand l'éruption eut cessé, on s'aperçut que toute la montagne avait *disparu*. L'ouragan qui avait accompagné le phénomène avait peut-être été une des causes déterminantes de la catastrophe.

Dans la configuration et la structure de plusieurs volcans, actifs ou non, on peut observer des traces de fréquents paroxysmes de cette nature. Telle est, à mon avis, l'origine de tous ces remparts circulaires ou elliptiques que l'on remarque si souvent autour d'un volcan en activité ou encore dernièrement en activité. Ils sont généralement ébréchés à un ou plusieurs points, quelquefois même réduits, par l'action du temps, de l'eau ou d'autres causes de dégradation, à n'être plus que de simples fragments du circuit primitif, racines, ou « ruines basales » de la montagne éventrée.

Des explosions d'une si extrême violence semblent naturellement caractériser le retour à une condition d'activité extérieure, après une longue période de repos apparent, occasionnée par la supériorité prolongée des forces répressives. Tel semble avoir été le caractère de l'éruption du Vésuve en 79, qui lança en l'air la moitié de l'ancien cône préexistant, et enterra les villes d'Herculanum, de Pompéi et de Stabies sous ses débris. L'autre moitié existe encore sous le nom de Somma, et l'on ne saurait douter que le cône moderne du Vésuve ne soit d'une date postérieure.

Le volcan de Bourbon encore en activité présente une frappante ressemblance avec le Vésuve, s'élevant de la même façon à une hauteur de 2,300 mètres du centre d'une vaste enceinte semi-circulaire formée de roches abruptes, consistant, comme celle de la Somma, de couches alternées de greystone et de conglomérats,

Fig. 52. — Le Vésuve à demi entouré des restes du cratère de Somma, vu de Sorrente.

dont l'inclinaison et la direction prouvent qu'elles sont le produit d'un orifice volcanique ayant occupé presque la même position que l'orifice actuel.

Dans ce cas, comme dans celui du Vésuve, cette apparence ne

Fig. 53. — Le volcan de Bourbon, entouré de roches provenant d'un cratère ancien. (D'après Bory de Saint-Vincent.)

peut s'expliquer qu'en supposant que la moitié du cône d'un vaste cratère ancien, existant au même endroit, a été détruite par une éruption paroxysmale de la nature de celles décrites plus haut. Cette crise semble avoir été suivie d'une phase prolongée d'activité modérée qui a caractérisé le volcan depuis la période de sa colonisation première jusqu'à nos jours.

Plusieurs autres volcans présentent de semblables caractères.

Dans l'île de Ténériffe, un rempart demi-circulaire de talus abruptes, de 2,000 pieds de hauteur sur quelques points, et d'un

Fig. 54. — Volcan de Bourbon, vu du nord-est.

diamètre maximum de 13 kilomètres, enferme dans son enceinte le cône du Pic et celui de Chahorra, ce dernier presque rival du premier en grandeur, et duquel seul se sont produites des éruptions depuis que l'île est habitée. Cette enceinte est, à n'en pas douter, un vaste cratère, formé à une période très-éloignée, lorsqu'une montagne volcanique, excédant probablement le Pic en hauteur et

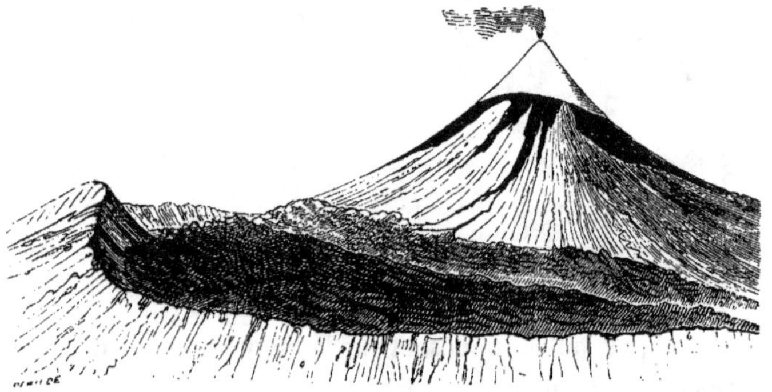

Fig. 55. — Pic de Ténériffe, vu du bord des roches environnantes.

les deux cônes actuels en volume, sauta en l'air sous l'effet d'un formidable paroxysme.

Le volcan de Pichincha au Pérou présente un double cratère elliptique de cette nature, décrit par Humboldt comme mesurant

1.400 mètres de diamètre minimum et de 1,000 à 1.200 pieds en profondeur. Les côtés intérieurs sont bordés de précipices énor-

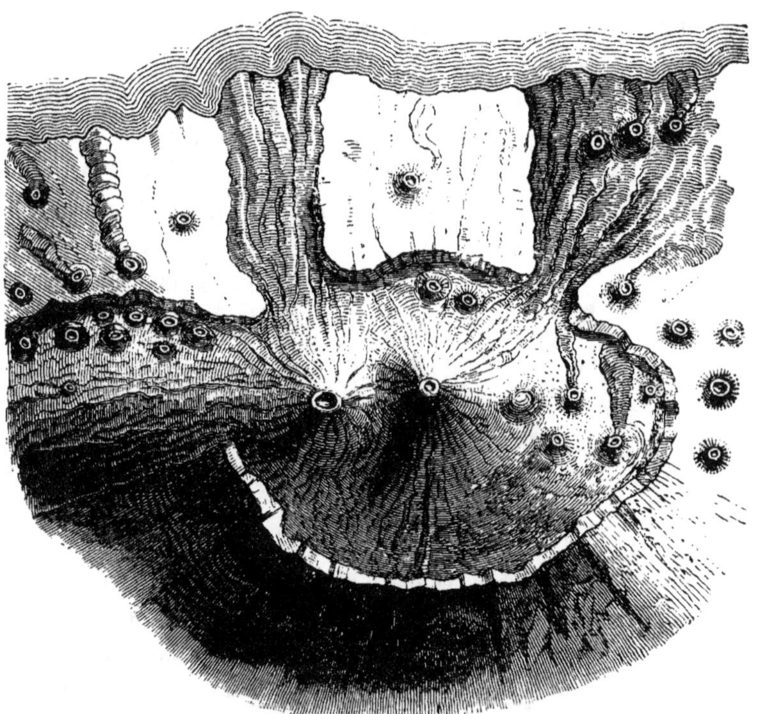

Fig. 56. — Plan du pic de **Ténériffe** et de Chahorra, avec l'enceinte de rochers.
(D'après Piazzi Smyth.)

mes. Au fond, existent plusieurs cônes parasites dont un au moins est habituellement en activité et projette des scories parfaitement visibles la nuit. Ce cratère fut probablement produit par la grande éruption de 1660, qui, dit-on, lança en l'air des blocs de 12 pieds de diamètre, retombant à 18 milles de là (29 kilom.) ! et enveloppa Quito d'épaisses ténèbres pendant plusieurs jours par l'abondance de ses cendres.

Le cratère de Bromo dans Java est, d'après le professeur Jukes, entouré d'un rempart abrupte de 1.000 pieds de haut. Il a 7 à

8 kilomètres *de diamètre*. Du centre s'élève un mamelon conique de 600 à 800 pieds de haut, profondément sillonné de tous les côtés, et ayant une quantité de cônes et de cratères parasites, comme autant d'excroissances, pour ainsi dire. Un de ces cratères émettait beaucoup de fumée et de vapeur en grondant, au moment de la visite du professeur. Plusieurs autres des volcans de Java, selon le professeur Junghuhn, s'élèvent « du milieu d'anciens remparts circulaires » de dimensions également considérables.

Barren-Island, dans la baie du Bengale, à l'E. des îles Andaman, en est un autre exemple.

Ce volcan permanent est un cône d'environ 4,000 pieds de hau-

Fig. 57. — Barren-Island, dans la baie du Bengale.

teur, s'élevant dans le centre d'une rangée circulaire de roches qui l'entoure complétement, excepté à un endroit où la mer l'a entamée. Ce grand cratère, dont on n'a pas la mesure exacte, doit avoir un diamètre de plusieurs milles, et doit être, sans doute, le produit d'un paroxysme qui a fait sauter un cône colossal.

Le Pic de Fogo, dans les îles du Cap-Vert, autre volcan permanent, s'élève comme ceux de Barren-Island et de Bourbon, à 7,000 pieds au-dessus de la mer, du milieu d'une ceinture basaltique semi-circulaire, de 3 à 5,000 pieds de hauteur. Les flancs portent de nombreux cônes parasites, dont deux datent des éruptions de 1785 et 1799. On pourrait encore citer d'autres exemples tels que ceux d'Antuco au Chili, et d'Irasu dans le Costa-Rica, qui sont des cônes volcaniques encore en activité, s'élevant du centre de cratères annulaires de vastes dimensions.

Parmi les restes de volcans éteints ou peut-être même seulement assoupis, de pareils exemples sont encore plus nombreux et souvent également frappants, par l'immense étendue de remparts qui les entourent. Santorini et ses îlots voisins, dans l'archipel grec, en est un souvent cité. Je donne une section de ce groupe

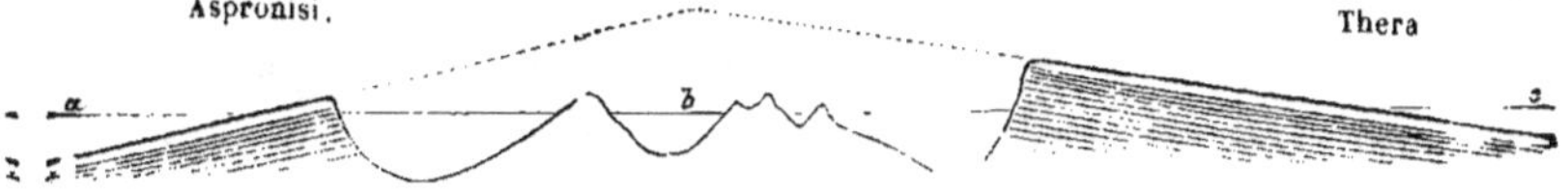

Fig. 58. — *a, b, c.* Niveau de la mer.

du N. E. au S. O. de Théra à Aspronisi en passant par les îles Kaimeni. La ligne ponctuée représente la silhouette probable du volcan avant le paroxysme qui, selon moi, a dû former le cratère. Les îles Kaimeni, qui s'élèvent maintenant du centre, sont le produit d'éruptions récentes, dont deux, de dates connues (1707 et 1753), et ont des cratères. Les trois autres sont des cônes de scories et de lave, submergés en partie, et aussi d'origine récente.

Toutes ces îles s'élèvent sur la même ligne de fissure et correspondent fort exactement, sauf en volume, avec les trois cônes formés dans le cratère du Vésuve en 1843 (voir la figure 46).

L'île de Nisyros, dans le même archipel, a un cratère central presque circulaire, dont le grand diamètre est de 4,800 mètres, et le rebord de 650 à 750 mètres au-dessus de la mer; ce cratère a dû résulter aussi d'une série de paroxysmes. Le fond en est encore à l'état de solfatare. La surface extérieure de l'île est couverte de profondes couches de cendre de ponce, qui sont sans doute les fragments triturés de la montagne qui remplissait ce gouffre. La Caldera de Palma, sur laquelle on a tant écrit depuis quelques années, est un cratère d'un caractère analogue, formé, sans aucun doute, par une explosion paroxysmale (1), quoique Von Buch l'ait citée comme un type de ses cratères imaginaires « d'élévation ». La présence d'un noyau central de lave trachytique, sous la masse principale de coulées basaltiques et de leurs conglomérats, semblerait, d'après le docteur Daubeny, confirmer ce que j'avance. Sir

_____

(1) *Manuel* de Lyell. 1855, p. 499.

Charles Lyell, dans sa consciencieuse étude de cette question, l'a décidée contre les partisans du Soulèvement, mais il semble, d'après moi du moins, attribuer une trop grande part de l'excavation de la Caldera, à l'action érosive des vagues, qu'il n'y a aucun motif de considérer comme ayant pénétré dans cette enceinte. Je parlerai du Baranco tout à l'heure. L'île Saint-Michel, une autre des Canaries, possède une Caldera de proportions également colossales, due à une formidable éruption en 1444, enregistrée par Cabral. Les admirables cartes du capitaine Vidal, publiées par l'Amirauté, donnent d'excellentes notions sur la configuration des divers grands cratères de ce groupe. J'ai déjà parlé de celui de Ténériffe.

La structure de l'île de Madère ressemble à celle de Palma, ayant comme cette dernière une rangée circulaire et centrale de pics, du haut desquels des couches alternées de conglomérat volcanique et de lave descendent de tous côtés en pente douce vers la mer. Le bassin intérieur, appelé le Curral, est sans aucun doute un ancien cratère, d'une vaste superficie horizontale, mais sans profondeur, ayant été, selon toute apparence, presque comblé depuis sa formation primitive par les produits d'éruptions postérieures, car on y trouve plusieurs cônes et des laves d'un aspect tout moderne (1).

L'île de Sainte-Hélène, d'après M. Darwin, serait un volcan trachytique entouré d'un anneau brisé de basalte, d'une superficie de 8 milles sur 4 (12 kil. 1/2 sur 6 kil. 1/4).

Les faces intérieures sont presque perpendiculaires, sinon que dans quelques endroits elles projettent un rebord plat coupé en courbes parallèles. Le côté extérieur, comme toujours, offre une inclinaison modérée, que suivent exactement les couches constitutives de conglomérat et de lave.

L'île Maurice possède aussi un grand cratère circulaire ou plutôt elliptique, dont le petit axe n'a pas moins de 13 milles (21 kilomètres!). M. Darwin décrit l'île de Saint-Iago, l'une des îles du Cap-

(1) *Manuel* de Lyell, 1855, p. 518.

Vert, comme presque identique de forme, de structure et de composition. « Dans ces deux îles, » dit-il, « les montagnes com-« posant l'anneau extérieur paraissent avoir primitivement fait « partie d'une même masse continue... Dans toutes les deux, de « vastes torrents de lave basaltique plus récente ont coulé du bas-« sin intérieur à travers des ouvertures dans les monticules envi-« ronnants ; dans toutes les deux, des cônes modernes d'éruption « sont éparpillés autour du périmètre de l'île, quoique l'on n'en « connaisse aucun qui ait fait éruption depuis la période histo-« rique... Toutes deux, enfin, semblent être les ruines basales « fracturées de deux gigantesques volcans, devant leur présente « forme désolée, leur structure et leur position à l'influence de « causes semblables (1). »

§ 6. Les dimensions horizontales de quelques-uns de ces anciens anneaux extérieurs sont si énormes, dépassant, comme on le voit, 5 et même 10 milles de diamètre (8 et 16 kilomètres), que plusieurs esprits doutent qu'il soit possible que ces cratères aient été formés de la manière indiquée plus haut, savoir, par des explosions conti-nues de vapeur s'échappant plus ou moins longtemps d'une masse de laves souterraines en ébullition ; parce que, dans chaque cas, quelque grande que soit la superficie de la cavité cratériforme, il faudrait supposer des dimensions également colossales aux vo-lumes sphériques de vapeur, dont la violente expansion latérale a causé l'excavation de ces cavités, à mesure qu'ils s'élevaient ou plutôt éclataient à la surface de la lave.

Si, cependant, l'on réfléchit aux circonstances dans lesquelles ces volumes de vapeur se sont développés, peut-être à une profon-deur considérable sous la montagne, dans le cœur d'une masse de roche en fusion dont la température dépassait probablement de beaucoup la chaleur blanche et sous une pression incalculable, il semblera difficile d'imaginer une limite quelconque à cette ten-sion, et par conséquent à la force explosive avec laquelle, en at-teignant l'orifice du volcan, ils auront éclaté. Les explosions suc-

____

(1) *Iles volcaniques*, p. 31.

cessives de grandes quantités de poudre, ou les bouffées de vapeur s'échappant de la bouche d'un canon à vapeur de Perkins, plusieurs fois centuplé, peuvent donner une idée encore bien imparfaite de leur épouvantable énergie.

De plus, il semble impossible de tracer aucune ligne de démarcation entre les cratères d'un diamètre modéré (d'un mille, par exemple, comme celui du Vésuve en 1822 dont l'origine est incontestablement telle que je le décris ici, puisque je l'ai vu moi-même, ainsi que MM. Monticelli, Covelli et plusieurs autres témoins compétents), et des cratères plus considérables, c'est-à-dire, cinq, dix ou même vingt fois plus grands, dont la formation de cette façon peut paraître d'abord problématique, puisqu'il y a de nombreux exemples de toute dimension intermédiaire, et impossibles à distinguer des premiers par la forme, la structure, la composition ou par tout autre caractère, sauf l'étendue superficielle.

Et encore, dans le cas de cratères concentriques, la correspondance du plus petit à l'intérieur avec le plus grand, annulaire et extérieur, aussi bien en configuration que dans la disposition et la structure des roches environnantes, est si complète que l'identité de leur origine est victorieusement démontrée. Lorsque, immédiatement après la grande éruption si souvent citée de 1822, je me tenais sur le bord abrupte du prodigieux cratère qui avait été creusé à travers l'axe solide du cône par les explosions gazeuses des vingt jours précédents, et que je remarquais l'exacte ressemblance des sections intérieures, en structure, en composition et en courbure, avec les mêmes éléments des sections du demi-cratère de Somma (l'Atrio), que j'embrassais du même coup d'œil, il me fut impossible de douter que les cratères concentriques, intérieur et extérieur, aussi bien que les cônes respectifs, dussent leur origine à des manifestations analogues des forces éruptives, en dépit de la différence des dimensions, l'un de ces cratères ayant quatre fois le diamètre de l'autre.

Mais, par le fait, l'énorme quantité de matières et de fragments que les paroxysmes de quelques volcans ont rejetés dans des cas connus, pendant les dernières années, tels que dans le cas de Tomboro et de Coseguina, dont il a été déjà question, quantité qui, dans l'un de ces deux exemples seul, a été calculée comme égale à quatre fois la masse du mont Blanc ; cette quantité seule nous conduirait à nous attendre à rencontrer des cavités de dimensions correspondantes dans les montagnes, éventrées par ces terribles et interminables décharges. J'ai parlé dans une autre publication (1) de la quantité comparativement faible de matière vomie par le Vésuve en 1822, qui, ne formant qu'une couche de quelques pieds à quelques pouces d'épaisseur sur un rayon de 4 à 5 milles, laissa cependant un cratère de plus d'un mille de diamètre, et de plus de 1,000 pieds de profondeur, et de 2,000, selon le professeur Forbes. Les évacuations infiniment plus abondantes de semblables paroxysmes et d'autres exemples authentiques, doivent forcément avoir laissé, par leur expulsion du cœur du volcan, des cavités dépassant celle laissée par l'éruption vésuvienne, en proportion directe de leur volume incomparablement supérieur (2). Partant de là, est-il déraisonnable de supposer que des cratères de 10 à 15 milles de diamètre aient pu être la conséquence de paroxysmes aussi formidables. La question, à vrai dire, n'est plus qu'une opération d'arithmétique. Un très-simple calcul démontre qu'une masse de fragments s'étendant à une profondeur dépassant *partout* 10 pieds, sur un rayon de 25 milles (40 kilomètres) et visiblement éparpillés au delà de cette limite jusqu'à une distance de 6 à 700 milles (1,000 à 1,100 kilomètres) comme après l'éruption de Coseguina en 1835; ce calcul, dis-je, expliquera suffisamment le vide fait dans le volcan d'où a jailli toute cette matière. dépassant en dimension le plus grand des cratères connus, et égal

(1) *Cones and Craters*, 1859, p. 35. Trad. franç., 1860, p. 56-57.

(2) Prenons, entre autres, l'exemple suivant. En février 1600, le volcan de Guaytina-Putina, près d'Arequipa, vomit pendant *vingt jours sans interruption,* une telle quantité de pierres, de sable et de cendres, que la contrée adjacente en fut couverte à 145 kilomètres d'un côté, et à 192 de l'autre! Les récoltes furent enterrées, des forêts abattues, le bétail massacré, et les toits des maisons enfoncés par la masse des fragments rejetés dans ce vaste rayon d'action. (Voir Perrey, *Tremblements de terre au Pérou*, 1860.)

à la masse nécessaire pour rebâtir une montagne qui en couvrirait toute la surface.

Dans toutes les relations d'éruptions si extraordinaires, nous voyons toujours la mention de la disparition de la montagne entière, et de son remplacement par un creux ou lac de plusieurs milles de diamètre. Mais nous entendons aussi parler de la dispersion, sur d'immenses superficies, d'une masse proportionnelle de fragments et de cendres. Je n'hésiterai donc pas à me dire que, en pareil cas, ainsi que dans le cas de Santorin, de Santiago, de Sainte-Hélène, du Cirque de Ténériffe, du Curral de Madère, de la chaîne rocheuse qui entoure le volcan de Bourbon, et d'autres de forme et de structure analogues, ces « anneaux extérieurs », quelle que soit leur étendue, sont réellement les « ruines basales » de montagnes volcaniques qui ont sauté en l'air, par suite de quelque éruption paroxysmale d'une violence et d'une persistance toutes particulières, et que la dépression circulaire ou elliptique, entourée en tout ou en partie par ces anneaux, est un vrai cratère d'éruption.

Il faut toutefois se rappeler que ce résultat ne provient pas d'*une seule,* mais d'une multitude d'explosions successives. Quelques géologues considèrent ces vastes cavités comme causées par l'*effondrement* de la montagne au moment de l'éruption. Même sir Ch. Lyell et M. Darwin paraissent patroner cette théorie, qui cependant semble basée sur la théorie erronée du Soulèvement, laquelle considère tout volcan comme une mince croûte arquée, qu'une seule explosion a suffi pour crever comme une vessie, et dont les fragments retombent dans la cavité en dessous. Cette hypothèse est tout à fait inconciliable avec les phénomènes plus haut décrits d'un paroxysme, savoir : l'émission de la lave du sommet du volcan tout d'abord, la continuité prolongée des décharges explosives et l'abondance prodigieuse de matières et de fragments vomis et qui, en pareil cas, sont dispersés sur de vastes superficies. C'est se faire une fausse idée du vrai caractère d'une éruption normale que de la comparer, comme le fait de Humboldt, à l'unique explosion d'une mine ou d'une chaudière à vapeur. Je ne connais aucun exemple d'un pareil choc *unique*, suivi de l'effondrement de roches fracassées, puis d'un repos immédiat. Dans tous les exemples cités à l'appui de la théorie de l'effondrement, comme Timor en 1638, Papadayang en 1772, et Galongoun en 1822, on raconte que les décharges ont duré des *mois*, et que la matière formant les sommets de ces montagnes fut *par degrés* expulsée *en dehors*, et éparpillée sur les régions adjacentes en quantités et à des distances prodigieuses. C'est ainsi, je crois, que cela se passe toujours. Les explosions, une fois qu'elles ont commencé, sont *continues*, pendant des semaines, des mois et même des *années*, provenant, sans aucun doute, comme je l'ai démontré, d'une masse de lave souterraine en ébullition, laquelle, ayant une fois établi une communication avec l'air libre, à l'endroit le plus faible d'une fissure ouverte par son expansion à travers les roches suprajacentes, se dégage à travers cette ouverture par degrés, quoiqu'avec une violence terrible. C'est exactement ce qui aurait lieu dans la chaudière d'une machine à haute pression, de dimensions énormes et d'une résistance latérale infinie, lorsque la soupape serait ouverte, ou qu'une rupture accidentelle se serait déclarée, et *non pas* ce qui aurait lieu dans une *chaudière éclatant* et *dégageant* toute sa vapeur *d'un seul coup, ou dans l'explosion d'une mine.*

Ce n'est pas par une seule explosion, mais par la répétition continue d'*éructations* multipliées, causées par le développement successif, par l'impulsion ascendante ou la décharge explosive d'innombrables bulles de vapeur d'une tension élastique prodigieuse, qu'une éruption est caractérisée. C'est par l'action continue de ces forces que la masse plus ou moins solide de roche qui s'oppose à cette action, est déchirée et même dispersée, non pas d'un seul coup, mais graduellement, à mesure que le niveau de la lave s'abaisse. Plusieurs de ces fragments retombent continuellement dans la cavité et sont revomis, jusqu'à ce que la friction les ait réduits en lapillo, ou petites scories globulaires, ou même en poussière très-fine que les vents enlèvent à d'énormes distances. C'est ce procédé graduel qui, pour ainsi dire, éventre la montagne et laisse, lors de la terminaison de l'éruption, lorsque la lave en ébullition a perdu son énergie, ce gouffre ovale ou elliptique, entouré d'un anneau de talus abruptes ou de roches à pic, anneau qui constitue la forme bien connue des grands cratères volcaniques, et qui est généralement d'une dimension proportionnée à la violence et à la durée de l'éruption, ainsi qu'à la quantité de matière éjaculée et dispersée sur les pentes environnantes ou les surfaces adjacentes de terre ou de mer.

A vrai dire, l'hypothèse de l'effondrement du sommet d'un volcan, par la chute dans quelque vaste gouffre en dessous, de ce qui n'était qu'une croûte creuse, est en contradiction avec les phénomènes caractéristiques de l'éruption normale, phénomènes qui ne sauraient se concilier avec l'existence de quelque immense vide intérieur, immédiatement au-dessous d'une telle montagne. Et même existât-il, comment est-il possible que des torrents de lave liquide puissent être vomis avec tant d'abondance, soit du sommet, soit d'un point très-élevé? Le gouffre que l'on suppose engloutir la montagne devrait, cela va sans dire, absorber toute cette matière fluide. Les phénomènes d'une éruption semblent attester au contraire une exubérance de matières solides, aussi bien que fluides et gazeuses, luttant pour trouver une issue; celle-ci trouvée, la montagne continue, pendant une période d'éruption plus ou moins prolongée, à se décharger du contenu surabondant de son intérieur, jusqu'à ce que cette pléthore soit réduite, et que les forces répressives, composées du poids et de la ténacité de la masse supérieure, ainsi que de la pesanteur atmosphérique, dont il importe de tenir compte, aient recouvré leur puissance et mettent un terme à toute évacuation ultérieure. C'est là un état de choses entièrement incompatible avec l'existence d'un grand vide intérieur capable d'engloutir d'un seul coup la moitié ou les deux tiers d'une montagne.

Certains cas exceptionnels dans lesquels l'action a été plus rapide, et où l'effondrement peut avoir eu une certaine part, vont être spécialement considérés.

§ 7. Je n'ai pas l'intention de nier que la superficie intérieure de plusieurs cratères n'ait été agrandie, depuis la formation primitive, par d'autres agents que l'explosion éruptive, surtout par la dénudation. C'est ce qui est souvent arrivé à ceux qui ont été, pendant longtemps, peut-être pendant des périodes incalculables, exposés à l'action destructive des flots ou des courants. Sous de telles influences, quelques-uns ont été probablement entièrement oblitérés ; d'autres usés et réduits aux segments partiels de l'anneau primitif. Santorin en est un exemple. On peut aussi en voir dans les îles Lipari, sur la côte de Naples, entre Procida et Misène ; dans les îles Ponza, et dans tous les groupes d'îles et de rochers volcaniques.

Une forme très-ordinaire affectée par les segments d'un cône volcanique longtemps exposé à l'action *dénudante* de la mer est celle de Ventotiene, près de Naples, dans laquelle une couche épaisse de lave trachytique, enterrée dans une couche de fragments et de scories, est demeurée, par son extrême solidité, in-

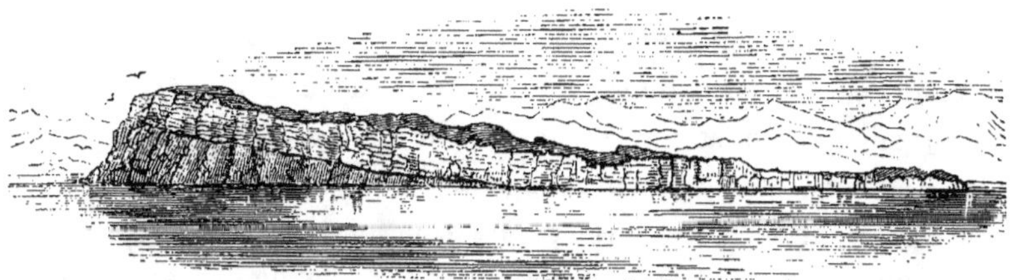

Fig. 59. — Ile de Ventotiene. — Greystone surmonté de tuf stratifié.

tacte au-dessus du niveau de la mer, tandis que le reste du cône a été balayé par les eaux.

Un adepte du système de soulèvement, ou même tout observateur superficiel, serait porté à conclure, d'après la simple silhouette d'une telle montagne, que la couche de lave a été soulevée en masse, et a porté les strates de conglomérat à leur angle actuel d'inclinaison. Je crois, au contraire, que, tant dans ce cas que dans beaucoup d'autres exemples analogues, partout où les vagues viennent battre une côte ou une île volcanique, la lave ou les couches stratifiées qui la dominent sont dans la position qu'elles avaient à leur écoulement originel, et que ces couches ont été étendues postérieurement sur la pente extérieure d'un cône volcanique, sous-marin ou sous-aérien. M. Darwin, dans sa description de Sainte-Hélène, remarque avec justesse l'énorme dégradation que plusieurs montagnes volcaniques insulaires ont soufferte de l'action des flots. « Des portions, » dit-il, « de l'anneau basalti-« que dont les segments entourent encore cette île ont été enlevées « sur une étendue de plusieurs milles carrés, laissant des rochers « abrupts de un à deux mille pieds. Il y a aussi des rebords et des « bancs de rochers, s'élevant du fond d'une eau profonde, et éloi-« gnés de la côte de trois ou quatre milles, et que l'on peut re-« tracer jusqu'au rivage actuel et qui sont la continuation de grands « dykes bien connus. L'intelligence recule devant la tentative d'em-« brasser le nombre de siècles d'exposition aux flots de l'Atlan-« tique, nécessaire pour avoir réduit en boue et avoir dispersé « les énormes cubes de rocher enlevé ainsi à la circonférence de « l'île. » Puis, en regard de ces vestiges de dégradation extérieure de Sainte-Hélène, confirmés par l'aspect et le relief également dé-gradés des surfaces intérieures, les dykes dénudés et les cônes en pyramide de phonolithe et l'absence de laves ou de cônes de scories, il oppose la fraîcheur comparative de l'île voisine, celle de l'Ascension, où « les surfaces des courants de lave sont vernis, « brillants, comme s'ils venaient de couler, les limites bien défi-« nies, et faciles à suivre jusqu'à des cratères parfaits; il n'y a « point de dykes visibles, et la circonférence de l'île est basse et « à peine rongée par les flots. » Cependant l'île de l'Ascension n'a pas vu d'éruptions depuis sa découverte, il y a trois ou quatre siè-cles. De pareils contrastes se trouvent souvent dans l'enceinte d'une même île, et un ancien cratère a été abandonné pour un autre plus éloigné. Par exemple, les deux tiers de l'île de Bourbon se composent des restes d'une ancienne montagne volcanique éteinte depuis longtemps et profondément dégradée par l'érosion aqueuse, tandis que l'autre tiers est le produit du volcan encore en activité.

Les conclusions à tirer de ces observations méritent l'attention des géologues engagés dans l'étude des rapports existant entre les trapps anciens et les couches sédimentaires qu'ils pénètrent ou même qu'ils surmontent. Plus d'un dyke massif, ou plus d'une couche de roche de cette nature, peut avoir été le seul vestige d'une île volcanique jadis massive et étendue, usée au point de ne plus être qu'un simple bloc ou un segment de ses roches les plus dures, par l'action des mers secondaires ou tertiaires qui l'ont ensuite enveloppée dans leurs dépôts sédimentaires.

§ 8. De grands changements ont dû aussi s'opérer dans l'enceinte d'un cratère par la chute, sous l'influence d'un tremblement de terre, de ses talus de roche, remplissant partiellement sa cavité, ce qui, concurremment avec l'érosion atmosphérique et aqueuse, a adouci les lignes superficielles des bordures extérieures, et ouvert des passages pour l'écoulement des eaux de pluie ou des lacs formés dans leurs bassins.

Cette dernière influence mérite qu'on s'y arrête, parce qu'elle donne l'explication d'un trait assez fréquent dans les cratères-lacs les plus grands et les plus parfaits, savoir : l'existence d'une brèche principale sur le côté, par laquelle s'effectue généralement leur décharge. Le grand *baranco* du cratère de Palma (Canaries) en est un exemple souvent cité. Le Val del Bove, sur le flanc de l'Etna, le Cirque de Ténériffe (p. 198), le Curral de Madère, l'amphithéâtre de Bourbon, et beaucoup d'autres, sont des exemples de vastes cratères ébréchés de la même façon sur un ou plusieurs points. Dans presque tous ces exemples, je crois, la direction de la brèche principale correspond avec la direction du grand axe de la figure horizontale du cratère; en d'autres termes, avec la fissure fondamentale qui l'a formée en s'élargissant. L'élargissement de cette fissure, sur une longueur considérable, lors du paroxysme auquel est dû le cratère, est en lui-même une circonstance fort probable, tout à fait conforme à ce qui a été déjà énoncé sur la formation visible de quelque grande rupture à travers le flanc d'un volcan en pareille occurrence. Qu'un abîme de cette nature demeure ouvert pendant un temps prolongé, c'est-à-dire, qu'il ne soit pas encombré par les laves ou les dépôts de tuf provenant d'éruptions subséquentes, et donne passage aux torrents de pluie qui tombent et s'amassent dans le bassin, surtout dans les régions tropicales, ou aux déluges causés par la fonte des neiges dans les pays plus froids, ou sur des montagnes élevées, il sera indubitable que cette ouverture devra s'agrandir considérablement, ses bords étant minés et entraînés par les eaux. Dans quelques-uns des exemples déjà cités, on voit des preuves patentes de la vaste échelle sur laquelle la dénudation a ainsi contribué à l'excavation de la gorge qui sert de décharge au grand cratère. A l'ouverture du Val del Bove, qui fait face à la mer, d'énormes accumulations de matière volcanique alluviale ont recouvert la plaine (1). Dans le baranco de Palma, de semblables conglomérats éluviaux atteignent une épaisseur de huit cents pieds, et, d'après sir Charles Lyell, « sont le témoignage du déplacement d'une énorme quantité de matière provenant de la Caldéra, par l'action de l'eau (2). »

Ces matières sont entremêlées de ruisseaux de lave provenant probablement d'éruptions du fond de la Caldéra postérieurement à sa formation. Certains restes de laves basaltiques et de couches de conglomérats dans la Caldéra elle-même, sont peut-être dus à ces éruptions.

Dans l'île de Ténériffe, un des barancos du grand cratère, s'ouvrant sur la vallée de Taoro, a, d'après le professeur Piazzi Smyth, agrandi jusqu'à trois fois ses dimensions primitives, dans l'espace de quelques heures, à la suite d'une seule débâcle causée par un violent orage de pluie, ou trombe, qui tomba sur la montagne, le 6 novembre 1829. Les talus de lave durcie et de conglomérat furent minés des deux côtés à une grande profondeur, et leurs débris furent dispersés sur une vaste étendue de la plaine ravagée, et même emportés jusque dans la mer.

(1) Carte de l'Etna, par sir Ch. Lyell (*Trans. philosophiques*, 1859, p. 19), piée sur l'atlas de Waltershausen).

(2) *Manuel*, 1855, p. 508.

Dans la région du mont Dore, la vallée de Chambon est un baranco d'un caractère analogue, et les masses énormes de conglomérat qui obstruent son ouverture du côté de la vallée de l'Allier, à Nechers, Pardines et Issoire, sont une preuve de la vaste puissance de dénudation aqueuse qui l'a creusée. Il ne faut pas oublier avec quelle activité l'action érosive des torrents agit sur les couches de fragments détachés dont les montagnes volcaniques se composent principalement, puisque les couches plus dures de lave avec lesquelles elles alternent sont elles-mêmes pénétrées de joints verticaux, ce qui les soumet à l'action de la gelée, et les laisse miner par des courants (1).

La description donnée par le docteur Lauder-Lindsay des principaux caractères d'une éruption qui eut lieu en mai 1860 au volcan de Kotlugaia, en Islande, peut nous aider à concevoir une faible idée des changements opérés en très-peu de temps par de tels événements, dans la configuration physique d'une grande étendue de pays. L'éruption, comme d'habitude, fut annoncée par des tremblements de terre locaux. Puis, une noire colonne de vapeur s'éleva pendant le jour de la montagne, remplacée pendant la nuit par des boules de feu ou bombes volcaniques, et des scories rouges, jusqu'à une hauteur apparente de 7,300 mètres, puisqu'elles étaient visibles à soixante lieues. Des torrents d'eau se précipitaient du sommet, entraînant des champs entiers de glace et des rochers de toutes dimensions, les uns rejetés par le cratère, mais la plupart arrachés aux flancs du volcan lui-même; ils furent tous

(1) A une époque, sir Ch. Lyell était porté à attribuer, selon moi, une trop grande influence à l'action des flots et des courants marins dans la formation de plusieurs cratères, auxquels il donnait le nom de « cratères de dénudation. » Voir son *Mémoire sur la structure des volcans.* — *Quart. Journ. Geol. Soc.,* 1849. Cependant, il a, depuis, je le crois, du moins, considérablement modifié cette manière de voir, tout en demeurant encore porté à attribuer la formation des plus grands cratères à l'affaissement, aidé de la dénudation, plutôt qu'à l'éruption explosive, que je considère comme étant, dans tous les cas, leur véritable *origine;* tout en admettant que la dénudation a, dans certaines circonstances, agrandi leur superficie intérieure, et même souvent, comme dans l'exemple cité plus haut de Ventotiene, usé la plus grande partie des remparts environnants.

charriés à la mer, augmentant considérablement la ligne de la
côte, après avoir dévasté la région intermédiaire. On peut donc,
avec vérité, dire qu'il n'existe aucune cause plus puissante de
changement superficiel sur la surface du globe que ces paroxysmes de volcans couverts de neige. Heureusement qu'ils sont rares
et à de longs intervalles, tant pour le temps que pour la distance,
autrement le globe serait inhabitable.

A tout prendre, je crois qu'il est incontestable que, quelques
modifications que les plus grands cratères puissent avoir subsé-
quemment subies par suite des causes que je viens de mentionner,
leur origine, ainsi que celle des cratères moins importants, doit
être cherchée dans les explosions aériformes.

§ 9. *Cratères-lacs.* — Je n'excepte même pas ces larges creux
en forme de coupe, entourés d'élévations comparativement faibles,
(toujours cependant composées de couches volcaniques à pentes
extérieures quaquaversales), tels que les cratères-lacs de Bracciano, de Bolsena, de Laach et d'autres que je pourrais nommer.

Pour ce qui est des lacs de moindre étendue, comme, par exemple, le lac Ronciglione, Nemi, Albano et autres, dans l'Italie centrale, il ne peut y avoir aucune raison de douter de leur origine
par explosion pas plus que pour le mont Albano, leur voisin, dans
lequel un cône central et son cratère, le Monte-Cavo, s'élève du
milieu d'un cratère annulaire extérieur plus considérable. Ces
deux anneaux sont ébréchés du côté qui regarde Rome, dans la direction de laquelle ils ont vomi des torrents de lave, et tous deux
ont été formés de la même façon. Le cirque de Rocca-Monfina,
au nord de Naples, doit aussi, à mon avis, son origine à l'éruption,
quoique, dans cet exemple, comme dans celui d'Astroni, un mamelon central de trachyte l'ait fait considérer par quelques-uns
comme un cratère de « soulèvement. »

Que le fond d'un cratère soit occupé par un lac ou non, cela dépendra beaucoup, comme il a déjà été remarqué, de la quantité de
matière alumineuse qui entrera dans la composition des cendres
et des conglomérats de façon à former une pâte *imperméable*. Aussi

ces sortes de lacs se rencontrent dans les volcans qui ont émis des laves trachytiques dans lesquelles domine le feldspath. Par exemple, les cratères-lacs des Champs Phlégréens, Agnano et Averno sont formés de tuf de ponce. La plupart des petits cratères-lacs ou *Maars*, de l'Eifel, qui ont généralement émis des laves basaltiques, furent formés par des éruptions qui se firent jour à travers des couches de schistes argileux datant de la période carbonifère, qui, réduits en poussière, forment un revêtement impénétrable à l'eau. Dans la région volcanique autour d'Auckland, dans la Nouvelle-Zélande, il se trouve parmi les cônes de cendres du type ordinaire, de nombreux petits cratères-lacs circulaires qui, comme ceux des Champs Phlégréens, doivent leur origine à des éruptions sur le bord de la mer, mais à travers des couches de marne tertiaire; par conséquent, les cendres rejetées étant mélangées avec de l'eau et une boue calcaire, ont dû former une pâte argileuse imperméable. Ces cratères ont généralement, dans leur intérieur, un ou plusieurs petits cônes qui sont le produit d'explosions postérieures à la formation primitive. Chacun d'eux aussi a donné lieu à un courant de lave de greystone (1) (trachy-dolérite, tephrine).

Ils varient en diamètre de quelques pieds à un mille ou davantage. La hauteur de leurs rebords est faible, ne s'élevant que peu au-dessus de la plaine, quoique la surface de l'eau qu'ils contiennent soit bien au-dessous de ce niveau, comme on peut le voir dans le dessin de M. Heaphy. (V. fig. 60, p. 216.)

Les talus sous-coniques qui entourent ces cratères-lacs et d'autres analogues se composent naturellement des fragments rejetés par l'explosion qui a déterminé la cavité.

Dans le cas des plus grands bassins en forme de coupe, tels que Laach, Bracciano et Bolsena, qui ont de trois à huit milles de diamètre (5 à 13 kilomètres), il est probable qu'une colline volcanique,

---

(1) Heaphy, *Quart. Journ. geol. Soc.*, 1860. Les admirables dessins des volcans zélandais par M. Heaphy, la propriété de la Société géologique de Londres, sont bien dignes d'étude.

composée de fragments éjaculés par les éruptions précédentes,
existait en cet endroit et fut dispersée lors de la formation du bas-

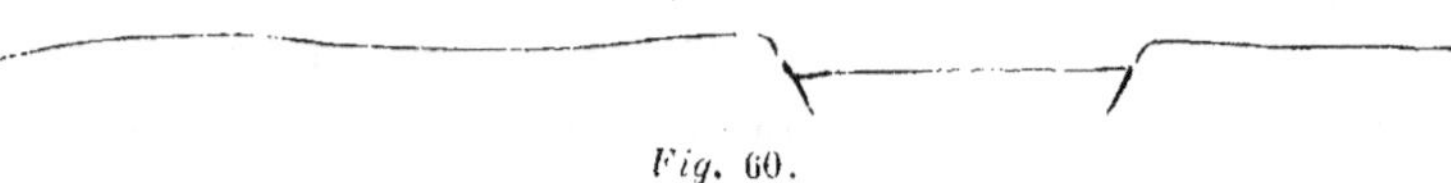

Fig. 60.

sin, dont les bords furent formés par les débris. Ces fragments,
d'une contexture légère et peu compacte (cendres de ponce ou de
feldspath), auraient donné naissance à une série de rebords courbés, de peu de hauteur ou de roideur, encore plus adoucis par le
temps et la dénudation météorique ; et en effet tel est le caractère
de ces bassins.

§ 10. Cependant, là où le cratère-lac a été creusé dans le granit,
le basalte ou tout autre roche dure et massive, les talus environnants sont pour la plupart fort abruptes, et les sections des roches
à travers lesquelles la cavité a été forée, pour ainsi dire, n'indiquent que peu ou point de perturbation. C'est le cratère des lacs
Pavin, Guéry, Servières, Bouchet, Tavana et Saint-Front, en Auvergne. Le lac de Gustavila au Mexique, décrit par Humboldt, et
dont il donne un croquis, semble appartenir à cette catégorie, ainsi

Fig. 61. — Lac de Gustavila (Mexique). (D'après Humboldt, vues des Cordillères.)
Nota. — Les terrasses intérieures sont artificielles.

que ces « nombreux petits lacs d'origine volcanique, » de l'Amérique centrale, décrits par M. Squier.

Un des caractères principaux de cette remarquable classe de
dépressions cratériformes (ou *cratères-puits*, comme on les a ap-

pelées) est celui-ci, que, quelque profond que soit leur intérieur, leurs bords ne sont que peu élevés, et souvent ne le sont pas du tout, au-dessus du pays adjacent. Néanmoins, que des éructations explosives répétées ont accompagné leur formation, cela est prouvé au delà de toute contestation par le fait que des couches de scories, de bombes volcaniques et de lapillo, ou de ponce et de cendres (matières qui ne peuvent avoir été rejetées que par explosion d'une surface de lave liquide), se trouvent dans chaque cas, sans exception, je crois, disséminées autour ou d'un côté, quoique la masse de ces évacuations semble souvent insuffisante en comparaison de celle qui a dû jadis remplir cette cavité. Il semblerait donc qu'il y a, dans ces cas-là, quelque raison de croire à un affaissement concomitant dans quelque vide inférieur.

Il n'est pas improbable que les puissantes explosions, évidemment de peu de durée, auxquelles plusieurs de ces cratères-puits doivent clairement leur origine, comme le démontre la petite quantité de scories et de cendres rejetées, provenaient de quelque cavité d'une étendue proportionnée, de quelque bulle de vapeur en forme de disque, formée à la surface d'un réservoir de lave hautement liquide, par la réunion de volumes de vapeur venant de sources plus profondes, comme il a été supposé à la page 43. La tension croissante de la vapeur, à mesure qu'elle recevait de nouveaux éléments d'en bas, ou que sa température augmentait, peut fort bien avoir enfin occasionné une rupture soudaine des roches supérieures et un violent dégagement de la vapeur renfermée, en terribles bouffées, même en une seule, par cette ouverture, le tout suivi d'un effondrement dans le gouffre ouvert par ce fracassement des rochers.

Nous avons vu plus haut (page 80-81) que, sur ou près de la surface de quelques laves extrêmement liquides, on trouve des bulles énormes, de plusieurs mètres de diamètre. Dana en a vu une quantité à Hawaii, et Darwin aussi dans les Galapagos. Le volume de vapeur qui gonfla ces bulles s'éleva, sans aucun doute, du fond de la couche de lave, sinon de la cheminée même du volcan, se dilatant pendant l'ascension, tant par l'atténuation de la pression que par la réunion de plusieurs bulles ascendantes. Si l'on suppose que de tels volumes de vapeur sont provenus de profondeurs encore plus grandes, à travers la partie la plus large d'une fissure remplie de lave extrèmement liquide et pesante, et communiquant avec une masse en fusion encore plus profondément située, toujours *avant* l'ouverture d'un débouché extérieur, si l'on fait de telles suppositions, il est raisonnable de croire que toutes ces bulles ont pu se réunir en une seule bulle ou ampoule colossale à la surface de la lave supérieure. Il y a plus, il est facile de concevoir qu'une masse de lave hautement liquide, ainsi forcée à travers une profonde fissure, peut souvent s'étendre horizontalement à plus ou moins de distance parmi les rochers qu'elle pénètre, en partie par son impulsion mécanique, et en partie par la fusion des couches moins réfractaires avec lesquelles elle se trouve en contact. Les preuves de cette insinuation de la lave entre les couches sont loin de manquer partout où la dénudation a mis à découvert la structure intérieure des régions volcaniques de toutes les époques. Et là où les choses se sont ainsi passées, les volumes de vapeur s'élevant du fond ont pu quelquefois s'amasser à la surface d'un tel réservoir souterrain de lave en une ou plusieurs énormes bulles aplaties, comme les bulles d'air qui se forment sous la glace. Ces bulles ou ampoules auront nécessairement une forme approchant de la sphère. Et il ne paraît pas incroyable qu'elles aient pu, dans certains cas extrèmes, s'étendre horizontalement jusqu'au point d'avoir plusieurs kilomètres de diamètre. Si la tension de la vapeur contenue dans une telle cavité en disque vient à augmenter par de nouvelles additions de vapeur ou de chaleur, ou même des deux réunies (comme cela doit nécessairement arriver par suite de l'accroissement continuel de chaleur provenant du fond jusqu'à la couche inférieure de lave avec laquelle communique cette bulle), la somme des résistances supérieures doit être surmontée à la longue, et, s'il arrive que la surface de la lave ne soit pas à une grande profondeur, les roches supra-jacentes céderont et s'entr'ouvriront sur une grande étendue, plus ou moins circulaire, correspondant à l'étendue superficielle de la bulle explosive. Les fragments déchirés de ses roches retomberont probablement dans le gouffre ainsi ouvert, sans explosion extérieure violente, comme cela s'est vu récemment dans l'explosion des falaises de craie de Seaford, et quelques petits jets seulement de vapeur et de scories pourront provenir de la lave à travers leurs interstices, l'ébullition de cette lave étant arrêtée par l'accumulation de ces fragments (1). Ou peut-être la lave elle-même peut rapidement se décharger à travers quelque autre orifice offrant une issue plus facile, ouvert par le contre-coup de l'explosion ou par l'explosion elle-même.

Cette dernière supposition paraît probable, si l'on examine une classe de cratères plus rares, dans lesquels le dégagement latéral des laves joue incontestablement un rôle important. Je veux parler des cratères des îles Sandwich, et dont Kilauea, dans l'île de Hawaii, est l'exemple le plus connu et sous tous les rapports le plus frappant.

§ 11. Dans ce cas particulier, une montagne de près de 14000 pieds (4260 mètres) au-dessus du niveau de la mer, en forme de cône ou dôme aplati (Mauna Loa) s'est formée principalement des débordements répétés d'une lave hautement liquide, bouillant par-dessus la lèvre d'un orifice central situé au sommet. Cette montagne est souvent en éruption et aujourd'hui possède un immense cratère. Un autre cratère, encore beaucoup plus grand (Kilauea) s'est, à quelque période, déclaré dans le flanc de la montagne à 25 kilo-

(1) Pendant que cet ouvrage était sous presse, j'ai appris les expériences de M. Daubrée, « sur l'infiltration capillaire de l'eau à travers les roches poreuses, malgré la contre-pression de la vapeur élastique. » Il suggère l'opinion que la pénétration des eaux superficielles du globe, par ce moyen, jusqu'à des cavités peu profondes, dans l'intérieur d'une lave incandescente, peut expliquer plusieurs phénomènes volcaniques, et il cite spécialement les cratères-lacs de l'Eifel, etc.

Je n'essayerai pas de discuter ici la question de connaître la source d'où provient la vapeur d'eau dans les laves, ce sera l'objet d'un autre chapitre; mais je dirai que l'ingénieuse hypothèse de M. Daubrée ne prétend rendre compte que de l'arrivée de la vapeur à la *surface* d'une masse souterraine de lave, et non de la pénétration intime de la masse tout entière par cette vapeur, ce que les phénomènes volcaniques démontrent jusqu'à l'évidence.

mètres de distance et à 3000 mètres plus bas. C'est surtout sur les phénomènes de ce dernier volcan que l'attention s'est dirigée, à cause de la facilité comparative de ses approches, mais principalement à cause de leur remarquable caractère. C'est un immense abîme, d'une figure elliptique irrégulière, de diverses profondeurs et de cinq kilomètres dans son plus grand diamètre. Ses murs intérieurs sont des rochers à pic, composés pour la plupart de couches horizontales de roches noires, et au fond, quelquefois à plus de 400 mètres au-dessous du rebord, on voit généralement un lac de lave plus ou moins liquide et incandescente, mais couverte généralement d'une croûte durcie, à travers laquelle, en plusieurs endroits, on peut voir la lave fondue sourdre comme l'eau dans une source. Quelques décharges modérées de vapeur ont lieu, rejetant quelques scories en formant de petits cônes de cendres. Cette surface cependant ne conserve pas longtemps son niveau, mais s'élève quelquefois jusqu'au bord du cratère. A d'autres moments, elle s'abaisse et disparaît tout à fait, la cave entière s'étant vidée de son contenu par le moyen de quelque fissure qui s'est déclarée à un niveau plus bas dans le flanc ou même à la base de la montagne. Au bout d'un certain temps, ce débouché se referme et la lave remonte dans le cratère. L'effondrement laisse souvent un ou plusieurs rebords noirs en saillie, de roches solides dans l'intérieur du cratère, à différents niveaux, qui indiquent les diverses hauteurs auxquelles était arrivée la matière en fusion. D'après le professeur Dana, cette série de phénomènes a été observée plusieurs fois depuis vingt-cinq ans ; la lave s'est élevée quelquefois si haut qu'elle a débordé l'orifice de la cavité, puis elle est retombée à plus de 300 mètres, lorsqu'il arrivait que le réservoir intérieur était *soutiré* par l'ouverture d'issues latérales à des points plus bas sur le flanc de la montagne. La magnifique horreur de la scène que présente cette fournaise de lave bouillante, pendant la nuit, peut à peine être surpassée par aucun phénomène volcanique sur le globe, et, par suite du caractère tranquille des éruptions de scories, on peut approcher de ce cratère, marcher sur les terrasses de lave et examiner sans danger tous ces phénomènes.

Le cratère supérieur central de la montagne (Loa) à 3000 mètres plus haut, ressemble à celui de Kilauea sous tous les rapports, excepté que ses torrents de lave jaillissent de fissures près du bord extérieur, ou à quelque distance sur les flancs, ne paraissant pas se décharger par aucune voie souterraine située plus bas. A dire vrai, une colonne de lave se maintenant à une hauteur si extraordinaire atteste la solidité de la charpente de la montagne, ce qui n'a rien d'étonnant, puisque l'inclinaison de ses pentes ne dépasse pas 8 degrés. Le cratère a 2500 mètres de diamètre, il est circulaire et mesure de 150 à 250 mètres de profondeur. Comme celui de Kilauea, il est entouré d'un rebord ou terrasse de lave refroidie bordant un cratère plus large d'une figure elliptique irrégulière. Les remparts des deux cratères sont verticaux et laissent voir des couches horizontales comme celles de Kilauea. Une éruption qui se déclara dans ce cratère en 1843, n'eut aucune influence sur les phénomènes de Kilauea. La lave coula du sommet pendant près de deux mois et demi sans interruption. Pour le moment ces cratères ne semblent pas vomir beaucoup de scories. Cependant, en 1789, si l'on en croit les indigènes, des évacuations considérables de cette nature produisirent une grande obscurité en plein midi, et détruisirent dans leur chute plusieurs soldats d'une armée qui traversait alors le pays. Il est clair qu'une telle éruption suffirait pour expliquer la formation de l'un de ces cratères par la voie ordinaire. Une fois ouverts par des explosions aériformes, nous pouvons supposer qu'ils ont été comblés à plusieurs reprises par l'ascension de lave venant du fond, et vidés par un *soutirage* latéral, comme il a été dit plus haut. La fissure qui ouvrit un débouché latéral à la lave de Kilauea dans une des dernières éruptions (1840) fut d'abord petite et étroite. Elle s'allongea et s'élargit graduellement, la lave s'écoulant successivement à un niveau de plus en plus bas, comme dans les éruptions de l'Etna. L'extrême longueur de la fissure (dont on pouvait suivre la trace dans les roches de la surface supérieure) était de 40 kilomètres, et la lave atteignit une distance de 60 kilomètres, couvrant une superficie de 25 kilomètres carrés et ayant une profondeur de 3 à 4 mètres. Cette évacuation vida complétement le fond du cratère, pouvant contenir *cinq milliards et demi* de mètres cubes de matières en fusion (1) !

Ce sont là de prodigieux phénomènes, mais cependant ils sont tout à fait d'accord avec les lois normales de l'action volcanique ordinaire, telles que nous les avons déduites des circonstances les plus fréquentes. Le professeur Dana observa dans la même île plusieurs cratères-puits plus petits, aujourd'hui éteints, mais produits probablement de la même façon que les plus grands en activité. Ils sont généralement dans le voisinage immédiat de cônes de scories de 60 à 300 mètres de haut, ce qui prouve que dans chaque cas des explosions aériformes considérables ont eu lieu, et que ce sont elles sans doute qui ont formé le cratère. Le Mauna-Rea a neuf cônes de cette catégorie à son sommet, chacun d'environ 175 à 200 mètres. Le caractère spécial des phénomènes volcaniques des îles Sandwich semble être l'extrême liquidité et viscosité de la lave. Ces qualités sont démontrées par sa contexture vitreuse et sa forme filamenteuse comme de la corde, indices d'une haute température, ce qui explique la rapidité de son écoulement à travers les fissures ouvertes dans les pentes basses du volcan, et explique en même temps comment des masses si considérables de matière en fusion peuvent demeurer aussi longtemps dans un état d'incandescence que celles que l'on voit de temps en temps dans l'étang de lave de Kilauea.

§ 12. J'ai dit que ces phénomènes pouvaient nous éclairer sur l'origine de la catégorie de ses cratères-puits déjà décrits, forés à travers des roches préexistantes, et dans lesquels les masses des fragments rejetés par les explosions aériformes ne semblent pas proportionnées à la grandeur de la cavité. Je soupçonne qu'en plusieurs cas, il s'est fait un soutirage, c'est-à-dire, un dégagement par une ouverture à un niveau plus bas, de la masse de lave en fusion, dont l'ascension jusqu'à la surface extérieure de la terre avait pro-

(1) Dana, *Amer. Journ.*, 1850.

duit le cratère par des explosions soudaines et violentes, mais de
courte durée. Il est certain que dans le cas des lacs Pavin, Guery,
Tavana, Bouchet, celui dans lequel le Fontaulier jaillit au-dessus
de Montpezat, et plusieurs autres cratères-lacs que j'ai examinés
personnellement, il existe d'incontestables preuves du dégagement, contemporain avec leur production, d'abondantes sources
de lave, par des ouvertures latérales à une faible distance du cratère, et au-dessous de son niveau.

La figure ci-jointe donne une vue de l'un de ces lacs, le lac Pavin (mont Dore).

Fig. 62. — Le lac Pavin, au pied du mont Chalme (mont Dore). *s*, Scories;
b, Basalte.

Il a environ 1600 mètres de circonférence, et s'étend au pied du
cône de cendres appelé mont Chalme, qui s'élève à 200 mètres au-
dessus. Un banc de scories entoure le bassin sur le bord des remparts à pic qui l'enferment presque de tous côtés. Ces remparts sont
de basalte, provenant d'un des courants de lave ancienne du mont
Dore. Le cratère a été ouvert à travers des couches de 30 mètres.
Au côté opposé au mont Chalme est un cratère ébréché qui a
laissé échapper une abondante coulée de lave basaltique qui descend rapidement dans la direction du nord-ouest le long d'une
étroite vallée vers la ville de Besse, qui est bâtie sur cette lave. La
surface de cette coulée s'abaisse beaucoup au-dessous de ces bords
latéraux, et présente une section concave, indiquant que la masse

centrale et plus basse a continué à couler, comme dans un canal couvert, longtemps après que la surface et les côtés se sont consolidés. Un autre courant considérable part du pied du mont Chalme vers l'est, et paraît aussi avoir la même source. A cette source présumée est une faible dépression ayant au fond un orifice s'ouvrant dans une cavité voûtée et souterraine de dimensions inconnues, mais certainement d'une grande profondeur, et appelée le *Creux de Soucy*. Il me semble, à moi, d'après une sévère inspection des localités, qu'il y a dû s'opérer, à l'époque de l'éruption du mont Chalme, un soutirage d'un abondant étang de lave qui s'était élevée dans le cratère du Pavin et avait occasionné les explosions qui l'ont creusé, et que le rapide affaissement de cette masse de lave, par un écoulement latéral, avait vidé cette cavité et la caverne voûtée. La profondeur des eaux du lac est aujourd'hui, d'après M. Ramond, de 300 pieds environ (1).

Je penche donc vers l'opinion que dans tous ces exemples la lave s'étant élevée, à une température intense, dans quelque fissure jusqu'à une certaine proximité de l'air libre, la vapeur emprisonnée dans la partie supérieure, ayant peut-être la forme d'une bulle ou d'un disque de grandes dimensions, cette vapeur fit subitement explosion avec tant de violence qu'elle fracassa les roches adjacentes dans un rayon correspondant, en vomissant à la fois une certaine quantité de scories et de lapillo. Mais en même temps, la formation d'une ouverture latérale, probablement due à un contre-coup, à un niveau plus bas, dégagea rapidement le canal de son contenu liquide, ce qui arrêta aussitôt les explosions, ou plutôt les dirigea sur un autre point, laissant la plus grande partie des roches fracassées s'affaisser sans autre perturbation, dans le gouffre ouvert par l'écoulement de la lave. Cette explication s'accorde avec ce que nous savons de ces fréquents et rapides changements des phénomènes d'éruption d'un débouché à un autre point sur la même fissure, et me semble résoudre tout le problème. M. Squier décrit un grand nombre de cratères-lacs de l'Amérique

(1) **Voir Lecoq.**

centrale, circulaires ou elliptiques, comme « environnés de roches « abruptes de laves, pénétrées de grandes bulles mesurant de 150 « à 500 mètres. » Ils ont rarement un dégagement visible pour l'eau qu'ils contiennent, qui est généralement amère et salée. Le niveau de ces lacs et surtout leur fond, et il est souvent de grande profondeur, est bien au-dessous du niveau des contrées adjacentes. Deux de ces lacs, Slopango et Amatitlan, sont d'une superficie considérable, le premier mesurant 19 kilomètres sur 5, le second 48 sur 16 ou 25 (1). Faute de renseignements plus précis, il est difficile d'émettre une opinion sur l'origine de ces deux lacs, dont les dimensions semblent les classer dans une catégorie à part. Il serait fort désirable de s'assurer si, dans le voisinage, aucune ravine ou aucune vallée a été inondée par la lave qui a pu y trouver un débouché. Rien ne nous l'indique. Mais M. Squier dit que ces lacs sont généralement situés au pied de quelque grand volcan d'éruption. Le plus grand, Amatitlan, dans la province de Guatemala, est tout près de deux gigantesques volcans qui le dominent de 3000 mètres ; l'un d'eux, Atitlan, était en éruption en 1828, puis en 1833, et vomit d'énormes quantités de pierres et de cendres qui couvrirent la côte sur plusieurs lieues d'étendue. Un autre volcan voisin (Pacaya), dans un paroxysme qui éclata en 1766, enterra sous le produit de ses éjections plusieurs villages à 13 kilomètres de distance. La force volcanique est, dans ces contrées, développée sur une si vaste échelle, qu'il ne semble y avoir aucun motif d'attribuer les cratères-lacs qui s'y trouvent, quelque considérable que soit leur superficie, à une origine spéciale ou anormale, autre que la violente explosion des bulles de vapeur auxquelles j'attribue la formation des grands cratères-lacs des autres localités.

Il semblerait cependant que, dans certains cas, l'éruption de matières volcaniques est accompagnée de l'affaissement, non pas seulement de la colonne de lave qui s'est élevée dans le canal de décharge, mais encore des roches superficielles avoisinantes.

Plusieurs des cônes de cendres de la Nouvelle-Zélande, dé-

(1) Squier, *Mexico*, 1850, p. 270.

crits par M. Heaphy, se sont formés sur le bord de la mer, exactement sur une ligne de failles dans les couches tertiaires dont la côte élevée forme la falaise, montrant des deux côtés une dépression synclinale des couches qui partout ailleurs sont horizontales.

Fig. 63. — Cône de cendres ébréché près d'Auckland (Nouvelle-Zélande).
(D'après M. Heaphy, *Quart. Journ. Geol. Soc.*, 1859.)

M. Darwin cite des exemples analogues à Saint-Jago (îles du Cap-Vert), et donne (1) un dessin de l'un d'eux (colline du Pavillon) d'un caractère précisément semblable à celui représenté par M. Heaphy.

Un semblable affaissement n'est pas en lui-même la conséquence improbable du dégagement à l'extérieur de la lave et de la vapeur élastique de dessous les roches superficielles fracturées. Il est cependant certain que dans la plupart des régions volcaniques, c'est le contraire qui a eu lieu. C'est-à-dire que les niveaux superficiels des régions voisines de volcans actifs ou nouvellement éteints, ont été plutôt relevés qu'abaissés. Je citerai, par exemple, toute la la côte occidentale d'Italie, les côtes méridionales et orientales de Sicile, les groupes atlantiques, savoir : l'Islande, Madère, les Açores, les îles du Cap-Vert, l'Ascension et Sainte-Hélène. Parmi les nombreuses îles volcaniques du Pacifique, des dépôts marins ou bancs de corail, couverts alternativement de matières volcaniques, ont été

(1) *Iles volcaniques*, p. 9.

élevés à plusieurs centaines de mètres au-dessus de la mer, évidemment à des périodes plus ou moins contemporaines des époques d'éruption. Et même, dans les exemples que je viens de citer d'affaissement local avoisinant immédiatement certains orifices volcaniques, le niveau général de la côte s'est considérablement élevé, et ce n'est que par comparaison que les couches au-dessous des cônes paraissent avoir fléchi. Il y a probablement eu en pareil cas, de plus faibles oscillations locales de niveaux, accompagnant les éruptions de ces régions, semblables à ces oscillations si minutieusement retracées par Sir Charles Lyell, M. Babbage et autres, sur le rivage de Pouzzole, près du temple de Sérapis, le résultat, dans ce cas, étant une élévation générale de la côte, interrompue par des dépressions locales sur une faible échelle.

Toutefois, il faut remarquer que pendant que l'élévation d'une plage ou d'un dépôt marin saute aux yeux, les preuves d'affaissement ne sont pas aussi faciles à découvrir, excepté dans les cas très-rares où des forêts englouties ou des ouvrages de la main des hommes sont visibles sous les eaux.

Toute région du globe ainsi déprimée, et ne se relevant plus au-dessus du niveau de la mer, est désormais perdue pour la vue. Ce n'est que depuis quelques années que l'on a pensé à la possibilité d'une telle éventualité, de sorte que la rareté de faits semblables connus n'implique point une notion générale de leur non-existence. Au reste, je reviendrai sur ce chapitre.

§ 14. *Tendance des volcans à changer d'orifice de décharge.* — Aussi longtemps qu'un volcan conserve la figure générale d'un cône, il est clair que les éruptions doivent constamment, pour la plupart, avoir eu lieu par l'orifice central. Quelquefois cependant, comme on l'a vu, l'ancienne issue habituelle du sommet est abandonnée pour quelque nouvelle ouverture plus ou moins éloignée sur le flanc ou au pied de la montagne, qui, par suite, perd graduellement la régularité de sa forme, par la formation d'un nouveau cône autour du nouvel orifice d'éruption. En pareil cas, il est raisonnable de croire que l'ouverture primitive a été complétement, et peut-être d'une manière permanente, oblitérée et scellée par l'immense poids et la cohésion des matières qui s'y sont accumulées, et que l'énergie souterraine a été contrainte de se frayer un nouveau chemin sur quelque point plus faible, probablement sur le prolongement de la fissure originelle.

L'Etna présente un exemple d'un pareil changement de l'orifice principal. Celui-ci, à quelque période ancienne, paraît avoir existé sur un point en dedans du bassin supérieur du Val-del-Bove, point duquel l'on peut retracer une inclinaison quaquaversale des couches que mettent à nu les sections de la roche. Sir Charles Lyell donne à ce point le nom d'axe de Trifoglietto. La formation du grand cratère irrégulier du Val fut sans doute produite par le dernier paroxysme qui a eu lieu sur ce point. L'orifice plus moderne et encore actif de Mongibello, au sommet de l'Etna proprement dit, témoin d'éruptions plus ou moins violentes depuis l'époque historique, est situé à 7 ou 8 kilomètres au nord-ouest de l'ancien axe.

Il est à remarquer, toutefois, que la dernière éruption importante (1852-1853) vomit un torrent de lave prodigieux et presque sans exemple, par deux ou trois fissures ouvertes dans le voisinage immédiat de Trifoglietto, et près de l'ancien cratère du Val. Le cratère de Mongibello était, il est vrai, en éruption explosive au même moment, et les orifices qui se déclarèrent le long d'une fissure qui en descendait montraient que la lave du foyer volcanique était encore en communication avec l'atmosphère au moyen de ce conduit central. Pour plus de détails, je renvoie le lecteur à l'intéressant mémoire de Sir Charles Lyell (1).

De même à Madère on peut très-clairement retracer un double axe d'éruption dans la structure et les formes extérieures des montagnes. L'île Bourbon présente un autre exemple analogue. Un vaste cratère central est environné par les hauteurs du nord-ouest de l'île. Ce cratère semble éteint depuis une époque fort ancienne, car les masses de roches ont subi une grande dégradation tant par les

(1) *Transactions philosophiques*, 1858.

suites de tremblements de terre, qui sévissent beaucoup dans cette partie de l'île, que par l'érosion aqueuse.

L'orifice habituel d'éruption a clairement changé de position plus d'une fois dans la même direction, qui est au sud-est : d'abord, à une distance d'environ 25 kilomètres, à la plaine de Calaos, où il s'est formé un dôme aplati d'un volume considérable, encore parsemé de cônes et de cratères ; puis, au point du cratère actuellement en activité, qui s'élève en un dôme ou cône, à la hauteur de 1,800 mètres environ du centre d'un vaste amphithéâtre semi-circulaire de rochers, restes d'un cratère immense formé par quelque paroxysme d'une violence sans exemple, et que des éruptions postérieures ont presque comblé au moyen du volcan actuel. (Voir les *fig.* 53 et 54, p. 198.)

Le volcan de Ténériffe, lui aussi, a trois axes : celui du Pic, proprement dit, qui n'a pas été en éruption depuis que l'île est habitée, malgré l'apparence très-moderne de ses laves vitreuses et les vapeurs sulfureuses de ses petits cratères ; et ceux des deux montagnes qui lui sont annexées de chaque côté, le Chahorra à l'ouest, d'où sont provenues toutes les éruptions connues, dont la dernière date de 1798, et le Monte-Blanco, aujourd'hui totalement éteint, à l'est. Tous trois sont sur la même ligne, qui forme le grand diamètre de l'ancien cratère qui les entoure (*fig.* 56, p. 199).

Dans l'île de Java, selon Junghuhn, plusieurs des plus grands volcans ont deux centres d'éruption ou même davantage, toujours sur la même ligne. Un de ces volcans, nommé *Gede*, présente un cône régulier de 2,800 mètres de hauteur, d'une inclinaison de 30 degrés et tronqué comme l'Etna ; un second cône l'avoisine, un peu moins élevé, et probablement plus ancien, ayant subi une plus grande dégradation. Il a aussi d'un côté une profonde vallée comparable au Val del Bove, ce qui doit le faire considérer comme un cratère très-ancien.

A dire le vrai, un tel changement des orifices d'éruption le long de la ligne de dislocation primitive, ou du moins, principale de la surface solide, à mesure que les premiers débouchés sont ob-

strués par les matières évacuées, ou par quelque fracture subséquente, ce changement est un phénomène si probable, d'après ce
que nous connaissons de la nature générale de la force volcanique,
que nous devons nous attendre à le trouver, ainsi que nous le trouvons en effet, comme un caractère fort ordinaire dans toutes les
régions où cette force se manifeste.

Lorsque le cratère principal d'un volcan se trouve ainsi abandonné, il demeure souvent pendant quelque temps à l'état de solfatare, par l'émission continue des vapeurs acides provenant du
résidu de lave encore chaude restant au fond de la cheminée. Ces
vapeurs se frayent un chemin en s'infiltrant, pour ainsi dire, à travers les pores de la roche solidifiée, ou à travers des crevasses
trop étroites pour permettre une nouvelle ébullition. Pendant ce
temps, il est probable que la masse de lave au-dessous de cet orifice
ainsi scellé se refroidit par degrés. Mais cela peut durer des siècles,
ainsi que cela a eu lieu pour la solfatare de Pouzzoles, que la couleur blanche de ses rochers calcinés a fait appeler λευχογαίος par
Homère. Le petit cratère du pic de Ténériffe est aussi dans ce
même état, comme je l'ai dit plus haut, et plusieurs volcans de
Java ne sont plus que des solfatares.

Ces émanations expirantes de vapeur semblent être principalement restreintes aux volcans trachytiques, peut-être parce que
leurs laves, lorsqu'elles se consolident, sont bien plus poreuses
que le basalte. Leur action sur ces roches, et les diverses substances salines et terreuses que l'on peut en extraire ont déjà été si-
gnalées.

§ 15. Avant de quitter les cratères volcaniques, il convient de
dire un mot de la remarquable ressemblance que présente la surface de la lune avec quelques-unes des régions volcaniques de la
terre qui sont le plus couvertes de cavités cratériformes entourées
de remparts appartenant au système conique. L'analogie est telle
qu'il est impossible de douter un seul instant du caractère volcanique de la croûte lunaire.

« La généralité de ces cratères, dit sir John Herschel, offre une

« singulière uniformité. Ils sont merveilleusement nombreux, oc-
« cupant la plus grande partie de la surface visible de la lune, et
« sont presque tous d'une forme exactement circulaire ou en
« coupe, paraissant raccourcis en ellipse vers les bords. Les plus
« considérables ont, pour la plupart, un fond plat du centre duquel
« s'élève une petite colline conique fort roide. En un mot, *ils pré-*
« *sentent, dans sa plus haute perfection, le vrai type volcanique,*
« comme on peut le voir dans le cratère du Vésuve ou dans une
« carte de la région volcanique des champs Phlégréens ou du Puy-
« de-Dôme. Dans quelques-uns des principaux, des marques de
« stratification volcaniques, *provenant de dépôts successifs de matiè-*
« *res éjaculées*, peuvent très-bien se distinguer à l'aide de puissants
« télescopes. Dans le réflecteur de lord Ross, le fond plat d'Alba-
« tignius (10° S. et 5° E.) paraît tout semé de blocs, invisibles avec
« des instruments inférieurs, tandis que l'extérieur d'Aristillus
« (30° N. et 3° E.) est tout sillonné de profondes tranchées (comme
« les volcans de Java décrits par Junghuhn) rayonnant vers le
« centre (1). »

Je joins, pour faciliter la comparaison, des plans des deux régions, l'un de la surface terrestre, l'autre de la surface lunaire. Ce
dernier est pris des environs de la montagne à cratère, appelée le
Maurolycus. L'autre est celui des champs Phlégréens, près de
Naples, et comprend le Vésuve.

De quelques-unes des plus hautes montagnes lunaires, divergent
dans toutes les directions de nombreuses lignes rayonnantes, réfléchissant une vive lumière, et élevées comme des chaussées au-
dessus de profondeurs plus ou moins plongées dans l'ombre. Ce sont
probablement, soit des torrents de laves qui ont coulé à de très-
grandes distances des centres d'éruption, soit des dykes qui se sont
élevés en terrasses verticales du fond des fissures rayonnantes, caractère d'éruption propre à certaines laves trachytiques et phonolithiques. Par exemple, le volcan de Pichincha est, d'après Humboldt, une longue et haute terrasse conduisant à un cratère plus

(1) Voir le *Panorama des mondes*, p. 202 et suiv.

haut encore, ce qui est le caractère précis de plusieurs montagnes
lunaires. La rampe de phonolithe qui s'étend au nord du grand

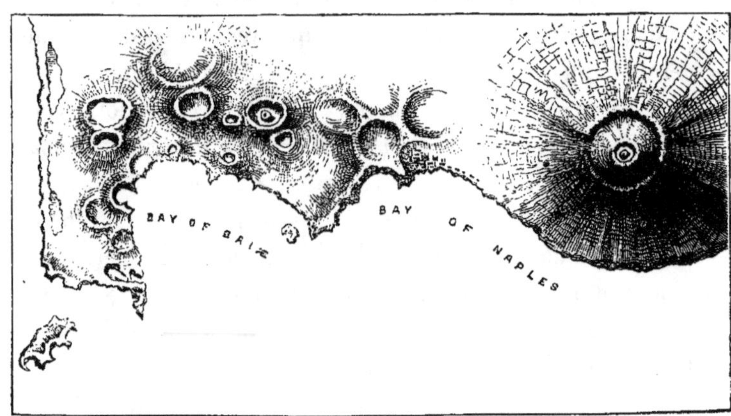

Fig. 64. — Surface volcanique terrestre. — Les Champs Phlégréens.

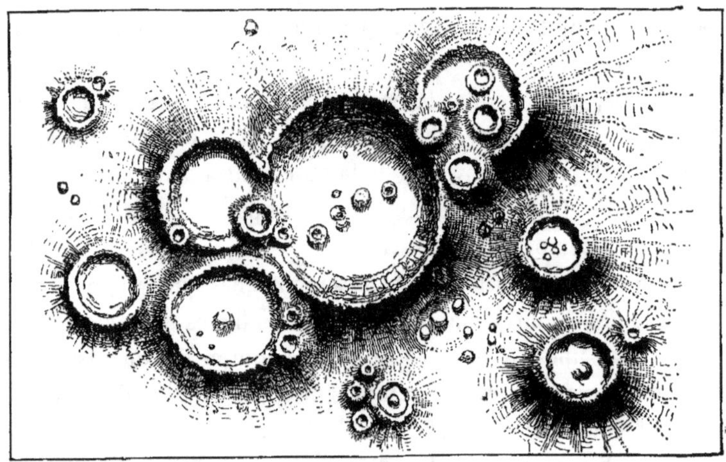

Fig. 65. — Surface volcanique lunaire. — Le Maurolycus.

centre d'éruption du Mezen, en Auvergne, en est un autre exemple. Quelques-uns de ces grands dykes ou courants, provenant des
plus hautes montagnes, parcourent de vastes régions, traversant
les plus considérables de ces creux si sombres, qui, ressemblant à

des océans desséchés, forment un des traits caractéristiques de notre satellite (1). Une chose paraît certaine, savoir : que la surface lunaire n'est plus en éruption, ou du moins que ses volcans sont en repos depuis des siècles, puisque les astronomes n'ont observé aucun changement dans ses montagnes (2). Elle présente l'aspect d'un globe éteint, autrefois doué d'une vitalité volcanique et d'une activité extérieure portées au plus haut degré, avec des océans et une atmosphère aujourd'hui desséchés et évaporés, du moins dans le seul hémisphère qu'il nous est donné de contempler, et qui, par l'excentricité de son centre de gravité, semble irrévocablement attiré vers nous par la puissante attraction de notre planète, plus volumineuse et plus dense.

Comparés à ceux de la terre, les cratères lunaires sont bien plus nombreux, proportionnellement à l'étendue de sa surface; leur distribution est plus régulière, leur intérieur plus profond, leur diamètre plus considérable, et leurs talus moins élevés. Ils ressemblent surtout aux cratères putéiformes et aux grands cratères-lacs que j'ai décrits comme exceptionnels. D'après cette analogie, je crois que ce trait particulier provient de ce que les explosions de vapeur qui les ont produits ont éclaté à travers une surface de matière molle et semi-liquide, en bulles successives, dont la rupture a formé tout alentour un rebord concentrique composé de couches répétées de cette matière, comme on l'a remarqué à propos des cratères semblables des champs Phlégréens et de la Nouvelle-Zélande, formés de cette façon sur une plage assez basse.

(1) Voir sur la carte de M. Lecouturier les rayonnements du volcan de Tycho à travers toute la région australe, jusqu'à la mer des Nuées et la mer du Nectar, à au moins 45° de distance; le bord oriental de la mer des Crises; la séparation singulière en diagonale, dans la mer de la Sérénité, du mont Ménélas au Possidonius, et les rayonnements de Kepler et d'Aristarque dans l'océan des Tempêtes, de l'équateur au 25° N., et du 30° au 50° O.   E. P.

(2) Ceci était imprimé longtemps avant les révélations stéréoscopiques de M. Warren de La Rue, et les communications de M. Birt aux sociétés savantes d'Angleterre, relativement aux modifications des montagnes lunaires, et à la formation de nouvelles, hypothèse fondée sur la non-indication de ces dernières sur la carte de Mœdler, malgré leurs dimensions.

Si l'on remplit une poêle à frire ordinaire d'un pouce ou deux
de plâtre mêlé avec de l'eau, dans laquelle on a fait fondre un peu
de glu (pour l'empêcher de *prendre* trop vite), jusqu'à consistance
de pâte, et qu'on la place sur le feu de façon à faire bouillir l'eau
avec assez de violence, les bulles qui crèvent constamment à la
surface en se suivant rapidement aux mêmes points, finissent,
lorsque tout le fluide est évaporé, par laisser de nombreuses cavités circulaires avec un petit rebord de matière tout alentour ; ces
cavités ressemblent tellement à celles de la lune qu'il est difficile
de ne pas être convaincu que notre satellite a dû subir une opération analogue, quelque différente qu'en soit l'échelle.

CHAPITRE X

VOLCANS SOUS-MARINS

§ 1. Jusqu'ici notre attention s'est bornée aux phénomènes de
ces volcans qui éclatent directement dans l'atmosphère. Mais il ne
faut pas oublier que les éruptions volcaniques peuvent se manifester sur tous les points du globe, et, par conséquent, aussi bien
dans cette partie qui est recouverte de masses permanentes d'eau
que dans celle qui demeure à sec.

D'après la vaste étendue des mers, qui dépasse celle des terres
dans la proportion de près de 3 à 1, on pourrait s'attendre à ce
que le nombre d'éruptions sous-aqueuses dût excéder dans le
même rapport celui des éruptions en plein air. Il ne faut cependant pas oublier que des éruptions répétées d'un même orifice
finiront, tôt ou tard, par élever le sommet d'un volcan sous-marin
au-dessus du niveau de la mer. Probablement aussi, pour la plupart des montagnes de cette catégorie, cette limite a été atteinte,
ce qui les a transformées en volcans insulaires.

Il est très-rare que l'on ait l'occasion d'observer une éruption
volcanique provenant du fond de l'Océan ou d'une mer intérieure.
La résistance opposée par la grande densité du milieu et son influence réfrigérante empêchent, dans la plupart des cas, les explosions de vapeur d'éclater, ou du moins d'atteindre le niveau, et
toujours de s'élever fort au-dessus; par conséquent, d'être visibles
à quelque distance. Ce n'est que pour les navires passant par hasard dans le voisinage qu'une telle occasion peut se produire. Il
ne faut donc pas s'attendre à beaucoup de détails sur ces phénomènes.

Toutefois, ils ne manquent pas totalement, et ces observations nous amènent à cette conclusion : que les phénomènes volcaniques se manifestent au fond de la mer, à peu près de la même manière que sur la surface ouverte des continents, modifiés seulement par la basse température du milieu ambiant, et par la grande pression extérieure provenant de la colonne d'eau supérieure, qui, dans ce cas, devient un des éléments de la répression. Et, en effet, il ne peut guère en être autrement, puisque nous savons que, dès que le cône d'un volcan sous-marin élève son sommet au-dessus des flots, il entre dans la classe des volcans *sous-aériens,* et alors son activité se manifeste exactement comme celle des volcans du continent.

Les principaux exemples d'éruptions sous-marines sont :

1° Plusieurs éruptions près de San-Miguel, une des Açores; la première, en 1638 (1); deux autres, au même point, en 1691 et en 1720; cette dernière créa une île de 10 kilomètres de tour, mais qui disparut peu de temps après. En 1812, apparut une autre île à un endroit profond de 100 mètres. Le capitaine Tillard en prit possession au nom de l'Angleterre, et la nomma *Sabrina.* Elle s'élevait de 50 mètres au-dessus de l'Océan, et mesurait 2 kilomètres de tour. Les jets de scories durèrent six jours, pendant lesquels la croissance de l'île fut attentivement observée. Peu d'années après, elle fut, comme la précédente, entièrement balayée par les flots, et remplacée par une eau profonde.

2° Une éruption, continuée par intervalles durant cinq années, donna naissance à l'Isola Nuova (île Neuve), près de Santorin, dans l'archipel grec, en 1707-1712 (2). Elle mesure 6 kilomètres au niveau de la mer. Santorin elle-même, selon Pline, a été formée de la même façon, en l'année 236 avant Jésus-Christ, aussi bien que deux îlots voisins, Hiéra et Théra, aujourd'hui la grande et la petite Kaimeni. Ces trois îles s'élèvent dans le centre du vaste cratère annulaire ébréché de Santorin.

(1) *Mém. de l'Académie,* 1721.
(2) *Histoire de l'Académie,* 1708. — Humboldt, *Souvenirs personnels,* vol. I, p. 448.

3° Une île s'éleva subitement à quelque distance de l'Islande
pendant le paroxysme du Skaptar-Jokul, en 1783. Celle-là aussi a
disparu.

4° Une nouvelle île volcanique se forma dans le groupe des
Aléoutiennes, près d'Unalaska, pendant le printemps de 1796, et
fut nommée *Bojuslaw* par les chasseurs russes (1). Elle n'avait
d'abord que 80 mètres de hauteur; mais en 1816, par suite de son
incessante activité, elle atteignit une hauteur de 1,000 mètres et
une circonférence de 30 kilomètres.

5° L'île *Julia* ou île de *Graham*, sur la côte sud-ouest de la Sicile,
parut en 1831, à un endroit où l'on trouvait 100 brasses d'eau. Elle
disparut au mois de septembre.

6° Sur la côte de la Nouvelle-Grenade, près de Carthagène, en
1848, une colonne de feu et de fumée s'éleva de la mer à une grande
hauteur, pendant plusieurs jours. A la fin de l'éruption, on découvrit à cet endroit une petite île de lapillo et de sable noir (2).

7° M. Daussy, et, après lui, M. Darwin, ont réuni plusieurs traditions tendant à prouver l'existence d'une vaste région volcanique
sous l'Atlantique, presque à mi-chemin entre le cap Palmas, sur
la côte occidentale d'Afrique (4° lat. N. et 10° long. O.), et le cap
San-Roque, sur la côte orientale de l'Amérique du Sud (5° 28' S.,
et 37° 37' O.), c'est-à-dire *dans la région la plus étroite de l'Océan
entre ces deux continents.* Des secousses séismiques ont souvent été
éprouvées par les navires traversant cette surface troublée qui s'é-
tend environ sur 9 degrés de l'est à l'ouest, et 3 ou 4 du nord au
sud. La mer est souvent agitée avec violence, malgré l'absence de
tout vent; des bruits étouffés se font entendre du fond; les navires
talonnent comme sur des récifs; des colonnes de fumée s'élèvent
des eaux, et des scories ou de la ponce flottent en abondance à la
surface. Dans quelques endroits, des îlots de sable ou de cendres
s'élèvent au-dessus du niveau, puis disparaissent. Ici, on rencontre
aisément le fond; là, il est impossible d'y arriver.

(1) Kotzebue.
(2) *Comptes rendus*, XXIX, p. 631.

Dans tous ces exemples, des colonnes de fumée (vapeur mêlée avec des cendres) le jour, et des flammes (jets de scories rouges) la nuit, s'élevèrent de la mer violemment agitée, décolorée et chauffée au point de tuer le poisson.

Puis enfin des rochers noirs se dessinèrent à la surface de l'eau. Dans les exemples de Santorin et de l'Aléoutienne, ils se composaient de lave lithoïde, aussi bien que de fragments, ce qui explique leur persistance subséquente. Dans les autres cas, le cône, composé d'éjections fragmentaires, semble seul s'être élevé au-dessus des eaux. Aussi l'action des flots et des courants mina bientôt des matières si peu cohésives, les dégrada peu à peu et réduisit l'île à un simple bas-fond.

De ces données on peut conclure qu'une éruption provenant d'un orifice sous-marin, à *une profondeur modérée* au-dessous de la surface, se comporte d'une façon bien peu différente, si même elle l'est, d'une éruption sous-aérienne. On y remarque les explosions des mêmes fluides aériformes; des fragments de roches, des scories embrasées et des cendres triturées sont vomies en haut. Les matières les plus lourdes s'accumulent dans leur chute autour de l'orifice en un cône terminé par un cratère central, et les plus légères sont emportées au loin par les marées et les courants. La lave probablement déborde et s'étend sur le fond sous-marin, cherchant les niveaux les plus bas, ou s'accumule sur elle-même, selon son degré de liquidité, son volume et la rapidité de son refroidissement, suivant, en un mot, les mêmes lois qu'en coulant à l'air libre.

Humboldt et Von Buch ont tous deux déclaré que c'était leur conviction que dans les éruptions sous-marines, les couches formant auparavant le fond de la mer sont uniformément soulevées en masse, et que les éruptions proprement dites ne commencent à l'orifice que lorsque ces couches sont arrivées au-dessus du niveau d'eau. Cette opinion a trouvé faveur avec beaucoup d'autres géologues du continent, ainsi qu'avec le docteur Daubeny. Cette supposition, cependant, n'est étayée d'aucune observation, puisque dans les cas précédemment cités, les seules roches qui se soient montrées au-dessus de la surface sont invariablement des laves, lithoïdes ou fragmentaires, et incontestablement produites par l'éruption (1).

§ 3. Il est vrai qu'à des profondeurs considérables, le vaste accroissement de force répressive, occasionné par la pression de la colonne d'eau au-dessus du volcan, doit proportionnellement entraver l'ébullition de la lave.

Il est donc probable qu'à des profondeurs dépassant plusieurs centaines de pieds, il ne se fera aucun développement de vapeur sur une grande échelle, et que, ou les rochers formant le fond sont soulevés par l'intumescence de la lave qu'ils recouvrent, jusqu'à ce qu'ils atteignent le point auquel la tension de la vapeur enfermée peut surmonter la pression causée par la colonne d'eau, ou bien la lave seule pourra se faire jour et s'empiler en forme de dôme, jusqu'au même point, d'où alors commenceront les éruptions. Mais il faut se rappeler que puisque le poids de la colonne d'eau, à quelque profondeur que ce soit, doit être ajouté à la somme de la répression, qui entrave toute éruption à ce point, il faut nécessairement, lorsque la force expansive de la lave renfermée finit par surmonter le poids de cette colonne, que la température et la tension de la vapeur renfermée dans les interstices soient proportionnellement plus élevées.

Il est probable aussi que la vapeur qui s'échappe de la lave,

(1) Il est à remarquer combien la relation de Sénèque sur la formation de l'île de Hiera, correspond aux phénomènes, que, de nos jours, par une étude plus approfondie de faits analogues, nous considérons comme caractérisant les éruptions sous-marines : « Nos ancêtres se souviennent, dit Posidonius, que lorsqu'une île s'éleva dans la mer Égée, la mer se mit à écumer pendant quelque temps et que la fumée (vapeur) s'éleva de ses profondeurs. Car, d'abord, elle produisait des flammes (probablement des scories rouges), non pas continuellement, mais jaillissant par intervalles, comme des éclairs, toutes les fois que le feu inférieur surmontait la résistance du poids supérieur. Puis des pierres furent rejetées, ainsi que des rochers, en partie sans lésion (par le feu, c'est-à-dire les fragments de roches préexistantes), et en partie calcinés, et convertis en ponce légère. Enfin apparut le sommet d'une montagne, puis la hauteur augmenta toujours, jusqu'à ce que ce rocher prît les proportions d'une île.

même à de faibles profondeurs, sera instantanément refroidie, par son contact avec les couches plus froides d'eau, à travers lesquelles elle opère son ascension, et condensée, comme dans le condenseur d'une machine à vapeur, de sorte que, tant que l'élévation volcanique sous-marine n'est point arrivée à une faible distance de l'atmosphère, *aucune vapeur ne jaillira de la surface,* et par conséquent aucune décharge aériforme n'annoncera une éruption des profondeurs de l'Océan.

Des torrents de lave s'écouleront probablement, des couches rocheuses seront disloquées, soulevées; peut-être même leurs débris seront rejetés à une certaine hauteur, par de semblables éruptions, et des perturbations pourront déranger les couches sédimentaires se déposant au fond de l'eau. Mais jusqu'à ce que l'accumulation de ces diverses matières ait élevé l'orifice de la montagne à une hauteur telle que les vapeurs qui s'en dégagent ne soient plus entièrement condensées dans leur ascension par la pression de l'action réfrigérante du milieu environnant, aucune autre apparence de ces phénomènes ne sera visible de loin, sinon une décoloration et une agitation locale de l'eau qui se trouvera au-dessus du volcan.

Lors donc que l'éruption devient visible et que la vapeur qu'elle engendre se dégage à la surface de la mer, et surtout que l'on peut voir les jets de scories, on peut en toute sûreté supposer que le sommet du volcan sous-marin n'est plus à une grande profondeur, et qu'il ne faudra plus une longue durée pour que l'éruption s'élève tout à fait au niveau de la mer, créant par là une nouvelle île volcanique, plus ou moins permanente, selon la nature plus ou moins solide de ses éléments et la puissance plus ou moins destructive des courants ou des vagues auxquels elle pourra se trouver exposée (1).

§ 4. Les composés minéraux ou salins, qui, en plus ou moins grandes quantités, accompagnent la vapeur d'eau qui se dégage

(1) Je parle plus loin des idées de M. Mallet sur l'action des volcans sous-marins comme causes de tremblements de terre, idées que je ne saurais partager.

d'un orifice volcanique, iront, au moment de la condensation, se
mêler aux eaux de l'Océan, et augmenter la masse d'ingrédients
de même nature dont elles sont imprégnées; ingrédients que l'on
peut supposer être provenus, dès l'origine, des mêmes sources,
infiniment plus actives et plus nombreuses dans les longues périodes antérieures.

§ 5. *Disposition des produits des volcans sous-marins.* — Quoique
les phénomènes volcaniques semblent essentiellement les mêmes,
qu'ils proviennent d'un orifice sous-marin ou d'un orifice en plein
air, cependant on conçoit que la différence des milieux dans lesquels se manifeste l'éruption, doit considérablement modifier la
disposition des substances expulsées.

Roches fragmentaires. — Comme je l'ai déjà dit, une grande
quantité de matières rejetées s'accumuleront immédiatement autour de l'orifice, en forme de cône; mais celles qui, à mesure que
l'orifice se rapproche de la surface, sont dispersées à quelque hauteur par l'explosion des gaz, et en particulier les matières les plus
fines et les plus légères, ces matières demeureront longtemps en
suspension dans le fluide agité, et lui communiqueront une couleur
troublée. Lorsque la cause de perturbation aura cessé, elles se dé-
poseront graduellement et uniformément au fond, sur une vaste
superficie, en forme de couches sédimentaires. Les matières composant la partie supérieure du cône lui-même seront aussi probablement emportées par les courants, et déposées de même sur des
surfaces assez étendues.

C'est ainsi, sans aucun doute, que furent formés les tufs stratifiés et conchifères qui couvrent les plaines maritimes de l'Italie occidentale, la campagne de Rome et la terre de Labour, qui ont pénétré les vallées voisines des Apennins, qui n'étaient alors que des
criques et des estuaires, mais ont été depuis élevées au-dessus de
la mer, par le soulèvement général de la côte occidentale de la
Péninsule. On sait que la ponce flotte sur l'eau (densité $= 0,914$);
aussi, lorsque les déjections fragmentaires sont de cette nature,
elles peuvent être entraînées par les vents et les courants à de

grandes distances et déposées sur les rivages auxquels aboutissent ces courants.

Si les eaux au-dessous desquelles se manifestent les éruptions sont imprégnées des matières calcaires, les tufs produits de cette façon formeront un ciment calcaire contenant des coquillages marins, ou alterneront quelquefois avec les grès calcaires déposés par les eaux adjacentes.

C'est de cette façon que se formèrent les peperinos calcaires et conchifères du Véronais, du Vicentin et des collines Euganéennes, de la Sicile méridionale, du bassin d'eau douce de la Limagne, du Deccan, des Pampas de l'Amérique du Sud et de nombreuses localités où le basalte, ainsi que les conglomérats calcairo-basaltiques, se trouvent continuellement alterner avec des couches régulières de calcaire.

Lorsque les produits atténués et pulvérisés d'une éruption éclatant auniveau, ou à peu près au niveau de l'eau, sont de nature à *prendre* comme du mortier, propriété que possède la cendre feldspathique, il paraîtrait que la matière formant le cône, étant, par son voisinage de l'orifice, malaxée par la continuelle agitation de l'eau, et peut-être aussi sous l'influence de la chaleur émanant de l'orifice, en une boue épaisse ou en une espèce de mortier, finit par prendre une consistance, une solidité même, plus grande que celle de la cendre déposée en sédiment à quelque distance du volcan, ou retombant sur la surface du cône lui-même, après son élévation au-dessus du niveau.

C'est ainsi que le tuf qui forme la partie inférieure, ou le noyau des éminences entourant les cratères sous-marins des champs Phlégréens, est suffisamment solide pour servir à la construction, pendant que les régions plates intermédiaires se composent de tuf désagrégé, d'une composition identique, et ne différant que par le défaut de cohésion. Ces couches de tuf se trouvent aussi sur la surface de cônes plus durs. La différence de solidité entre ces variétés semble consister en ce que la première *a pris* comme du mortier, ou acquis un certain degré de cohésion durant la dessiccation. A dire vrai, le dégagement de la vapeur d'un orifice à peu de distance au-dessous de la surface d'un volume d'eau doit probablement avoir lieu par l'expulsion de plusieurs énormes bulles de boue épaisse, qui, en éclatant, dispersent cette matière gluante de tous côtés, en vagues circulaires. Postérieurement solidifiées, ces matières forment ces épaisses couches de tuf ponceux, ayant généralement une inclinaison quaquaversale à partir de l'axe d'éruption, souvent marquée par des rebords anticlinaux recourbés, tels que nous en voyons près de Naples, et dans d'autres régions littorales où domine l'éruption feldspathique.

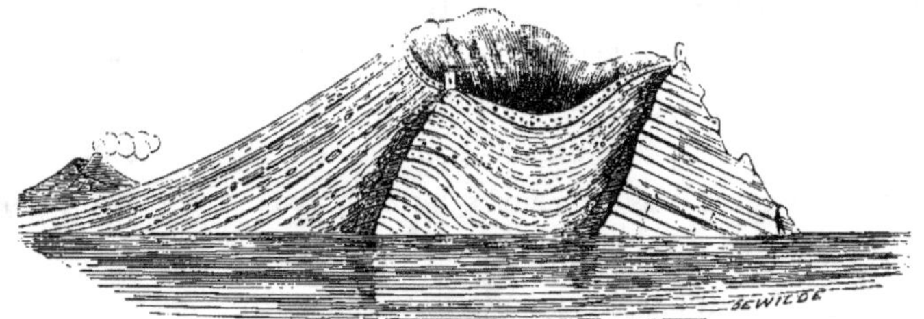

Fig. 66. — Section naturelle d'un cône de tuf; le cap de Misène.

Le cap de Misène est un exemple du sommet d'un cône formé par des explosions sous-marines de ce genre. Le tuf qui le compose est d'une remarquable solidité, comme le prouve du reste la résistance qu'il oppose aux flots de la Méditerranée. Le petit cône insulaire de Nisida, à l'extrémité du promontoire de Pausilippe, présente une composition et une structure presque identiques, là où son cratère ébréché se trouve dénudé.

§ 6. *Produits lithoïdes des éruptions sous-marines.* — Il ne peut exister aucun doute que les mêmes lois régissent la disposition des laves aussi bien produites au-dessous de l'eau par un volcan sous-marin qu'émises en plein air. C'est de la même façon qu'elles s'étendent latéralement sous une couche scoriforme, avec une rapidité et sur une étendue proportionnées à la force d'expulsion, à leur fluidité et à la persistance de cette fluidité, aussi bien qu'aux accidents de niveau dans les surfaces environnantes.

De toutes ces circonstances, la première, c'est-à-dire la force
d'expulsion, ne se trouve influencée par la pression de la colonne
d'eau supérieure, qu'au point de nécessiter un plus grand effort, et,
par conséquent, peut-être, une plus haute température dans la
lave, pour contre-balancer l'accroissement correspondant de la
force totale répressive. L'accroissement de température peut augmenter la fluidité de la lave, au moment de son émission, et la
permanence de ce caractère s'augmente probablement de même,
plutôt qu'elle ne diminue, par la nature du milieu avec lequel la
lave est en contact, parce que la surface est instantanément solidifiée, et l'ascension de la vapeur, arrêtée par l'influence réfrigérante de l'eau, ainsi que par la haute pression extérieure pesant sur
la surface de la coulée.

L'on doit donc s'attendre à ce que les laves produites au fond de
la mer prennent une extension latérale plus considérable, comparativement à leur épaisseur, que celles qui se sont écoulées sous la
seule pression atmosphérique, et que cette extension soit proportionnée à la profondeur de la colonne d'eau. Ce raisonnement
semble confirmé par la grande dimension horizontale des laves
que l'on considère comme ayant une origine sous-marine, comme
la plupart des formations de trapps anciens, savoir : celles de l'Islande, des îles Feroë, de l'Irlande, des Hébrides, de l'Allemagne, etc., que l'on rencontre généralement en nappes parallèles et
d'une étendue superficielle considérable.

Et encore, on doit s'attendre à ce que les courants de lave qui
ont coulé à de grandes profondeurs sous l'eau présentent peu de
parties scoriformes. C'est, en effet, ce qui a généralement été observé dans les trapps anciens sous-marins. Cependant cela peut
en partie provenir de l'influence dégradante des flots ou des
courants.

Mais, au contraire, les vésicules abondent dans l'*intérieur* de la
lave, toutes les fois que sa liquidité a été suffisante pour permettre
l'agglomération de la vapeur en bulles qui se développent à mesure
que la lave s'écoule, tandis que pour la raison déjà mention-

née, bien peu de ces bulles pourront se dégager par ascension. Les formations du trapp de Flœtz, comme l'on désignait autrefois les roches volcaniques anciennes, sont fréquemment vésiculaires, ou plutôt, amygdaloïdes.

Nous avons déjà remarqué, dans un précédent chapitre, que quelquefois les cavités cellulaires et les pores de la lave étaient, postérieurement à sa solidification, occupés par des minéraux cristallisés déposés par l'eau pénétrant ces interstices. Il est clair qu'une couche de lave, existant depuis longtemps sous la surface de la mer, et exposée à une haute pression, sera plus sujette à l'infiltration de l'eau à travers sa substance que lorsqu'elle se sera solidifiée dans l'air. A mesure que ces fluides élastiques qui y demeurent après la consolidation, sont lentement condensés par le refroidissement, ils tendent à produire un vide dans les cavités qu'ils occupent, et n'opposent aucune résistance à la pénétration de l'eau qui vient d'en haut, et qui est sollicitée à descendre, non par son propre poids seul et celui de l'air, comme dans le cas d'une lave sous-aérienne, mais par le poids additionnel de toute la colonne supérieure.

Il est clair aussi que les diverses substances minérales contenues dans l'eau de mer, en entrant en combinaisons nouvelles avec le silex et les autres substances volatilisées ou dissoutes dans les vapeurs condensées de la lave, peuvent opérer la cristallisation de nouveaux minéraux dans les vésicules et les interstices microscopiques du rocher. Cela peut expliquer les nombreuses variétés de zéolithes et d'autres minéraux qui caractérisent les basaltes et les trapps amygdaloïdes, dont le plus grand nombre provient certainement de volcans sous-marins. La lenteur avec laquelle ces substances sont séparées de leur véhicule aqueux est probablement la cause de la grande régularité et de la perfection de leur forme cristalline (1).

§ 7. Dans les cas d'éruptions sous-marines, il sera rarement possible de distinguer si elles se manifestent à de nouveaux orifices

____

(1) Voir le Discours du prof. Phillips, *Geog. Soc.*, 1859.

ou à des orifices habituels. Sans aucun doute, ces deux cas peuvent se présenter, comme dans les volcans sous-aériens.

Les éruptions qui ont formé les deux Kaimenis, dont il a été déjà plusieurs fois parlé, éclatèrent au centre d'un cratère volcanique, lui-même d'origine sous-marine. Les éruptions près de la côte Saint-Michel peuvent être considérées comme s'étant manifestées à une issue latérale de cet immense volcan insulaire.

D'un autre côté, les champs Phlégréens, comme on désigne le district volcanique de Cumes et de Pouzzoles, près de Naples, offrent un exemple de nombreuses éruptions sous-marines, chacune à un nouveau point d'une mer sans profondeur. Quelques-uns des cônes ainsi formés sont très-réguliers et bien conservés ; d'autres présentent de longs talus circulaires, encerclant des bassins cratériformes, contenant des lacs. Ces cônes sont tous formés d'un tuf feldspathique durci, contenant quelquefois des coquillages marins et du bois en fragments, tous deux non encore minéralisés ; ils sont couverts de couches de conglomérat et de tuf en fragments, semblables à ceux qui sont dispersés sur tout le voisinage de la plaine voisine de la Campanie, et qui paraissent avoir été déposés lorsque la Méditerranée baignait le pied des Apennins. M. Heaphy décrit une région semblable dans le voisinage d'Auckland dans la Nouvelle-Zélande (1).

On peut acquérir quelque connaissance de la manière dont se composent les volcans sous-marins par l'observation de leurs produits qui ont pu, par suite d'un soulèvement postérieur sur une grande échelle, être élevés au-dessus du niveau de la mer. De tels exemples sont fréquents dans les îles madréporiques du Pacifique. Les plates-formes basaltiques des côtes sud et nord de l'Islande, des îles Féroë, du nord-est de l'Irlande, du nord-est de Ténériffe, et d'autres localités nombreuses, tendent à démontrer que la conduite et la disposition de la lave, lorsqu'elle jaillit d'un orifice sous-marin, sont, ainsi qu'il a été supposé, presque semblables à ce qui se passe sur la terre ferme. La différence principale semble

(1) *Quart. Journ. geol. Soc.*, août 1860.

être, 1° qu'elle coule plus uniformément et s'étend davantage sur une surface plane, probablement parce qu'elle conserve sa chaleur intérieure plus longtemps sous la pression de l'eau que sous celle de l'air seulement; 2° qu'un volcan sous-marin rejette une moindre quantité de conglomérat ou de matière fragmentaire que ne le fait un volcan sous-aérien, ou qu'elle s'étend davantage et se trouve interstratifiée avec moins d'épaisseur entre les laves contemporaines. Chacune de ces hypothèses peut se trouver juste, car il est peu probable que dans des eaux profondes, ainsi que je l'ai démontré plus haut, des explosions aériformes puissent rejeter une grande quantité de scories. Et lorsque l'orifice s'est élevé assez près de la surface pour laisser s'accomplir de telles explosions, elles auront précisément lieu à ce niveau auquel l'usure et la dégradation causée par les flots et les courants, ainsi que leur influence dans la dispersion de toutes les matières détachées qui se trouvent dans leur sphère d'action, atteindront leur *maximum*. D'après cela, nous devons nous attendre à rencontrer les mêmes phénomènes que dans les formations auxquelles nous attribuons une origine analogue, savoir : d'immenses plates-formes de roches de basalte ou de trapp, en couches répétées, les unes sur les autres, avec peu ou point de matière scoriforme entre elles, et des conglomérats ou des dépôts de cendres dans les régions voisines. M. Darwin, dans un ouvrage sur l'Amérique méridionale, décrit une immense superficie géographique de ce continent, à l'est des Andes, comme composée de schistes métamorphiques, d'ardoises argileuses et de roches plutoniques, qui autrefois ont dû former le fond de l'Océan et être alors couvertes de vastes torrents de lave (porphyre argileux et greenstone) avec des masses alternées de fragments angulaires de roches de même nature. Tous ces produits proviennent de volcans sous-marins, et, selon toute apparence, eu égard à l'état compacte de ces roches, dans une eau profonde. Cette formation volcanique fut postérieurement recouverte de dépôts gypseux de l'époque crétacée, mélangés avec les produits d'éruptions contemporaines. Sur quelques points, surtout au Chili, ces couches furent de nouveau recouvertes, pendant la période tertiaire, d'une masse considérable de tufs et de laves, provenant de volcans sous-marins, antérieurement à l'élévavation définitive du continent au-dessus du niveau d'eau, ou à l'apparition de la grande chaîne volcanique de nos Cordillères (1).

Le professeur Ramsay donne aussi une description analogue des roches ignées interstratifiées, et même les traversant, avec les couches diluviennes du pays de Galles et du Shropshire (2). Il distingue avec beaucoup de sagacité ces laves, contemporaines des couches dans lesquelles elles se trouvent, comme on peut le voir par les altérations qu'elles ont produites dans la couche inférieure, tandis que la couche supérieure paraît intacte; il les distingue de ces laves *intrusives*, pour ainsi dire, qui semblent avoir été injectées entre des couches plus anciennes et déjà solidifiées, comme le démontrent l'altération de la couche suprajacente autre que celle de la couche sous-jacente. Ce dernier caractère semble être celui des laves de hornblende ou greenstone, tandis que le premier prévaut parmi les trapps feldspathiques. Cela est-il dû à la plus grande liquidité des laves de la première catégorie, qui leur permet de pénétrer dans les joints des roches stratifiées parmi lesquelles elles se trouvent violemment forcées? Le professeur Ramsay parle de ces laves *intruses* comme « longeant parallèlement les couches pendant des *lieues entières*, et puis les traversant brusquement! Ces envahissements ont eu lieu, à ce qu'il paraît, dans les roches d'ardoises qui, en effet, ont dû se fondre plus naturellement dans le sens des plans de stratification qu'en travers de ces plans.

§ 8. Lorsque enfin le sommet d'un cône volcanique est définitivement élevé au-dessus du niveau, il entre alors dans la catégorie des volcans sous-aériens et forme une de ces îles volcaniques que l'on rencontre en si grand nombre dans l'Atlantique, le Pacifique et l'océan Indien.

(1) Daubeny, *Vo'cans*, p. 503. — Darwin, *Amérique méridionale*, p. 237.
(2) *Catalogue des spécimens de roches du musée de géologie pratique*, 1858, p. 174.

Mais ce n'est pas simplement par l'accumulation des matières expulsées que cette augmentation dans la hauteur peut avoir lieu. Cette augmentation peut se produire, sans aucune addition de volume à la matière elle-même, par un soulèvement en masse, occasionné par une expansion générale de la couche souterraine de lave, s'élevant en même temps que le cône, sur une étendue superficielle plus ou moins considérable des couches voisines formant le fond de la mer.

C'est ce qui est probablement arrivé à la côte d'Italie, dont je viens de parler. Les cônes ignivomes des champs Phlégréens ont subi bien certainement une altération de niveau, relativement à la mer, depuis leur formation, sans que leur masse se soit accrue par les produits d'éruptions subséquentes. Des coquillages marins d'espèces encore existantes se trouvent, dans l'île d'Ischia, à une hauteur de plus de 300 mètres au-dessus de la mer. Les flancs de l'Etna sont formés en plusieurs endroits, et à une hauteur considérable, de couches alternées de lave et de calcaire tertiaire rempli de coquillages.

Nous sommes par là conduits à distinguer entre les îles ou les régions d'origine volcanique, produites par les éruptions sous-marines seules, puis postérieurement élevées au-dessus du niveau de la mer (avec ou sans couches suprajacentes calcaires ou arénacées), par l'effet de l'expansion de laves souterraines (ce que j'appelle l'action plutonique), et ces îles ou régions qui doivent leur élévation progressive au-dessus de ce niveau, principalement à l'accumulation graduelle de la matière expulsée par des éruptions répétées d'un orifice en activité habituelle, et qui a continué longtemps après leur émersion.

§ 9. Ces derniers volcans auront tous les caractères d'une montagne volcanique, savoir, une forme pyramidale ou conique, une structure composée de couches de lave et de conglomérats alternées avec des couches plus ou moins rares de sédiments marins, vers la base, et toutes s'inclinant plus ou moins à partir du sommet.

La première catégorie de formations volcaniques, au contraire, montre rarement aucune régularité de forme ou de structure. Les couches de laves qui se forment à quelque profondeur sous le niveau de la mer s'étendent probablement, comme nous l'avons vu plus haut, sur une surface latérale plus considérable que si elles étaient émises en plein air, et de plus l'action destructive des vagues ou des courants, en général du moins, usera et dispersera les matières détachées, à une bien plus grande distance. Aussi un volcan sous-marin n'offre-t-il pas, à beaucoup près, une forme conique aussi prononcée qu'un volcan formé en plein air, mais est bien plus déprimé, aplati même, et composé de couches à peu près horizontales.

Et l'élévation violente d'une telle masse par l'expansion souterraine en dérangera probablement la figure davantage encore, et, au lieu d'une montagne conique doucement inclinée, la silhouette en présentera de vastes plateaux d'une inclinaison faible ou nulle, enfermés par des rochers à pic, ou séparés les uns des autres par des abîmes en forme de fissures, et composés de couches alternées de rochers de lave lithoïde et fragmentaire, attestant leur origine sous-marine tant par leur contexture compacte, par l'absence de parcelles scoriformes et la quantité de minéraux amygdaloïdes, que par la disposition particulière et les formes générales de tous ces éléments. Les îles Feroë sont le type par excellence de volcans soulevés sous-marins.

L'île de Ténériffe, d'un autre côté, présente ces deux formations géographiquement réunies. Cette île consiste principalement en un immense volcan dont le pic central atteint une hauteur de 3,710 mètres au-dessus de la mer. La forme de cette montagne approche de celle d'un cône oblong, quoique sa régularité ait été considérablement altérée par les produits de nombreuses éruptions latérales. Le principal cratère évidemment occupait autrefois le centre de la base ellipsoïde, et lui correspondait en forme et en dimension.

Le rempart qui l'entourait, ou ce qui en reste, forme un rang elliptique de talus dans l'enceinte desquels s'élèvent les cônes plus modernes du Pic et de Chahorra. Mais cette immense montagne constitue un peu plus des deux tiers de l'étendue superficielle de l'île sur son côté N.-E.; dans le prolongement du grand axe de l'ellipsoïde s'avance un remarquable promontoire, différant de l'autre partie en forme et en structure, d'une silhouette plane et unie, au lieu d'une forme conique, et entièrement composée de vastes couches horizontales de basalte et de conglomérat basaltique, tandis que les rochers des montagnes centrales sont entièrement trachytiques. Cette région basaltique est évidemment une masse sous-marine, soulevée au-dessus du niveau postérieurement à sa formation, et depuis cette époque le volcan trachytique voisin a seul continué à être en activité.

L'île de Palma, une autre des Canaries, offre un excellent exemple d'une montagne volcanique parfaitement régulière et complétement insulaire. Sa forme est peut-être aussi rapprochée du cône que les causes perturbatrices qui doivent nécessairement modifier la forme d'une telle masse, peuvent le permettre. Le plan de sa base est presque circulaire ; elle s'élève du rivage de tous côtés, d'abord par plans légèrement inclinés, qui deviennent de plus en plus rapides, jusqu'à ce qu'ils se terminent par un rebord formant le sommet d'une chaine roide de rochers qui entourent le cratère central. Cette profonde cavité est égouttée par un seul canal, ou *Baranco*, qui fut incontestablement à l'origine une fissure radiale produite par quelque violente éruption. Les ravins formés par d'autres ruisseaux nombreux divergent comme des rayons des hauteurs centrales. Quelques cônes parasites sont éparpillés sur la surface des pentes extérieures, chacun fort régulier et ayant son courant de lave spécial (1). La grande Canarie présente une configuration et une composition analogues.

---

(1) Palma fut choisie par de Buch comme le prototype du cratère d'élévation, ou montagne volcanique soulevée. Il y a, à mon avis toute raison de croire que cette vue est erronée, et que cette île doit, au contraire, son origine à des coulées quaquaversales de lave et à des éjaculations de matières d'un orifice central. Lyell

L'île de Tristan d'Acunha, dans le milieu de l'Atlantique méridional, paraît être aussi un volcan insulaire d'une pareille régularité. Le capitaine Carmichael, qui la visita en 1816, la décrit comme étant conique, de 45 kilomètres de circonférence et de 2,000 mètres de hauteur, avec un grand cratère central d'un kilomètre et demi de tour, contenant un lac de 150 mètres de diamètre. La lave et les scories sont basaltiques et d'un aspect tout à fait moderne (1).

Saint-Paul, ou Barren-Island (*fig.* 57, *p.* 200), Fayal dans les Açores, et Fogo, dans les îles du Cap-Vert, sont des éminences coniques régulières, sommets de volcans sous-marins. En fait, telle paraît être la forme générale de ces volcans insulaires qui se sont formés des éruptions habituelles d'un même orifice, depuis son émersion, et l'on en voit de nombreux exemples dans les archipels du Pacifique.

Là où deux ou plusieurs orifices d'éruption habituelle étaient situés si près que les matières qu'ils rejetaient se trouvaient en contact, l'île sera évidemment formée d'un cordon de montagnes coniques, comme on peut le voir dans les îles volcaniques de l'Atlantique et du Pacifique.

L'île entière de Java, une grande partie de Sumatra, Célèbes, Formose, les Philippines et les Kouriles, le Japon, le promontoire de Kamtschatka, et plusieurs des plus grandes îles de cette partie du monde semblent être formées d'une ou plusieurs chaînes de montagnes volcaniques provenant des évacuations d'orifices ouverts sur la même fissure, ou sur des fissures parallèles dans la croûte du globe.

Sans aucun doute, simultanément avec ces éruptions, ou dans les intervalles qui les séparent, des élévations locales des surfaces adjacentes ont pu se déclarer par la force de la dilatation souter-

donne une carte de cette île dans son *Manuel.* Ce fait que le fond du grand cratère consiste en un mamelon de trachyte, ne prouve en aucune façon le soulèvement des couches basaltiques environnantes. C'est un caractère commun à plusieurs cratères, par exemple : Astroni, Rocca Monfina, etc.

(1) *Transactions de la Société Linnéenne,* vol. XII.

raine. Aussi des couches de calcaire, de grès et même de rocs
schisteux et de granit pourront former une partie de ces îles, sans
altérer leur caractère volcanique. « Si, » dit M. Darwin, « par la
« suite des temps, des archipels, sous l'influence prolongée des
« forces élévatoires et volcaniques, sont convertis en chaînes de
« montagnes, il en résultera naturellement que les roches primai-
« res inférieures seront souvent soulevées et amenées au jour. »

Comme exemples d'îles, principalement composées de produits
volcaniques, qui semblent s'être élevées de la mer par la seule
expansion souterraine, sans s'être depuis accrues en volume ou
en hauteur par les produits d'éruptions extérieures, j'ai déjà
nommé les îles Féroë et les îles de Trapp dans les Hébrides; on peut
y ajouter celles de Ponza, de Zannone et de Palmarola, sur la côte
d'Italie. Toutefois, il n'est pas toujours facile de distinguer les îles
soulevées de ce caractère, de celles qui ne sont que les restes de
volcans sous-aériens, et dont la plus grande partie a été usée sous
l'action de la mer. Lorsque, par exemple, un cône de ce dernier
ordre, composé principalement de scories, avec peut-être un seul
courant de lave, s'est trouvé longtemps exposé à la violence dégradante des flots, la totalité des scories, consistant en conglomérats détachés, sera souvent balayée dans les profondeurs de la
mer, et la lave seule, ou une partie, sera épargnée, ainsi que les
couches supérieures de cendres ou de scories qui peuvent, par hasard, la recouvrir. J'ai déjà donné (*fig.* 59, *p.* 209), un croquis
d'une île de cette nature, qui doit rappeler à la mémoire de tout
géologue qui a visité des archipels volcaniques, plusieurs exemples semblables, et qui se trouvent dans les îles de l'époque tertiaire aussi bien que dans les mers modernes. Plusieurs géologues
considéreraient ces vestiges insulaires comme des exemples de
roches basaltiques ou trachytiques soulevées du fond de la mer;
tandis qu'il est possible que leur niveau n'ait jamais varié depuis
leur dépôt primitif. Quelques-unes de ces îles volcaniques sous-
aériennes possèdent de nombreuses couches superficielles de grès
calcaire, ce qui confirme l'idée de leur origine sous-marine. La

matière calcaire, cependant, provient, à mon avis, d'incalculables générations de coquillages terrestres (*Helices, etc.*) qui ont vécu et sont morts à sa surface. Cette matière a été entraînée par les pluies dans des couches arénacées de tuf, ou, dans plusieurs cas, dans du sable mouvant d'alluvion, ce qui l'a cimentée en une roche assez dure pour en faire de la pierre à bâtir. C'est un grès semblable, d'origine terrestre toute récente, qui revêt presque toutes les petites îles volcaniques de la Méditerranée. M. Darwin en a aussi trouvé de semblable dans l'Atlantique et le Pacifique. Les mollusques ont probablement tiré ce calcaire, par leur nourriture végétale, des roches volcaniques, qui, surtout celles formées de trachyte, contiennent une certaine quantité de ce minéral, même encore aujourd'hui, comme nous le voyons par la production des sources calcaires.

Ces considérations semblent démontrer que ce n'est que lorsque l'on trouve des couches sédimentaires d'une origine incontestablement marine, superposées ou interposées dans les formations volcaniques, que l'aspect confirme avec certitude le soulèvement de la masse au-dessus du niveau auquel elle s'est d'abord formée.

L'Islande, ainsi que Ténériffe, présente une combinaison des deux caractères. Les hautes montagnes appelées *Jokuls*, qui abondent dans cette île, indiquent le site d'autant de volcans sous-aériens, qui sont encore, ou étaient très-récemment, en activité accidentelle; tandis que deux grandes régions de l'île, au nord et au sud, consistent en plateaux unis, composés de couches répétées de basalte et de conglomérat basaltique (tuf de trapp) donnant tous les indices d'une origine sous-marine.

Dans les îles de France et de Bourbon on remarque un contraste analogue, la première ayant tous les caractères distinctifs d'une formation volcanique sous-marine, élevée en masse, depuis la cessation des éruptions, et la plus grande partie de la seconde présentant l'apparence d'un volcan ordinaire, formé par des écoulements répétés de lave provenant de deux ou trois sources habituelles au-dessus du niveau de la mer, et dont l'une est encore en activité continue.

Là où une montagne ignivome a été élevée en masse par la dilatation souterraine, elle entraînera avec elle, cela va sans dire, les couches récentes de formation marine qui s'y seront déposées ; et même des couches d'origine plus ancienne peuvent quelquefois être élevées par cette même force, agissant sur une échelle plus considérable que celle de la base de cette montagne.

Ainsi, l'extrémité septentrionale de l'île de France est une plaine horizontale, composée de roche calcaire, remplie de madréporites récentes et autres coralloïdes, recouvrant les roches volcaniques qui constituent le reste de l'île. Les îles voisines de la Platte et des Colombiers sont dans les mêmes conditions.

Ainsi, encore, dans le groupe d'îles à l'est de Java, la plus grande partie de la surface se compose de couches de corail non minéralisé, et absolument pareilles à celles qui constituent les récifs adjacents en cours de formation sous le niveau de la mer. Ces couches reposent visiblement sur des roches volcaniques qui, dans ce cas, ont été sans aucun doute, élevées en masse, avec les récifs de corail qui ont été édifiés sur leurs points culminants.

L'île de Pulo Nias, sur la côte occidentale de Sumatra, d'une longueur de 112 kilomètres, sur une largeur de 40, présente le même caractère dans toute son étendue, avec une exception, que les couches de corail reposent sur des grès et des calcaires stratifiés plus anciens. La côte voisine de Sumatra, toutefois, est volcanique, et le soulèvement de ces coraux récents à une hauteur de quelques centaines de mètres est probablement dû à des dilatations souterraines contemporaines des phénomènes volcaniques de l'île voisine (1).

Il semble, en effet, qu'il y a les plus graves motifs de croire que les innombrables îles de corail du Pacifique et de l'océan Indien sont généralement fondées sur le sommet de volcans sous-marins. Cependant, leur configuration habituellement circulaire ou ellip-

(1) Dr Jack, *Géologie de Sumatra.*

tique ne doit pas toujours être attribuée à leur formation sur le rebord circulaire d'un cratère sous-marin, puisque M. Darwin a très-bien démontré que cette configuration peut être également le résultat du travail de madrépores autour d'une île ou d'une roche centrale s'affaissant graduellement. Un grand nombre d'îles de cette nature, toutefois, formant une classe entière, et, selon M. Darwin, distincte, sont loin de s'abaisser, et s'élèvent au contraire. Car, par le mode ordinaire d'accroissement, si bien décrit par lui, la masse de corail ne peut pas atteindre, à l'extrême, une plus grande hauteur que quelques pieds au-dessus du niveau de la marée haute; tandis, au contraire, que dans les nombreux archipels de ces vastes océans, un très-grand nombre d'îles que leur structure et leur composition classent dans la catégorie des récifs de corail, dépassent de beaucoup ce niveau et atteignent souvent 2 à 300 pieds de hauteur et quelquefois davantage.

Les îles, cependant, qui atteignent cette hauteur, consistent généralement en un substratum de lave, supportant les couches de corail, et il a été remarqué par les navigateurs qu'elles sont sujettes à des tremblements de terre violents et répétés. Tous ces faits combinés prouvent que ces îles sont les sommets de volcans sous-marins, qui, dès qu'ils s'élèvent à une certaine hauteur au-dessus de l'eau, sont immédiatement occupés par les remarquables zoophytes qui élaborent le corail. Cette hauteur, du reste, n'est point considérable, et dépasse rarement 30 mètres, parce que ces animalcules recherchent la lumière et le mouvement des vagues, nécessaire, à ce qu'il paraît, à leur existence.

Plus tard, par l'intumescence souterraine, agissant par soubresauts répétés, la montagne est plus ou moins soulevée, et, par l'accroissement continuel du corail sur les rives, elle prend progressivement des proportions énormes. M. Darwin, distinguant, comme je l'ai dit, ces îles de corail du Pacifique qui subissent ou ont récemment subi une certaine élévation, de celles qui subissent la dépression, classe dans cette dernière catégorie tous les *Atolls* et les îles de corail qui parsèment le bassin central du Pacifique, dans lequel, si son hypothèse est exacte, une vaste étendue de la surface du fond subit depuis longtemps une lente dépression. Dans les deux cas, si j'ai bien compris, il admet comme probable l'origine volcanique de presque toutes ces fondations surmontées de structures coralines (1).

Les îles Caraïbes sont encore un frappant exemple de cette réunion de roches de soulèvement et d'éruption. La ligne d'îles qui s'étend le plus à l'ouest, ou « sous le vent, » consiste uniquement en roches volcaniques récents, plus ou moins éloignés les uns des autres, tandis que les îles plus à l'est sont formées de couches calcaires et souvent de corail moderne, basées sur une fondation de trachyte et autres roches volcaniques. Ces dernières donc doivent avoir été soulevées, avec leurs couches suprajacentes, par l'effet de l'expansion souterraine.

Je vais maintenant parler du caractère général de cette action expansive.

---

(1) *Les îles de corail.* D'après le rapport de M. Sawkins, il paraîtrait que l'île de Tongataboo, dans l'archipel des Amis, fut, durant un tremblement de terre récent, déprimée au N.-E., de sorte que la mer l'envahit sur une étendue de deux milles, tandis que la côte occidentale s'éleva de plusieurs pieds, ce qui prouve l'irrégularité de la force élévatoire.

CHAPITRE XI

SYSTÈMES DE VOLCANS

§ 1. Le changement du point d'éruption à de nouveaux orifices, probablement sur la ligne de la fissure primitive, est, comme nous l'avons vu, un des caractères les plus ordinaires de l'action volcanique. Il s'opère sur la plus petite échelle, comme lorsqu'une série de débouchés latéraux se déclare successivement sur le flanc d'une montagne ignivome. Qu'il se soit manifesté sur la plus grande, ce doit être évident pour quiconque examine une carte (ou mieux un globe), sur laquelle la position géographique des volcans actifs, dormants et éteints, se trouve exactement marquée. La disposition linéaire générale de ces points d'éruption sur des bandes qui traversent d'énormes segments de la surface terrestre ne saurait échapper, et quoiqu'il y en ait plusieurs qui semblent être isolés, ou du moins former des groupes indépendants, cependant, puisqu'ils s'élèvent principalement du fond de l'Océan, il n'est pas impossible qu'il puisse exister entre plusieurs de ces montagnes une connexion sous-marine d'action volcanique, imparfaitement observée jusqu'à ce jour pour les motifs cités plus haut, et qui nous empêche de connaître les phénomènes qui se produisent dans les eaux profondes. C'est pourquoi je pense qu'il est inutile de conclure (comme l'a fait Von Buch), par suite du manque apparent de connexion entre ces volcans ou les groupes isolés, qu'il existe une différence entre les manifestations de l'action souterraine à laquelle ils sont dus et celles qui ont créé les volcans en série linéaire. Si nous sommes fondés à croire que les grandes rangées de volcans, telle par exemple que celle qui enclôt presque complétement le Pacifique, indiquent l'existence de fissures prolongées ou de lignes de dislocation, dans la croûte terrestre, à travers laquelle la matière ignée souterraine s'est habituellement fait jour pendant de longues périodes ; si cette croyance est justifiée, nous pouvons croire, avec raison aussi, que d'autres fissures d'éruption existent sous l'Océan, reliant quelques-uns des centres d'action volcanique plus écartés, au moyen d'orifices intermédiaires, qui doivent échapper à l'observation, à moins que les volcans n'élèvent leurs pics au-dessus du niveau d'eau, entrant par là dans la catégorie des volcans sous-aériens.

§ 2. Qu'une éruption volcanique soit la conséquence de la formation d'une fissure linéaire à travers les roches solides supérieures, cela semble être la règle normale, sur quelque échelle que s'en développent les phénomènes. Nous avons vu des exemples de semblables déchirures, tant des époques anciennes que des époques modernes, traversant la surface de la terre sur des étendues de 80 à 300 kilomètres. Les fissures moindres dans lesquelles la lave s'est frayée une voie en venant d'en bas, pour atteindre une issue au dehors ou non, semblent généralement au bout de peu de temps se sceller par la solidification de cette lave, pour ne plus se rouvrir. La déchirure principale par laquelle une éruption considérable a eu lieu reste probablement longtemps remplie de lave encore fluide, au moins vers l'axe central, ou à quelque point de sa plus grande largeur. Cet état de fluidité lui permet donc de livrer passage à de nouvelles éruptions lors d'une nouvelle impulsion d'en bas ou de l'élargissement de la fissure par quelque commotion éloignée. Bien plus, il y aura toujours, sans aucun doute, plusieurs déchirures voisines et parallèles, quelquefois transversales, formées simultanément par le même effort disloquant, dont quelques-unes ne seront que de simples fentes ou solutions de continuité. Mais ces dernières, quoique insuffisamment ouvertes d'abord pour admettre la lave bouillonnante, auront cependant assez affaibli la cohésion des masses rocheuses dans lesquelles elles se sont déclarées pour permettre au prochain effort de dilatation souterraine d'avoir plus ou moins d'effet, sur ces lignes de résistance atténuée, plutôt que dans une nouvelle direction.

La conduite générale des phénomènes volcaniques confirme cette théorie, car les éruptions éclatent habituellement au même endroit ou auprès, ou sur un prolongement de la même ligne superficielle qui relie d'autres orifices, ou enfin sur une ligne parallèle ou transversale à peu de distance.

M. Darwin fait remarquer des orifices des archipels du Pacifique et de l'Atlantique, qu'ils ont été généralement formés en deux ou trois rangées parallèles, ou transversales, et que dans chacun de ces systèmes il y a rarement plus d'un volcan en activité à la fois (1).

Que l'action éruptive soit continuée au même point ou transférée à quelque autre ouverture à plus ou moins de distance, c'est là une circonstance qui sera déterminée par la somme relative de résistance opposée dans cette partie de la croûte terrestre qui recouvre l'endroit où la tension de la matière souterraine chauffée atteint son maximum. Quant aux limites de la distance horizontale ou verticale dans lesquelles un volcan habituellement en éruption peut soulager cette tension, en dégageant l'excès de calorique qui la cause, assez pour ne pas provoquer d'éruption sur un point adjacent, ce sont là des choses incertaines. Il y a toutefois lieu de croire qu'une connexion (ou participation) de cette nature existe réellement entre localités voisines.

Quelques géologues semblent supposer qu'en pareil cas les orifices ainsi rattachés devraient témoigner de leur sympathie par une activité concomitante. Mais ce serait plutôt le contraire qu'il faudrait attendre, savoir : qu'une période d'activité dans un orifice déterminé d'un système devrait coïncider avec une période de repos dans les autres orifices. Et c'est ce que semblent confirmer des faits bien connus. Pendant les dix-huit derniers siècles, par exemple, durant lesquels le Vésuve a été en activité fréquente, les cen-

____

(1) *Iles volcaniques*, p 128.

tres voisins de l'énergie volcanique ancienne, Ischia, Ponza, les champs Phlégréens et Rocca-Monfina, ont été, sauf de rares exceptions, complétement tranquilles. Et ces exceptions elles-mêmes tendent à confirmer la règle, puisqu'elles ont eu lieu, l'éruption d'Ischia en 1302, et celle de Monte-Nuovo, en 1385, durant des périodes d'inactivité séculaire du Vésuve. De tels orifices contigus peuvent donc être considérés comme appartenant au même foyer souterrain, suffisamment soulagé par l'éruption d'une seule cheminée, précisément comme une éruption sur un point éloigné du flanc inférieur de l'Etna ou d'un autre grand volcan, soulage le foyer central ou axial de sa pléthore, presque aussi complétement peut-être que si le dégagement avait lieu par le sommet. Humboldt pensait que « toute la région montagneuse de Quito pouvait « être considérée comme un seul volcan, mesurant 700 lieues de « surface, dont le Cotopaxi, le Chimborazo, l'Antisana, le Tungu- « ragua et le Pichincha sont les orifices subsidiaires. » De même le groupe des Canaries peut être regardé comme un volcan unique, et toute l'Islande comme un autre.

§ 3. Néanmoins, une certaine somme d'indépendance semble exister entre les foyers séparés ou sources souterraines de l'énergie éruptive appartenant à un seul système, et même à un seul volcan. C'est ce qui existe sur la plus petite échelle, comme l'a observé M. Deville, qui vit au sommet du Vésuve, en 1856, deux petits cônes chacun avec son cratère, dans l'un desquels un lac de lave incandescente bouillonnait incessamment à la température blanche, tandis que le fond de l'autre, d'un niveau inférieur d'au moins 100 mètres, était vide. Ce qui démontre, dit-il, l'extrême localisation de la lave montant par deux fissures ou cheminées séparées, quelque contiguës qu'elles soient. J'ai vu moi-même quelque chose de semblable dans le cratère de Stromboli, décrit ailleurs, en 1820, savoir, deux orifices à quelques mètres l'un de l'autre, dont l'un débordait de lave liquide, et l'autre était, selon toute apparence, vide, jusqu'à une grande profondeur, ne produisant que des bouffées continuelles de vapeur. La description et

le dessin du cratère Dolomieu, volcan de Bourbon, par Bory de
Saint-Vincent, offrent un exemple exactement parallèle. Et encore,
le professeur Dana nous dit, que dans l'intérieur du singulier cratère de Kilauea, la lave s'échappe d'orifices dans les remparts
perpendiculaires, à une hauteur de 200 pieds au-dessus du
fond de cet abîme. Un autre exemple plus frappant est celui-ci :
que le cratère adjacent de Mauna Loa est souvent en éruption et
vomit des torrents de lave de son sommet, à 4,200 mètres au-dessus de la mer, tandis que le cratère ouvert de Kilauea, sur le
flanc de la même montagne, à un niveau plus bas d'au moins
3,000 mètres et à une distance de 25 kilomètres seulement, demeure dans son état de tranquillité habituelle, et que son réservoir de lave ne manifeste aucune sympathie avec celle en cours
d'émission, sous l'influence d'une énorme impulsion de bas en
haut, dans la cheminée *axiale* de la même montagne. « Comment
« donc, » s'écrie Dana, « s'il existait un canal souterrain reliant
« ces deux cratères, ce défaut de sympathie pourrait-il exister?
« Comment, d'après les lois de la pression hydrostatique, une
« colonne de fluide pourrait-elle rester dans une branche d'un
« siphon à 300 mètres plus haut que dans l'autre? » Il conclut
que « les volcans ne sont point des soupapes de sûreté, comme on
« les a appelés, car voici deux centres d'activité volcanique
« indépendants et isolés en apparence, distants l'un de l'autre
« de 25 kilomètres seulement, et enfermés dans un seul et même
« cône (1). »

Dana toutefois, dans ce raisonnement, omet de distinguer entre
l'efflux de chaleur et l'efflux d'un liquide chauffé ; sans aucun
doute, il est évident que dans tous ces cas cités, il ne peut y avoir
aucune connexion *fluide* immédiate entre les deux fissures de décharge, ou bien l'énorme pression hydrostatique de la lave liquide
l'aurait forcée à atteindre le même niveau dans chacune d'elles.
L'irrégularité et le défaut de largeur de l'une des deux fissures
peut certainement, jusqu'à un certain point, empêcher, en l'é-

____

(1) *Comptes rendus de l'Association américaine*, 1849.

tranglant, l'ascension de la lave jusqu'au même niveau que dans l'autre branche du siphon, mais il est plus probable, que par le refroidissement ou la pression, causant une consolidation locale, la communication *liquide* se trouve complétement interceptée. A plus forte raison, sans aucun doute, est-il plus probable que ceci a lieu entre deux orifices comparativement éloignés, appartenant au même système, mais dont chacun peut avoir son foyer indépendant de lave plus ou moins liquide, dans un état de tension plus ou moins prononcé, selon les accidents qui auront déterminé l'accès de la chaleur, et par conséquent le degré d'expansion et de tendance à l'éruption.

Il est clair que, quoique la connexion entre débouchés voisins, sur une grande ou petite échelle, puisse ne pas être suffisante pour admettre l'écoulement direct de la lave de l'un dans l'autre, comme dans les branches d'un siphon, cependant ces débouchés peuvent être reliés de façon à admettre la chaleur par convection, à travers un milieu solide ou semi-fluide, de sorte que son dégagement de l'un de ces orifices, par une éruption, peut jusqu'à un certain point soulager la tension et conséquemment diminuer la force d'expansion et la tendance éruptive de l'autre orifice.

§ 4. Dans un précédent chapitre il a été démontré que les phénomènes des volcans en activité indiquent l'accroissement continuel de calorique provenant de quelque source inconnue, jusqu'à la masse de lave, ou jusqu'à la matière dont se compose cette lave, au-dessous de chaque orifice habituel. J'ai aussi suggéré que c'était probablement la tension ou force d'expansion causée par le passage de partie de la masse de l'état solide à l'état fluide, accompagné d'une énorme somme de dilatation, qui, surmontant enfin la résistance occasionnée par le poids et la cohésion des roches supérieures, les déchire d'une façon plus ou moins violente et injecte quelques-unes des fissures de matière minérale intumescente. Et si la pression ascendante de ces matières se force un passage à travers quelque partie plus faible d'une des fissures, jusqu'à arriver en communication comparativement libre avec l'atmosphère, ces matières entrent aussitôt en ébullition éruptive.

Si cette hypothèse était correcte, il s'ensuivrait de là que sur la cessation de cette expansion, par suite du dégagement de l'excès de chaleur par un soupirail volcanique, le reliquat de la lave fondue ou liquéfiée dans la cheminée, ou dans le réservoir focal inférieur, pourrait se consolider de nouveau, la température n'étant plus assez élevée pour le maintenir à l'état liquide sous la pression à laquelle il se trouve soumis. Cet état peut continuer jusqu'à la transmission d'un nouvel accroissement de chaleur soit d'en bas, soit des côtés, ce qui occasionnera une nouvelle effervescence et renouvellera la même série de phénomènes. Ou bien encore la réduction subite de la pression, par suite d'une fissure pénétrant cette lave sous l'influence de commotions éloignées, peut encore produire ces résultats. Dans tous ces exemples, des masses souterraines de lave peuvent (ainsi que je l'ai déjà supposé, p. 124), se fondre et se liquéfier par intervalles, ou du moins se ramollir et se solidifier, avec plus ou moins d'altération dans leur caractère minéral.

A dire vrai, nous savons si peu de ce qui se passe immédiatement sous la surface de notre globe, que la conjecture a le champ libre. Ce n'est qu'une simple conjecture, que celle qui, d'après la théorie endossée par plusieurs géologues, suppose que cette surface n'est qu'une croûte durcie enveloppant un noyau fluide et fondu. M. Hopkins a démontré d'une façon concluante, que quoique l'on puisse être fondé à supposer que le globe a pu être un jour dans un état suffisamment fluide (du moins à quelque profondeur) pour prendre par suite de son mouvement de rotation, une forme sphéroïdale aplatie (1), cependant il n'est point en contradiction avec cette hypothèse, non plus qu'avec le fait bien connu de l'accroissement de température à mesure que l'on s'écarte de la surface, de croire que le globe est aujourd'hui solide, non pas seulement au centre, mais encore *dans toute sa masse*. On sait trop peu de la force comparative des influences antagonisti-

(1) *Les théories des soulèvements* (*Assoc. brit.*, 1847, p. 47).

ques de la haute température dans sa résistance à la solidification
des matières minérales, et de la haute pression dans son concours
pour opérer cette solidification, pour pouvoir résoudre ce problème. Les expériences récemment faites par MM. Hopkins, Fair-
bairn et Harcourt, dans le but d'élucider cette question, n'ont encore, à cause de leur extrême difficulté, et pour d'autres motifs,
présenté aucun résultat décisif.

M. Hopkins, toutefois, propose l'hypothèse suivante, qui du reste
est fort probable ; la solidification a commencé au centre du globe,
par la condensation sous l'effet de la pression, puis elle a eu lieu
à la surface beaucoup plus tard, par suite du rayonnement de la
chaleur dans le vide environnant, et de la formation d'une croûte
solide congelée, lorsque la circulation tumultueuse de matière
fluide dans les parties encore liquides a cessé et que le refroidissement s'est opéré par la seule conduction. Alors, ajoute-t-il avec
justesse, « le globe a nécessairement dû passer par une phase dans
« laquelle une croûte extérieure, solide, repose sur une masse in-
« férieure, imparfaitement fluide, mais incandescente. » Et il dit
encore : « Si la croûte extérieure et le noyau solide sont réunis
« *aujourd'hui*, ou encore séparés par une matière en fusion, c'est
« ce qu'il est impossible de deviner, » par quelque argument *à
priori* déduit des faits actuellement connus.

Les phénomènes des tremblements de terre ont bien quelquefois
été présentés à l'appui de la supposition que la surface de la terre
n'est qu'une mince croûte solide reposant sur un océan fluide de
matières en fusion, dont les ondulations, en présence de quelque
perturbation, occasionnent celles de la croûte au-dessus. M. Mallet
a suffisamment démontré que cette explication des ébranlements
séismiques était insoutenable, car ils ont plutôt le caractère d'une
vibration propagée à travers des roches solides, ce qui ne saurait
justifier l'hypothèse d'un fluide intérieur.

Les phénomènes volcaniques, il est vrai, ainsi que nous l'avons
vu, indiquent l'existence de certaines masses de matières minérales
souterraines, immédiatement dans leur intérieur ou au-dessous,

dans un état de liquidité plus ou moins grande, et quelquefois de fusion. Mais le défaut de correspondance dans les niveaux des colonnes de lave qui se sont élevées dans des cheminées voisines (comprises dans le rayon d'un même volcan, ou d'un même cratère), défaut dont j'ai parlé, prouve surabondamment que les réservoirs de matières liquéfiées avec lesquels ces divers conduits communiquent, ne sont pas toujours en communication *fluide*. Il semble donc certain que la condition de fluidité imparfaite dans la matière qui fait le fond d'un volcan habituellement en activité n'est que locale et temporaire, variant selon la température et la pression, circonstances qui doivent nécessairement être sujettes à de grands changements locaux, et à de grandes irrégularités par suite de différences ou d'accidents continuels dans la position, le volume, le poids, la cohésion et les résistances subséquentes des roches supérieures, indépendamment des variations dans la quantité de chaleur transmise de temps en temps d'en bas. Nous avons vu que le refroidissement de la lave dans une fissure, la scelle hermétiquement et bouche la déchirure causée par une éruption antérieure ; nous avons vu aussi comment l'accumulation des matières expulsées, solides ou fragmentaires, tend à augmenter la somme locale des résistances à l'expansion du foyer inférieur, force qui, elle-même, diminue momentanément à chaque dégagement éruptif. Nous pouvons facilement comprendre qu'un foyer ou réservoir déterminé de lave d'où se dégage une éruption peut se consolider en entier, tandis qu'en même temps une partie voisine de la même masse générale de matière minérale subit un accroissement graduel de température et de tension, approchant et même atteignant la fusion, ce qui peut préparer une éruption qui peut éclater sur une échelle plus ou moins considérable, plus ou moins loin, sans affecter, extérieurement du moins, l'orifice voisin, naguère actif et peut-être seulement assoupi. Il est permis de supposer que l'activité d'un seul foyer peut attirer au travers de la matière solide intermédiaire quelque portion de calorique, dont l'augmentation tend à provoquer l'ébullition de la lave dans l'autre foyer.

Cette activité fonctionne comme une soupape, sans cependant agir assez promptement, par suite d'accident de structure, de contexture ou de composition dans les roches intermédiaires, pour en empêcher totalement l'effervescence et l'éruption.

§ 5. Cette hypothèse peut être vraie, non-seulement pour ce qui concerne des portions de matière souterraine, et les issues volcaniques latéralement adjacentes, mais l'est probablement encore pour les foyers situés à différents niveaux, les uns au-dessus des autres, car il a été démontré par les faits que l'activité modérée d'un volcan, tout en se prolongeant pendant une période considérable, n'empêche pas l'éruption paroxysmale de se manifester au même orifice; mais cette éruption provient d'un foyer, selon toute apparence, situé à une plus grande profondeur sous la montagne, dont la température et la force expansive toujours croissantes n'ont pas été suffisamment atténuées par le lent dégagement de la chaleur à travers les roches intermédiaires pour opérer une décharge complète, au moyen d'éruptions, éclatant sur des points plus élevés, soumis à une moindre pression.

§ 6. Si donc nous essayons de nous faire quelque idée bien définie de ce qui se passe sous la croûte terrestre, dans des localités volcaniques, surtout le long de fissures génératrices, il semble fort probable qu'il peut exister des amas séparés, des réservoirs en quelque sorte, de matières minérales plus ou moins chauffées, à des profondeurs plus ou moins profondes ou horizontales entre elles. Ces matières peuvent quelquefois s'être comparativement refroidies par une dilatation antérieure, d'autres ont pu acquérir graduellement par l'accroissement de la température, ce degré d'extrême tension, qui, tôt ou tard, leur permet de vaincre la résistance opposée par le poids et la cohésion des roches supérieures et de soulager ainsi la montagne, soit par la dislocation et le soulèvement d'une superficie considérable, soit par une éruption. Entre ces diverses parties, la chaleur (qui est suffisamment intense pour maintenir une tension extrême dans toute la masse), doit partout circuler par voie de conduction, cherchant à se mettre en équilibre, comme fait l'eau qui cherche son niveau. Le résultat visible de ces phénomènes souterrains est la manifestation de tremblements de terre et d'éruptions qui ont eu lieu de temps en temps le long et dans le voisinage de ces lignes de dislocation, devenues alors les conduits habituels de décharge de la chaleur intérieure, c'est-à-dire des conduits dans lesquels se sont formées des cheminées volcaniques.

Sans aucun doute, il est *possible* que le plus profond de tous ces réservoirs présumés de force volcanique puisse être en communication avec une ceinture étendue, ou une enveloppe continue de matières minérales en fusion ou en liquéfaction, située, comme l'a suggéré M. Hopkins, entre le noyau terrestre, solidifié par la compression, et la croûte extérieure, durcie par la réfrigération provenant du rayonnement à travers l'espace. Dans tous les cas, la supposition, assez probable par elle-même, de l'existence d'une telle enveloppe durant des périodes antérieures, explique mieux la dispersion générale des issues volcaniques et des fissures ignivomes par toute la surface du globe, et l'appparence de connexion ou d'indépendance, entre ces fissures et ces orifices, en dépit de la distance qui peut les séparer.

Mais il n'est pas non plus déraisonnable de supposer que, même dans cette ceinture inférieure, les intervalles entre les principales fissures d'éruption ont pu, depuis longtemps, s'être complétement solidifiés, et ne plus admettre la transmission de la chaleur que par conduction, soit extérieurement, soit latéralement, et non par circulation, c'est-à-dire par le *passage actuel* de la matière échauffée. En pareil cas, ces intervalles conserveraient une position stationnaire, ou bien se soulageraient par un lent soulèvement de vastes superficies, accompagné d'une faible manifestation d'énergie, sous forme de tremblement de terre ou d'éruption, ou peut-être d'une série de paroxysmes à de longs intervalles. D'autres encore pourraient subir un affaissement causé par une déperdition de chaleur qui aurait pu trouver dans le voisinage des issues favorables.

On peut, avec une certaine apparence de raison, supposer que ces superficies correspondent avec ces vastes régions de notre globe qui séparent les bandes plus actives de la convulsion séismique et de l'activité volcanique, mais qui éprouvent encore, du moins il y a lieu de le croire, un mouvement plus ou moins accentué d'oscillation verticale; ce mouvement est quelquefois tranquille et graduel, comme dans le soulèvement de l'extrémité septentrionale de la Norwége et de la Sibérie, aussi bien que de l'Amérique, qui n'est que de quelques pieds par siècle, déprimant en même temps le lit de la Baltique, la côte du Groënland, le bassin central du Pacifique et une partie de l'océan Indien (1). Quelquefois, au contraire, il se manifeste par un effort paroxysmal, ou même par une série d'efforts, comme ceux qui ont dû soulever les Alpes et les Pyrénées à des milliers de mètres de hauteur, et la chaîne de l'Himalaya et le plateau du Thibet, plus élevé encore, depuis le dépôt des couches tertiaires anciennes.

(1) M. Hopkins, dans son discours à la séance annuelle de la Société géologique de 1853, parle « de mouvements de dépression, agissant avec lenteur, mais avec continuité, pendant de longues périodes de dépôt de matières sédimentaires, comme le prouve l'immense épaisseur des couches de ces matières, atteignant quelquefois une puissance de 6 à 12,000 mètres. Que ces mouvements ont eu lieu, c'est une conséquence nécessaire de celui de la distribution des êtres organisés, qui démontre que chaque classe d'animaux marins ne peut exister que dans des limites comparativement restreintes de profondeur. Il peut aussi s'être produit des soulèvements lents et continus, mais de ceux-ci nous n'avons pas les mêmes preuves concluantes que des mouvements continus de dépression. »

La force de cet argument se trouve toutefois un peu atténuée par la récente découverte de plusieurs espèces de mollusques fixés aux câbles électriques qui ont été relevés après quelque séjour sur des fonds de 1,500 à 2,000 mètres. Néanmoins, que de grandes superficies aient été soumises à une dépression pendant de longues périodes de temps, et durant chaque époque géologique, c'est là un fait qu'aucun géologue ne songe plus à contester aujourd'hui.

CHAPITRE XII

RELATION DE L'ACTION PLUTONIQUE A L'ACTION VOLCANIQUE

§ 1. A l'appui de l'hypothèse émise à la fin du chapitre précédent, nous avons d'abord le fait bien connu par les mines et les puits artésiens, que la température de la croûte terrestre augmente partout en rapide proportion depuis la surface jusqu'en bas, variant depuis un degré par 50 pieds à un degré par 100 pieds de profondeur verticale; par conséquent, une grande quantité de chaleur est continuellement transmise extérieurement à cette enveloppe à travers les roches superficielles et les eaux qui les couvrent et les pénètrent, jusque dans les espaces. En second lieu, nous avons les phénomènes des volcans qui démontrent, qu'indépendamment de ce premier dégagement de chaleur, une autre immense quantité de calorique s'échappe continuellement avec moins de régularité, mais avec une égale constance, par l'exhalaison de vapeurs chaudes et d'eaux thermales, ainsi que par l'éruption de laves incandescentes. La continuité de ces phénomènes, à travers les divers âges de notre globe, prouve un accroissement continuel de calorique provenant de grandes profondeurs dans l'intérieur de la masse de lave, ou des matières dont elle est formée, qui existent sous la croûte durcie et comparativement refroidie.

Il semblerait même que la transmission extérieure de la chaleur intérieure par ces deux modes combinés est insuffisante pour la dégager aussi rapidement qu'elle se présente, d'autant plus qu'un troisième ordre de phénomènes collatéraux, l'ordre plutonique, c'est-à-dire le soulèvement accidentel de grandes superficies de la surface terrestre, accompagné dans quelques cas, suivi dans tous, de tremblements de terre, atteste la fréquente expansion (qui ne peut s'expliquer que par un accroissement de température) d'énormes masses de matières inférieures. Mais il est possible que l'élévation de quelques régions se trouve compensée par la dépression proportionnée de quelques autres à des distances plus ou moins considérables, et, par conséquent, que ces mouvements oscillatoires soient le résultat plutôt du passage latéral de l'efflux de chaleur d'une masse souterraine à une autre que d'un accroissement réel dans toute la masse. Ceci paraît vraisemblable [comme je l'ai déjà suggéré dans la première édition de cet ouvrage (1) et comme M. Babbage l'a plus amplement développé dans sa notice sur le temple de Sérapis (2)] par suite du dépôt, sur certaines surfaces, de couches épaisses et nouvellement formées de toutes sortes de matières mauvaises conductrices, telles que des sables sédimentaires, des graviers, des argiles schisteuses ou des boues calcaires, qui, entravant la transmission extérieure de la chaleur, la forcent à s'accumuler en dessous, de sorte qu'une partie s'en dégagera latéralement pour augmenter la température des matières minérales du voisinage, tout comme l'eau d'une source, si son issue ordinaire se trouve obstruée, s'accumulera dans les fissures ou les pores du rocher qui la contiennent, jusqu'à ce qu'elle trouve une autre issue à un plus haut niveau. Par cet accroissement, la résistance opposée par les roches supérieures peut, tôt ou tard, être surmontée, et leur soulèvement se manifester par la dilatation inférieure. Ce soulèvement pourra avoir lieu par secousses violentes et par paroxysmes, ou lentement et graduellement, mais dans les deux cas, il doit être accompagné de dislocation, de déchirures, de failles et de fissures, dont la formation donnera lieu probablement, dans chaque cas, à une vibration élastique propagée horizontalement à des distances considérables

(1) *Les volcans*, éd. 1825, p. 30.
(2) *Geol. Proccedings*, II, p. 79 ; et le 9ᵉ *Traité de Bridgewater*, p. 200.

correspondant à ces ondulations soudaines de la surface que l'on nomme *tremblements de terre.*

Les déchirures sont pour la plupart verticales, c'est-à-dire situées à angles droits avec la tension des roches superficielles. Plusieurs de ces déchirures, et même le plus grand nombre, surtout lorsque l'expansion qui cause le soulèvement provient de grandes profondeurs, ne seront que de simples failles, c'est-à-dire des solutions de continuité, permettant aux massives portions des couches affectées, de s'élever au-dessus du niveau des autres couches et laissant les deux côtés de chaque crevasse en contact intime et même étroitement pressées, quoique plus ou moins dérangées par rapport au niveau. D'autres fissures seront en forme de coin, c'est-à-dire ouvertes à une extrémité et fermées à l'autre. Et en outre, de ces dernières, les unes s'ouvriront en bas, vers la masse incandescente, et d'autres en haut, vers l'air extérieur.

Nous avons vu, dans un précédent chapitre, qu'il se manifestera une tendance à se former des fissures extérieures de cette dernière catégorie, vers les régions centrales de la superficie soulevée, dont les parties latérales seront forcément déprimées par la compression horizontale, et que, d'un autre côté, les fissures formées sur les bords de la région soulevée tendront à s'ouvrir par le bas et à se refermer par le haut. Il n'y aura donc que ces fissures qui se trouveront injectées par l'invasion de la matière chauffée et liquéfiée qui pourra ou ne pourra pas, selon la nature des fractures, se frayer une communication jusqu'à l'atmosphère et entrer en ébullition éruptive, comme un volcan. Ou bien, elle pourra encore demeurer pendant quelque temps en état de fusion à une profondeur plus ou moins considérable sous la surface, dans ces foyers localisés dont il a été parlé plus haut, dans un état de tension extrême, prête à éclater à tout instant en éruption, si quelque nouvelle commotion parmi les roches qui la contraignent, venait à modérer leur compression de façon à lui permettre de s'élever assez pour atteindre l'atmosphère par quelque fissure nouvelle ou simplement élargie. D'un autre côté, la matière qui se dilate sous l'axe central de dislocation dans

l'espace soulevé, quoique relevant les roches en masses anticlinales ou bouleversées, n'aura pas seulement à soutenir le poids de
ces roches, mais sera encore entravée dans sa dilatation par la
compression horizontale qui tend forcément à serrer ensemble les
côtés opposés d'une fissure formée dans cette situation (1).

§ 2. Les résultats d'un tel changement local de température
sembleraient être d'abord, la dilatation, portée ou non, jusqu'à
la fusion, et comme conséquence, la pression et l'élévation en
masse de la matière située sous le centre ou la ligne médiane de la
surface affectée, mais sans aucun *extravasement* à cet endroit ; et
secondement, en même temps, l'ascension rapide et aussi, tôt
ou tard, l'éruption à l'extérieur de cette matière chaude et fluide,
à travers des fissures ouvertes près des bords de l'aire soulevée, et
tracées en parallèles sur les deux côtés, ou même sur un seul, de
l'axe central du soulèvement maximum.

Ce dernier phénomène ne sera pas nécessairement accompagné
de soulèvement ou même de perturbation des roches où se sont
déclarées ces fissures ; il est même plus probable qu'il sera accompagné d'un affaissement, parce que le dégagement de la matière
fondue et de la vapeur chaude permettra la dépression partielle
d'une surface adjacente de roches voisines, par le défaut de soutien
de leur énorme masse. Qu'un tel affaissement a réellement lieu,
c'est ce que démontrent de nombreux exemples dans lesquels les
roches stratifiées supérieures dans le voisinage d'une fissure éruptive ou d'un débouché volcanique, au lieu de s'incliner extérieurement, s'inclinent au contraire intérieurement. Or, cette inclinaison
prend évidemment son origine dans la dépression des parties joignant la fissure à mesure que la lave se fait jour au dehors.

M. Heaphy cite un exemple de cette nature parmi les volcans de
la Nouvelle-Zélande, dans le voisinage d'Auckland (1).

M. Darwin décrit et dessine un type parfaitement analogue, dans
l'île Santiago (2).

(1) Voir la note, p. 52, *suprà*.
(2) *Iles volcaniques*, p. 9.

A quelle distance le soulagement ainsi causé par le dégagement des matières expulsées peut se propager horizontalement le

Fig. 67. — Couches tertiaires inclinées *vers* le débouché volcanique, près d'Auckland.

long de la zone échauffée inférieure, et d'un degré suffisant pour admettre un transport latéral immédiat de la matière fluide sous l'écrasante pression des roches supérieures, c'est encore un sujet de doute. Mais on conçoit que ces résultats peuvent quelquefois s'étendre bien loin et occasionner la dépression de superficies plus ou moins éloignées. Et même, au delà des limites auxquelles cesse le mouvement fluide, la chaleur peut très-bien s'échapper par voie de conduction, et causer par là un lent affaissement.

La première catégorie de résultats sera signalée par des tremblements de terre, et par le *soulèvement* des roches affectées en masse conique ou convexe, ou plus probablement encore en crête anticlinale : la seconde catégorie sera caractérisée par l'*éruption* de laves et d'explosions gazeuses, et quelquefois par la *dépression* lente des surfaces voisines.

Sir John Herschel (1) attribue ces changements dans le niveau de la croûte terrestre exclusivement « à des changements dans « l'incidence de la pression sur le *substratum général* de matière en « liquéfaction qui supporte le tout. »

Je crois avoir énoncé assez de motifs de douter de la liquéfaction générale de ce substratum, et de croire que les phénomènes d'élé-

(1) *Géogr. physique,* p. 116.

vation et de dépression peuvent s'expliquer également par la supposition du transport, non pas de la *matière liquide*, mais de la
chaleur d'un point à un autre d'un substratum solide. Je crois aussi
que la cause de ce transport n'est pas tant due à la variation dans
la pression qu'à l'obstruction au dégagement de chaleur, provenant
de l'accumulation ou de la diminution des couches sédimentaires
supérieures, plus ou moins mauvaises conductrices de la chaleur.
On peut cependant concevoir que le dégagement latéral de la chaleur ainsi occasionné peut souvent être accompagné de la fusion
de ces couches de matières à travers lesquelles elle se fraye un
chemin.

Dans ce cas, la pression opérera jusqu'à un certain point, de la
manière suggérée par Sir John Herschel, en transportant des masses de matières liquéfiées du dessous d'une surface où la matière
sédimentaire s'accumule, vers une autre offrant de plus grandes
facilités de dégagement, soit par des fissures habituellement en
éruption, soit par injection dans des veines de dislocation déjà
commencée. Telle semble être l'opinion de M. Babbage, que
le professeur Philipps, dans son remarquable discours à la
réunion annuelle de la Société géologique en 1859, déclara « par-
« faitement fondée sur l'effet inévitable du déplacement vertical
« des surfaces intérieures de température égale, à chaque enlève-
« ment de matière de la terre, et à chaque dépôt dans la mer, des
« masses de la croûte terrestre se trouvant par là changées de place
« et de volume. » En effet, sans la continuelle transmission de la
chaleur de dessous la surface, transmission variable dans son cours
selon la conductibilité des matières qui la recouvrent, il semble,
qu'au lieu d'être en oscillation continuelle, les plans isothermes
intérieurs, solides ou liquides, et la surface terraquée extérieure
du globe, sous les influences météoriques, auraient dû depuis
longtemps atteindre un niveau constant pour n'être plus dérangées.

§ 3. La relation supposée ici entre les forces plutoniques et les
forces volcaniques expliquera certains faits, tels que la coïncidence
exacte de l'éruption de 1835 dans l'île de Juan Fernandez, avec le

grand tremblement de terre qui ébranla la côte du Chili à une distance de 500 kilomètres et l'éleva de plusieurs pieds, au même moment (1). Plusieurs autres exemples ont été déjà mentionnés de la coïncidence d'éruptions volcaniques avec de violents tremblements de terre affectant les régions voisines.

Cette hypothèse est encore confirmée par ce fait général que les orifices volcaniques se trouvent en cordons ou en lignes, à quelque distance sur l'un des côtés, ou même sur tous les deux, des principales chaînes de montagnes du globe, et conservent un parallélisme bien défini soit avec les axes de perturbation *maxima*, soit avec la ligne extérieure des surfaces soulevées les plus rapprochées, tandis que l'on peut souvent remarquer des surfaces déprimées parallèles, sur l'autre côté de la rangée des volcans. On peut présumer que cette dépression s'est manifestée en même temps que l'élévation des aires soulevées et les éruptions des fissures volcaniques.

Je crois qu'il est impossible de jeter les yeux sur aucune carte du globe sur laquelle se trouve indiqué l'emplacement des volcans, sans être frappé de la vérité de ce principe que j'osais proclamer dans mon édition de 1825, et qui depuis a été acceptée et attribuée à la cause que j'avais signalée, par Humboldt, Van Buch, Darwin, Lyell et d'autres géologues, aussi bien que par Sir John Herschel, dans son récent volume sur la géographie physique (2).

(1) De même, les trois grands volcans du Chili, Osorno, Minchinmado et Orcovado, juste en face de l'île de Chiloe, d'après le témoignage de M. Douglas, qui y résidait à l'époque de ce tremblement de terre, entrèrent en violente éruption au même instant, et continuèrent pendant plusieurs mois. En parlant du tremblement de terre de Valparaiso, en 1822, il dit encore : « Au moment de la secousse, deux volcans dans le voisinage de Valdivia éclatèrent subitement avec beaucoup de violence et de bruit, illuminèrent le sol pendant quelques minutes, et rentrèrent aussi soudainement dans le repos. » Les habitants de toute la côte, dit M. Darwin, sont fermement convaincus qu'il existe une relation intime entre l'activité supprimée de leurs volcans et les tremblements de terre. (*Trans. géol.*, V, p. 616.)

(2) Les rangées d'orifices volcaniques sont généralement parallèles aux chaines de montagnes ou aux rivages soulevés, ou, comme dans les Andes, en couronnent les sommets. » (Darwin, *Iles volcaniques*.) Voy. aussi Herschel, *Géographie physique*, p. 115; Von Buch, *Iles Canaries*, p. 664. La complète adhésion de

Par exemple, dans toute la longueur de l'Amérique septentrionale, la rangée de volcans qui, sauf de rares intervalles, longe étroitement sa côte occidentale, suit un exact parallélisme avec l'axe soulevé voisin des montagnes Rocheuses, cette colonne vertébrale du continent, et avec le prolongement de cet axe au sud vers Mexico. Dans l'Amérique du Sud, c'est la chaîne des Cordillères qui est volcanique, et l'a toujours été pendant toutes les périodes géologiques jusqu'à ce jour, depuis le commencement du dépôt de ces vastes formations sédimentaires qui forment un système de plateaux parallèles et de terrasses soulevées, flanquant à l'est la haute chaîne de volcans depuis le nord jusqu'au sud du continent. C'est aussi un fait très-remarquable que précisément au point central des deux Amériques, où la largeur des régions soulevées se trouve réduite à un isthme étroit, et sa hauteur à quelques centaines de pieds, entre le 10e et le 20e degré de latitude nord, il se trouve un développement extraordinaire d'activité volcanique, à l'ouest du bassin déprimé de la mer des Caraïbes, accompagné à l'est d'une chaîne parallèle, du nord au sud, de volcans en activité; ce qui est presque le seul exemple d'action éruptive sur le côté oriental du continent, depuis la baie de Baffin jusqu'au cap Horn. Ici le soulèvement et l'éruption ont évidemment eu lieu en proportion inverse.

Et encore, cette prodigieuse bande de volcans qui borde l'ouest du Pacifique, depuis le Kamtschatka vers le sud, suit, quoiqu'à une grande distance, la ligne générale des côtes principales des chaînes de l'Asie orientale, répétant, il est vrai, quelquefois, ses lignes, droites ou courbes, d'une façon des plus frappantes, comme par exemple, dans cette région, qui, enfilant les îles Andaman,

Humboldt à ce système peut se déduire de ce passage du *Cosmos*, dernier volume: « Je suis porté à croire que les îles et les côtes ne sont plus riches en volcans que parce que le soulèvement opéré par les forces élastiques intérieures est accompagné de la dépression du lit de la mer voisine, de sorte qu'une superficie de soulèvement avoisine une superficie de dépression, et qu'à *la limite de ces différentes superficies*, il se forme d'énormes fissures et d'immenses abîmes. » C'est là précisément la théorie présentée dans ma première édition (p. 194-207).

Sumatra, Java, Flores et Timor, et tournant au nord, à travers les Moluques et les Philippines, forme une enceinte circulaire enfermant parallèlement les côtes voisines de Siam, de la péninsule Malaise, de Bornéo et de la Cochinchine. Puis l'embranchement volcanique d'Australie, à travers la Nouvelle-Guinée et la Nouvelle-Zélande, suit exactement la courbe des hauts plateaux de la côte australienne qui l'avoisine à l'ouest.

D'un autre côté, l'intervalle entre ces deux lignes d'activité éruptive bordant les continents opposés d'Asie et d'Amérique, est occupé par le vaste bassin déprimé du Pacifique, dont on suppose, avec quelque raison, que le fond subit depuis de longues périodes un affaissement continuel.

Citons encore un exemple. Une ceinture de perturbation séismique et volcanique borde vers le sud la longue rangée de hauteurs ou plutôt le vaste plateau qui compose la Tartarie chinoise et russe. Partant vers l'ouest de la vallée du Gange, où l'on peut dire que cette bande continue celle de la côte occidentale de l'empire birman, elle se prolonge à travers l'Inde centrale et le Koutch, jusqu'en Perse. Les groupes qui entourent le lac Van, l'Ararat et l'Elbourz, la continuent vers l'Asie Mineure, la Syrie et l'Archipel, d'où elle s'étend tout le long de la vallée de la Méditerranée, dont plusieurs îles et plusieurs côtes sont ou ont été témoins d'éruptions. Elle suit, dans ce long tracé de l'est à l'ouest, un parallélisme général à la direction de la chaîne élevée qui constitue l'épine dorsale du vieux monde, dans toute sa largeur, depuis le cap Finistère jusqu'à la Chine, à travers les Pyrénées, les Alpes, les Carpathes, le Caucase et l'Himalaya. De même aussi, il y a tout lieu de croire que, durant la période qui a vu s'élever cette chaîne du fond de l'Océan (probablement par une série de paroxysmes) portant sur ses axes solides cristallins, les dépôts marins tertiaires que l'on trouve aujourd'hui à des milliers de pieds au-dessus de la mer, et même les rejetant en plis verticaux, il y a lieu de croire que des explosions volcaniques se manifestaient en même temps sur des fissures éloignées, mais parallèles, courant nord et sud à travers la France centrale, le long de toute la côte occidentale d'Italie jusqu'à l'extrémité de la Sicile, parallèlement aux Alpes du Dauphiné et au mont Cenis, les Alpes maritimes et les Apennins ; et est et ouest, parallèlement à la chaîne principale des Alpes et aux Carpathes à travers toute la plaine, alors probablement un bas-fond maritime, de l'Allemagne, de la Bohême et de la Hongrie, de l'Eifel à la Moldavie, et de là à l'est le long de la base septentrionale de la plate-forme de l'Asie centrale.

De même encore, à l'ouest de l'Europe, on peut plus que soupçonner l'existence d'une ceinture irrégulièrement courbe de développement volcanique, partie sous-marine encore et partie sous-aérienne, rattachant les divers groupes volcaniques d'Islande, des Açores, de Madère, des Canaries, des îles du Cap-Vert, de Saint-Paul, de l'Ascension et de Sainte-Hélène, ceinture qui correspond grossièrement avec la ligne des côtes européennes et africaines adjacentes, et se trouve bordée de l'autre côté par la vaste dépression de la vallée de l'Atlantique. Et même dans la limite de nos petites îles, on peut suivre le parallélisme des explosions anciennes des Hébrides et du nord de l'Irlande, vers le nord-ouest, avec l'axe plutonique cristallin de l'Écosse, du pays de Galles et du Devonshire, tandis qu'au sud des monts Grampians, une autre série volcanique parallèle se laisse voir dans les dykes de trapps et dans les laves d'éruptions qui s'étendent des Friths du Forth et du Tay à travers l'île jusqu'au Westmoreland.

§ 4. Sans doute de nombreuses irrégularités exceptionnelles ont dû avoir lieu. Des différences accidentelles dans la position des points de résistance maxima ou minima dans les roches supérieures ont presque partout modifié la tendance générale au parallélisme entre les lignes de dislocation et d'élévation maxima, et les lignes d'éruption extérieure, de façon à entraver leur parfaite similitude. Il y a plus, des fissures transversales, prenant une direction plus ou moins perpendiculaire aux lignes primaires de dislocation, ont évidemment (comme on doit s'y attendre d'après la théorie de leur formation), donné lieu en quelques endroits à des axes transversaux de soulèvement et à des fissures d'éruption.

Comme exemple frappant de ce dernier fait, je puis citer la chaîne volcanique des Aléoutiennes, qui diverge presque à angle droit des deux grandes lignes nord et sud qui bordent le Pacifique à l'est et à l'ouest. On peut en voir un autre dans la chaîne transversale des volcans du Mexique et plusieurs autres dans l'Amérique centrale.

Dans le système européen, les axes soulevés de la grande chaîne des Ourals, et du Dauphiné, des Alpes maritimes, des Apennins et des Cévennes, traversent la direction générale des Alpes et des Carpathes presque à angle droit, chacune de ces chaînes étant accompagnée d'une ligne parallèle de roches volcaniques.

Cette intersection transversale de chaînes volcaniques et plutoniques parallèles peut se voir sur une moindre échelle dans les régions de Naples et de Rome, où une bande volcanique passe à travers le Vésuve, Rocca Monfina et les groupes d'Albano et de l'Ombrie, parallèlement à la chaîne principale des Apennins calcaires. Une autre chaîne rattache le mont Vultur, les champs Phlégréens, Procida et Ischia, traversant le premier sur une ligne allant au sud-ouest, et exactement parallèle, à son tour, à l'embranchement du calcaire apennin soulevé qui constitue le promontoire de Castellamare, d'Amalfi et de l'île de Capri.

§ 5. Quelquefois les conditions locales des forces antagonistiques d'expansion et de résistance font combiner en une courbe les lignes primaires et transversales de dislocation maxima. Celle de la chaîne des Alpes, depuis les Juliennes à l'extrémité orientale jusqu'aux Maritimes, à l'ouest (se repliant, il est vrai, plus loin à l'est dans les Apennins septentrionaux) peut être citée comme un exemple bien connu. On peut en voir un autre dans la grande courbe de l'axe primaire des Carpathes, depuis la Moravie, vers l'est, puis vers le sud, où elle bloque presque entièrement la vallée du Danube et joint les Balkans, encerclant toute la Hongrie dans son enceinte. Nous pouvons comparer à ces courbes de dislocation cette remarquable rangée circulaire, citée plus haut, des volcans du Pacifique, autour de la côte orientale de Bornéo, qui semble elle-même être l'extrémité d'un éperon du plateau thibétain formant l'axe de la péninsule de Camboge.

Quelquefois la force de soulèvement, au lieu d'être concentrée sur une seule ligne et de se manifester par une crête axiale, se trouvera étendue sur une vaste superficie, et causera l'élévation d'une région considérable, dont les couches auront conservé leur horizontalité plus ou moins régulièrement, quoiqu'elles soient sans doute traversées par de nombreuses failles, et çà et là peut-être comprimées en plis onduleux par des irrégularités accidentelles de pression latérale. Je puis citer comme exemples, sur la plus grande échelle, l'énorme plateau de l'Asie centrale et les vastes plaines de la Sibérie et de la Russie d'Europe, au nord et à l'ouest de ce plateau. Dans bien des cas, il est permis de supposer qu'au lieu d'un soulèvement général des couches horizontales sur les deux flancs, un seul côté de la fissure primaire principale a été relevé, laissant la surface de l'autre côté comparativement immobile, ou du moins conservant son niveau. Il ne serait pas difficile de trouver des exemples de ce dernier phénomène. M. Symonds, dans son excellent mémoire sur les collines de Malvern, met en avant cette théorie pour expliquer les caractères particuliers de cette région (1). Le continent tout entier de l'Amérique du Sud peut être considéré comme un exemple sur une grande échelle, la grande fracture primaire, presque directe, du nord au sud, tout le long de la côte occidentale, ayant dans ce cas ouvert une issue à une vaste série d'explosions volcaniques, qui accompagnaient, durant une longue période de temps, le soulèvement progressif des larges plateaux inclinés formant le bassin de l'Orénoque, des Amazones et de la Plata, les Pampas de la Patagonie, ainsi que des chaînes axiales du Brésil à l'est, pendant qu'à l'ouest, le lit du Pacifique demeura intact ou même se déprima.

Ce parallélisme général des lignes d'éruption extérieure, avec celles de soulèvement maximum et leur proximité des surfaces de

(1) *Quart. Journ. Soc. geol.*, 1860.

dépression présumée, ne peuvent pas être considérés comme l'effet du hasard. Il faut qu'à un fait aussi général il y ait une cause non moins générale.

§ 6. La rareté des volcans en activité dans l'intérieur des continents soulevés semble confirmer l'hypothèse mise en avant relativement à la nature de cette cause. En outre, elle explique et justifie la structure habituelle des rangées *axiales* des régions élevées que l'on observe partout où la dénudation le permet suffisamment, savoir : un noyau central de roche cristalline hypogène, granit, syénite ou porphyre, qui a évidemment été poussé du dessous, et a élevé et repoussé latéralement de chaque côté les couches supérieures schisteuses ou sédimentaires. L'absence, dans ces masses cristallines, de laves vitreuses ou vésiculaires, de scories, de ponce et de cendre, ou de tout autre produit caractéristique de volcans sous-aériens ou sous-marins, démontre assez dans quelles circonstances l'expulsion a eu lieu (1).

§ 7. Mais maintenant quel fut le caractère de cette matière plutonique au moment de cette extrusion? L'opinion de M. Scheerer, de Christiania, sur ce sujet, formée après une étude minutieuse et approfondie des grands développements granitiques de la Scandinavie, peut être ainsi exprimée en abrégé. Après avoir prouvé par l'analyse que l'eau se combine chimiquement avec les minéraux cristallins de granit en proportions atteignant jusques à 10 p. 100, il conclut qu'à une certaine période, tout le granit formait « *une bouillie aqueuse,* » ou magma humide, dans la composition duquel entraient les hydrates de silex, d'alumine et autres bases; qu'en cet état il occupait un espace beaucoup plus considérable que dans sa condition habituelle de solidité; qu'il semble avoir été extrêmement échauffé, sous un degré de compression suffisante pour empêcher l'évaporation de l'eau, le résultat étant que les atomes solides déjà séparés par la chaleur seraient encore

---

(1) Il serait plus clair et plus commode de restreindre le mot *éruption* à l'action volcanique, et le mot *expulsion* ou *extrusion* à la poussée verticale de la matière plutonique sans explosion aériforme.

plus séparés, ou tendraient du moins à s'écarter davantage, par l'interposition d'une vapeur à haute pression, ce qui ajouterait grandement à la fluidité de la masse. La condition du granit, dit-il, quoiqu'on puisse la considérer comme un état de fusion, n'est pas un état de simple fusion ignée, et le résultat du refroidissement devient proportionnellement différent. Les cristaux de feldspath et autres ne contenant pas d'eau se cristalliseraient sans doute les premiers, puis le mica, qui contient plus d'eau, et enfin le silex, que l'eau tient le plus longtemps en solution. Ce silicate à l'état liquide remplirait en outre les crevasses de contraction formées dans le granit pendant sa consolidation, formant par là des veines de quartz, etc. (1). M. Élie de Beaumont adopte pleinement ces vues de M. Scheerer, lesquelles sont identiques avec celles que j'ai émises dès la première édition de cet ouvrage, et sont, je crois, généralement acceptées aujourd'hui.

§ 8. Maintenant réfléchissons à la condition probable de la couche supérieure de la matière granitoïde plutonique au moment de son expulsion contre ou à travers la croûte solide qui la surmonte. La texture en est cristalline ou granulée (la cristallisation étant peut-être interrompue dans son progrès), mais cependant suffisamment liquéfiée pour pénétrer les crevasses les plus fines de la roche contre laquelle elle se presse à une température intense, comme le prouve son influence métamorphique; puis elle est sujette elle-même à une compression verticale entre la pression de la masse inférieure qui se dilate et celle inverse occasionnée par le poids et la cohésion des roches supérieures, aussi bien qu'à une compression violente plus ou moins horizontale, ou impulsion accompagnée de friction de l'un ou de l'autre côté vers la fissure centrale de dislocation et de soulèvement. Dans ce cas, je crois que l'on doit considérer, comme un résultat nécessaire, que le mouvement d'entraînement imprimé en pareilles circonstances aux particules cristallines plus ou moins solides composant cette couche supérieure, doit les avoir contraintes ou conduites au moins (selon

____

(1) *Sur la nature plutonique du granit et des silicates cristallins.*

le degré où est arrivée la cristallisation) à prendre cette disposition lamellaire que, dans un chapitre précédent, nous avons vu se manifester dans la lave feldspathique par des conditions analogues de mouvement latéral sous de hautes pressions, et qui, agissant sur les minéraux, formant la triple composition du granit, le transformeront en une roche ressemblant au prototype, le gneiss, ou *granit laminaire*. Si cette action se continuait, probablement, ainsi que dans les laves feldspathiques, elle finirait par écraser et tordre la roche ainsi lamellée en replis capricieux et en zigzags comme on en voit dans les schistes cristallins. Quelles que soient les crevasses qui se sont formées de cette façon (comme cela doit avoir lieu aux angles extrêmes de déflexion), elles doivent être immédiatement occupées ou par le magma granitique dilaté, ou par le liquide siliceux plus fluide dont le gneiss (1) à demi-consolidé doit être lui-même pénétré, donnant ainsi naissance à ces veines de granit ou de quartz si fréquentes dans ces roches. Que les roches de gneiss ont été cristallisées et solidifiées, ou à très-peu de chose près, avant leur élévation et leur injection par ces veines contemporaines, paraît suffisamment clair par ce fait, qu'elles se sont fendues pour admettre cette insinuation, comme il paraît aussi par les replis en zigzags aigus dans lesquels elles ont été pour ainsi dire chiffonnées au moment de cette protrusion. La matière granitique inférieure ne trouva évidemment jamais son chemin dans les régions de l'axe jusqu'à l'air libre, en retenant une température suffisamment élevée pour mettre en ébullition l'eau qui s'y trouvait contenue. Son effervescence fut probablement étouffée par le poids des masses supérieures, et surtout par l'écrasement et la compression de

---

(1) Le professeur Rogers décrit le gneiss de l'Amérique du Nord comme « ayant un grain plus gros dans les couches inférieures, où il passe au granit, offrant des cristaux moindres dans la zone intermédiaire, et un grain plus fin et une lamination plus menue dans la zone supérieure. Dans cette dernière, les cristaux isolés de feldspath ont une forme de nœuds lenticulaires, » ce qui est précisément la forme qui résulterait d'une pression entraînante. « Il est pénétré de dykes nombreux et de veines de granit, et aussi de serpentine, qui se terminent dans le gneiss et dans le voisinage desquels dykes il est souvent fort tourmenté. » Pensylvanie, p 70.

ses propres couches lamellées et consolidées vers la gorge de la
fracture axiale. La gravure ci-dessous peut donner une imparfaite

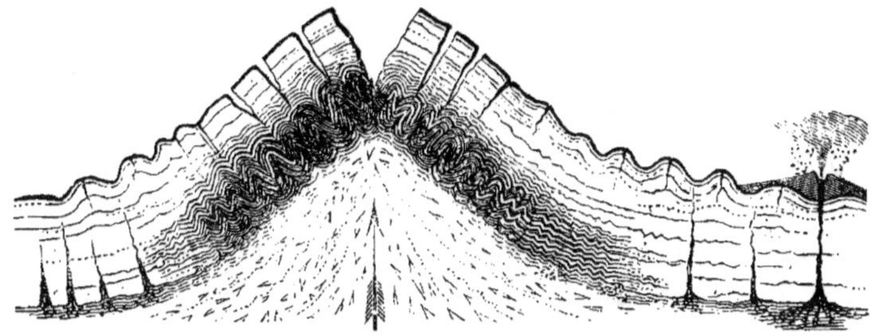

Fig. 68. — Section idéale d'une chaîne élevée par le soulèvement d'un axe de
granit, dont la couche supérieure est laminée et chiffonnée par la friction et la
pression oblique.

idée des conditions supposées du soulèvement d'un coin semblable de granit.

L'action aplanissante de la dénudation par l'eau et le dépôt
subséquent des couches sédimentaires ou des conglomérats sur
la surface usée, ont, dans la plupart des cas, plus ou moins oblitéré ou même détruit les vestiges de la lutte. Néanmoins l'observateur pourra les reconnaître partout où les sections d'une
montagne en dévoileront suffisamment la structure. Les coins granitiques de l'axe se sont probablement consolidés longtemps
avant d'atteindre la position dans laquelle nous les trouvons actuellement, puisque l'on voit qu'ils ont été constamment fracturés
et pénétrés par des dykes de matières minérales diverses, dont
l'intrusion, sans aucun doute, a été contemporaine des divers degrés de leur élévation.

Ces intrusions répétées ont dû déterminer la dilatation proportionnelle, verticale aussi bien que latérale, de la masse, et repousser les couches soulevées de l'un et de l'autre côté.

§ 9. Il est vrai qu'une masse injectée de granit liquéfié, se refroidissant par la déperdition extérieure de sa chaleur, perdrait
par la consolidation environ le sixième de son volume et subirait
des fentes de contraction à des angles plus ou moins droits avec

la surface qui se refroidit. Mais ces fentes, je le présume du moins, seraient immédiatement comblées ou par injection provenant du dessous, ou par l'exsudation d'une matière cristalline plus fine, ou silicate, provenant des côtés. Elles maintiendraient ainsi les dimensions horizontales de la masse aux dépens de sa hauteur, de sorte que lorsque de nouvelles dilatations d'en bas la briseraient de nouveau, en y injectant une nouvelle quantité de matières, elle croîtrait latéralement et continuerait à écarter de plus en plus les couches qui forment les côtés et peut-être même finirait par les comprimer en replis parallèles.

Toutefois, il ne paraît pas improbable que quelques-unes des masses plus considérables furent expulsées à une température élevée et dans une condition de liquidité imparfaite, telle que nous l'avons reconnue dans plusieurs des trachytes granitoïdes à gros grains, et se sont étendues sur le fond d'un océan trop profond pour admettre une ébullition gazeuse. Je veux surtout parler des anciennes plates-formes granitiques de la France centrale, de la Bretagne, du Devonshire, de la Scandinavie, etc. Dans quelques endroits, tels que le Val di Fassa, on remarque une couche fossilifère recouverte par de la syénite ou du granit extravasé.

La syénite de Skye a en partie fait *émersion* en énormes mamelons semi-solides écartant les couches disloquées, qui en ont été singulièrement dénaturées, et en partie fait *éruption* en masses qui recouvrent les schistes de l'époque du lias, sans les déranger, mais en s'insinuant dans les fentes et en se moulant sur toutes les inégalités de la stratification. Il y a une différence dans la contexture, dit M. Geikie, des syénites dislocantes et des syénites recouvrantes. Les premières sont d'un grain plus grossier, les secondes d'un grain plus feldspathique (Geikie, *Ile de Skye. Quart Jour. Geol. Soc.*, 1847, p. 14).

Sans aucun doute, il se formerait une croûte à la surface supérieure de masses cristallines ainsi saillantes, lesquelles, à mesure que le refroidissement, et par suite la contraction, s'avance vers le

bas, doivent avoir formé une espèce d'arcade, poussant latéralement d'une manière énergique sur les flancs de la fissure qu'elle
occupe ou des roches qui en bordent les flancs. Ces roches seraient ainsi violemment repoussées au dehors et déformées par la
compression.

§ 10. La répétition de ces soulèvements et de l'invasion de matière minérale chauffée doit, tôt ou tard, pousser la masse de l'axe
cristallin, sous la forme d'un coin solide, à travers les couches
supérieures repliées et laminées, aussi bien qu'à travers les couches rocheuses, dont les unes et les autres seront en partie entraînées avec l'axe ainsi soulevé, et en partie disloquées et rejetées
de côté dans des positions où leur propre poids doit assister la
pression latérale de ce coin envahissant, et les faire glisser des
deux côtés, en blocs fracturés ou en ondulations parallèles à l'axe
principal, selon leur degré de dureté, de ramollissement et de facilité à glisser. De nouvelles injections de granit dans la masse
qui forme l'axe, ayant lieu de temps en temps, auraient pour effet
de repousser ces couches de plus en plus, en donnant lieu, comme
l'on voit dans tous les glissements de terrain, à une infinité de fissures, de failles, de corrugations et autres perturbations, modifiées par les résistances accidentelles que pourrait rencontrer le
mouvement latéral. Sous ces influences irrégulières, les corrugations peuvent n'être que partiellement parallèles à l'axe primitif
d'élévation, lequel axe peut lui-même, comme cela s'est vu, pour
les mêmes causes, perdre sa direction rectiligne pour devenir
curviligne, ou autrement contourné.

Si, comme cela ne paraît pas du tout improbable, les corrugations latérales atteignaient des profondeurs auxquelles la matière
minérale est en fusion, ou dans un état de tension telle que le
moindre soulagement la ferait gonfler, un pareil résultat aurait lieu
très-probablement à la base des courbes anticlinales, tandis que,
d'un autre côté, les fissures qui auraient pu se former à la base
des plis synclinaux intermédiaires se trouveraient, par suite de
leur ouverture par le bas, immédiatement injectées, et donneraient

lieu à des dykes de trapp, ou coins de roche ignée que l'on observe souvent dans ces positions.

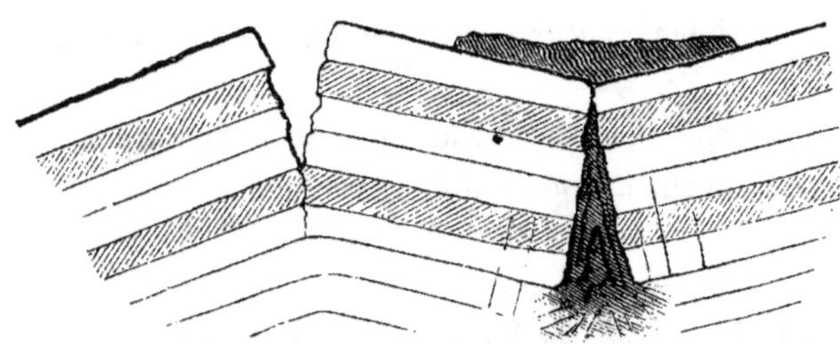

Fig. 69. — Exemples fréquents de roches, plutoniques à la jonction des couches anticlinales, et volcaniques à celle des couches synclinales.

Le craquement occasionné par la formation de chacune de ces fissures causerait, à mon avis, ces vibrations superficielles, sensibles à travers les roches adjacentes, et que nous appelons tremblement de terre.

§ 11. Je remarque que le professeur Rogers attribue le parallélisme des ondulations des couches superficielles, qu'il décrit admirablement, comme représentées d'une manière frappante dans les chaînes des Apalaches et du Jura, à l'effet d'une onde de translation imprimée à un liquide inférieur, et propagée latéralement comme une onde marine, et dans sa marche soulevant en rides la couche mince et encore imparfaitement consolidée (1). Je ne crois pas nécessaire de supposer l'action si rapide et unique, la croûte si mince, ou le substratum liquide si uniformément distribué, ainsi que l'exige ce système, qui est, par le fait, le seul qui attribue le mouvement ondulatoire des tremblements de terre à la transmission des vagues le long de la surface d'un fluide sous la croûte mince du globe. J'ai déjà déclaré que j'étais d'accord avec M. Mallet, en croyant que les ondulations vibratoires peuvent se

______

(1) « La structure onduleuse (des Apalaches, etc.) est due à une pulsation dans la matière fluide sous la croûte terrestre, propagée comme de grandes vagues de translation... L'oscillation de la croûte produite par le flottement en avant des parties rocheuses, est la cause des tremblements de terre. » (Rogers, *Géol. de la Pensylvanie*, p. 886.)

transmettre à travers la matière entièrement solide, sans qu'il soit pour cela nécessaire de supposer aucun substratum fluide. Il me semble que les plis latéraux et parallèles des couches superficielles sur l'un des côtés, ou même sur tous les deux, d'une chaîne soulevée, peuvent être facilement expliqués par l'influence conjointe des deux causes que j'ai déjà indiquées; savoir : d'abord, la compression horizontale à laquelle, comme dans le cas d'une poutre qui se brise, seront soumises vers leurs bords les couches supérieures d'une chaîne soulevée (voir *fig.* 7, p. 50); secondement, l'immense poussée latérale qui doit être la conséquence de la dislocation de bas en haut des couches suprajacentes sous un angle élevé, ou même sous un angle quelconque, et l'issue continuelle à travers ces couches, de coins de matière hypogène, qui, à mesure qu'ils se consolident et commencent à se déprimer, forcent au dehors des arcs-boutants latéraux. Les couches ainsi influencées, il ne faut pas l'oublier, étaient, pour la plupart dans ce moment, comme le démontre leur déflexion, à l'état pâteux, pénétrées sans doute par l'eau, et formées de substances argileuses micacées et glissantes, et par conséquent sujettes à s'étirer ou se chiffonner sous l'influence de leur propre gravité, puisqu'elles glissent toujours latéralement vers un niveau inférieur, comme un simple glissement de terrain.

Les plis analogues, mais plus chiffonnés et plus tortueux des couches inférieures, ou plutôt de la matière lamellée granitique au-dessous (c'est-à-dire du gneiss et des schistes), doivent être attribués, je pense, à la compression ou à l'étreinte horizontale éprouvée, comme dans le cas de la poutre, par ces couches inférieures, dans le voisinage de l'axe de dislocation, augmentée de la friction du coin de matière granitique pressant énergiquement dans une direction oblique contre elles dans son effort pour s'élever et s'échapper à travers la gorge étroite de la fracture (voir *fig.* 68).

Je préfère cette théorie, non pas seulement à celle du professeur Rogers, mais aussi à celle mise en avant par M. Hopkins, telle

que je puis la comprendre; savoir : que la compression horizontale, démontrée par le chiffonnement des couches latérales de
chaque côté d'un axe poussé de bas en haut, a été causée par la
pression mutuelle de grandes masses angulaires de roches soulevées, *s'affaissant par suite du dégagement extérieur d'énormes volumes de vapeur,* dont l'expansion par le bas avait d'abord occasionné l'élévation (1). Je ne crois pas qu'il existe aucune preuve
qu'un tel dégagement de vapeur ait accompagné ou suivi l'élévation, paroxysmale ou graduelle, de l'axe plutonique d'une chaîne
de montagnes. Au contraire, comme il a été remarqué plus haut,
c'est l'absence de ce dégagement extérieur de vapeur qui distingue
surtout l'action plutonique de l'action volcanique. D'un autre
côté, je ne puis concevoir la poussée verticale d'un tel coin, sans
l'accompagnement de la compression horizontale et de l'écrasement subséquent des couches supérieures et inférieures de la
masse soulevée, conditions que j'ai indiquées plus haut. Je n'ai
pas connaissance que cette théorie de l'écrasement, produit par le
soulèvement, ait été mise en avant par aucun auteur sur la dynamique géologique. Je l'avais déjà indiquée dans ma première édition, mais elle semble être passée inaperçue. Si M. Hopkins, dans
le passage cité, n'avait voulu faire allusion qu'à la poussée latérale
d'une croûte arquée, s'affaissant à mesure que le fluide injecté au-
dessous se refroidissait et se contractait, je serais d'accord avec
lui en considérant ce phénomène comme *un* des caractères pouvant expliquer le *chiffonnement* des couches latérales (voir p. 286).

§ 12. Sauf cette importante exception, je partage généralement
les idées du professeur Rogers, sur les effets d'une poussée verticale, dans le sens de l'axe, sur les couches rejetées de part et d'autre; j'admets aussi que l'intrusion et la consolidation de la matière
en fusion forment la clef de voûte de leurs réflexions. Je suis d'accord avec lui aussi quant à la roideur particulière des plis sur le
côté vers lequel le glissement a lieu, les vagues, pour ainsi dire, se
brisant à mesure qu'elles avancent, et quant à leur aplatissement

(1) *Rapport de l'Association britannique,* 1847.

et à leur extension graduelle, à mesure qu'elles s'écartent du centre de perturbation vers les surfaces encore intactes. J'admets aussi, comme lui, le parallélisme des plus grandes ondulations avec la direction générale des axes principaux voisins, et le dérangement éventuel de ce parallélisme, ou la formation d'ondulations transversales causées par des entre-croisements, peut-être à des époques différentes, et enfin le clivage, pour ainsi dire, des masses stratifiées, composées de molécules inéquiaxes, par la transmission répétée de pressions écrasantes en plans parallèles dans la direction de l'onde.

Dans les montagnes rocheuses, les Andes, l'Himalaya et les Alpes, on peut observer, sur une échelle des plus vastes, des ondulations latérales, caractérisées par tous ces traits. Les Cordillères du Chili, d'après M. Darwin, offrent successivement huit crêtes, ou même davantage, parallèles et anticlinales, hautement soulevées, à 80 ou 100 kilomètres de distance, la lave volcanique s'étant souvent insinuée à travers la base des replis synclinaux. Chacune de ces crêtes est au moins aussi haute que l'Etna; celles de l'Himalaya, d'après le capitaine Strachey, semblent être plus considérables encore. Il trouve là un parallélisme général de toutes les rangées principales, des vallées intermédiaires, ou lignes d'écoulement, qui sont aussi les lignes des failles principales ou des ruptures, de la direction des couches soulevées, de la succession des dépôts stratifiés et des lignes d'éruption ignée ou d'intrusion. Les grandes hauteurs axiales, les pics neigeux de l'Himalaya, par exemple, sont de granit, qui, dans son intrusion ascendante, a rejeté les schistes et les couches de chaque côté. Les chaînes ondulatoires du Jura, rejetées vers le nord par le soulèvement des Alpes centrales, sont bien connues et ont été souvent décrites. Dans les îles Britanniques, il ne manque pas de séries semblables de couches parallèles ondulées.

§ 13. Les replis de quelques couches, surtout des schistes, sont si nombreux et si répétés, qu'ils font supposer un mouvement latéral plus développé qu'il n'est facile de l'expliquer. Mais il ne faut pas oublier que la même pression qui chiffonne les couches en plis les aplatit et les étend dans la direction de leurs plans. La déformation des fossiles dans l'ardoise démontre que la pression qu'ils ont subie a souvent doublé l'étendue primitive de chaque couche, en en diminuant naturellement l'épaisseur en proportion inverse. Une couche de schiste, par exemple, mesurant primitivement un mille d'étendue horizontale, pourrait, durant l'opération du repli, se trouver suffisamment amincie pour recouvrir deux milles, si elle était dépliée; et cependant les deux plans verticaux, entre lesquels a eu lieu la compression, peuvent ne s'être rapprochés que fort peu dans une direction horizontale, car l'accroissement d'étendue des couches écrasées s'étant opéré dans la direction opposée, c'est-à-dire verticale, qui doit être généralement celle de la moindre résistance, l'extension de ces couches écrasées dans la direction de leurs plans sera proportionnelle à la facilité avec laquelle les molécules glissent les unes au-dessus des autres; aussi est-elle à son maximum dans les schistes micacés, et à son minimum dans les roches calcaires ou arénacées grossières.

A vrai dire, il ne pouvait se produire des replis onduleux que lorsque la mollesse des couches, ou la mobilité des matières qui les composaient, étaient suffisantes pour leur permettre de céder à la force qui agissait sur elles, soit en courbe, soit en zigzag. Lorsqu'elles se trouvaient assez rigides pour se briser plutôt que de fléchir, l'effet de la transmission horizontale, ou impulsion ondulatoire, aurait été de les briser par fissures généralement verticales en masses séparées, et souvent d'élever le côté de chaque fissure d'où provenait le choc (ou, dans le cas de fissure oblique, le côté vers lequel elles penchent), au-dessus du côté opposé, conformément à la tendance bien connue des masses séparées, lorsqu'elles se trouvent en contact et soumises à une pression oblique à la surface résistante, à se déplacer par un mouvement glissant. C'est pourquoi, lorsque l'on s'écarte de l'axe d'une chaîne soulevée sur des couches de ce caractère modérément inclinées, on se trouve généralement en face du front abrupt des plus grandes failles, formant, à moins qu'elles ne soient aplanies par une dénudation postérieure, autant d'escarpements à surmonter. Il y a dans les Apalaches des failles perpendiculaires de plus de 300 mètres. La tendance des formations de grès et de calcaire, lorsqu'elles sont trop dures pour plier, à se briser sous des secousses ascendantes, en masses rectangulaires dont les couches conservent encore leur horizontalité, se voit dans plusieurs districts. Comme exemple remarquable, je puis mentionner les Causses, dans la province française des Cévennes, un immense plateau de couches horizontales de craie et d'oolite, coupé par des crevasses étroites et compliquées, d'environ 300 mètres de profondeur, en blocs séparés, bordés de roches à pic. Un autre se trouve encore dans les magnifiques masses de calcaire dolomitique, dans les Alpes tyroliennes et carinthiennes.

Les mouvements successifs sans nombre auxquels a été sujette la même superficie sont suffisamment indiqués par les failles qui s'arrêtent aux divers niveaux, traversant, par exemple, les roches paléozoïques, et s'arrêtant aux roches secondaires; ou bien traversant ces dernières et s'arrêtant aux tertiaires.

Les masses stratifiées ont été soumises à divers modes de déplacement sous l'influence réunie de la force de soulèvement et de leur propre gravité, multipliée par les accidents incessants de résistance, occasionnés par leur composition, leur structure, leur condition et leur position, lors de chaque secousse, ainsi que par le nombre, la force de ces secousses et le changement de lieu où elles prennent naissance. Ces modes donc offrent une si grande variété qu'il doit être impossible de les classer exactement. Toutes les grandes chaînes de montagnes du globe présentent des exemples de la confusion provenant de ces conditions compliquées de perturbation mécanique. Mais quoique les résultats, pris dans leurs détails, soient souvent difficiles à expliquer (car on ne peut guère, à un point donné, observer qu'une minime fraction des causes de perturbation), généralement il règne dans toute la masse un ordre et une uniformité de caractère suffisants pour permettre aux géologues d'attribuer ces phénomènes, principalement à la poussée ascendante de quelques grands coins de roche hypogène cristalline, telle que le granit ou ses congénères.

Cependant les replis et les déformations extrêmes sont généralement restreints au voisinage d'une semblable chaîne axiale rejetant de chaque côté les couches de granit lamellé et les strates supérieures. Les conditions de résistance ou d'expansion souterraine ont quelquefois amené le soulèvement d'une vaste superficie, de façon à en préserver l'horizontalité plus ou moins complétement, les fractures primaires demeurant bornées aux limites marginales. Ou bien les roches superficielles ont été soulevées d'un côté seulement d'une fissure primaire, sans que leur prolongement du côté opposé ait été troublé, ou du moins fort peu. De semblables variations auront nécessairement affecté d'une façon correspondante la position des fissures d'éruption volcanique aussi bien que de perturbation plutonique. Ce qui alors amène les deux catégories de phénomènes à se confondre, comme il paraît par les grandes dislocations axiales et les fissures d'éruption de l'Amérique, au lieu de se trouver séparées par de longs intervalles, comme on le voit presque constamment en Europe et en Asie.

Sir John Herschel (*Géogr. physique*, p. 308) est assez porté à attribuer le chiffonnement des couches à l'affaissement du sédiment visqueux dans le creux du lit de la mer pendant sa formation. Cette théorie ne saurait expliquer certains faits reconnus ; elle est même en contradiction avec eux, tels que : 1° la multiplicité des replis à mesure que l'on approche d'un axe de soulèvement ; 2° leur parallélisme à cet axe. De plus, il reste encore des failles et des fractures à expliquer.

Et il est clair que les mêmes mouvements perturbants qui ont ainsi brisé des couches consolidées les doivent avoir chiffonnées lorsqu'elles étaient encore séparez molles.

§ 14. *Théorie des tremblements de terre.* — Dans ces diverses remarques, j'ai attribué les mouvements ondulatoires sensibles de la surface terrestre, que nous appelons tremblements de terre, au craquement vibratoire occasionné par la rupture violente et soudaine de roches solides, et aussi peut-être par l'injection instantanée de la matière fondue qu'elles recouvrent. M. Mallet, dans son lumineux rapport sur les tremblements de terre (1), voit, au contraire, dans les éruptions sous-marines, l'agent principal de la production des tremblements de terre les plus violents. Il pense « qu'une éruption de matière ignée se manifestant sous la mer « doit ouvrir, dans le fond rocheux, d'énormes fentes ou fissures « à travers lesquelles l'eau arrive aux surfaces ignées de la lave. » L'eau, pense-t-il, demeure « d'abord à l'état particulier que Bou- « tigny appelle sphéroïdal, jusqu'à ce que la lave soit refroidie au « degré où cesse la répulsion, et où l'eau vient en contact avec les « surfaces échauffées; puis un vaste volume de vapeur s'échappe « avec explosion, et disparaît dans l'eau froide et profonde de la « mer, dans laquelle elle est aussitôt condensée. C'est ainsi « qu'une espèce de coup, d'impulsion de la plus grande éner- « gie serait donnée au foyer volcanique, et se répandant dans « toutes les directions, est transmise comme tremblement de « terre. »

Je ne saurais admettre une pareille conséquence d'une éruption sous-marine. Cette hypothèse, comme toutes celles qui attribuent l'action volcanique à la pénétration de l'eau météorique ou océanique, jusqu'à un noyau métallique chauffé au-dessous de la croûte terrestre, cette hypothèse me semble tourner dans un cercle vicieux (comme la fable indienne qui fait reposer le globe sur le dos d'un éléphant, et l'éléphant sur une tortue, sans dire sur quoi repose cette dernière); car, dans ces théories, l'action première, ou, la cause originaire de toute la série est la formation des fissures dans la croûte terrestre. Mais d'où viennent ces fissures? Non pas, d'après l'hypothèse, de l'action volcanique, car elle est elle-même causée par l'action de l'eau de mer pénétrant ces fissures. Non pas des tremblements de terre, car, d'après l'hypothèse, on les considère comme conséquences.

(1) *Assoc. brit.*, 1850.

Eh bien ! donc, puisqu'il faut toujours finir par chercher la cause dans la force expansive inférieure qui produit les fissures, pourquoi ne pas supposer que la formation de ces fissures, c'est-à-dire le déchirement subit et violent des roches solides qui forment la surface de la terre, à plusieurs milles de profondeur, sous l'Océan ou non, pourquoi ne pas supposer que ce déchirement a pu, par la vibration occasionnée parmi les roches surchargées à mesure qu'elles se déchirent, et propagée de chaque côté en pulsations ondulatoires, être la vraie cause des tremblements de terre ? Puis, si une de ces fissures, s'ouvrant de haut en bas, venait à pénétrer assez profondément dans une masse de lave incandescente pour la mettre en ébullition en la soulageant de l'excès de pression qui emprisonne ses gaz élastiques ou la vapeur de ses interstices, pourquoi ne pas lui attribuer la formation du dyke de lave, ou l'éruption.

Je ne puis m'empêcher de croire que la théorie la plus raisonnable est que l'éruption volcanique est ainsi amenée par la même cause première que le tremblement de terre, savoir : l'expansion de quelque masse de matière minérale profondément située, expansion due à l'augmentation de température ou à la réduction de pression.

En effet, ceci s'accorde avec ce que dit M. Mallet dans une partie de son rapport (1): « Il existe plus qu'une simple relation vague- « ment admise entre le tremblement de terre et le volcan, si va- « guement, que le tremblement de terre a quelquefois été considéré « comme *la cause* du volcan, et le volcan comme celle du trem- « blement de terre. Ces deux vues sont également éloignées de la « vérité. Ces phénomènes ne sont pas entre eux comme la cause et « l'effet, mais ils sont tous deux des manifestations inégales d'une « même force, mais dans des conditions différentes. » Cette dernière manière de voir est précisément la mienne, mais pour les raisons que j'ai énoncées plus haut, elle est inconséquente avec l'idée adoptée par M. Mallet lui-même, savoir que le tremblement

(1) *Quatrième rapport.*

de terre est le *résultat* d'une éruption volcanique sous-marine.

§ 15. *Progression del'action plutonique.* — L'analogie des phénomènes *volcaniques* qui présentent quelques rares paroxysmes, mais plutôt des explosions secondaires à des intervalles successifs, ou une activité continuelle modérée, amène à croire que l'action des forces *plutoniques* a été pareillement quelquefois paroxysmale, quelquefois graduelle (des efforts modérés alternant avec le repos), quelquefois continuelle, mais lente et comparativement tranquille.

Une telle appréciation de l'énergie plutonique concorde parfaitement avec les observations des géologues sur les innombrables exemples de changements de niveau et les perturbations des roches superficielles. Il est à remarquer, comme le dit M. Hopkins dans son mémoire sur le district des Lacs (1848), que la dislocation et l'élévation ne sont pas nécessairement produites d'une manière égale par la même action plutonique. « De grandes « dislocations peuvent avoir été le résultat d'une action plus éner- « gique de la force d'élévation, et les grands soulèvements, celui « d'une action plus prolongée ou plus répétée. » Il est néanmoins vrai, comme je l'ai dit plus haut, que la plus grande somme de dislocation se remarque généralement dans les régions les plus élevées de la surface terrestre, savoir : les chaînes de montagnes, et qu'à mesure que l'on s'en écarte, les dérangements visibles dans les roches superficielles, tels que les failles, les dykes, l'élévation verticale ou sous un angle élevé, les replications des couches deviennent moins fréquentes et moins accentuées.

M. Darwin pense avec raison que les chaînes de montagnes ne sont que des phénomènes provenant des élévations des continents, se manifestant avec lenteur, par secousses répétées, et séparées par des intervalles de repos. Chaque secousse est accompagnée d'une ou plusieurs dislocations, et l'injection de la lave ou de la pierre liquide qui s'insinue dans les fissures est bientôt suivie de refroidissement et de consolidation. « Dans le tremblement de terre de « la Conception en 1835, il y eut trois cents secousses successives, « de sorte que la pierre liquéfiée a dû être pompée dans l'axe par

« autant d'aspirations séparées » (1). Il croit que les Cordillères furent soulevées d'une façon aussi lente, probablement, que celle qui
forme une montagne par l'accumulation successive de matières expulsées d'un volcan intermittent.

§ 16. *Métamorphisme.* — Durant toutes ces périodes alternatives
de convulsions et de repos, la chaleur interne passe, sans aucun
doute, tant par conduction que par convection, à travers toute masse
rocheuse qui se trouve interposée entre la matière incandescente
du fond et la surface externe du globe, entraînant avec elle l'eau,
la vapeur, les gaz et les agents chimiques de toute nature. Dans ces
circonstances il doit se produire inévitablement de nombreux effets métamorphiques. En règle générale, les signes de métamorphisme et de dérangement se rencontrent ensemble, en proportions semblables. M. d'Archiac, dans la préface de son volume de
l'Histoire de 1853, appela l'attention sur le fait de la consolidation
et de la tendance au métamorphisme dans les couches sédimentaires des masses montueuses, comme on le voit dans le durcissement des calcaires, les diverses particularités de leur coloration et
de leur texture cristalline et même saccharoïde, la conversion des
marnes lamellées et des sables argileux en couches schisteuses, et
dans le caractère compacte des éléments arénacés. D'un autre côté,
les prolongements de ces mêmes couches, lorsqu'elles forment des
plateaux horizontaux ou de vastes plaines composées de couches
concordantes et sans dérangement, présentent des caractères minéraux absolument distincts, comparativement peu solides, et complétement différents de couleur et de texture (2). Ces divers caractères d'une même série de roches, selon qu'elles ont été dérangées
et chiffonnées ou qu'elles sont restées dans le repos, se montrent
dans les formations de tout âge, et font croire que la plus grande

____

(1) Darwin, *Sur l'identité de la force qui élève les continents avec celle qui
occasionne les explosions volcaniques.* (*Trans. géol.*, 2e sér., vol. V, p. 610.)

(2) Voir, à l'appui de ceci, la description par Murchison, des plateaux bas et
horizontaux d'argile molle ou de sable, représentant en Russie le système silu-
rien, pendant que dans l'Oural ils ont été convertis en schistes cristallins, en
quartzite et en marbre granulaire.

somme de métamorphisme est due surtout à la plus grande énergie des causes dynamiques (1).

On ne voit donc là que ce à quoi l'on devait s'attendre, savoir, que la classe des roches qui ont généralement subi la plus grande somme de perturbation, c'est-à-dire les cristaux feuilletés ou schisteux qui se trouvent aussi dans le plus proche voisinage de la matière granitique, ont subi en même temps la plus grande somme de métamorphisme; et cela, à un point tel qu'ils ne sont plus reconnaissables comme couches de sédiments arénacés, calcaires ou argileux, caractères qu'ils pouvaient avoir avant d'être exposés à une chaleur intense, traversés par l'eau bouillante ou la vapeur, entraînant des réactifs chimiques d'une grande activité, probablement fondus et solidifiés à nouveau sous de vastes pressions et de puissants mouvements internes. Il n'y a rien d'improbable ou d'inconciliable avec les résultats de la recherche expérimentale, dans cette idée, que par l'exposition à de telles influences, des couches d'argile ordinaire, de sable, de boue arénacée ou calcaire, puissent éventuellement se transformer en calcaires cristallins, en ardoise, en micaschiste, en gneiss ou même en granit. Les roches appelées métamorphiques peuvent parfaitement avoir une telle origine, et l'on peut concevoir que l'action de l'extrême métamorphisme continue depuis le commencement, dans les profondeurs de la croûte terrestre, fournissant toujours de la matière granitique fondue ou liquéfiée et hautement chauffée, provenant des couches inférieures du dépôt sédimentaire formé par les eaux superficielles, après qu'elles ont été recouvertes par des milliers de pieds de couches semblables, et peut-être déprimées jusqu'à une profondeur où l'énergie souterraine ignée fonctionne à un haut degré d'intensité.

§ 17. Il n'est cependant pas nécessaire de supposer, quoique ce soit la doctrine de plusieurs géologues, que la structure lamellaire toute spéciale des roches cristallines ou métamorphiques, soit identique avec la stratification originelle des argiles, des sables et de la boue, desquels elles ont été élaborées. Il est difficile de

(1) Disc. du prof. Forbes, 1854.

croire que l'énorme action chimique et dynamique qu'elles ont dû
subir ait pu laisser intactes les légères jointures ou variations
de couleur ou de contexture qui constituent les marques de stratification dans les couches sédimentaires ordinaires. Bien plus,
dans les ardoises argileuses qui généralement se trouvent à la limite
extérieure des roches métamorphiques, nous remarquons une
oblitération de ces marques graduelle et finalement complète,
jusqu'à la transformation en une nouvelle structure, le clivage,
sous l'action d'un métamorphisme modéré. Est-il donc possible
d'imaginer que dans les schistes micacés et dans les roches de
gneiss, qui ont subi une plus grande somme d'action métamorphique, ces marques de stratification aient été préservées dans
toute leur netteté primitive, ou plutôt, soient encore devenues plus
distinctes qu'à leur origine ? A coup sûr, il est plus raisonnable de
croire que dans ces couches, ainsi que dans les ardoises argileuses,
les joints de stratification ont été entièrement oblitérés et qu'une
nouvelle structure s'est opérée par les puissantes actions chimiques
et mécaniques auxquelles elles se sont trouvées exposées. Le mode
par lequel cette structure lamellée ou feuilletée a pu se former
dans un magma granitique, a été expliqué par l'analogie avec les
laves trachytiques lamellaires qui, c'est incontestable, ont pris
cette structure particulière identique, au moment précis, ou du
moins immédiatement antérieur, de leur aplatissement et de leur
plissement en zigzag. Et, à vrai dire, comme je l'ai fait déjà remarquer, il est difficile de concevoir aucun autre résultat par
suite de l'énorme pression que les couches supérieures d'une masse
granitoïde à demi solide, doivent avoir supportée durant sa pression
et son soulèvement à travers une fissure axiale dans les roches supérieures, par la force d'expansion d'une matière encore plus
profonde (1). De plus, l'effet de chiffonnement par la friction intense d'un tel coin de roche, forçant en avant les couches lamellées

---

(1) **M.** Delesse distingue deux sortes de granit : l'un d'éruption, l'autre métamorphique ; ce dernier prend souvent une structure *gnéissoïde*. Le gneiss, comme
on le sait, présente souvent des surfaces polies et striées, ce qui démontre qu'il

de matière semi-cristalline, semble expliquer d'une manière satisfaisante le fait, autrement énigmatique, de la présente disposition
en éventail des schistes gnéissoïdes et leur inclinaison générale
vers l'axe de la chaîne de montagnes sur le flanc de laquelle ils
paraissent, comme dans les Alpes, l'Oural, les monts Himalaya et
autres exemples bien connus.

§ 18. Il reste encore un mot à dire sur les circonstances qui
peuvent occasionner *immédiatement* un développement quelconque
d'énergie souterraine, sur une grande ou une petite échelle. Si
l'argumentation qui précède nous a conduit à cette conclusion,
que la force latente de l'expansion souterraine sous de si grandes
surfaces, aussi bien que sous le petites, agit souvent avec une
énergie croissante contre la résistance qui vient d'en haut, nous
pouvons être assurés qu'il arrivera des occasions où cette résistance
étant presque surmontée et sur le point de céder, la moindre diminution dans l'un de ses éléments sera le signal de la rupture,
qui alors amènera le paroxysme qui était imminent depuis longtemps, mais n'attendait que ce dernier et léger changement (la
goutte qui fait déborder le vase) pour faire explosion.

Les faits dont il a déjà été parlé à propos des éruptions de
Stromboli et d'autres volcans en éruption permanente, et qui sont
plus actifs en temps orageux et sous une basse pression baromé-
trique, s'accordent avec cette hypothèse. Nous pouvons donc
supposer aussi qu'un changement analogue dans la pression atmosphérique, sur une plus vaste étendue, peut être le signal de

y a eu un glissement de terrains (Schlagintweit sur les Alpes bavaroises'. Dans
les micaschistes, ces traces de friction sont encore plus caractérisées.

Ce n'est pas le lieu de discuter l'origine de la formation en feuilles des roches
gnéissoïdes. Dans un Mémoire lu devant la Société géologique, le 11 mai 1858, je
l'ai fait avec quelques détails (voir le *Géologiste*, n° ix). Feu M. Sharpe et
M. Darwin, comme on sait, ont admis l'opinion ici émise que, au moins en ce
qui concerne le gneis ancien ou fondamental, sa structure feuilletée est due non
pas au dépôt sédimentaire originel, mais au mouvement des molécules sous une
grande pression pendant que la masse était encore dans une condition de fluidité ignée imparfaite. Le professeur Naumann a plus récemment encore émis les
mêmes idées, qui pourtant ne sont pas partagées par MM. Lyell, Murchison,
Geikie et autres.

tremblements de terre sur une plus grande échelle. Cette idée est confirmée par quelques résultats observés par M. Mallet et M. Perrey, sur ces phénomènes qui, certainement, sont plus fréquents en hiver qu'en été, et atteignent leur maximum à l'équinoxe d'automne, lorsque les chutes soudaines du mercure sont fréquentes, aux époques de la nouvelle et de la pleine lune, et aussi lorsqu'elle est au périgée. M. Perrey en conclut qu'une espèce de marée agit sur la matière fluide (je dirai plutôt sur la vapeur élastique ou les gaz contenus dans la matière), qui se trouve sous la croûte terrestre.

§ 19. Mais, s'il en est ainsi, alors s'élève cette question : Si cette marée, soudainement et violemment provoquée à un moment indéterminé, peut avoir occasionné la position particulière des principales dislocations de la surface terrestre?

Expliquera-t-elle, par exemple, la prédominance remarquable de terres plus ou moins élevées dans l'hémisphère boréal, surtout entre les 40° et 70° parallèles? ou cette projection angulaire toute particulière vers le sud, de presque toutes les grandes masses de terre, tandis que vers le nord elles s'allongent dans un sens parallèle à l'équateur? Cette configuration est tellement générale qu'elle donne à chacun des continents une silhouette composée d'une série de triangles inégaux et irréguliers, mais presque équilatéraux, dont les sommets sont tous uniformément dirigés vers le sud, et les côtés, par suite, sont obliques à l'équateur et au méridien, et s'écartant peu des directions N.-E.-S.-O. et N.-O.-S.-E. Ce n'est pas tout, les deux plus longs bras rectilignes de terre continus ou presque continus dans le vieux monde, ont presque exactement les mêmes directions opposées N.-E.-S.-O. et N.-O.-S.-E.; l'un s'étendant du détroit de Behring jusqu'au cap de Bonne-Espérance ; et l'autre, de Donegal à la terre de Van Diemen (1). A l'intersection de ces deux lignes, nous trouvons le plateau de l'Himalaya et du Thibet, l'élévation la plus considérable et la plus massive sur la surface du globe, et dans presque tout le reste de

(1) Voir la carte.

leur course ces deux lignes coïncident, ou sont parallèles, et ce, à très-peu de distance, avec les principales chaînes des continents qu'elles traversent.

Dans l'hémisphère occidental domine la même loi. Les grandes chaînes axiales et éruptives traversent toute l'étendue des deux Amériques, du détroit de Behring au cap Horn, dans une direction générale du N.-O. au S.-E. et rencontrent, ou à très-peu de chose près, sur le côté oriental deux chaînes transversales N.-E.-S.-O. L'une de ces chaînes longe toute la côte N.-E. du Groënland, mais se brise à la baie de Baffin, traverse le Labrador, la Nouvelle-Écosse et les Alleghanys, dans la direction de Mexico ; l'autre, partant de la côte au nord du cap San Roque traverse le Brésil, jusqu'aux Andes dans les environs de Potosi. Cette dernière ligne peut être considérée, peut-être, comme se prolongeant au delà de l'endroit le plus étroit de l'Atlantique, par le cap Vert, la chaîne marocaine de l'Atlas, à travers le détroit de Gibraltar, l'Espagne, la Bretagne, le pays de Galles, le nord de l'Écosse et la Norwége jusqu'au cap Nord.

Un autre trait remarquable du même caractère est que la direction générale du nord-ouest au sud-est de la grande fissure d'éruption de l'Amérique occidentale est presque *antipodique* à la fissure de même nature de l'Asie orientale, dont, par le fait, elle n'est que le prolongement. Les deux ensemble, prolongées, comme c'est fort présumable, à travers les Shetlands australes d'un côté et le sud Victoria de l'autre côté du pôle austral, divisent presque également toute la surface du globe (1).

Ce singulier concours de coïncidences, concours qui ne saurait être fortuit, ne suggère-t-il pas l'idée que la soudaine et violente élévation d'une sorte de marée provenant de l'expansion souterraine, élévation accompagnée d'un gonflement antipodique, a pu fracturer la croûte terrestre suivant des lignes diagonales à la di-

_____

(1) Les deux points du globe dans lesquels les forces volcaniques développent le plus d'activité actuellement, savoir : les îles autour de Bornéo, dans le Pacifique, et le circuit de la mer des Caraïbes, sont exactement antipodiques.

rection de la rotation? Est-il possible que l'attraction de quelque corps planétaire errant, passant rapidement près de la terre au nord de l'équateur et dans la direction du midi, en diminuant momentanément le montant de la pression sur la surface inférieure, puisse avoir occasionné une élévation de la marée dans la matière élastique sous-jacente, assez puissante pour faire éclater la croûte dans cette série de fissures obliques en zigzag et leurs antipodes? Une diminution même modérée de la pression atmosphérique peut avoir suffi pour produire cet effet, et si l'on suppose que l'Océan a nécessairement été affecté par cette perturbation, il ne manque pas d'apparences, dans les soudaines déchirures des roches stratifiées et de leurs débris organiques, qui indiquent la possibilité dans le passé de plus d'un cataclysme de ce caractère.

§ 20. Quoi qu'il en soit, les géologues aujourd'hui sont généralement d'accord, par suite de l'évidence paléontologique, que des oscillations de niveau se sont souvent manifestées sur plusieurs points, sinon sur tous, de la surface terrestre, chacun s'étant alternativement élevé et abaissé plus d'une fois, et, à vrai dire, d'une façon répétée. Où s'étendent aujourd'hui des continents, jadis ont écumé des océans, et où roulent aujourd'hui des mers, la terre autrefois existait. Ces alternatives d'élévation et de dépression ont incontestablement eu lieu sur une échelle plus ou moins étendue, quoique irrégulière par rapport aux localités, pendant des périodes incalculables; mais si ce fut d'une manière uniforme ou en raison progressivement décroissante, voilà ce qui divise les géologues. Pour ce qui est des forces volcaniques, leur activité ne semble pas avoir le moins du monde diminué depuis les observations géologiques les plus anciennes jusqu'aujourd'hui. On pourrait donc, par analogie, en conclure que le développement de l'action plutonique a été également uniforme. Et si l'on suppose, comme rien ne doit raisonnablement l'empêcher, que la matière granitique souterraine, qui se trouve si généralement injectée à travers les couches sédimentaires, provient de la fusion et de la cristallisation de cou-

ches semblables abaissées à un niveau suffisamment rapproché de
la sphère d'influence de la chaleur interne, les opérations successives de fusion, de cristallisation, de soulèvement, de conversion
en sédiments sous l'influence d'agents météoriques ou organiques,
de dépression et de nouvelle fusion, toutes ces opérations, dis-je,
peuvent être considérées comme s'étant succédé de toute éternité.

Cette supposition, cependant, entraîne cette autre hypothèse,
savoir : que la transmission extérieure de la chaleur de l'intérieur
du globe, le premier moteur de toute la série, a dû continuer
aussi sans diminution pendant tout le temps écoulé. D'un autre
côté, le système opposé, c'est-à-dire celui qui veut voir une diminution progressive dans l'énergie plutonique, coïncide avec la
notion populaire que le globe se refroidit lentement, après avoir
été jadis dans un état de fusion, ou même de gaz ou de nébulo-
sité. Je n'émettrai aucun argument pour ou contre aucune de ces
théories, d'autant plus que la question est surtout du ressort de la
paléontologie. Je me contenterai de dire cependant que la seconde
théorie me semble présenter la solution la plus probable sur la
source de la chaleur intérieure du globe, solution qui, du reste,
semble encore étayée de considérations tirées de l'ordre astrono-
mique.

CONCLUSIONS GÉNÉRALES

SUR LES PHÉNOMÈNES TERRESTRES.

1. La condition la plus ancienne que l'on puisse reconnaître
dans la matière la plus profonde connue formant la substance du
globe, est celle d'un composé minéral triple granitoïde, consistant
généralement en feldspath, en quartz et en mica, dans un état cristallin ou granulaire, mais néanmoins souvent, sinon toujours, ra-
molli et semi-liquide, ce qui semble dû au mélange mécanique de
l'eau ou de la vapeur d'eau dans les interstices, tenant plus ou
moins de silex en solution parmi les cristaux. Ce magma subit une

température intense et souvent croissante, et par conséquent, se trouve dans un état de tension violente qui le fait énergiquement presser contre les masses solides qui le recouvrent.

2. Les couches supérieures de cette matière semblent, sous cette pression de bas en haut, opérant sur elles lorsqu'elles sont dans cet état pâteux ou semi-solide, tellement étreintes et mises en mouvement partout où les roches supérieures ont cédé assez pour permettre un dégagement ascensionnel, que leurs cristaux constitutifs prennent une disposition plus ou moins lamellaire. Dans cet état, elles ont été de temps en temps fendues et pénétrées par l'intrusion de la matière inférieure plus liquide, et souvent violemment forcées en masse, de bas en haut, dans la fissure axiale de dislocation en plis contournés et chiffonnés en zigzag, ou en murailles verticales de roches solides cristallines lamellées, jusqu'à la surface extérieure du globe. Dans leur élévation, elles écartent nécessairement de part et d'autre d'énormes portions des couches suprajacentes qui, poussées horizontalement, ou glissant latéralement par leur propre poids, ont, à leur tour, lorsqu'elles se sont trouvées suffisamment ramollies ou flexibles, été chiffonnées en plis parallèles plus ou moins réguliers, dont les plus profonds, les plus nombreux et les plus rapprochés se trouvent près de l'axe d'élévation, et deviennent plus bas et plus larges à mesure qu'ils s'en écartent. Ce qui ne les empêche pas de subir de fréquentes variations irrégulières dans la direction ou dans la quantité des plis, variations déterminées par le plus ou moins de solidité, par la disposition et par la structure, aussi bien que par l'intervention de résistances préexistantes ou de changements postérieurs dans leur position.

3. Les fissures formées par ces perturbations dans les roches solides, de façon à bâiller 'en bas vers la lave chauffée ou la matière granitique au-dessous (et il s'en formera pour la plupart le long des bords de superficies élevées, ou les couches inférieures de plis rocheux, où la tension est la plus forte), ces fissures se trouveront injectées par l'intumescence instantanée de cette matière, par

suite de la diminution relative de la pression, et se trouveront, par la consolidation, scellées par un filon ou dyke de roche ignée cristalline.

4. La détente accompagnant la déchirure de chaque fissure, et la violente injection de la matière chauffée, occasionnent une vibration ondulatoire dans les masses voisines de roche solide qui forment les côtés de la fissure. Cette vibration, transmise à travers les couches, ou dans le sens de leur prolongement, produit l'effet d'une secousse de tremblement de terre, plus ou moins violent en proportion de la puissance et de la grandeur de la déchirure, de l'énergie de la tension qui l'a causée, de la position du point ou de la ligne de fracture, et enfin de la nature des roches qui transmettent ce choc. Probablement aussi la déchirure superficielle des couches au-dessus par la transmission de ces ondes, produit ces craquements secondaires, ou solutions de continuité, et ces failles (c'est-à-dire, ces élévations ou ces dépressions irrégulières des côtés opposés d'une crevasse) qui sont si nombreuses dans toutes les couches soulevées.

5. Ce n'est que lorsqu'une crevasse pénètre dans quelque roche ou foyer de matière ignée liquéfiée qu'elle donne naissance à un filon. Et si la projection ascendante de cette matière la lance assez haut dans une fissure pour établir une communication libre, ou approximativement libre, avec l'atmosphère ou une eau peu profonde, cette matière entrera en violente ébullition, c'est-à-dire, en éruption volcanique plus ou moins prolongée, jusqu'à ce que la matière chauffée se soit refroidie dans la fissure par le dégagement de la vapeur, ainsi que le foyer de matière avec laquelle elle communique, assez du moins pour laisser prédominer les forces de répression.

6. La matière minérale ou lave ainsi expulsée est quelquefois dans un état de fusion vitreuse, mais plus souvent dans un état de cristallisation plus ou moins incomplète, et sa fluidité, quoique souvent imparfaite, est occasionnée par la mobilité imprimée aux cristaux par la vapeur ou l'eau chaude des interstices. Le dégage-

ment de cette vapeur, en enlevant le calorique, accélère la consolidation de la matière, et la roche lavique qui en résulte est généralement plus poreuse et plus fine en grain que la lave plutonique
solidifiée sous une forte pression. Son caractère minéral est aussi
plus varié, probablement à cause des changements qui se sont
succédé à chaque fusion ou liquéfaction et à chaque nouvelle
cristallisation sous les diverses conditions de dépression et de température antérieurement à l'éruption.

7. Les matières expulsées, tant fragmentaires que solidifiées, s'accumulent généralement au-dessus de l'orifice du mamelon conique,
et cet orifice, d'où se sont échappées les explosions, est indiqué par
un cratère, ou creux en forme de coupe. Par l'accumulation de
ces matières, il se forme une montagne volcanique, généralement
composée de couches alternées de fragments et de laves consolidées. Ces couches sont généralement pénétrées par de nombreux
filons successivement formés par des secousses consécutives dont
l'injection contribue aussi plus ou moins à augmenter le volume ou
la hauteur de la montagne.

8. Ces éruptions extérieures de la matière interne chauffée sont
souvent accompagnées ou suivies quelquefois de l'affaissement,
quelquefois de l'élévation, de la superficie adjacente ainsi que des
masses volcaniques superposées. Et, généralement parlant, le
soulèvement plutonique de toute portion de la surface terrestre est
habituellement accompagné de la dépression de quelque autre région peu éloignée, et d'éruptions volcaniques sur quelque point
ou quelque série de points adjacents.

9. Il y a tout lieu de croire que la cause originelle de ces changements dans la croûte terrestre est l'inégale transmission de la
chaleur de bas en haut, à cause des variations dans les surfaces
par suite du dépôt des sédiments aqueux au fond ou sur les rivages de l'Océan, et de la dénudation des terrains sous-aériens; ce
qui accumule la chaleur d'une manière partielle et la fait s'accroître
dans certains endroits et diminuer dans d'autres, selon les différences de poids et de conductibilité des masses supérieures. Là où

la température s'accroît, et où, par conséquent, la matière souterraine se dilate, la superficie au-dessus se soulève avec tous les phénomènes accessoires; là où elle décroît, les surfaces sous-aqueuses ou sous-aériennes se dépriment selon le degré de contraction inférieure.

10. La source de la chaleur intérieure du globe, chaleur qui est le premier moteur de toute cette série de phénomènes, est un problème dont je ne chercherai pas la solution, au delà de ceci, savoir que je ne la crois pas causée par l'oxydation d'un noyau métallique quelconque sous l'influence de l'eau ou de l'atmosphère qui ont pu y pénétrer, hypothèse, du reste, abandonnée par Davy, son inventeur. Je ne comprends pas non plus comment cette chaleur peut être due à la génération de courants électriques au sein du globe, comme on l'a aussi suggéré. Quelques auteurs veulent absolument voir dans la situation insulaire ou maritime des volcans une preuve que leurs phénomènes sont occasionnés par l'action de l'eau pénétrant jusqu'au foyer. Deux objections capitales m'ont toujours porté à rejeter cette manière de voir : 1° qu'il manque une force motrice pour commencer la série des opérations, par la formation de fissures qui doivent donner à l'eau accès au foyer volcanique ; 2° qu'en supposant que ces fissures se soient formées de quelque mystérieuse façon (formation dont la théorie ne donne aucun soupçon), le résultat pourrait bien être une soudaine explosion, mais non des éruptions prolongées, souvent permanentes et presque tranquilles, caractères distinctifs de volcans en activité. Je pencherais plutôt vers l'hypothèse d'un noyau se refroidissant graduellement, tout en conservant encore beaucoup de l'intense température de l'époque de sa formation primitive. Mais, quant à la nature de cette chaleur, c'est là un mystère tellement impénétrable, que je me fais un scrupule d'aborder cette question.

La théorie énoncée ici sur le mode d'émanation de la chaleur centrale assigne une origine raisonnable non-seulement aux soulèvements plutoniques et à la formation des fissures et des failles, mais aussi au débordement et à l'ébullition de quelques portions de la matière minérale souterraine, que nous savons contenir de l'eau, liquéfiées et devenues effervescentes par un accroissement de température ou une réduction de pression. Elle justifie en outre les positions géographiques relatives des chaînes de soulèvement et des chaînes d'éruption. Une seule hypothèse suffit pour expliquer toute la série des phénomènes terrestres, les soulèvements et les affaissements en masse, les tremblements de terre, les éruptions volcaniques, et leurs relations mutuelles; cette hypothèse est le passage de l'efflux de chaleur (qui, comme nous le savons, s'élève continuellement de l'intérieur de la terre), d'une masse souterraine à une autre. Il a été démontré que de tels mouvements sont non-seulement probables, mais inévitables, à cause des degrés toujours variables de conductibilité calorifique de ces diverses superficies qui sont respectivement sous-aériennes et sous-marines; ces variations prennent nécessairement leur origine dans les influences changeantes des forces maritimes, météoriques et volcaniqnes.

Cette théorie me semble la seule capable, à l'exclusion de toute autre, d'expliquer les phénomènes plutoniques et volcaniques; et l'harmonie et la concordance générale de toutes ses parties est la meilleure preuve de sa justesse.

APPENDICE.

CATALOGUE ET DESCRIPTION

DES VOLCANS EN ACTIVITÉ ACTUELLE OU RÉCENTE. — EXPLICATION DES FORMATIONS VOLCANIQUES ANCIENNES.

RÉFLEXIONS PRÉLIMINAIRES.

Dans la liste que l'on va lire des volcans et des formations volcaniques connus, la méthode suivie se rapporte plutôt aux grandes lignes de la perturbation volcanique et de l'éruption à la surface du globe qu'à la configuration géographique. J'ai, jusqu'à un certain point, mis à contribution les compilations de Von Buch, de Humboldt et de Daubeny, aussi bien que mes observations personnelles, et j'ai tâché de condenser le récit des phénomènes rapportés par divers observateurs, dans différents endroits et à différentes époques, en évitant autant que possible la répétition de faits identiques ou sans importance. Et je n'ai pas cru qu'il fût conséquent avec le but que je poursuis d'insister sur les rapports, plus ou moins obscurs ou véridiques, d'événements enregistrés dès les époques les plus reculées par les poëtes ou les historiens de l'antiquité.

Le principal mérite que j'oserai attribuer à ma compilation, comparée avec celle des auteurs que je viens de nommer, est le caractère intelligible des phénomènes qui y sont décrits, prove-

nant de la simplicité et de l'uniformité générale des lois de l'action
volcanique auxquelles je rattache ces phénomènes; tandis que les
descriptions des mêmes événements ou des mêmes apparences
insérées dans ces ouvrages sont, à mon avis du moins, trop fréquemment rendues vagues et inintelligibles par suite d'allusions
continuelles à la théorie purement imaginaire du soulèvement ou
de l'élévation. Il est impossible pour un disciple de se faire une
idée distincte de l'action d'un volcan quelconque, ou de l'origine
d'une montagne volcanique, si on lui enseigne que c'est une erreur que de supposer que ces montagnes se forment par l'*accumulation de matières expulsées*, mais qu'elles sont au contraire de
simples *vessies* creuses, formées par le gonflement *d'un seul coup*
de couches autrefois horizontales (1). L'observateur voit l'accumulation s'opérer rapidement sous ses yeux, par l'expulsion de
fragments et l'écoulement de torrents de laves, couche sur couche, dans tout volcan qu'il examine. C'est un fait qu'on ne saurait
nier. Cependant on lui assure que les montagnes volcaniques ne
s'élèvent point de cette façon, mais par quelque insufflation soudaine, imaginaire, que l'on n'a jamais vue s'accomplir (2). Et il
ne lui reste aucun criterium pour distinguer les masses admises
comme produites par l'accumulation, de celles que l'on proclame
s'être gonflées « en une nuit, comme la gourde du prophète. »
Avec une méthode semblable, il est impossible d'acquérir aucune
idée claire ou définie des phénomènes de l'origine ou de la disposition des formations volcaniques. Aussi, toute description de ces
phénomènes ou de ces formations faite sous l'influence de cette
étrange théorie, doit plutôt confondre et embarrasser l'étudiant
que l'instruire.

(1) Humboldt, *Cosmos*, IV, p. 1. — Von Buch, *Canaries*. — Élie de Beaumont,
Recherches sur l'Etna, p. 133. — Daubeny, *Volcans*, 1848. — Dufrénoy, *Terrains
de Naples*, p. 360.

(2) Les deux seuls exemples cités par Humboldt, comme basés sur des témoi-
gnages visuels, sont celui de Méthone, rapporté dans les *Métamorphoses* d'Ovide (!),
et celui de Jorullo, qui, à la suite des études de M. de Saussure, se trouve ren-
trer dans la catégorie des accumulations d'éruption.

Tel a été mon principal motif en rédigeant ce catalogue, qui du moins évite ce vague et cet incertain dans la description des phénomènes et de leurs résultats, qui dans les ouvrages de ces auteurs ne peuvent provenir que de leurs vues confuses et erronées sur le caractère de l'action volcanique.

Dans le courant de cet ouvrage il a été dit qu'un parallélisme, plus ou moins défini, peut se retracer entre les principales chaînes de montagnes des deux hémisphères et les bandes linéaires d'orifices volcaniques, actifs ou éteints, insulaires ou continentaux, par lesquelles ces hémisphères sont traversés.

C'est dans le nouveau monde que ce caractère est le plus frappant, ainsi que je le démontrerai en décrivant ses formations volcaniques. L'ancien monde offre une grande irrégularité dans la direction de ses chaînes. Il est, toutefois, traversé dans sa plus grande largeur, de l'ouest à l'est, par une chaîne principale et presque continue, commençant à l'angle nord-ouest de l'Espagne « passant le long des Pyrénées, des Cévennes, des Alpes supérieu- « res, des Balkans, du Caucase, de l'Elburz, à travers l'Indu Kok ; « jusqu'au grand système des montagnes asiatiques qui enferment « le plateau du Thibet et forment la frontière de Chine (1). »

La géographie physique de l'Afrique n'est encore que peu connue ; mais il y a lieu de croire que la direction de ses principales chaînes coïncide avec celle des côtes, à l'exception de la grande plate-forme centrale équatoriale.

D'autres chaînes de moindre importance divergent sous différents angles des chaînes principales ; telles que celle qui se dirige de la Bretagne, vers le nord, le long des côtes occidentales de l'Angleterre, et se continue peut-être au delà de la mer du Nord, dans l'axe granitique scandinave ; une autre se voit dans la chaîne méridionale de l'Oural, qui divise l'Europe de l'Asie et se dirige presque à angle droit sur la chaîne asiatique centrale.

Il est certain que ces diverses chaînes de montagnes sont bordées à des distances modérées, sur l'un des côtés, ou même sur

(1) Herschel, *Géog. phys.*, p. 127.

tous les deux, par des bandes linéaires de roches de formation
volcanique sur lesquelles des éruptions se sont manifestées à une
période quelconque. Une de ces bandes, ne contenant cependant
aucun volcan actuellement en activité, traverse le nord de l'Allemagne depuis la rive occidentale du Rhin jusqu'à la Saxe et à la
Hongrie, maintenant un parallélisme général à la direction principale des Alpes et des Carpathes ; tandis qu'une autre bande parallèle, au sud de celle-là, peut se retracer tout le long de la vallée
de la Méditerranée, depuis le Portugal, à travers la Sicile, l'archipel grec et l'Asie Mineure, jusqu'à la Perse et à l'Inde septentrionale.
De ces bandes, en divergent d'autres à des angles considérables, parallèles à leur tour aux lignes transversales dont il a déjà été parlé.
Telle est, par exemple, celle qui borde les Apennins à l'ouest de
la Sicile jusqu'à leur jonction avec les Alpes.

Je me propose de commencer le catalogue des volcans connus
par cette dernière chaîne, puisqu'elle contient ceux qui ont été le
plus complétement explorés par les savants. Aussi la description
de leurs phénomènes peut-elle être mieux attestée et comporter
de plus grands détails que celle des exemples moins connus, et
par conséquent sera le meilleur mode d'introduction.au sujet qui
nous occupe.

FORMATIONS VOLCANIQUES D'EUROPE.

Italie méridionale.

Le Vésuve. — Je commence par ce volcan, le plus connu et le
plus fréquemment visité et cité de tous les volcans actifs, avantage qui lui provient de son voisinage immédiat de la voluptueuse
ville de Naples, d'où l'on peut suivre ses phénomènes d'heure en
heure.

Son élégante silhouette, s'élevant du rivage en courbe gracieuse,
augmentant graduellement de roideur vers son double sommet,
forme un trait remarquable dans le célèbre panorama qui environne

la ville de la Sirène. Le cône du Vésuve proprement dit occupe le centre géométrique de l'aire circulaire couverte par la montagne. La base, vers la mer, en est marquée par un pli léger en forme de terrasse, nommée la Pedamentina. Elle correspond, tout en la continuant exactement, à la courbe semi-circulaire de la chaîne de rochers de Somma, qui embrasse à demi le cône du côté de la terre. De ce rempart, les pentes extérieures de Somma descendent, sous la même inclinaison de tous les côtés, vers les terrains plus bas qui la séparent des Apennins. Pris ensemble, on peut dire, que Somma et le Vésuve représentent un volcan à l'état normal, possédant tous les caractères particuliers à ces sortes de formations, savoir : le cône moderne avec son cratère central, évidé de temps à autre par des explosions paroxysmales, et rempli à son tour par d'autres explosions moins violentes ; la ceinture de rochers d'un cratère plus considérable, dernier résultat d'un paroxysme beaucoup plus ancien et plus formidable ; enfin, plusieurs petits cônes parasites sur les pentes inférieures, indiquant les divers points d'explosion de scories et de laves provenant d'autant d'orifices latéraux. (Voir *fig.* 52, *p.* 197 et *fig.* 64, *p.* 232).

La première éruption historiquement enregistrée de ce volcan est celle de l'année 79 de l'ère chrétienne, éruption qui enterra sous le produit de ses évacuations Herculanum, Pompéi et Stabies. Alors se forma le grand cratère, dont le segment, appelé l'*Atrio del Cavallo*, sépare encore le cône du Vésuve propre des rochers de Somma.

Avant ce moment, il est probable que Somma seule existait, comme une simple montagne conique, dont le caractère volcanique était à peine soupçonné, si même il l'était du tout (1). Après cet épouvantable paroxysme, un intervalle de tranquillité semble avoir eu lieu, jusqu'à l'année 203, pendant le règne de Sévère, époque d'une seconde éruption décrite par Dion Cassius et Galenus. La

____

(1) La seconde édition de la *Description des volcans*, du docteur Daubeny, contient une intéressante description de l'état primitif du Vésuve, autant qu'on peut en juger d'après ce qu'en disent les auteurs grecs et latins.

troisième eut lieu en 472, et, si l'on en croit Procope, couvrit toute l'Europe de cendres, répandant la terreur jusqu'à Constantinople. Sans aucun doute, c'était là une éruption paroxysmale. D'autres éruptions sont mentionnées comme ayant eu lieu pendant les années 512, 685 et 993. Celle de 1036 vomit, tant du sommet que des flancs du cône, des torrents de lave qui atteignirent la mer. En 1138-39, l'activité se manifesta de nouveau, mais, après cette date, le volcan demeura dans un repos complet pendant près de deux siècles, c'est-à-dire jusqu'en 1306.

En 1500, il fit éruption de nouveau, mais rentra dans le repos pendant 130 ans. L'ancien cratère de Somma ou l'Atrio, contenait alors des forêts et quelques petits lacs, et le cône du Vésuve proprement dit ne s'élevait que de 350 pieds au-dessus de la Pedamentina ou terrasse qui le supporte, et qui marque le niveau de la *troncation* de la partie sud-ouest de la montagne par le paroxysme de 79. Il contenait aussi un lac profond dans son cratère.

L'éruption suivante fut celle de 1631, un paroxysme qui, en évacuant les lacs dont je viens de parler, déchaîna sur les villages au pied de la montagne des torrents d'eau aussi dévastateurs que des torrents de lave.

D'autres éruptions éclatèrent en 1660, 1681, 1694, 1697 et 1698. Depuis cette dernière époque, il s'est rarement écoulé une période de tranquillité de plus de quatre à cinq ans.

En 1737, Torre del Greco fut envahie par un torrent de lave de proportions énormes, et éprouva le même sort en 1760, lorsque des éruptions éclatèrent à la fois sur quinze points différents d'une fissure ouverte du sommet à la base de la montagne, chacun de ces points vomissant de la lave aussi bien que des scories. Les nombreuses éruptions de cette montagne, les modifications de forme qui en ont été les conséquences entre cette date et le paroxysme qui eut lieu en 1794, sont décrites avec exactitude par sir W. Hamilton, et représentées dans les illustrations de son admirable ouvrage « des Champs Phlégréens. » (V. p. 187-188.)

Après 1813, il se manifesta une activité presque continuelle, d'un caractère modéré et persistant, interrompue en 1822 par un paroxysme dont les caractères principaux ont été décrits dans le cours de cet ouvrage (p. 20-24). Le cratère large et profond creusé par cette éruption demeura en repos pendant quatre à cinq ans, tout en émettant d'abondantes vapeurs. En 1827, les éruptions recommencèrent du fond, et y formèrent un petit cône, qui augmenta graduellement jusqu'à ce qu'en 1830 il eût atteint une hauteur de 150 pieds au-dessus du bord du cratère, et dans le cours de l'année suivante, il vomit ses torrents de lave par-dessus le bord extérieur du cône.

De violentes explosions eurent lieu dans l'hiver de 1831, et le cratère fut presque ramené à sa profondeur primitive. Puis deux nouveaux cônes se formèrent dans cette cavité, et s'accrurent jusqu'à ce qu'ils eussent à leur tour, par le mélange de leurs laves et de leurs scories, rempli de nouveau le cratère, et déchargé leurs laves sur les pentes extérieures, ce qui amena la destruction du village de Mauro, près d'Ottaiano, sur le côté oriental de la montagne. En 1839, nn autre paroxysme violent se manifesta, et nettoya complétement le cône, après avoir produit deux courants de lave, coulant l'un à l'est, et l'autre à l'ouest. En 1841, de nouveaux cônes s'élevèrent au fond du nouveau cratère (*p*. 189, *fig.* 46), qui, par la continuité des éruptions plus faibles, finit par se combler tout à fait, mais fut de nouveau vidé par de violentes explosions. Depuis cette date deux nouveaux cônes s'y sont reformés et ont augmenté jusqu'à ce qu'ils aient relevé le sommet en plateforme raboteuse semblable à celle de 1821-22. Pendant les quatre ou cinq dernières années, le volcan a été en éruption assez fréquente, les coulées de lave ont généralement éclaté à quelques points sur le flanc extérieur du cône, et se sont écoulées dans l'Atrio, qui se comble rapidement par leur accumulation et celle des scories qui roulent le long des pentes du cône.

Les laves modernes du Vésuve sont de basalte leucitique; les cristaux de leucite, lorsqu'ils sont visibles, sont, comme d'habitude, dodécaèdres, quelquefois de la grosseur d'un pois ou d'une noisette, cependant d'une grosseur moindre en général, et souvent impossibles à distinguer de la base, qui est un mélange confus de leucite granulaire, de fer magnétique et de matière augitique. Les scories et les fragments scoriformes ont généralement une enveloppe semi-vitreuse, ce qui indique la fusion presque complète de leurs surfaces. Les anciennes laves dont on voit des sections dans les remparts demi-circulaires de Somma, s'élevant au-dessus de l'Atrio, sont aussi leucitiques, aussi bien que les innombrables filons qui les traversent. Ces couches leucitiques, comme on le voit généralement dans les couches qui composent un cône volcanique, s'inclinent partout vers l'extérieur, passant du bord du demi-cratère, sous un angle d'environ 25°, et sont interstratifiées de couches de scories et de cendres d'un caractère analogue. Mais les flancs extérieurs de la montagne, jusqu'à près des deux tiers de sa hauteur, sont en grande partie formés de tuf trachytique blanchâtre ou jaunâtre, composé de ponce et de lapillo, du même caractère que celui qui forme la substance des autres collines volcaniques à l'est de Naples. Et puisque la masse de fragments qui ont enterré les villes au pied du Vésuve, en 79, est aussi composée de ponce, il y a toute raison de croire que les produits les plus anciens du volcan, que ce paroxysme dispersa avec tant d'abondance, furent trachytiques, et probablement contemporains de ceux des volcans avoisinants, dont nous allons faire la description. D'énormes accumulations de ce tuf de ponce se rencontrent à des points fort élevés sur les flancs extérieurs de la montagne, surmontant les couches de leucite. Elles ont été rejetées là par les explosions de 79. On trouve un exemple remarquable des notions confuses sur la formation volcanique en général, que la malheureuse théorie des « cratères d'élévation » ne pouvait manquer de propager, dans l'opinion de M. Dufrénoy sur l'orifice de Somma. « *La montagne toute entière*, dit-il, a nécessairement été soulevée du fond de la mer, à cause de la présence du tuf de ponce sur sa surface, presque jusqu'au sommet ! » La simple explication de ce fait, savoir : que ces tufs en mantelet ne sont

que les déjections fragmentaires du grand paroxysme qui a formé
le cratère de l'Atrio, vomissant les entrailles de l'ancien volcan
trachytique, cette explication est rejetée, et la théorie de l'élévation en vessie de toutes les montagnes du fond de la mer, « *une*
« *véritable ampoule,* » est enseignée comme la seule véritable.

Dans ce tuf meuble de Somma on trouve beaucoup de fragments
non volcaniques, surtout de calcaire, rendus plus ou moins cristallins ou autrement altérés par la chaleur et les influences auxquelles ils ont été exposés, lorsqu'ils formaient les côtés de la
fissure d'éruption, à une grande profondeur sous la montagne.
Dans les cavités de ces masses ainsi métamorphosées, et rarement
ailleurs, on trouve plusieurs de ces rares minéraux dont le docteur
Daubeny donne une liste abrégée, quoiqu'elle n'en contienne pas
moins de quarante bien distincts, et qui tous, je crois, ont des
formes cristallines.

Les régions volcaniques adjacentes au Vésuve. — Quoique le Vésuve soit le seul volcan d'Italie aujourd'hui en pleine activité, il y a plusieurs autres points sur le côté occidental des
Apennins où des éruptions se sont déclarées dans des périodes
géologiques très-récentes. Dans le voisinage immédiat de Naples,
au nord-ouest, se trouve la région appelée par les Romains les
Champs Phlégréens, à cause de l'abondance de traces volcaniques
dont leur surface est couverte. Dans une aire de 20 kilomètres
sur 15, on peut voir une série de collines en tuf de ponce, qui,
dans leur courbure et dans leur forme souvent régulièrement circulaire, laissent voir la trace de vingt à trente cônes avec des cratères bien distincts. Naples elle-même se trouve bâtie au centre
d'un de ces derniers (voir *fig.* 64, p. 232). Derrière, sur le plus
haut point du groupe, le monastère des Camaldules, à 500 mètres
au-dessus de la mer, domine un autre large bassin en forme de
cratère, du nom de Pianura, au fond duquel sont des carrières
d'un greystone (téphrine) cellulaire moucheté et hautement poreux, appelé piperno, et généralement employé à Naples pour la
construction. Il est remarquable par des concrétions lenticulaires

d'une couleur plus foncée que la base, moins poreuses, mais plus cellulaires et bien plus augitiques. Ces particules ont évidemment été séparées de la même façon que le silex dans la craie; elles se trouvent allongées et aplaties dans la direction du courant.

En prolongement de cette éminence se trouve le promontoire du Pausilippe, une colline de tuf d'éruption, produite probablement par des explosions de plusieurs orifices. A l'extrémité sudouest se trouve la petite île de Nisida, qui est un cône très-régulier avec un cratère circulaire profond, ouvert du côté de la mer. Ici, comme dans plusieurs des collines environnantes, les roches rongées par la mer laissent voir la structure intérieure qui est un tuf de ponce, durci par un violent mélange avec l'eau de la mer au moment de l'éruption, et recouvert de couches de sable meuble et de fragments de même nature, tombés, sans aucun doute, dans un état plus sec, des hauteurs de l'atmosphère, lorsque l'orifice du cratère eut dépassé le niveau des flots.

Ces diverses couches sont disposées en mantelet, avec cette double inclinaison quaquaversale intérieure et extérieure que j'ai démontrée être la structure normale d'un cône volcanique produit par une seule éruption (p. 61-62).

Au N. de Nisida, en avançant à l'O. le long de la côte, s'élève la colline dominant Pouzzoles au N., et contenant le remarquable cratère de la Solfatare, qui présente encore d'incontestables indices de l'intense température de la masse de lave souterraine avec laquelle il se trouve probablement en communication par quelque fissure. Ce sont des exhalaisons de vapeurs chaudes sulfureuses (hydrogène sulfuré), qui s'élèvent continuellement d'orifices dans la petite plaine qui en forme le fond, et dans les roches de lave trachytique qui l'environnent.

Cette roche est décomposée et blanchie par la vapeur, d'où le nom de *Leucogée*, ou colline blanche, donné à l'éminence depuis l'époque la plus reculée. Parmi les produits de cette décomposition se trouvent du soufre, des sulfates de fer, de chaux, de soude, de magnésie et surtout d'alumine, de chlorhydrate d'ammoniaque et

quelquefois du sulfure d'arsenic. La matière décomposée, entraînée
par les pluies sous forme de boue blanchâtre et répandue sur le
plancher des cratères transformé en plaine, se durcit en couches
semblables à la terre de pipe, qui, probablement par la vaporisation
de l'eau qu'elle contient sous l'influence de la chaleur qui s'élève
du bas, s'est remplie de petites vésicules, et par conséquent, lorsque
l'on frappe sur ce plancher, il rend un bruit sourd (*rimbombo*),
ce qui a fait supposer à plusieurs auteurs que ce n'était qu'une
voûte au-dessus d'un vaste abîme. Il y a plusieurs années que j'ai
déjà combattu cette hypothèse dans un mémoire sur les Champs
Phlégréens (*Transactions de la Société géologique*, 2me série, vol. V),
et quoique je n'aie pu réussir à convaincre le docteur Daubeny et le
professeur Forbes, je maintiens cependant que mon explication
de la cause de ce bruit sourd est correcte. Tout terrain poreux est
sujet à une semblable réverbération, et le tuf stratifié au fond de
la Solfatara, étant extrêmement cellulaire de part en part, offre justement les conditions de structure propres à réfléchir avec le plus
d'intensité ces échos multipliés. Une éruption éclata à la Solfatara
en 1198, mais ce fut sans doute par une éruption plus ancienne que
fut expulsée la couche massive de lave trachytique qui recouvre
tout le flanc extérieur du cône sur le S.-O., depuis le bord supérieur du cratère jusqu'à la mer, dans laquelle elle s'avance en promontoire rocheux, appelé Olibano, aujourd'hui exploité pour la
construction. On peut la voir reposer en strates concordantes sur
les couches inclinées de tuf qui composent la substance de la colline; elle a donc certainement coulé à l'extérieur du cône, mais ne
s'est étendue à aucune distance, adhérant comme un contre-fort
volumineux, d'une épaisseur d'au moins 15 mètres, aux flancs de la
montagne. Le caractère minéral de cette lave toute moderne est
remarquable et explique sa fluidité si imparfaite. C'est un trachyte,
ou plutôt un greystone cendré hautement cristallin ou granitoïde,
composé de cristaux de feldspath vitreux, enclavés dans une lave
feldspathique et granulaire, et un peu d'augite. Cette lave est bien
cellulaire vers la surface, mais en général elle est dure et compacte.

Elle ressemble identiquement au greystone ou trachyte d'Ischia et
des îles Ponza que je vais décrire plus bas. La partie supérieure surplombe le cratère de la Solfatara, qui n'a donc pu exister en sa
présente forme au moment de l'émission de cette lave (autrement
il eût été comblé), mais a dû être creusé, après que l'efflux en eut
cessé, par les explosions subséquentes de la même éruption ou
d'une éruption postérieure. La coulée de lave est couverte de couches de conglomérat scoriacé meuble, et, sans aucun doute, vomi
par ce cratère. Un autre courant massif semblable a coulé, soit à
la même époque, soit peut-être à une époque antérieure, du même
orifice, vers le N.-E., en descendant presque aussi bas que la ville
de Pouzzoles. Sir V. Hamilton donne une vue très-fidèle de ce courant dans son grand ouvrage.

Immédiatement derrière, et joignant la Solfatara, se trouve la
chasse réservée royale d'Astroni, un cratère circulaire parfait,
dont les remparts intérieurs sont si abrupts qu'ils forment une
barrière naturelle pour enclore le gibier sauvage, tel que san-
gliers, chevreuils, etc., qui y abonde; la seule entrée est une brèche artificiellement pratiquée. Ici encore, les couches constitutives
de la colline ont, comme on peut le voir, l'inclinaison quaquaversale qui caractérise le cône d'éruption. Du fond du cratère s'élèvent une ou deux petites éminences de trachyte, sans doute provenant d'une lave qui a fait saillie à l'état semi-solide vers la fin de
l'éruption qui a formé ce cratère. Ce mamelon central de trachyte
est souvent cité par les partisans du soulèvement (Astroni étant
un de leurs types favoris), comme ayant *évidemment* soulevé, au
moment de sa formation, les rampes de tuf qui l'entourent. Mais,
à dire vrai, il n'y a aucune preuve de ce fait, sinon l'existence de
cette masse de lave au fond du cratère, ce qui est tout à fait en
conformité avec les lois normales de l'action volcanique (voir
p. 134). L'inclinaison des couches formant le cône, dans toutes
les directions, est exactement la même que dans les cônes de tuf
adjacents, savoir : de 15 à 35°; mais elles présentent les mêmes
irrégularités dans leurs caractères que celles que l'on voit en pa-

reil cas, par suite d'accidents de forme, de grandeur, de disposition, etc., qui affectent nécessairement les évacuations fragmentaires.

A la suite du cône d'Astroni, est celui du Monte-Barbaro, le *Gaurus inanis* de Juvénal, terminé par un cratère en forme de coupe bien définie, et entouré d'abrupts talus de tuf.

Plus loin, et sur les bords du lac Averne, s'élève le Monte-Nuovo, cône de tuf de 130 mètres, avec un cratère de 110 mètres de profondeur. Cette colline entière fut formée en deux jours, au mois de septembre 1538, par des explosions aériformes provenant de la vallée ou plaine basse au pied du Barbaro, laquelle sépare l'Averne du rivage, et à peine au-dessus du niveau de la mer. Il nous est parvenu plusieurs récits contemporains des phénomènes visibles de cette éruption. Tous s'accordent à déclarer que cet endroit était bas et uni, à vrai dire, le fond d'une vallée, d'où éclatèrent de violentes explosions, vomissant des pierres et des cendres en telle abondance qu'elles formèrent la montagne actuelle dans l'espace de quarante-huit heures. Mais comme l'un des témoins, Francisco del Nero, cite la terre comme « s'étant gonflée » jusqu'à former une colline, les théoriciens du soulèvement se sont emparés du passage, comme étayant visiblement leur doctrine, quoique le même écrivain, dans la même phrase, ajoute : « La « montagne *vomit* longtemps de la terre et des pierres qui tom- « bèrent tout autour du golfe jusqu'à ce qu'elles eussent formé « une colline de vastes dimensions, et même couvrirent le sol et « les arbres de cendres sur une étendue de 70 milles (110 kilo- « mètres)! » C'est donc clairement une éruption de matières fragmentaires qui produisit le cône, et l'expression précédente, de : « La terre se gonfla en colline, » s'accorde parfaitement avec cette description, car l'auteur a seulement voulu dire qu'une colline de terre s'était accumulée là au moment qu'il indique, savoir : à midi, le premier jour de l'éruption. Mais on trouve un récit plus correct dans un volume du Musée britannique, donné par sir William Hamilton, et imprimé à Naples, l'année même de l'éruption. Dans cet ouvrage, Marc-Antoine Falconi, témoin oculaire, parle en ces termes : « Les pierres et les cendres étaient expulsées, avec un « bruit semblable à des décharges de grosse artillerie, en quanti- « tés qui semblaient devoir couvrir tout le globe, et en quatre « jours, leur chute avait formé une montagne *dans la vallée entre* « *le Monte-Barbaro et le lac Averne,* d'au moins trois milles de cir- « conférence, et presque aussi élevée que le Barbaro lui-même; « et c'est une chose incroyable, pour ceux qui ne l'ont pas vue, « que la formation d'une montagne dans un temps aussi court. » Une autre narration, dans le même volume, par Jacobeo de To- lède, décrivant le même phénomène, ajoute : « Quelques-unes des « pierres étaient plus grosses qu'un bœuf; les plus grosses furent « lancées en l'air à une portée d'arquebuse au-dessus de l'ouver- « ture, puis retombèrent, les unes sur le bord, les autres dans « l'intérieur du cratère. La bouc rejetée, formée de cendres mê- « lées d'eau, *était d'abord fort liquide, puis moins,* et si abondante, « qu'avec les pierres précédemment mentionnées, une montagne « de mille pas fut élevée le troisième jour. Je montai au som- « met, et regardai au fond, dans lequel les pierres qui y étaient « tombées bouillaient comme l'eau d'un grand chaudron sur le « feu (1). »

La composition et la structure de la colline correspondent avec l'origine qu'on leur attribue ici; le noyau, comme dans toutes les autres collines environnantes dont la date n'est pas connue, en est de tuf plus ou moins compacte, et composé sans aucun doute de la boue durcie dont l'auteur précité a vu l'éruption, et de couches symétriques de ponce et de scories détachées, ou tuf arénacé, par- dessus. Le noyau solide, d'après M. Dufrénoy, a été soulevé en masse, non pas à l'état semi-liquide, mais à l'état *solide,* et lors- qu'il lui fut objecté que les murailles et les colonnes du temple d'Apollon, qui s'élève à côté de la base, étaient demeurées parfai- tement verticales et les corniches parfaitement horizontales, il trancha la difficulté par l'étrange supposition que le noyau entier

(1) Voir mon Mémoire, *Cônes et cratères,* trad. en 1860, p. 26-27.

de la colline, les trois quarts de sa masse, existait avant l'éruption
de 1538, et ne fut, en cette occurrence, que légèrement aspergé
par les couches de ponce; et cela, en dépit du témoignage una-
nime de tous les observateurs contemporains qui attestent sa formation sur ce qui était auparavant une plaine basse, en fait, le
rivage de la mer, par des éruptions de pierres, de scories, de cendres et de boue, dans les trois derniers jours de septembre de
cette année-là.

Qu'une légère élévation dans le niveau général du rivage de la
baie de Pouzzoles ait accompagné la formation du Monte Nuovo,
c'est probable; et même, outre la mention qui en est faite par les
auteurs en question, le fait est visible dans une plage élevée, appelée *la Starza*, au pied d'une falaise ancienne qui longe la mer, depuis le nouveau cône jusqu'à la ville de Pouzzoles (voyez la gravure).

Fig. 70. — Le Monte-Nuovo, vu de Pouzzoles.

Quelques mouvements oscillatoires du même rivage dans le sens
vertical ont dû évidemment avoir lieu plus tard, à en juger par
certains indices dans les colonnes et le pavé du temple de Sérapis,
dont on peut voir les détails dans les *Principes* de sir Ch. Lyell.
Mais je ferai observer qu'une semblable élévation ou dépression
de quelques kilomètres de côtes (faits assez fréquents dans les
districts volcaniques), ne confirment en aucune façon le soulèvement subit d'un cône volcanique, abrupt et élevé, terminé par un
cratère central.

Les scories du Monte-Nuovo sont vitreuses, mais plus sombres
et plus lourdes que la ponce ordinaire. Les fragments de lave expul-

sée se rapprochent du phonolithe, étant lamellés et quelquefois veinés de pechstein. Cette éruption ne produisit *aucune coulée* de lave.

Au pied du Monte-Nuovo et du Monte-Barbaro se trouvent les bassins presque circulaires de l'Averne et du lac Aganno, tous deux entourés de collines de tuf d'une hauteur modérée, dont les couches, comme d'habitude, s'inclinent à partir de ces cavités, dont chacune était, sans aucun doute, un cratère de vastes dimensions. De plusieurs fissures au pied de ces collines se dégagent des vapeurs sulfureuses extrêmement chaudes, et l'une d'elles, la Grotte du Chien, émet des volumes considérables d'acide carbonique. Ces exhalaisons méphitiques expliquent les propriétés délétères attribuées dans l'antiquité à l'air du lac Averne. La chaîne de collines de tuf se continue au S.-O. derrière Baïa, aussi loin que le cap de Misène, cône de tuf portant des traces distinctes d'un petit cratère et l'inclinaison caractéristique double (interne et externe) des couches qui le composent (voir *fig.* 9, p. 62). Le Monte di Procida et la colline de Cumes forment des portions d'autres cônes d'éruption qui ont été considérablement rongés par l'action de la mer. Le premier repose sur un trachyte très-noir et scoriacé, que l'on voit dans la falaise, et, sans aucun doute, indiquant le point de l'un des orifices d'éruption, les flots ayant détruit le reste du cône. L'île de Procida, aujourd'hui séparée de cette éminence par un bras de mer d'environ 2 milles, y était probablement réunie. Elle est précisément de la même composition, savoir, du tuf, alternant avec des couches de lave trachytique scoriacée, et la courbe de quelques-unes de ses criques indique plus d'une cavité cratériforme, dont l'érosion a fait presque disparaître le caractère.

Ischia. — A une courte distance, dans la même direction du S.-O., l'île d'Ischia, plus considérable, s'élève avec toute la dignité d'une véritable montagne volcanique. Le point culminant de cette île, appelé le mont Epomeo, s'élève à 800 mètres au-dessus de la mer. Il est pointu et abrupt, composé principalement, comme la plus grande partie de l'île, d'un tuf trachytique, de couleur verdâtre, à cause de la présence de la matière augitique, et paraît avoir été consolidé par la chaleur en passant à l'état de trachyte terreux. Dans les temps modernes des éruptions ont eu lieu sur plusieurs points au bas de ses flancs. Son histoire prouve que les anciens habitants ont été plus d'une fois détruits ou chassés par les tremblements de terre ou les éruptions auxquels l'île était sujette. Dix ou douze cônes d'un ordre inférieur ont été le produit de ces dernières éruptions. L'un d'eux, le Monte-Rotaro, fut élevé en 1302, et donna naissance à un volumineux courant de trachyte hautement porphyritique qui se jette dans la mer. Les autres roches laviques récentes sont de greystone feldspathique ; dans quelques cas, elles sont rubanées et lamellées d'une façon singulière ; dans d'autres, elles présentent la contexture en écailles du phonolithe, et dans d'autres, enfin, comme sur le Monte-Vico, près de Foria, elles se composent entièrement de cristaux compactes de feldspath vitreux. Quelques parties de ces courants ont l'aspect de la brèche, différentes variétés de la roche semblant avoir été brisées et cimentées de nouveau par de la lave nouvelle, à mesure que le ruisseau coulait. Plusieurs sources chaudes sulfureuses jaillissent dans l'île, ce qui confirme la supposition que l'activité interne continue encore. A la vérité, cependant, tous les orifices d'éruption de cette région peuvent être considérés comme appartenant au même foyer souterrain, et même, jusqu'à un certain point, comme se soulageant mutuellement. L'éruption d'Ischia de 1302 se manifesta à une époque où le Vésuve avait été inactif durant près de deux siècles, et, d'un autre côté, depuis que le Vésuve est en éruption fréquente, Ischia et les champs Phlégréens sont restés en repos, avec la seule exception de l'éruption du Monte-Nuovo, en 1538, qui eut lieu aussi pendant un intervalle de repos du Vésuve qui dura un siècle et demi.

Les roches trachytiques anciennes d'Ischia reposent sur des couches d'argile et de marne, contenant plusieurs coquillages existant encore dans la Méditerranée, probablement de l'époque post-pliocène. D'où il est clair que la montagne a subi une grande élévation en masse depuis le dépôt de ces couches. On dit même qu'il s'en trouve à des hauteurs de 600 mètres au-dessus de la mer. Toute la côte orientale de cette partie de l'Italie, d'après divers indices, a considérablement gagné en élévation depuis le commencement de l'activité volcanique. Toute la petite plaine de la campagne Felice, et le fond des vallées qui s'étendent jusqu'au pied occidental des Apennins, consiste en tuf de ponce stratifié, formé sans contredit des déjections des orifices volcaniques des Champs Phlégréens, éparpillées sur le bord de la mer, à une époque où elle recouvrait tout le pays, mais aujourd'hui retirée de quelques centaines de pieds. Des sections naturelles de cette formation peuvent se voir à Sorrente, à plus de 60 mètres de hauteur et sur plusieurs autres points de la côte.

A l'ouest d'Ischia, plusieurs autres petites îles volcaniques s'élèvent du fond de la Méditerranée. Les deux plus rapprochées, *Ventotiene* et *San Stefano*, sont évidemment les restes d'une île plus grande, préservée de l'action érosive des flots qui en ont détruit la plus grande partie, par la résistance opposée par les couches massives de greystone qui en forment le substratum. Cette roche s'élève à l'extrémité orientale de Ventotiene comme une falaise surplombante de plus de 60 mètres de haut, et se trouve couverte dans toute la longueur de l'île par un conglomérat stratifié de cendre et de fragments de lave, d'une épaisseur moyenne de 50 mètres. La surface est recouverte d'une croûte de grès calcaire concrétionnaire, dont le carbonate est clairement le produit de la décomposition d'innombrables coquillages terrestres, entraînés par la pluie dans les couches arénacées. C'est là une formation semblable à celles que M. Darwin décrit comme fréquentes dans presque toutes les îles volcaniques des mers tropicales. Elles le sont presque autant dans les îles de la Méditerranée (voir la *fig.* 61, p. 209).

A une distance d'environ 30 kilomètres plus à l'ouest, se trouve le groupe remarquable des îles *Ponza*. Elles aussi ont subi une énorme dégradation, depuis leur formation. Le rocher le plus

élevé de l'île principale, *Ponza*, est une masse de lave de
greystone, extrêmement cristallisée et porphyritique, et de tous
points semblable à celle de Ventotiene aussi bien qu'à celle d'O-
libano, près de Pouzzoles. Elle forme une couche d'environ
60 mètres d'épaisseur, recouvrant d'une façon irrégulière à son
extrémité méridionale une formation volcanique plus ancienne qui
compose la masse de cette île et des deux voisines, *Palmarola* et
Zannone. Toutes ces îles peuvent être considérées comme faisant
partie d'un seul ancien volcan sous-marin. Les roches de ce système ancien ont l'apparence de dykes de trachyte plus ou moins
verticaux et extrêmement irréguliers, injectés à travers des masses
de ponce vitreuse. La roche principale est d'un trachyte blanc
jaunâtre, quelquefois rose ou brun, semblable à la dômite, mais
généralement plus dur, et divisé en petits prismes irréguliers d'un
diamètre d'un pouce à un pied. Elle contient des cristaux de feldspath vitreux, des plaques de mica et de fer titanifère, et est remarquable pour sa contexture généralement rayée ou rubanée à travers toute la masse. Les différentes couches semblent devoir
leurs diverses teintes à une proportion plus ou moins grande de
minéraux colorants, les bandes les plus blanches étant entièrement
feldspathiques ou siliceuses, et les plus sombres, contenant de l'augite ou du mica. Plusieurs parties de cette roche sont suffisamment
siliceuses pour présenter la fracture conchoïde et le tranchant de
la pierre à fusil. Dans cet état, la couleur blanche générale est ta-
chée de points brillants d'écarlate, d'orange, de bleu et de brun.
D'autres sont caverneuses comme la pierre meulière ou trachyte
siliceux meulier de Hongrie, et sont pénétrées de veines de quartz,
et les cavités sont revêtues de cristaux de quartz, quelquefois d'a-
méthystine. Le conglomérat blanc de ponce vitreuse, dans lequel ce
trachyte prismatique a été injecté, est, *sans exception*, altéré le long
des plans de contact à une profondeur de plusieurs mètres. La
portion la plus rapprochée est complétement vitrifiée et transformée en une obsidienne verte contenant plusieurs cristaux blancs
de feldspath. Le conglomérat blanc non altéré se dégrade progres-

sivement dans cette couleur, à travers un pechstein jaunâtre d'une consistance de cire, enveloppant des nodules de la variété verte et vitreuse. L'obsidienne est quelquefois d'une structure globulaire concrétionnaire et lamellaire, quelquefois aussi elle passe à l'état de perlite, par la formation de sphérulites très-menues dans toute sa substance. Sur quelques points on voit clairement la transition de la perlite au trachyte rubané ; les sphérulites se trouvent étirées par le mouvement de la matière à l'état semi-fluide, en plans dont le caractère minéral variable donne une contexture lamellée et un aspect rubané à la roche. Les lames sont généralement courbées, pliées et chiffonnées d'une manière très-remarquable, de façon à donner à la structure de la roche une ressemblance avec celle des roches d'ardoises, des gneiss et des schistes les plus déformés (voir p. 139).

Zannone, la dernière île du groupe des Ponza, du côté de l'Italie, est entièrement formée de trachyte hautement siliceux, à l'exception de son extrémité orientale, laquelle se trouve être un calcaire dur stratifié, semblable à celui de *Circello*, juste en face (*jurassique*), et devient cristallin et dolomitique à mesure que l'on se rapproche du trachyte. Ce dernier paraît avoir pénétré à travers le calcaire qu'il a ainsi métamorphosé (voir, pour plus de détails, mon mémoire sur les îles Ponza, *Transactions géologiques*, vol. II, 1827).

Le Mont Vultur. — Sur le flanc oriental de la chaîne des Apennins, à mi-chemin entre les deux mers, et presque à l'E. de Naples, s'élève ce volcan isolé, d'une configuration imposante, régulièrement conique ; sa hauteur est de 1,250 mètres au-dessus de la mer et sa base a 32 kilomètres de tour. A vrai dire, il est plus considérable que le Vésuve lui-même. Il a été visité et décrit par Brocchi, Abich et le docteur Daubeny. Sur son flanc septentrional se déploie un vaste cratère circulaire, entouré d'un amphithéâtre de rochers dont le point culminant s'élève à plus de 1,000 pieds au-dessus de deux petits lacs qui en occupent le fond. Il se manifeste des émanations d'acide carbonique sur leurs bords. La masse

de la montagne semble consister en tuf de ponce compacte à divers
degrés, enveloppant des couches de lave composée de cristaux et
de granules de leucite ou d'augite, et, selon Brocchi, de pseudo-
néphéline, de mélilite, et, ce qui est plus rare encore, d'haüyne en
cristaux bleus ou verts. Il n'existe point de documents sur quelque
éruption de ce volcan, et il n'y a aucune trace qui en indique une
depuis les temps historiques. M. Daubeny fait remarquer qu'il s'é-
lève sur le prolongement d'une ligne tirée d'Ischia au Vésuve. Et
puisqu'à un point intermédiaire, sur la même ligne, on rencontre
l'étang d'Amsanctus, autrefois célèbre pour ses exhalaisons méphitiques d'acide carbonique et sulfhydrique, il est probable que,
le long de cette ligne, à travers le substratum rocheux de la Péninsule, il existe ou il a existé quelque profonde fissure transversale à la direction générale de l'axe des Apennins. Il est à
présumer que les éruptions du Vultur furent sous-aériennes.

Rocca-Monfina. — Revenons à la pente occidentale. Près de la
ville de Sessa, sur le chemin de Naples à Rome, se trouve un
autre volcan isolé et éteint. Il n'y a aucun récit bien authentique
concernant son activité, quoique plusieurs de ses produits aient
une apparence toute moderne qui fait supposer quelque éruption
récente. Il consiste en une chaîne de collines presque circulaire,
s'inclinant en montant, à partir de la base, sous l'angle ordinaire
d'un talus graduel, jusqu'à une hauteur de 600 mètres, où la pente
se termine par un escarpement circulaire mais abrupt. Cet escarpement entoure, sauf à un point à l'E. où se trouve une dépression,
un vaste bassin, évidemment un grand cratère, formé par un paroxysme qui avait emporté le sommet de ce qui a dû être une montagne beaucoup plus haute. Le diamètre de ce cratère est de
4 kilomètres et la circonférence de 12. Au centre s'élève une éminence conique, nommée Monte della Croce (Montagne de la Croix),
à une hauteur de 960 mètres au-dessus de la mer, c'est-à-dire bien
au-dessus du bord du cratère. La roche qui la compose est un
trachyte approchant du greystone, d'un grain fin et compacte, mais
d'une contexture peu serrée et contenant un mélange confus de

granules feldspathiques, vitrifiés après fusion, d'augite verte et de mica brun en tablettes hexagonales (1). La chaîne circulaire de collines consiste presque entièrement en couches de tuf leucitique, composé principalement de scories, de sable, de lapillo et de blocs détachés de lave leucitique ; les leucites sont souvent de grande dimension, grosses comme des noix, contenant des cristaux d'augite et une base feldspathique. Quelques couches continues de cette roche de lave reposent sur le tuf ou s'en trouvent entremêlées. Il se trouve un second cratère tout près de celui vers le N., appelé la Conque, de plus d'un kilomètre et demi de diamètre, et un troisième un peu moindre à 4 kilomètres plus loin. Il y a aussi plusieurs cônes d'éruption plus petits, qui ont donné naissance à des ruisseaux de lave feldspathique d'un aspect tout moderne, le long des flancs extérieurs de la montagne. Les partisans de la théorie du soulèvement prennent Rocca Monfina comme le type qni doit justifier leur hypothèse. Ils considèrent que la protrusion du mamelon central de trachyte a causé le soulèvement en forme de saillies annulaires des couches environnantes de tuf. Il faut dire, cependant, qu'aucune bonne raison ne peut être présentée à l'appui de cette opinion. Il n'y a rien qui puisse empêcher la supposition, tout à fait en harmonie avec les lois normales de l'action volcanique, qu'après la formation du grand cratère par un violent paroxysme, une masse de lave trachytique en état de liquidité très-imparfaite ait été émise par cet orifice central et se soit empilée dans la forme conique du Mont de la Croix. Toutes les laves de greystone de ce district volcanique, dans Ponza, Ventotiene, San Stefano, le Mont Olibano, etc., démontrent très-bien combien leur fluidité était imparfaite au moment de leur émission. Qu'un volcan qui a précédemment émis des laves leucitiques, change le caractère minéral de ses produits et émette des laves trachytiques, cela n'a rien d'extraordinaire. Le changement, dans tous les cas, ne justifie en aucune façon la théorie du soulèvement des tufs plus anciens. De plus, Abich décrit les laves produites en dernier lieu par ce volcan,

(1) Daubeny, *Volcans*, p. 180.

sur la limite de la rangée circulaire, comme étant trachytiques et semblables au rocher central de Croce. Il est fort à regretter que les observations de ce dernier auteur, accompagnées de si admirables dessins de ce groupe, se trouvent perdre de la valeur qu'elles auraient, du reste, par son adhésion à la fâcheuse doctrine du soulèvement. Rocca Monfina est située à peu de distance des collines du Latium, dont je vais parler immédiatement. Mais auparavant, je veux continuer vers le sud, par les îles Lipari et l'Etna.

Les îles Lipari. — Le groupe de sept îles, appelées îles Lipari, du nom de la plus considérable, lesquelles s'étendent entre Naples et la Sicile, avec plusieurs rochers isolés, qui s'élèvent au-dessus de l'eau, le tout d'un caractère volcanique, peut être considéré comme appartenant à un même système, et même, comme offrant les différents orifices d'un seul et même volcan sous-marin.

Deux au moins de ces îles peuvent être considérées comme en état d'activité, savoir : Stromboli, dont il a déjà été parlé dans un chapitre précédent, comme d'un de ces rares exemples d'un orifice volcanique en éruption permanente, car sa constante activité est attestée par des écrivains antérieurs à l'ère chrétienne, aussi bien que par de nombreuses autorités postérieures; et Volcano, qui a souvent été en éruption depuis cette époque, et se trouve aujourd'hui à l'état de solfatare.

Stromboli est un cône très-régulier. Un fait remarquable, dans ce curieux volcan, est que la colonne de lave dans sa cheminée, comme on peut le voir par les constantes explosions qui s'en dégagent à des intervalles de cinq à quinze minutes, accompagnées de fragments et de scories de lave, demeure invariablement à la même hauteur, de niveau avec le bord de l'orifice au fond du cratère, et par conséquent à environ 600 mètres au-dessus du niveau de la mer. Il faut en conclure qu'il existe un équilibre presque parfait entre la force d'expansion de la lave intumescente au dedans et au fond de l'orifice, et les forces répressives, consistant dans le poids de cette puissante colonne de matières en fusion, ajouté à celui de la colonne atmosphérique. Par conséquent, une très-faible addition ou soustraction dans le poids de cette dernière, telle que, par exemple, une différence de pression, doit, si minime qu'elle soit, déranger cet équilibre. Il ne faut donc pas s'étonner que les habitants de cette île, presque tous des pêcheurs, qui poursuivent leur dangereux commerce jour et nuit, en vue de leur volcan, déclarent qu'il leur sert de baromètre, en les avertissant, par une activité croissante, de la diminution de la pression atmosphérique, ce qui équivaut à une baisse du mercure, et, par sa torpeur, leur indiquant le contraire. C'est la tension de la vapeur ou de l'eau chaude disséminée dans la lave en dessous de l'orifice qui cause l'éruption, et le point d'ébullition de chaque bulle ou de chaque goutte doit sensiblement varier selon les variations barométriques. Déjà, du temps de Pline, cette observation était faite par les navigateurs de la Méditerranée. « Par la fumée de ce « volcan, » dit-il, « les indigènes peuvent prédire les vents trois « jours à l'avance, ce qui fait supposer que les vents obéissent à « Éole. »

Les habitants m'ont assuré que, pendant la mauvaise saison, les éruptions sont quelquefois fort violentes, et que le flanc de la montagne, immédiatement au-dessous du cratère, est parfois déchiré par une fissure, qui vomit de la lave dans la mer, mais ne tarde pas à se sceller de nouveau, puisque la lave remonte bientôt au sommet, et s'y met à bouillir comme auparavant. Le capitaine Smyth ne put trouver le fond de la mer au pied de cet abrupt talus, ce qui explique comment les constantes éruptions qui continuent depuis deux mille ans n'ont pu encore combler cet abîme. Les scories de Stromboli sont hautement augitiques; quelques-unes des pentes extérieures du cône sont couvertes de cristaux parfaits d'augite, souvent cruciformes, et de fer titanifère. Les laves modernes sont augitiques, mais la côte méridionale de l'île est formée de roches trachytiques d'un grain grossier. Le tuf stratifié qui la compose, pour la plus grande partie, ressemble à celui d'Ischia, quoique par endroits il soit plus augitique et ferrugineux.

Au sud de Stromboli se trouve un groupe de petits îlots et de petits rochers, dont la disposition peut faire supposer que ce sont

Fig. 71. — Vue de Stromboli.

les vestiges d'une seule île volcanique, probablement en partie détruite par des paroxysmes, et en partie rongée par les flots. *Panaria,* la plus considérable, *Basiluzzo* et les autres consistent toutes en un trachyte granitoïde, dur et cristallin, quelquefois colonnaire, et composé de feldspath vitreux, de mica et de beaucoup de quartz. Une grande quantité de cette roche présente une structure lamellaire, et même schisteuse, ce qui provient sans contredit, comme les trachytes en ruban de Ponza, de l'étirement des matières de composition minérale différente, en plans distincts, pendant qu'elles sont encore molles.

Lipari vient ensuite; c'est une île considérable, consistant en trois ou quatre montagnes, produites par autant d'orifices d'éruption. Elles se composent en partie de tuf de ponce, mais surtout de couches alternées de ponce et d'obsidienne, tant en fragments qu'en nappes ou coulées continues de lave vitreuse. Dans leurs parties vésiculaires ou fibreuses, les vésicules et les fibres sont uniformément allongées dans la direction du courant. Sur le Monte-Guardia, ces couches forment une masse de plusieurs centaines de pieds d'épaisseur. Elles ont coulé du sommet en nappes successives qui se sont consolidées, à la manière des laves ordinaires, sur les pentes de la montagne, sous un angle de 20 à 30°. Les couches inférieures sont moins vitreuses que les couches supérieures. Cette lave vitreuse, dans quelques endroits, passe à l'état de trachyte compacte et pierreux, semblable au pétrosilex, et, dans d'autres, à l'état de perlite. Dans les deux cas, elle est lamellée, et se divise facilement en masses tabulaires, comme le font la ponce et l'obsidienne. Une autre montagne de Lipari, le Campo-Bianco, possède un cratère parfait à son sommet, et le cône est lui-même entouré du rempart d'un cratère plus ancien. Tous les rochers sont de ponce ou de lave vitreuse, en blocs détachés ou en courants continus. Le Campo-Bianco fournit la ponce fibreuse au commerce de toute l'Europe, et peut continuer à le faire pendant des milliers d'années. Ces énormes accumulations de laves si hautement vitreuses, composant des montagnes entières, sont bien dignes de l'attention des géologues qui supposent que toutes les laves cristallines et rocheuses ont été expulsées dans un état complet de fusion vitreuse, et doivent leur caractère lithoïde à un lent refroidissement.

Il ne saurait y avoir de raison de supposer que ces courants d'obsidienne et de ponce se sont refroidis plus promptement que les laves augitiques du volcan voisin de Salina, ou le trachyte hautement cristallin de Basiluzzo et de Panaria, ou la lave de greystone de l'Etna, ou enfin les laves leucitiques du Vésuve. Comment donc les premières ont-elles conservé une contexture vitreuse dans toute leur masse, et les dernières sont-elles partout pierreuses et cristallines, si toutes deux elles ont été émises dans de semblables conditions de fusion moléculaire? La seule explication possible de la différence visible dans ces deux classes de roches paraît être celle-ci, que les dernières laves n'étaient pas complétement fondues au moment de leur émission, mais consistaient en un magma granulé, dont les cristaux imparfaits étaient lubrifiés par une base plus liquide et par l'interposition d'une vapeur fort

chaude, de façon à composer une pâte granulée d'une température rouge. (Voir pages 115-123.)

Quelques-unes des roches de Lipari, vers l'est, sont siliceuses,
blanches de couleur, et cellulaires, avec des cristaux de quartz.
Elles ressemblent au porphyre meulier de Hongrie et au trachyte
siliceux de Ponza, dont il vient d'être parlé.

— Il y a plusieurs sources chaudes dans l'île, traversées par des
émanations d'acide sulfurique. Une source très-abondante d'eau,
presque bouillante, jaillit du flanc d'une colline, à 100 mètres au-
dessus de sa base. L'escarpement d'où elle s'échappe se compose
de couches nombreuses, *parfaitement horizontales et parallèles,* de
cendres volcaniques incohérentes, alternant régulièrement avec
d'autres couches solides, lithoïdes et siliceuses. Les premières
ont une épaisseur de deux à trois pieds, les secondes de quatre à
cinq pouces. Toutes deux contiennent des restes végétaux, tels
que feuilles, brins d'arbres, etc. Les couches de pierres sont grises,
veinées de rouge, et ressemblant à l'agate et au jaspe. Elles se fendent en petits prismes, et la surface en est poreuse et cellulaire.
Ces cellules ont fort embarrassé M. Faujas de Saint-Fond, qui supposa que ces bulles d'air ne pouvaient indiquer qu'une fusion
ignée; cependant, comment concilier cette idée avec la présence
des feuilles ou le peu d'épaisseur des couches? La vérité est que
cette formation ressemble fort à celle qui se continue aujourd'hui
même sur la surface de la plaine, dans le cratère de la Solfatare de
Pouzzoles. La terre alumineuse, entraînée par les pluies, des trachytes et des tufs décomposés qui forment les flancs de ce cratère,
s'amasse dans des puits peu profonds, entourés de levées, puis se
sépare lentement de l'eau qui la tient en suspension, par couches
horizontales, les plus grossières en dessous et les plus fines au-
dessus. De ces couches, la plus élevée, composée du dépôt le plus
fin, forme, avant de sécher, une boue ou argile blanche. A mesure
que le soleil la sèche graduellement, elle se durcit en croûte aussi
fine et aussi compacte que le biscuit de la plus pure porcelaine, et
douée d'un lustre vitreux plus ou moins clair. Cette croûte même

est si compacte que l'humidité des couches inférieures ne peut pas se dégager au travers en vapeur, et par conséquent se forme au-dessous de la croûte en bulles d'air globulaires. Pendant sa dessiccation, la masse se contracte souvent et se fend en prismes colonnaires grossiers. Dans les couches de Lipari, il paraît que le dépôt a été plus *fin* et plus *siliceux* qu'à Pouzzoles; par conséquent, la croûte supérieure a été plus vitreuse et plus jaspiforme, étant colorée par l'oxyde de fer, tandis que le dépôt de la Solfatara est de l'alumine presque pure. Dans les rochers de Lipari, les couches intermédiaires de cendres sont probablement tombées de l'atmosphère dans cet état (expulsées par les cratères voisins), durant les intervalles des averses qui ont entraîné et déposé les couches siliceuses durcies.

Les plantes dont on retrouve les restes dans le tuf sont dicotylédones et monocotylédones, et attestent que les éruptions qui les ont enterrées étaient sous-aériennes. Et, à vrai dire, les sources chaudes, confirmant quelques vagues allusions contenues dans les vieux auteurs, semblent indiquer que des éruptions ont pu parfois se manifester dans cette île depuis la période historique.

Volcano. — C'est certainement ce qui a eu lieu dans le cratère principal de l'île voisine de *Volcano*, dans l'intérieur duquel se dégagent d'abondantes émanations d'acide sulfureux (Daubeny, p. 258). Ces émanations, par la décomposition de la roche environnante, donnent lieu à des dépôts d'acide boracique et de sel ammoniac, dont le commerce fait d'amples récoltes. Les dykes de trachyte (clinkstone), écaillé et compacte, traversent tout un côté du cratère. Il s'y déclara une éruption en 1775, et une autre en 1786. C'est lors de cette dernière que s'est formé le cratère actuel, sans aucun doute, puisque l'on dit que la montagne vomit des scories et des cendres pendant quinze jours sans interruption. En 1775, un courant de lave vitreuse s'écoula du sommet du cône; à cette époque, il est clair qu'il n'existait pas encore de cratère. Le cône qui contient le cratère actuel est presque entièrement entouré par les remparts abrupts d'un autre cratère extérieur, ou cône

creux, beaucoup plus considérable ; et sur le côté opposé, tout ébréché, s'en trouve un troisième plus petit, ayant à son sommet une
dépression cratériforme encore fumante, appelé *Volcanello*. (Voir
fig. 50 et 51.) Ces trois montagnes consistent en couches de trachyte terreux, de ponce, d'obsidienne et de leurs conglomérats,
semblables à ceux de Lipari, et disposés suivant une inclinaison
quaquaversale à partir du bord de leurs cratères respectifs.

Au N.-O. de Lipari, s'élève de la mer jusqu'à une hauteur de
1,100 mètres, une montagne volcanique fort régulière, appelée
Salina. Elle a un cratère, et se compose de couches de pépérino ou
tuf augitique et de lave, contenant beaucoup de ce minéral. Toutes
ces couches s'inclinent, comme d'habitude, vers l'extérieur, à
partir du bord circulaire du cratère.

Felicuda et *Alicuda*, sont deux autres îles volcaniques. La première dégage par ses crevasses des vapeurs sulfureuses. Toutes
deux ont des cratères à leurs sommets. Quelques-unes des laves
ressemblent au phonolithe, quelques-unes sont des trachytes à
grain grossier et régulièrement colonnaire. Dans les falaises, on
compte jusqu'à douze couches de lave alternant avec des couches
de conglomérat.

Ustica, autre île sur le prolongement de cette même ligne est et
ouest, située à 60 kilomètres au N.-O. de Palerme, contient trois
grands cratères ébréchés et se compose d'un tuf brun ou pépérino,
alternant avec d'épaisses couches de greystone, rempli de feldspath et d'augite, avec un peu d'olivine, toujours s'inclinant du
sommet vers la mer. On y rencontre aussi de la ponce, aussi bien
que la matière calcaire qui cimente le conglomérat volcanique. La
présence de coquillages marins atteste la récente émersion de
cette île au-dessus de la mer.

J'ai visité les îles Lipari en 1820, et je fus très-frappé de leurs
remarquables caractères, qui donnent une plus vive notion de l'action volcanique, surtout dans la production des laves feldspathiques vitreuses, que n'en donnent peut-être d'autres régions
également accessibles. Je les recommande fortement à l'étude de

ces géologues qui désirent se former par eux-mêmes une opinion sur les phénomènes volcaniques.

La Sicile et l'Etna. — L'angle méridional de la Sicile, formant la province de Val di Noto, est en partie composé de couches calcaires, de l'époque pliocène moderne, interstratifiées de couches de tuf volcanique et de basalte. Il paraît donc que ce district a été le siége d'une action ignée éruptive, lorsque probablement toute la surface de l'île actuelle était encore sous les eaux de la Méditerranée.

L'Etna lui-même est fondé sur de semblables couches d'origine maritime (marnes et argiles de l'époque du Crag de Norwich, d'après Lyell) (1). On peut les voir dans les falaises hautes de 200 mètres qui longent sa base orientale, mêlées aux produits basaltiques ou autres. Ces couches atteignent même, à quelques kilomètres à l'intérieur sur le flanc oriental de la montagne, une hauteur de plus de 400 mètres au-dessus du niveau de la mer, pour être recouvertes ensuite de couches de lave. Il est donc certain que depuis une période comparativement moderne, la région formant la base de la montagne a dû être graduellement soulevée par une élévation verticale au moins égale, tandis que la masse supérieure s'accumulait graduellement par voie d'éruption en plein air et se disposa comme on la voit aujourd'hui. Il y a toute raison de croire que le cône tout entier, du moins depuis ce niveau jusqu'au sommet central, aujourd'hui à 3,300 mètres au-dessus de la mer, est entièrement composé de couches alternées de lave et de conglomérats. Cette structure interne se remarque plus ou moins dans tous les ravins qui sillonnent ses pentes, mais surtout dans une large et profonde vallée ouverte dans son flanc oriental jusqu'à la mer, le célèbre Val del Bove. Ces couches, partout où l'on peut les observer, présentent l'inclinaison quaquaversale habituelle depuis les hauteurs centrales jusqu'à la plaine environnante, sauf dans la partie supérieure du Val, où elles s'inclinent *vers* l'axe central actuel de la montagne, ou plutôt s'étendent en mantelet autour d'un

1 *Trans. phil.*, 1858, « sur l'Etna. »

point dans le bassin supérieur appelé Trifoglietto, ce qui fait justement supposer à Sir Charles Lyell que ce bassin a jadis été le site
du principal orifice d'éruption, plus tard abandonné pour le centre
actuel sur le cône le plus élevé, le Mongibello. Les preuves mises
en avant par Sir Charles Lyell sont péremptoires, car il n'y a rien
de plus en harmonie avec les lois ordinaires de l'action volcanique
que ces changements dans les axes d'éruption (voir p. 227). La
question de l'origine du Val del Bove pourrait bien être elle-même
plus sujette à controverse; du moins, c'en est une sur laquelle
Sir Charles Lyell exprime des doutes quant au rôle joué par l'affaissement ou l'explosion dans sa formation. A mes yeux, je dois
l'avouer, le Val del Bove a toujours paru provenir d'une grande
fissure, transformée en cratère par quelque paroxysme, qui a fait
sauter jusqu'au cœur de la montagne, et élargie par l'action de débâcles aqueuses, provenant de la fonte soudaine des neiges sur les
hauteurs supérieures sous l'influence de la chaleur émanant des
laves expulsées et des averses de scories rougies retombant à la surface. On rapporte, en effet, qu'un pareil torrent roula dans cette
vallée au mois de mars 1755, *le volcan étant alors tout couvert de
neige*. D'après Recupero, il avait une vitesse de 2$^{kil.}$,4 à la minute
sur un espace de 20 kilomètres, vitesse qui devait lui donner une
force énorme de destruction et d'entraînement. Aussi, son lit, de
3 kilomètres de large, est-il encore très-visiblement couvert à une
profondeur de 10 à 12 mètres, de sable et de fragments de rochers.
Que de semblables débâcles ont auparavant, pendant plusieurs
siècles, suivi le même cours, se voit parfaitement, par l'accumulation d'une vaste formation alluviale à l'entrée de la vallée du côté de
la mer, près de Giarre; ce banc d'alluvion a plus de 50 mètres de
profondeur, mesure 46 kilomètres sur 5 et semble une plage soulevée à 140 mètres au-dessus de la mer. Sir Charles termine son
raisonnement par la conclusion suivante : « Je n'hésite pas à attribuer l'alluvion de Giarre à l'excavation du Val del Bove, » par de
semblables torrents (voir aussi p. 211-212).

Avant l'époque du paroxysme qui ouvrit cet énorme cratère (ou *chaudière*, comme l'appelle Sir Charles), le sommet du volcan situé dans son enceinte, probablement dans l'axe de Trifoglietto, s'élevait, sans aucun doute, beaucoup plus haut que le sommet actuel, peut-être même à plusieurs milliers de pieds. Il a dû en être de même du dernier cône, le Mongibello, avant qu'il fût tronqué par la formation d'un grand cratère elliptique, large de 800 mètres, d'après Sartorius de Waltershausen, et dont on voit encore le rebord supérieur entourant le Piano del Lago, espèce de plate-forme, qui sert de support au cône supérieur, moderne et encore actif. Cette plate-forme n'est pas tout à fait plate, mais plutôt bombée ; elle s'est formée, sans aucun doute, par le remplissage du vaste cratère, dont les remparts sont indiqués par le bord de cette plate-forme, sous l'influence d'éruptions subséquentes de la même manière que fut formé le sommet du Vésuve avant les explosions de 1822 (voir p. 187-190).

Le cône actuel de l'Etna s'élève à environ 400 mètres au-dessus du Piano del Lago. Il contient un cratère qui a considérablement varié de grandeur et de forme, depuis le commencement du siècle. Durant cette période, il a souvent été en éruption et d'abondantes laves en ont coulé, par une large brèche au N., surtout en 1803 et en 1838. Mais en général, les éruptions de lave de l'Etna se manifestent à des ouvertures latérales, et plus de deux cents petits cônes de scories, indiquant ces ouvertures, se voient sur les flancs

Fig. 72. — Silhouette de l'Etna, vu de Catane.

et la base de la montagne. La plupart sont ébréchés et ont évidemment vomi de la lave. Plusieurs aussi sont plus qu'à demi enterrés

par des coulées de lave de points plus élevés ou par l'accumulation de scories et de cendres. Quelques-unes de ces bouches
latérales se sont ouvertes dans le Val del Bove. C'est ce qui arriva
lors de la dernière grande éruption du 21 août 1852, dont Sir
Charles Lyell donne d'intéressants détails. Il paraît que des nuages
de scories furent rejetés d'abord du cratère central, et le jour suivant il se déclara plusieurs ouvertures, on va même jusqu'à dire
dix-sept, sur la ligne d'une fissure ouverte depuis le sommet
jusqu'à la base du grand précipice qui forme l'entrée du Val. Les
deux ouvertures les plus basses donnèrent naissance à deux cônes
volumineux, dont l'un avait environ 500 pieds de hauteur. De ce
cône partit un grand courant de lave, parcourant le premier jour
environ 4 kilomètres, puis moins les jours suivants, pour s'arrêter
le huitième, après avoir couvert un espace d'environ 10 kilomètres de longueur sur une largeur moyenne de 3. La lave éclata de
nouveau en octobre, puis en novembre, se précipitant chaque fois
par-dessus une roche élevée, et faisant dans sa chute entendre un
bruit « de substances métalliques et de verres qui se brisent. »
L'éruption dura en tout neuf mois. La profondeur des laves varia
de 3 à 5 mètres, mais là où plusieurs s'accumulèrent les unes sur
les autres, la masse atteignit 50 mètres. Il y avait sympathie évi-
dente entre l'orifice central de Mongibello, et ces orifices latéraux, car ses explosions augmentaient d'intensité avec les éruptions latérales. La surface de la coulée de lave était marquée par de
grandes crêtes longitudinales, séparées par des ornières parallèles,
et des masses scorifiées surmontaient ces crêtes, en s'élevant de
70 à 80 pieds au-dessus du fond de ces dépressions voisines. Ces
énormes sillons paraissaient formés de couches concentriques de
lave, comme si elles avaient été repliées et chiffonnées, encore
molles, par une compression latérale, ce qui est peut-être arrivé
en effet. Ou bien encore, quelques-unes ont pu être les sommets
d'autant de canaux arqués, par lesquels la lave s'écoule si souvent,
et que des accroissements de volume tendent à fendre, en élevant
leurs fragments en masses rudes et scoriacées vers la crête de cha-

cun d'eux. La nappe de lave qui était retombée en cascade dans un précipice de 130 mètres, formait une couche continue de roche d'une épaisseur de 2 à 3 pieds, avec une croûte scoriforme extérieure, un peu plus épaisse, le tout incliné à un angle de 35 à 50 degrés, ce qui démontre, même à défaut d'autres preuves, l'erreur de la doctrine de MM. Élie de Beaumont et Dufrénoy, sur l'impossibilité de la solidification de la lave sous des angles dépassant trois degrés, ou six au maximum.

Les pentes roides qui entourent la partie extérieure du Val del Bove, ont été de même recouvertes d'une croûte de lave plus ancienne provenant du voisinage du cône le plus élevé, comme on peut le voir dans la figure ci-jointe, prise dans Waltershausen.

Fig. 73. — Vue du cône tronqué de l'Etna (Mongibello) recouvert de laves, prise du Val del Bove.

L'Etna semble avoir été en activité fréquente pendant les quatre siècles qui ont précédé l'ère chrétienne; mais il est demeuré comparativement tranquille pendant les dix siècles suivants. Depuis cette époque, pendant plus de huit siècles, il a traversé une phase de paroxysmes intermittents, ou de violentes éruptions se succédant à de courts intervalles. L'admirable carte de cette montagne, par Waltershausen, représente les principaux cônes de scories qui ont été formés durant cette longue période sur les flancs de la montagne, ainsi que les laves qui s'en sont écoulées, rayonnant dans toutes les directions, depuis les hauteurs centrales jusqu'à la mer ou les plaines aux alentours. Par la seule inspection de la carte, et surtout de la montagne elle-même, il est évident que, si dans le cours de huit siècles seulement, il s'est ajouté une si énorme masse de matières à la surface primitive, la multiplicité de semblables éruptions durant des périodes indéfinies, par exemple depuis le commencement de l'époque post-pliocène jusqu'à nos jours, a dû nécessairement accumuler une masse proportionnellement plus considérable, probablement égale au volume de la montagne tout entière. Il y a donc lieu de s'étonner qu'aucun géologue ait pu se croire obligé d'inventer l'hypothèse d'un soulèvement de toute cette masse, ou de la plus grande partie, « comme une vessie » en un seul jour, comme seul mode de sa formation.

Il est vrai de dire que, jusqu'à un certain point, la masse totale de la montagne a dû s'accroître par le gonflement intérieur, provenant de l'injection, dans les fissures ouvertes dans sa charpente, de la lave qui s'élève dans la cheminée, au moment des diverses éruptions. La somme de cet accroissement intérieur pourra se mesurer par la somme des dykes plus ou moins verticaux qui intersecteront les couches horizontales ou inclinées. Mais quoique ces dykes soient certainement plus nombreux vers les parties centrales de la montagne, leur somme réunie ne peut, au plus, être estimée à plus d'un sixième de la somme des couches qu'ils traversent; couches qui sont les produits accumulés d'éruptions extérieures. Et, même dans ces proportions restreintes, on ne saurait s'en étayer pour soutenir la théorie du soulèvement, car cette théorie suppose l'existence d'une voûte creuse sous la croûte du volcan, et en attribue le soulèvement, non pas à des soubresauts successifs accompagnant ses innombrables éruptions, mais à un seul effort expansif de gaz souterrains. Mais il n'est point nécessaire d'insister plus longtemps sur cette théorie surannée et insoutenable. (Voir p. 169.)

Les laves produites par l'Etna ont généralement ce caractère minéral, intermédiaire entre le trachyte et le basalte, que j'ai appelé le greystone. On ne trouve ni ponce ni obsidienne sur aucun point de la montagne, ce qui est très-remarquable, vu la proximité des iles Lipari, qui abondent en laves vitreuses et feldspathiques. Le professeur Gustav Rose s'est assuré que les laves de l'Etna consistent en un mélange intime de l'espèce de feldspath, appelée labradorite, et d'augite. Il existe une uniformité très-générale dans le caractère de ces laves de toutes les époques; les plus récentes, toutefois, sont plus ferrugineuses que les anciennes; aussi les scories sont-elles lourdes et dures. Il n'y a point non plus une aussi grande variété dans les fragments non volcaniques qu'il y en a sur le Vésuve. Il y a bien quelques fragments granitiques, mais ils sont rares.

Il ne semble exister aucune correspondance d'époque dans les éruptions de l'Etna et du Vésuve, ou des volcans intermédiaires, du moins autant que les documents historiques permettent d'en juger.

Pantellaria. — L'île de ce nom, de 55 kilomètres de tour, située à environ 100 kilomètres de la côte S. O. de la Sicile, et à peu près à mi-route du point le plus rapproché de la côte d'Afrique, est entièrement composée de roches volcaniques. Quelques-unes d'entre elles paraissent, d'après Hoffmann, être hautement feldspathiques, et ressemblent à celles de Lipari par leur abondance en ponce et en obsidienne, accumulées, comme dans cette dernière île, en courants, et contenant souvent de grands cristaux fendillés de feldspath. On y trouve aussi plusieurs laves ferrugineuses, semblables à celles de l'Etna, de sorte que, dans cet exemple, on trouve combinées les deux variétés de produits volcaniques particuliers à chacune des deux localités. Il semble exister des traces d'un vaste cratère circulaire de *vingt* kilomètres de diamètre (!), dont les remparts sont composés de couches de trachyte et de conglomérat de ponce, s'inclinant vers la mer. Quoiqu'il n'existe aucun document sur les éruptions de ce volcan, il a dû être en éruption à une époque peu reculée, puisqu'il s'en dégage encore des vapeurs et des sources chaudes sur divers points.

Ile Graham ou Julie. — Dans l'intervalle entre Pantellaria et le point le plus rapproché de la Sicile, à distance à peu près égale, l'éruption sous-marine qui eut lieu en 1831 produisit la petite île qui fut nommée *île Graham,* par le capitaine Smyth, et *île Julie* par les Français. Il en a déjà été question dans cet ouvrage. (Voir p. 26 et 237.) Elle disparut très-peu de temps après, sous l'action destructive des flots; elle reparaîtra probablement lors de quelque nouvelle éruption, et finira peut-être par devenir une île permanente.

Linosa et Lampedusa. — Deux autres îles entièrement volcaniques, d'environ 8 kilomètres de diamètre, s'élèvent de la Méditerranée, au S. O. de la Sicile, presque à moitié chemin entre Malte et Pantellaria, mais un peu au S. de la ligne directe. La première, d'après le capitaine Smyth, serait entourée d'eau sans fond. Elle a quatre cratères distincts. Le plus haut pic s'élève à 250 mètres au-dessus de la mer.

D'après ce qu'on voit, il est à remarquer que l'île triangulaire de la Sicile est presque entièrement entourée de sites ou de lignes d'éruption volcanique. La ligne d'Ustica et de Lipari est presque parallèle à la côte nord; l'Etna et les roches volcaniques du Val-del-Noto bordent ou forment sa côte orientale, tandis que les trois îles précédentes font face à la côte sud. Je cite ceci comme un des exemples de la loi générale du parallélisme des chaînes volcaniques avec les côtes adjacentes, loi indiquée dans le cours de cet ouvrage. (Voir p. 276.)

Afrique du Nord. — L'île de Pantellaria est située à environ 80 kilomètres de la côte de Tunis, vers le cap Bon, et se trouvant sur le prolongement des derniers sites d'éruption, paraît être le lien entre la Sicile et l'Afrique, surtout comme l'on sait que l'espace intermédiaire n'a que très-peu de profondeur, comparativement à la moyenne de la Méditerranée, ce qui justifierait l'espoir de trouver des traces d'action volcanique sur quelque point de la côte d'Afrique, dans cette direction. Cependant, je ne connais aucun document authentique à ce sujet. Plus au sud, immédiatement derrière Tripoli, on parle de collines basaltiques. Plus loin,

dans l'intérieur, sur la route de Tripoli au Fezzan, de grandes
portions de l'Atlas, appelées le Djebel Soudan et le Haroutch
noir, seraient, d'après Ritchie et Hornemann, entièrement basaltiques. Elles semblent dater de l'époque tertiaire, étant mélangées
de couches calcaires de cette période, de façon à former un pendant assez exact aux trapps du Vicentin, puisqu'il s'y trouve du
poisson pétrifié en aussi grande abondance qu'au Monte Bolca.
On suppose que cette rangée représente le *Mons Ater* de Pline. Et
comme Solinus parle des sommets neigeux de l'Atlas étincelant
de flammes nocturnes, il est permis de croire que quelques-unes de
ces montagnes ont pu être en éruption depuis la période historique.

Sardaigne. — Il paraît, d'après la complète et savante description de la géologie de cette île par le général della Marmora (*Voy.
en Sardaigne*, Turin, 1857), qu'elle présente sur plusieurs points,
éparpillés sur une grande étendue de sa surface, des indices d'é-
ruptions volcaniques, répétées depuis une époque ancienne jusqu'à celle qui a immédiatement précédé l'apparition de l'homme.
Les roches qui font la base de l'île sont de l'époque du gneiss et de
l'époque diluvienne, pénétrées et soulevées par le granit, le porphyre, le greenstone ou diorite et des portions de stéatite. L'axe
de soulèvement court nord et sud, et forme le prolongement, probablement contemporain, de celui de la Corse. Lors du soulèvement de cet axe central, sur une fissure parallèle à l'ouest, se ma-
nifestèrent plusieurs éruptions qui produisirent des groupes de
collines composées de porphyre et de tuf trachytique, avec de
nombreuses couches de ponce. On voit le trachyte s'élever à travers le granit et les autres roches qui forment la base, mais le
plus souvent il repose en coulées sur son propre tuf. Son éruption
fut postérieure au dépôt des couches nummulitiques (de la période
éocène) qui paraissent à cette époque s'être violemment repliées
en sillons parallèles. On voit aussi des indices de fractures et de
dislocation à la même époque, dans une direction est et ouest, à
angles droits avec l'axe principal, et c'est généralement à l'intersection de ces systèmes transversaux de fissures qu'ont éclaté les

éruptions. Quelques-uns des tufs trachytiques contiennent des coquillages d'eau douce de l'époque miocène et des restes végétaux. Une période éruptive postérieure produisit d'autres trachytes contenant de la hornblende, passant au phonolithe. Ceux-ci se trouvent mêlés avec les couches subapennines marines (époque pliocène), et ces deux catégories de roches se voient alternativement percées de dykes de basalte associés avec une émission postérieure et copieuse de laves basaltiques, couvrant de vastes surfaces et des plateaux qui surmontent des collines de calcaire subapennin et des roches anciennes. Ces plateaux ont subi une grande dénudation et une grande dislocation depuis leur écoulement sous forme de lave. Une seule région de ce caractère occupe une surface de 50 milles géographiques de circonférence, consistant, par le fait, en une grande montagne volcanique, le Monte-Ferru, s'élevant à 1,000 mètres au-dessus de la mer. Les éminences centrales formant des pics séparés, entourent ce qui a pu jadis être un grand cratère, comblé par des éruptions subséquentes à sa formation et les résultats de la dégradation atmosphérique. De ces pics, des courants de basalte descendent de tous côtés, prenant leur origine dans des monticules scoriformes, qui indiquent la source de la lave, quoique les scories les plus légères et les plus mobiles aient disparu. Ces courants basaltiques s'étendent à une grande distance, en pente graduelle, et sont coupés par des ravins rongés par l'eau, aidée peut-être par des tremblements de terre, en plateaux isolés, recouvrant des collines d'une élévation considérable au-dessus des vallées environnantes. Les ravins plus profonds qui sillonnent le flanc de la montagne laissent voir un noyau trachytique. Nous avons donc ici, comme dans la Somma, le Mont-Dore et le Cantal, ainsi qu'en plusieurs autres exemples analogues, une montagne volcanique dont les premières éruptions ont été feldspathiques, et les dernières augitiques. L'analogie des roches volcaniques de Sardaigne des différentes périodes avec celles de la France cenrale est vraiment remarquable. Le porphyre trachytique serait, d'après le général della Marmora, semblable à la dômite. Il diffère cependant en un point du trachyte d'Auvergne, étant plus souvent d'une contexture vitreuse, et contenant des bandes d'obsidienne et de perlite, rubanées et en brèche, correspondant en ceci à quelques-uns des trachytes de Ponza, de Lipari, de Pantellaria et de la Hongrie. Les laves modernes du Monte-Ferru contiennent de l'olivine. Quelques-unes sont plutôt du greystone que du basalte, d'autres sont amygdaloïdes et parfois colonnaires.

Une autre montagne volcanique, le Monte-Arci, de la même époque à peu près, mais de dimensions moins considérables, présente exactement les mêmes caractères, savoir : un noyau central de roches trachytiques, chargé de courants basaltiques s'inclinant uniformément des bords d'un cratère culminant, à demi entouré de rochers à pic, donnant naissance à une grande vallée ou baranco, rappelant le Val del Bove de l'Etna. Il semble même exister des traces d'un cratère encore plus grand dans l'enceinte de la baie voisine d'Oristano, qui est presque entièrement entourée de plates-formes basaltiques s'inclinant à l'extérieur.

D'autres orifices d'éruption semblables, de la même période, tels que le Monte di Bari, etc., se rencontrent sur d'autres points de l'île ; leur plus ou moins d'antiquité se trouvant indiqué par le plus ou moins d'érosion par les eaux que les laves ont pu subir, et la conservation plus ou moins parfaite de leurs cônes de scories ou de leurs cratères.

D'après le général della Marmora, la période de ces éruptions augitiques fut suivie (ou plutôt accompagnée) du dépôt d'une formation marine considérable de sable et de grès de l'époque post-pliocène (*grès quaternaire; panchina* de Livourne, de Gênes, etc.) contenant des cailloux roulés de basalte. Cette formation, toutefois, n'atteignit jamais aucune élévation d'importance au-dessus de la mer, et il est probable que les orifices d'éruption en question furent sous-aériens. A une époque plus récente, il se déclara des éruptions sur plusieurs points dans une région particulière au centre de l'île, entre Cagliari et Sassari, où il s'élève une rangée de vingt à trente cônes de cendre d'un aspect tout à fait moderne, ayant chacun leur coulée de lave, tous sur une ligne nord et sud. On rencontre, dans la pouzzolane et les cendres environnantes, du fer spéculaire et de gros cristaux isolés d'augite; la lave contient aussi les mêmes cristaux, avec de gros rognons d'olivine, et est colonnaire dans quelques parties. Les scories se décomposent en une terre rouge. Ces éruptions ont éclaté tant à travers les trachytes et les basaltes anciens qu'à travers les marnes tertiaires. Malgré leur aspect tout moderne, et l'occupation par les laves des niveaux les plus bas de la surface existante, il semblerait que ces éruptions sous-aériennes ont précédé la venue de l'homme dans cette île, puisque des vestiges fort anciens des habitants supposés les plus primitifs se trouvent construits avec et sur ces laves. A l'appui de ceci, on peut encore ajouter que le général della Marmora décrit une couche très-récente de coquilles maritimes, appartenant aux espèces qui habitent actuellement les eaux adjacentes : cette couche s'élève graduellement du niveau de la mer jusqu'à une hauteur extrême de 100 mètres ; au milieu de ces coquillages de l'espèce *Ostrea*, *Patella*, *Mytilus*, etc., le général trouva un morceau de *poterie* très-ancienne, ainsi que quelques autres objets fabriqués. Il paraîtrait donc que certaines régions du moins ont subi un soulèvement considérable durant la période humaine, peut-être en même temps que les dernières éruptions volcaniques citées plus haut et probablement en même temps que l'élévation de la côte occidentale d'Italie qui lui fait face.

Corse. — La direction nord et sud des lignes principales d'action volcaniques à travers la Sardaigne peuvent être regardées comme se prolongeant à travers la Corse, dans laquelle les roches d'éruption trappéennes ont également traversé les couches tertiaires vers la partie centrale. La même ligne méridienne prolongée encore plus au nord, rencontre le groupe de serpentine et de trapp qui borde la côte occidentale de Gênes, près de Savone.

Mais je laisse cette ligne présumée de développement volcanique pour retourner à la ligne qui lui est presque parallèle sur la côte occidentale de l'Italie, au nord du groupe napolitain.

Italie centrale et septentrionale.

Collines d'Albano. — Sur la route de Naples à Rome et à peu de distance au N. de la montagne volcanique de Rocca Monfina déjà décrite (page 331), se trouve un groupe de collines volcaniques, contenant plusieurs lacs et bassins circulaires, qui ont évidemment été des cratères. Le plus considérable d'entre eux, celui d'Ariccia, a 12 kilomètres et demi de circonférence, celui d'Albano, 10. Les lacs de Nemi, de Juturna, de Gabies et de Cornufelle, près de Frascati, sont des cratères semblables. On peut les considérer tous, ainsi que les cônes de scories dans leur voisinage, comme les orifices latéraux d'un volcan principal, dont le sommet actuellement existant est le Mont Albano, qui s'élève à environ 1,000 mètres au-dessus de la mer.

Dans ces hauteurs centrales se trouve un cône très-régulier avec un cratère, le Camp d'Annibal ou Monte Cavo, ébréché du côté de Rome, vers laquelle se sont écoulés deux courants abondants et bien accentués de lave leucitique. Un de ces courants se termine par un mamelon massif près du tombeau de Cecilia Metella, sur la voie Appienne, et l'autre, près d'Ardée. Le cône supérieur du Monte Cavo est presque entièrement entouré par les remparts d'un cratère beaucoup plus considérable et plus ancien, de 16 kilomètres de diamètre. Ces remparts consistent, partie en scories détachées, partie en pépérino ou tuf basaltique compacte, qui, du reste, compose la plus grande partie des pentes des collines volcaniques de cette région. Les éléments en sont assez adhérents entre eux pour en faire une excellente pierre à bâtir. Cette propriété provient, sans contredit, comme dans le tuf de Naples, du violent mélange de la matière avec l'eau, au moment de leur expulsion en fragments des cratères-lacs, tels que le lac d'Albano ou les marais qui ont dû couvrir une surface considérable de cette région par un dépôt abondant de travertin calcaire, rempli de coquillages terrestres, entremêlés de lapillo et de cendres volcaniques.

Il y a quelque lieu de croire que le mont Albano a été en éruption depuis l'époque historique. Les laves sont de greystone, composé de leucite et d'augite; les cristaux, ceux de leucite surtout, sont souvent fort volumineux. A l'œil, quelques parties paraissent homogènes, compactes et conchoïdes, lorsqu'on les brise. Une variété remarquable de cette lave, appelée *Sperone*, se trouve près du sommet de l'Albano, et dans une grande partie de la rangée voisine de collines autour de Tusculum, tant en dykes qu'en couches alternées avec le conglomérat scoriacé qui compose la masse de la montagne. Elle ressemble quelquefois à de la cire, quelquefois elle est légère, grossière, poreuse et rude de contexture, comme le sont quelques trachytes. Dans d'autres parties, elle présente une structure globulaire concrétionnaire, paraissant consister en nodules séparés par divers interstices, et quelquefois disposés en couches comme s'ils étaient stratifiés, ce qui est probablement le résultat d'un aplatissement ou d'un étirement de la matière durant la concrétion. Cette lave passe au greystone leucitique plus ordinaire. A Rocca di Papa, on y trouve de petits grenats. Le *Sperone* est largement exploité près de Tusculum, comme pierre de choix, et ne diffère guère du piperno exploité dans le même but près de Naples. Les couches de pépérino ont une inclinaison générale, à partir des collines, dans la direction de la campagne, et sont souvent séparées par les couches de lapillo et de sable volcanique. Ces matières ont évidemment coulé sous forme de boue le long des flancs du volcan, puisque l'on trouve sous leurs couches des matières végétales et des surfaces entières de gazon, dont l'herbe est déprimée dans le sens de la descente (Ponzi, *Hist. nat. du Latium*, Rome, 1859).

Sir Roderic Murchison, dans un intéressant Mémoire sur les roches volcaniques anciennes de l'Italie (*Proc. of the Geol. soc.*, 1850, p. 298), émet cette opinion, que tout le pépérino du district est d'origine sous-marine, et, si j'ai bien compris, que sa *compacité* est due à la pression d'une mer profonde au-dessus. Il y a là évidemment une erreur. Les éruptions sous-aériennes de boue des

23

volcans de l'Amérique du Sud, de Java et de bien d'autres localités, donnent une roche aussi dure, aussi solide et aussi massive que le pépérino. Le tuf qui recouvre Herculanum, que nous savons être d'origine sous-aérienne, est aussi compacte. J'ai moi-même vu des couches de tuf, très-haut sur les flancs du Vésuve, formées, en 1822, de la cendre balayée par les pluies ; ce tuf était si dur et si résistant qu'il fallait un violent coup de marteau pour le briser. Ce n'est ni à la pression, ni au dépôt sous l'eau qu'est dû cet état compacte particulier des tufs trachytiques solides ou des pépérinos augitiques, mais bien à leur mélange violent *avec* l'eau, que le dépôt final ait eu lieu sous le niveau d'eau ou en plein air. Les tufs arénacés ou les conglomérats de scories, d'autre part, n'ont si peu de cohésion que parce qu'ils sont tombés après avoir été expulsés des volcans sur les points qu'ils occupent maintenant, ou ont été disséminés sur les surfaces qu'ils occupent par des courants peu rapides. Ces deux sortes de résidus, toutefois, s'entremêlent ou s'alternent, ainsi qu'il serait arrivé dans la supposition que la différence de leur caractère ne proviendrait que des circonstances diverses de leur dépôt (voir p. 242). Les couches de pépérino qui descendent du bord du cratère du lac Albano furent certainement sous-aériennes, car elles alternent avec des couches de lapillo meuble et des restes végétaux.

Les fameuses sept collines de Rome elles-mêmes sont en partie volcaniques et du même caractère mixte. Le tuf cependant en est généralement plus feldspathique, et contient une moindre proportion d'augite et de mica que le pépérino. Il est aussi plus friable et d'une couleur plus sombre, et comme les couches fossilifères de l'époque subapennine ou ancienne pliocène.

Au nord de Rome se trouvent de nombreux indices d'action volcanique sur une grande échelle, qui se manifesta sans doute à une époque où les terrains bas à l'ouest des Apennins ne s'élevèrent que partiellement au-dessus du niveau de la mer. Le grand lac circulaire de Bracciano, d'un pourtour de 36 kilomètres, est entouré de sable volcanique et de lapillo, de ponce, d'augite en fragments, de leucite et de fer titanifère, et doit certainement être considéré comme un cratère. Deux autres bassins d'un caractère analogue le joignent du côté de Baccano, et des couches de lave leucitique recouvrent quelques-unes des collines aux environs. A la Tolfa, à l'O. de ce lac, on rencontre des roches trachytiques pénétrées par des vapeurs sulfureuses qui les décomposent en aluminite.

Les Monts Cimini. — Auprès de Ronciglione, une éminence appelée le Monte Rossi, possède à son sommet un cratère très-caractérisé, aujourd'hui un lac, d'où s'est écoulé un torrent de lave basaltique noire en suivant le cours de la vallée contiguë. La ville de Ronciglione elle-même est bâtie sur un tuf stratifié, formant le rebord le plus méridional et le plus bas d'une haute chaîne de collines circulaires, nommée les Monts Cimini, qui enferment un autre grand cratère-lac, du milieu duquel s'élève un petit cône secondaire. Le tout forme, par le fait, une montagne volcanique considérable et très-régulière dont les pentes extérieures et les couches qui le composent de toutes parts, sont inclinées avec uniformité, depuis le rebord supérieur du grand cratère jusqu'à la plaine, de chaque côté excepté au nord, où s'élèvent de la masse principale deux mamelons considérables de trachyte, appelés le Mont de Viterbe et le Mont Soriano. Les laves de ce volcan sont principalement trachytiques et sont accompagnées de leurs propres tufs.

Bolsena. — A quelque distance plus au nord, le lac ovale de Bolsena est entouré de collines basses, composées d'un conglomérat stratifié de scories et de lapillo, alternant avec des couches de basalte. Sur l'une de ces collines, formant le rebord nord de ce lac, se trouve la ville d'Acquapendente. Ici, le basalte, qui est leucitique, repose sur le tuf, et semble avoir coulé le long de la colline, vers la rivière Paglia. A Civita-Castelletto et à Borghetto sont d'autres couches de lave leucitique très-cellulaire, dont les vésicules et les cristaux sont allongés dans le sens du courant, ce qui prouve que les derniers étaient en voie de formation avant que la lave eût cessé de couler, et furent brisés et étirés par le mouvement. Le lac de Bolsena est si considérable, ayant 20 kilomètres de diamètre, que ce n'est qu'avec hésitation que je le classe parmi les cratères d'éruption, en forme de coupe aplatie, dont les pentes occidentales des Apennins nous ont déjà donné plusieurs exemples sur une petite échelle.

A quelques milles plus loin, la ville de Radicofani (autre relai sur la grande route de Florence à Rome) s'élève sur une couche massive de lave, à 750 mètres au-dessus de la mer. La roche est de greystone sombre, ou basalte, contenant des cristaux de quartz. Ce basalte est colonnaire, lourd, dense et cristallin dans la partie inférieure, mais scoriacé dans la partie supérieure; et même, il est si extrêmement cellulaire, qu'il peut se couper à la hache comme un rayon de miel, les séparations des cellules étant très-minces et très-cassantes, et toute la masse assez légère pour flotter sur l'eau comme la ponce. L'éruption de Radicofani éclata sur le flanc d'une éminence voisine plus élevée, le *Monte Amiata,* dont elle termine un des embranchements. Il m'a semblé que les laves leucitiques et les tufs d'Acquapendente ont été autrefois réunis aux hauteurs de Radicofani. Quoique aujourd'hui elles en soient séparées par la dénudation, l'intervalle est parsemé de blocs basaltiques.

Les laves du Monte Amiata lui-même sont trachytiques. C'est un volcan trachytique important, d'une date fort ancienne, mais rongé par l'érosion aqueuse depuis la production de ces laves. La portion supérieure de cette montagne est couverte d'épaisses forêts, mais une rangée de roches à pic, l'entourant presque en entier, marque le niveau auquel s'arrêtent les courants de trachytes, les argiles et les marnes subapennines apparaissent au-dessous. Cette rangée de roches passe juste au-dessus des villages de Pian-Castagnaio et de Santa-Fiora.

Le Monte Amiata est le point le plus septentrional volcanique à l'ouest des Apennins. Cependant il se trouve plusieurs sources chaudes sur le prolongement de la même ligne, tant à Saint-Philippe, en Toscane, que dans la lagune de Volterra, qui peuvent provenir de la même fissure principale N. N. E. et S. S. O., qui a donné naissance aux divers orifices cités plus haut. Et, à vrai dire, la grande formation de travertin ou de tuf calcaire, qui recouvre une immense superficie de la Toscane occidentale dans les Maremmes, peut être considérée comme provenant de la même source volcanique, comme aussi, sans aucun doute, les dépôts semblables dans la campagne de Rome.

Pour ce qui est de l'âge des produits volcaniques au N. de Rome, on ne peut douter qu'ils ne soient plus modernes que les dernières argiles subapennines de la période Pliocène. Quelques-uns des tufs, qui paraissent avoir été distribués sous l'eau, peuvent encore avoir été formés, comme les travertins contemporains avec lesquels ils se trouvent souvent associés, dans des lacs d'eau douce ou des marais, ou s'être étendus sur des surfaces sous-aériennes par l'influence d'inondations ou d'éruptions de boue. Mais, comme sur la côte orientale au N. de Civita-Vecchia, des collines de 100 mètres sont composées de coquillages de l'époque post-pliocène, mélangés avec des débris volcaniques, il est clair que la contrée tout entière a dû subir sa part du mouvement général d'élévation qui a soulevé les rivages méridionaux de la Péninsule. En outre, des éruptions, tant sous-aériennes que sous-marines, ont probablement accompagné ce soulèvement, pendant une partie de la période post-pliocène, et, comme dans la région de Naples, pendant une partie de la période humaine.

Des roches volcaniques, appartenant à une époque géologique beaucoup plus ancienne, se trouvent associées sur plusieurs points au calcaire apennin. Entre Bologne et Florence, par exemple, aussi bien que dans la province de Parme, les couches de calcaire ont été percées, inondées ou altérées par des couches de greenstone, se transformant en serpentine, en brèche de jaspe et en roche de diallage, près du calcaire qui, à quelque profondeur, se trouve obscurci, cristallin et dolomitique. Ces phénomènes ont sans doute eu lieu lors du dépôt jurassique.

Les calcaires de la Spezzia, de Carrare et de la Bocchetta (Val del Polcevera) ont été envahis par des filons énormes de stéatite, de diallage, de serpentine, de jade et de greenstone ou diorite (*granitone*), passant les uns dans les autres, aussi bien que dans le calcaire, qui devient alors, à de grandes profondeurs, cristallin, et parfois micacé, ou changé en ardoise calcaire.

Italie septentrionale.

Un intervalle considérable sépare les roches volcaniques les plus septentrionales de la Toscane et les Alpes génoises des volcans au delà du Pô, au sud des Alpes.

Les premiers volcans que l'on rencontre, en arrivant du sud, sont les collines *Euganéennes*, près de Padoue. Elles sont isolées des Alpes, et consistent en plusieurs éminences de peu d'élévation, plus ou moins reliées ensemble, et sont le produit, en apparence du moins, d'éruptions sous-marines, datant de la période tertiaire. Les roches qui les composent sont à la fois trachytiques et basaltiques; cependant, ce sont les premières qui dominent. La variété caractéristique est une roche (appelée dans le pays *Masegna*) d'une couleur grise cendrée, à fracture inégale, ressemblant beaucoup à la roche du Puy-de-Sancy (Mont Dore) ou du Drachenfels. Elle contient de nombreux cristaux de feldspath vitreux, quelquefois décomposés, quelquefois entiers, et parfois des plaques ou des nœuds de mica noir ou de cristaux d'augite. D'autres roches sont compactes, luisantes comme de la cire, et d'un aspect vitreux, semblables à des pétrosilex; quelques variétés sont cellulaires, et contiennent des infiltrations de quartz et de calcédoine, comme le trachyte meulier de Hongrie et de Ponza; d'autres se rapprochent de la perlite. Ces roches sont, comme d'habitude, accompagnées de leurs conglomérats plus ou moins stratifiés. Là où le trachyte se trouve en contact avec les couches calcaires (de l'époque crétacée ou de l'époque tertiaire) à travers lesquelles il a fait éruption, ces couches sont durcies et à demi cristallines, et contiennent des nodules de silex rougis. Des sources chaudes jaillissent de divers points de ces collines, comme des indices de la haute température de la matière sous-jacente, même encore aujourd'hui.

Les collines du *Vicentin*, formant les plus basses ramifications des Alpes, sont aussi volcaniques, et datent évidemment de la période pliocène, car les dykes de trapp pénètrent les couches secondaires et tertiaires ou subapennines. Les dernières alternent avec les conglomérats volcaniques, ce qui démontre le caractère d'éruption du pays durant le dépôt de ces couches. Les roches de laves sont ici principalement basaltiques; quelques-unes cependant ont une base de pétrosilex, qui prend quelquefois une contexture vitreuse. Près de Schio elle est métallifère, étant pénétrée par des veines de minerai de plomb et des pyrites d'arsenic, associées au manganèse, au quartz, au spath calcaire et au sulfate de baryte. Quelques parties sont cellulaires ou amygdaloïdes, les cellules se trouvant comblées par une variété de zéolithes. Dans quelques cas, la matière calcaire est tellement mêlée avec la matière basaltique, qu'il est difficile de classer la roche, soit parmi les basaltes, soit parmi les calcaires, soit même parmi les pépérinos. On rencontre souvent des coquillages de la pliocène dans ce tuf impur, calcaire basaltique, ainsi qu'une grande quantité de poissons, à Monte Bolca et dans d'autres localités, où des couches minces de calcaire ichthyolitique alternent avec du tuf volcanique et du basalte.

La destruction, soudaine sans contredit, et la préservation de ces poissons sont sans doute dues à l'échauffement de l'eau de mer dans laquelle ils vivaient, par une éruption sous-marine de lave, échauffement suivi de leur enfouissement dans les couches de cendres calcaires, qui, lorsque la tranquillité fut revenue, se déposèrent successivement au fond. Il n'y a point de traces de cratères, ni aucun autre signe d'action volcanique sous-aérienne, dans cette région, à l'exception d'une seule colline, appelée Montebello, entre Vicence et Vérone, laquelle a produit un courant de lave moderne.

D'autres roches, de porphyre augitique et feldspathique, et

aussi approchant du pechstein, percent les calcaires secondaires
des bords du lac de Lugano et de Côme, aussi bien que du lac Ma-
jeur, près d'Intra. Il en est de même au pied des Alpes du Pié-
mont, à l'ouest d'Arona. Celles-ci, cependant, appartiennent à une
époque plus ancienne que les laves tertiaires du Vicentin ou du
Véronais.

Il faut en dire autant des roches augitiques noires du Val di
Fassa, en Tyrol, qui sont remarquables en ce que leur éruption
semble avoir accompagné la protrusion voisine de syénite et de
granit, ce qui a soulevé d'énormes masses de calcaire en pinacles
gigantesques, et en même temps les a imprégnées de magnésie par
quelque mode de sublimation, de façon à les convertir en dolomite
cristalline. Sur quelques points, le granit recouvre le calcaire (de
l'âge crétacé), et par conséquent est plus moderne. Il semblerait,
d'après la disposition de ces masses rocheuses, que la protrusion
de la syénite et du granit a soulevé le calcaire en ligne anticlinale,
tandis que les laves augitiques ont simultanément fait éruption
par les fissures ouvertes à travers les axes synclinaux intermédiaires. Ceci confirmerait les idées émises par le présent ouvrage
sur la formation ordinaire de ces deux catégories de rocher.

Mais revenons aux côtes de la Méditerranée.

Iles Baléares. — Ces îles sont si évidemment la continuation
d'une chaîne élevée, reliant la Sardaigne avec l'extrémité orientale
de la Sierra Morena en Espagne, que l'on doit s'attendre à trouver
les traces de roches hypogènes les pénétrant dans ce sens. Et en
effet un dyke *axial* de diorite, parfois amygdaloïde, se voit dans les
sections de la côte septentrionale de la plus considérable de ces
îles, Majorque, et pénétrant les couches oolitiques et crétacées qui
la composent.

Le groupe d'îles entre Majorque et la côte d'Espagne appelées
les *Columbrètes*, est volcanique. Le capitaine Smyth nous dit que la
plus grande contient un cratère ébréché, et des couches de lave
trachytique, d'obsidienne et de scories (1).

(1) *Journ. géogr.*, vol. I.

Espagne et Portugal. — Passant en Espagne, nous trouvons que cette bande volcanique se continue le long de la côte de Valence, de la province de Murcie et de l'Andalousie, depuis le cap de Saint-Martin, par la région de Carthagène, jusqu'au cap de Gata. Il y a un grand développement de trachyte et de ses conglomérats, d'où l'on extrait abondamment de l'alun dans les environs de Carthagène. Cette ville, ainsi que d'autres dans son voisinage, a beaucoup souffert des tremblements de terre de 1829. On peut aussi remarquer plusieurs cônes de cendres d'un aspect moderne sur des parties de la côte, et aussi à quelques milles à l'intérieur. Il en existe un fort grand et fort remarquable avec un cratère ébréché, près d'Orihuela. La lave a coulé de ces orifices jusque dans les vallées d'alentour. Le promontoire appelé cap de Gata est une masse considérable de trachytes et de basaltes, avec leurs conglomérats, et semble être la dernière ruine volcanique. On dit aussi qu'il existe de vastes formations volcaniques à quelque distance à l'intérieur, sur le flanc septentrional de la Sierra Morena, dans la province de Ciudad Real. Plus loin à l'ouest, dans le bassin de la Guadiana et la province de Badajos, se trouvent des roches de diallage et de feldspath compacte, pénétrant les couches secondaires, et même tertiaires. Entre Malaga et Gibraltar se trouvent aussi des roches d'éruption d'une apparence moderne.

Au delà du détroit de Gibraltar, il existe à l'extrémité occidentale de la côte des roches volcaniques, peu connues jusqu'ici, au cap Saint-Vincent, et dans la Sierra Calderona, que l'on suppose ainsi dénommée à cause du nombre de cratères encore visibles. La province de Beira, selon Dolomieu, renferme une montagne volcanique fort élevée, de forme conique, terminée par un cratère appelée Sierra de l'Estrella. A l'embouchure du Tage, et aussi fort avant le long de sa rive septentrionale, s'étendent de vastes plates-formes de basaltes, qui, d'après leur position sur le sommet des collines, doivent provenir d'éruptions anciennes. Il se pourrait très-bien que ce fût l'obstruction permanente de ces orifices d'activité ancienne qui ait donné lieu à ces épouvantables tremblements de terre qui ont désolé cette côte dans ces derniers temps.

La chaîne de montagnes qui longe la côte septentrionale de la Corogne à Bayonne n'est, en fait, que le prolongement occidental des Pyrénées, et comme cette chaîne élevée de couches secondaires et tertiaires, elle semble avoir été pénétrée sur plusieurs points par de massifs filons de diorite, de porphyre et d'autres variétés massives de trapp. Dans la province de Biscaye, au nord de Bilbao, des laves trachytiques et augitiques ont été émises sur une grande étendue. M. Colletta décrit ce trachyte comme étant souvent cellulaire, blanc, semblable à la dômite et quelquefois au phonolithe, en présentant parfois une contexture vitreuse.

La région volcanique la plus moderne de toute la Péninsule se trouve sans doute dans le bassin de l'Èbre, en Catalogne, dans laquelle, près du flanc méridional des Pyrénées, à côté d'Olot, s'élèvent quatorze ou quinze cônes de cendres d'un aspect fort récent, quoiqu'il n'y ait aucun document historique qui fasse mention de leur activité. Chacun d'eux a donné issue à autant de courants de lave basaltique, qui ont comblé les vallées jusqu'à une certaine hauteur. Les rivières ont depuis creusé de nouveaux lits à travers ces masses, à une profondeur de 40 à 100 pieds, et en ont ainsi exposé la structure. Les scories sont rouges et en apparence aussi modernes que celles de l'Etna. Les roches stratifiées à travers lesquelles ont éclaté les éruptions appartiennent au calcaire nummulitique (éocène), et au grès rouge salifère. Quoique aucune éruption n'ait été enregistrée, un tremblement de terre local détruisit la ville d'Olot en 1421, ce qui peut faire supposer que le foyer volcanique n'était pas encore complétement éteint (V. Lyell, *Principes*, vol. III. p. 185).

Le flanc septentrional, aussi bien que le flanc méridional des Pyrénées, offre sur plusieurs points des exemples de dykes de trapp traversant les couches secondaires ou tertiaires, et datant probablement d'une période d'éruption contemporaine de l'élévation de cette massive chaîne de montagnes.

Plus à l'est, le long de la *côte méridionale de France*, on rencontre quelques points d'éruption volcanique, d'une date comparativement moderne, comme entre Agde et Béziers, où un cône de cendre, parfaitement conservé, a émis des courants de lave basaltique dans plusieurs directions. On en voit un autre exemple dans le volcan éteint de Beaulieu, près d'Aix, et il n'y a pas moins de sept différents orifices d'éruption dans le département du Var, au nord d'Antibes, sur le flanc occidental des Alpes maritimes. Des trachytes accompagnés de leurs conglomérats semblent avoir pénétré les couches nummulitiques et sont à leur tour recouverts de conglomérats de l'âge tertiaire (*molasse*). A Rougier, Ollioules, la Motte, et sur un ou deux points isolés, il y a des laves basaltiques. Dans ce dernier endroit on peut voir un cône régulier à cratère ébréché, qui a dû être sous-aérien, et comparativement récent. Le lac du volcan de Beaulieu, dans le département voisin des Bouches-du-Rhône, est basaltique, entremêlé de couches de marne gypseuse d'eau douce de la miocène, et finalement recouverte de molasse.

A peu de distance vers le nord, et se rattachant presque aux chaînes précitées, on rencontre des chaînons épars de cette remarquable série de volcans éteints qui ont éclaté dans les Cévennes et le long de la grande plate-forme granitique de la France centrale, s'étendant presque jusqu'au parallèle de Moulins.

France centrale. — Cette remarquable région, peut-être à cause de la facilité de ses abords, a souvent été citée comme le type des formations volcaniques. A vrai dire, elle présente en effet d'admirables exemples des variétés de position, de structure et de caractère minéralogique qu'affectent les roches volcaniques dans les diverses parties du globe, aussi bien que des effets du temps et des influences atmosphériques sur ces formations. Je les ai décrits si complétement dans un autre ouvrage (*Volcans de la France centrale,* 2ᵉ édition, 1858), que je me bornerai ici à n'offrir au lecteur qu'un bref sommaire des faits généraux.

Les éruptions qui ont donné naissance à ces roches volcaniques sont remarquables pour s'être manifestées sur un plateau soulevé de gneiss granitique ou d'autres roches cristallines hypogènes, lequel, à cette époque, était non-seulement au-dessus du niveau de la mer, mais s'y était trouvé depuis longtemps déjà, puisque dans son périmètre, presque aussi important que celui de l'Irlande, on ne trouve aucune trace de couches marines postérieures aux couches carbonifères ; et celles-là mêmes semblent restreintes à certaines tranchées allongées qui paraissent avoir été les *fiords* de cette île granitique. Plusieurs dépressions de ce plateau furent ainsi occupées à un moment de la période tertiaire, mais pas plus tôt que la miocène, par des lacs d'eau douce, laquelle déposa une énorme quantité de matières arénacé eset calcaires, des marnes fines stratifiées pour la plupart. Ces couches sont en partie interstratifiées de cendres volcaniques et de basalte, ce qui indique qu'il s'est manifesté des éruptions longtemps avant la dessiccation de ces lacs.

Les points d'éruption sont distribués sur deux lignes, l'une nord et sud, traversant tout ce dôme granitique, l'autre se séparant de cette ligne du N.-N.-O au S.-S.-E, direction identique avec l'axe de la chaîne granitique centrale, celle de Margeride, comme le démontre la direction principale de ses lames et de celles du gneiss et des schistes cristallins qui l'accompagnent.

Les formations volcaniques consistent : 1° en quatre groupes principaux et séparés, dont chacun peut être appelé la charpente d'un grand volcan, ou d'un orifice habituel de matières volcaniques sur une grande échelle, et 2° les produits d'une chaîne d'orifices isolés traversant la contrée entière, chaque orifice n'ayant, selon toute apparence, eu qu'une seule éruption, de sorte que ses produits sont à peine mélangés avec ceux des autres orifices.

Pour ce qui est de l'âge, quelques-uns de ces volcans dispersés et isolés semblent avoir été en éruption à des époques aussi anciennes que celles des grands volcans habituels ; quelques autres, au contraire, semblent dater d'une époque bien plus moderne, longtemps après l'extinction des premiers.

Première classe. — Les grands volcans habituels portent respectivement les noms de *Mont Dore*, de *Cantal,* de *canton d'Aubrac* et de *Mezen.*

1° Le *Mont Dore* est une montagne s'élevant, à ses points culminants, à plus de 1,880 mètres au-dessus de la mer. Ses pics entourent presque entièrement deux larges abîmes en forme de cratère, qui sont les gorges supérieures des principaux cours d'eau qui le déchargent. De cette crête saillante, les flancs de la montagne s'inclinent avec une régularité remarquable sur tous les côtés jusqu'à la plaine. Les ravins qui intersectent les pentes forment des sections qui laissent voir que la masse est composée de couches de laves trachytiques et basaltiques alternant avec leurs conglomérats respectifs, et s'inclinant extérieurement sous un angle parallèle aux pentes extérieures. Il y a aussi plusieurs mamelons saillants de trachytes, surtout sur le flanc septentrional, ce qui en altère la régularité superficielle. On ne peut mettre en doute l'alternat de laves trachytiques et basaltiques (v. p. 127); mais les premières sont uniformément massives et épaisses, et n'ont pas coulé bien loin des hauteurs centrales. Les courants basaltiques, au contraire, sont moins épais et ont coulé dans presque toutes les directions, en larges nappes, à des distances de plus de trente kilomètres. Le trachyte est très-porphyritique, et les cristaux de feldspath sont gros et vitreux. Il ressemble à celui du Drachenfels ou des collines Euganéennes. Il y a aussi des couches massives et des masses pyramidales d'un greystone schisteux, si fissile qu'on l'emploie comme ardoise. Les couches basaltiques varient beaucoup d'aspect et de caractère minéralogique; les unes sont denses, noires, lourdes et d'un grain fin; d'autres, cellulaires ou sphériques; d'autres enfin, hautement cristallines ou d'un grain grossier. On devrait même en classer plusieurs parmi les greystones. Le basalte, quoique habituellement prismatique, est rarement colonnaire, mais plus souvent tabulaire; le trachyte est quelquefois colonnaire sur une très-grande échelle. Les conglomérats sont de caractère varié; quelques-uns sont arénacés et contiennent des blocs de lave de toute grandeur et de toute espèce. D'autres, au contraire, sont des tufs fins et arénacés, souvent lamellés et quelquefois blancs comme de la craie; souvent colorés par le fer, et contenant des résidus végétaux, des arbres plus ou moins carbonisés, des os d'animaux, etc. Ces conglomérats semblent avoir rempli des cavités dans le flanc de la montagne, et s'étendent à 30 kilomètres ou davantage en vastes accumulations irrégulières. Les conglomérats basaltiques sont souvent mélangés avec les fragments trachytiques de façon à former un pépérino ferrugineux compacte. Il ne reste plus de cônes de scories appartenant à l'ancien volcan, non plus que d'autres indications du site des orifices d'éruption, excepté quelques amas superficiels de bouches volcaniques, et de masses scoriformes pesantes, vers les points les plus élevés, d'où se sont, sans aucun doute, déversées les laves basaltiques, mais desquelles en même temps ont depuis longtemps disparu les scories plus friables, sous l'influence de la dégradation météorique. Cependant, des éruptions isolées, d'un cachet comparativement récent, ont eu lieu dans le périmètre du Mont Dore, et elles appartiennent, à proprement parler, à une seconde catégorie d'orifices disséminés et indépendants que nous allons décrire.

2° Le *Cantal* est encore une charpente de volcan, ressemblant beaucoup en caractère et en composition au Mont Dore, et datant sans doute de la même époque, puisqu'il est également dénudé sous l'influence météorique.

Il recouvre à peu près quatre fois plus d'espace que ne le fait le Mont Dore, quoique aucun de ses pics ne s'élève aussi haut. La différence, cependant, n'est pas grande, le *Plomb du Cantal* s'élevant à environ 1,830 mètres au-dessus de la mer. Comme dans le Mont Dore, les pics culminants entourent une vaste dépression en forme de cratère, du milieu de laquelle s'élève une pyramide de phonolithe. Cette éminence fut probablement projetée comme un dyke dans un état à demi solide, parmi des couches de conglomérats détachés, depuis disparus. Les hauteurs environnantes sont partie du trachyte et partie du basalte. La plus considérable, le Plomb du Cantal, se compose entièrement de basalte. De ce

point, comme au Mont Dore, d'épaisses couches des deux sortes
de roches descendent sur l'inclinaison habituelle, roide d'abord,
puis plus douce, vers le pied de la montagne, jusqu'à une distance
de 30 à 50 kilomètres. Ces laves sont accompagnées et enveloppées de conglomérats massifs qui forment une proportion plus
considérable de cette montagne que du Mont-Dore. On en voit la
section des deux côtés des larges et profondes vallées qui rayonnent des hauteurs centrales. Ce conglomérat est fort mélangé ;
dans quelques endroits, c'est un tuf de feldspath ou de ponce ;
dans d'autres, c'est un pépérino ferrugineux. Quelquefois il est assez compacte pour servir à la construction ; et quelquefois, il est
friable et sablonneux, renfermant des blocs roulés de trachyte ou
de basalte, ou de la ponce et des scories. Dans le périmètre du
bassin d'eau douce, il s'est opéré un mélange intime de la matière
calcaire avec la cendre et le basalte, ce qui démontre que le lac
existait encore et déposait son sédiment lorsque quelques éruptions au moins se manifestaient. Sur plusieurs points, le tuf contient des couches de lignite assez abondantes pour être exploitées
comme combustible. L'émission du trachyte, dans cette montagne,
paraît avoir précédé celle du basalte, puisque ce dernier est supérieur dans toute la superficie recouverte. Et je crois que cet ordre
n'est jamais interverti. De hautes et vastes plates-formes de basalte, couvertes d'une végétation grossière, s'étendent sur les
pentes les plus basses de la montagne dans une triste monotonie,
surtout à l'est. Partout où elles sont coupées par des torrents, elles
laissent voir des couches massives et répétées de basalte colonnaire, séparées par des conglomérats de scories. Cette configuration colonnaire est quelquefois, à Murat par exemple, merveilleusement régulière, et les colonnes atteignent une longueur de
50 mètres ; quelques-unes en mesurent 16 sans une jointure, quoique le diamètre ne soit que de 25 à 30 centimètres. Excepté dans
le périmètre déjà mentionné et qui n'est pas fort étendu, le granit
apparaît au dessous des roches volcaniques partout où les vallées
sont suffisamment creusées pour pénétrer ces dernières. Mais la

masse de roches volcaniques vers le centre de la montagne doit être de 300 à 500 mètres d'épaisseur.

3° *Canton d'Aubrac.* — Au midi du Cantal, à une distance d'environ 50 kilomètres de son sommet, s'élève un autre groupe plus petit de plateaux basaltiques, auprès de la Guiolle, entre les vallées du Lot et de la Truyère. Ces laves sont le produit d'un autre orifice ou groupe séparé d'orifices. Elles reposent uniformément sur le granit, coiffant les plus hautes éminences, et datant par conséquent d'une époque ancienne. Je ne les ai pas visitées, et je ne pense pas qu'elles aient encore été étudiées à fond.

4° Le *Mezen.* — La région montagneuse appelée le *Mezen*, dans laquelle la Loire prend sa source, constitue le quatrième grand district volcanique, et en même temps le plus méridional de la France centrale. Son plus haut point est à 1,745 mètres au-dessus de la mer, et se compose de phonolithe, comme toutes les principales éminences qui environnent ce point central, qui porte plus spécialement le nom de Mezen.

A vrai dire, il n'y a point dans ce district de trachyte qui ne soit plus ou moins schisteux, et par suite, ne doive être classé dans le phonolithe, quoique quelques-unes des variétés soient presque blanches, et contiennent fort peu d'augite. Dans le voisinage immédiat du Mezen, un bassin semi-circulaire aux rebords scoriformes et cellulaires, semble indiquer un cratère récent. De ce cratère rayonnent plusieurs chaînes de collines conoïdes de phonolithe, plus ou moins dégradées. Ce sont là, ou les restes de plusieurs courants massifs qui ont été dégradés par intervalles là où la matière se trouvait friable, ou bien les produits d'autant d'explosions séparées de cette espèce particulière de lave, à divers orifices sur la ligne d'une fissure d'éruption (voir p. 166). Ces masses pyramidales de phonolithe s'élèvent de 150 à 300 mètres au-dessus de leurs bases. Quelques-unes semblent reposer sur le basalte, d'autres directement sur la plate-forme granitique, et sur un ou deux points le phonolithe bien certainement recouvre les sables d'eau douce et les marnes du bassin du Puy. Ce phonolithe est généralement violi-

tique, c'est-à-dire, tacheté de petites concrétions globulaires ver-
dâtres d'une matière plus augitique que la base, qui est presque
entièrement feldspathique, d'une contexture d'écailles, et à demi
cristalline. Le grain est souvent compacte, fin et serré ; quelquefois aussi il est grossier et ressemble à la dômite. Dans plusieurs
endroits, il est fort décomposé et se transforme en une terre poudreuse grisâtre, presque un kaolin. Les hauteurs du Mezen ont
aussi donné naissance à d'énormes courants de lave basaltique,
qui se sont étendus en différentes directions, principalement à
l'est et au nord. Un courant considérable se dirige vers le sud-est,
et atteint presque le Rhône à Rochemaure. Il n'est cependant pas
bien clair, si ce vaste plateau basaltique, appelé le Coiron, est descendu du Mezen sous forme de courant, ou s'il est le produit de
diverses éruptions sur une fissure qui s'étend dans cette direction.
Cette dernière hypothèse paraît justifiée par ce fait que l'on voit
plusieurs dykes pénétrer le gneiss et le calcaire jurassique (qui vient
y aboutir à la limite sud-est de la plate-forme granitique), se rattachant au basalte supérieur ; elle l'est en outre par la direction de
cet embranchement qui va du nord-ouest au sud-est, et, par conséquent, se trouve coïncider avec une ligne d'orifices volcaniques
indépendants dont je vais parler. Le groupe de Mezen, à tout
prendre, est bien plus aplati que le Cantal ou le Mont-Dor, et
par suite présente moins les caractères d'un volcan normal. Pour
ce qui est de son âge, il fut probablement en éruption en même
temps qu'eux, si l'on en peut juger, d'après l'égale quantité de
dégradation subie par ses produits et leur position au-dessus des
couches provenant de l'eau douce. Sous ce rapport, les grands
remparts de basalte colonnaire, appelés le *Palais des Géants*, qui
bordent l'extrémité orientale de la grande plate-forme du Coiron
et dominent la vallée du Rhône, en face de Montélimart, à 2 ou
300 mètres, sont dignes d'attention, en ce qu'ils démontrent que
toute cette large et profonde vallée a dû nécessairement être creusée depuis l'écoulement de ces laves. Comparativement, les conglomérats manquent dans le Mezen, quoique probablement ils

aient autrefois rempli plusieurs vastes tranchées dans le bassin d'eau douce du Puy, de couches épaisses de pépérino, dont les brèches de Denise, de la Roche-Corneille, etc., sont les fragments restants. Je suis porté à croire que l'éruption du phonolithe se manifeste généralement sous une forme intumescente, mais à demi solide et pâteuse, presque sans explosions aériformes et sans expulsion de scories. Les scories de laves aussi feldspathiques que le phonolithe du Mezen devraient être de la ponce, mais cette substance se trouve rarement dans toute la contrée.

Deuxième classe. — Orifices indépendants. — Outre les grandes montagnes volcaniques déjà décrites, il y a eu de temps en temps des éruptions dans tout ce district sur plusieurs *centaines* de points séparés, suivant une large bande allant presque du nord au sud. Les plus anciennes furent probablement contemporaines de celles des plus grands volcans, puisque leurs cônes de cendres ont également disparu pour la plupart, et que les laves basaltiques qu'elles ont émises, forment de hauts plateaux bien au-dessus du niveau des vallées existantes. Quelques-unes ont certainement éclaté avant que les lacs d'eau douce eussent été desséchés, comme on peut le voir par le mélange intime de leurs laves et de leur lapillo avec les dépôts marneux, qui, à cette époque, étaient évidemment à l'état de boue molle, produisant un pépérino calcaire, et comme on peut le voir encore par l'alternation, dans certains cas, du basalte avec les couches calcaires. D'autres laves ont fait irruption sur le plateau granitique, et, après en avoir inondé les pentes, ont continué leur cours sur la formation d'eau douce, sur les points où devaient se trouver alors les niveaux les plus bas, mais qui aujourd'hui, par suite de l'excavation postérieure des vallées dans les parties découvertes sur chaque côté, ont donné naissance à de hautes collines aplaties, recouvertes d'une calotte de lave. Une période plus récente encore d'éruption, forma des groupes et des chaînes de cônes de cendre nombreux et réguliers, d'un aspect aussi moderne que quelques-uns des cônes parasites les plus récents de l'Etna. Plusieurs se trouvent ébréchés par le jaillissement de torrents de laves qui ont envahi les vallées alors existantes, les ont comblées à des hauteurs de 30 mètres et davantage, sur des superficies de plusieurs kilomètres, et ont formé des lacs en endiguant les cours d'eau.

Fig. 74. — Les Puys Noir, Solas, la Vache (cônes volcaniques ébréchés).

Les portions inférieures de quelques-uns des courants, surtout dans le Vivarais (la région la plus méridionale de cette bande d'éruption) laissent voir des rangées colonnaires, d'une régularité presque architecturale. Les laves de ces orifices indépendants et dispersés sont principalement basaltiques. Quelques-unes, cependant, comme dans le voisinage de Volvic, sont de greystone très-cellulaire, et, dans la chaîne de cônes près de Clermont, on voit quatre ou cinq collines en forme de cloche ou de dôme, d'un trachyte très-poreux (appelé dômite, du nom du cône le plus considérable de la chaîne, le fameux puy de Dôme), s'élever du milieu, ou tout près de cratères bien caractérisés, d'autant de cônes incontestables d'éruption, formés de ponce, de scories, de blocs expulsés et de cendres. Ces laves trachytiques ont dû être expulsées dans un état de fluidité trop imparfaite *pour leur permettre de couler*, mais suffisante pour les faire accumuler autour et au-dessus de l'orifice qui les a produites (voir p. 133). Plusieurs cratères-lacs se rencontrent dans cette chaîne, les uns percés dans le granit, les autres, dans le basalte. Les quantités de scories et de lapillo qui les entourent, quoique ne formant aucun cône digne de remarque, sont cependant assez considérables pour démontrer que ces cavités sont dues à des explosions provenant d'une masse de lave en ébullition disloquant les roches supérieures. Enfin, cette contrée ouvre un admirable champ d'étude des divers caractères minéraux et des dispositions des produits volcaniques, à un ou deux jours de Paris et de Londres, et dans le voisinage immédiat de villes offrant tout le bien-être d'une vie civilisée.

Peut-être la meilleure leçon à retirer de la géographie physique et de la géologie de cette contrée se trouverait dans la preuve de l'énorme changement lent et graduel, opéré dans le relief du district, pendant la période d'activité de ces volcans, tous sans aucun doute sous-aériens, changements qui sont évidemment dus aux influences météoriques ordinaires, aidées probablement par les tremblements de terre, et non pas à des inondations extraordinaires, car les états divers de préservation des cônes de cendres et les hauteurs variables de leurs courants de lave, au-dessus du niveau des différentes vallées, indiquent leurs âges avec la fidélité d'un chronomètre naturel. Pour une description plus détaillée de cette intéressante région, je renvoie le lecteur à l'ouvrage déjà cité.

Au nord et à l'est de cette contrée volcanique, la chaîne de gneiss granitique qui sépare les bassins de la Haute-Loire et du Rhône, entre Vichy et Lyon, et entre Nevers et Dijon, est coupée en deux par des masses considérables de porphyre rouge et noir. On doit les considérer comme étant d'une origine plutôt plutonique que volcanique, surtout puisqu'elles sont disloquées et soulevées jusqu'à la surface des couches de grès dévonien.

Volcans du Rhin.—A l'est se trouvent plusieurs groupes de roches volcaniques, principalement de l'époque tertiaire. La plus importante est la colline isolée appelée le *Kaiserstuhl*, dans la vallée du Rhin, près de Freyburg. Elle consiste en masses basaltiques, ayant souvent une structure scoriforme à la surface, mais sans trace de cratères. Ce basalte semble s'être dégagé sur place dans un état de liquidité imparfaite, accompagné de l'explosion de fragments, puisque l'on y trouve des dépôts considérables de tuf. Probablement cette colline était-elle autrefois un volcan important, mais qui s'est considérablement dégradé dans le cours des âges qui se sont écoulés depuis l'époque où elle formait une île dans l'Océan tertiaire.

L'*Odenwald*, autre groupe de collines, près de Heidelberg, présente les restes d'une éruption volcanique de la même époque et
du même caractère, ayant produit des laves augitiques et des conglomérats correspondants.

Au nord du *lac de Constance*, on rencontre une autre série de
formations semblables, dont le basalte passe au phonolithe, et,
dans le Wurtemberg, il ne manque pas, dans diverses localités, de
roches volcaniques ayant les mêmes traits généraux.

Bande volcanique de l'Allemagne septentrionale et centrale. — Une
bande encore plus remarquable de sites d'éruption, éteints selon
toute apparence, traverse toute l'Allemagne de l'est à l'ouest, depuis les provinces sur la rive gauche du Rhin, par le Siebengebirge,
le haut Westerwald supérieur, le Vogelsgebirge, le Rhongebirge,
le Meismer et le Habichtswald. Elle court parallèlement à l'arête
principale des Alpes, à environ 4 degrés de plus au nord.

L'Eifel supérieur et inférieur. — Les points d'éruption qui se
rencontrent sur la rive gauche du Rhin, sont généralement connus
sous le nom d'Eifel supérieur et inférieur. Ils se sont fait jour à
travers l'ardoise des Ardennes et les calcaires de l'époque dévonienne qui s'y trouvent associés. Comme on ne voit dans cette
région aucune couche plus récente, il n'existe point d'autre indication de l'époque du développement de l'énergie volcanique,
qu'une apparence très moderne des cônes de cendres et des coulées de laves produits par ces éruptions, ce qui ferait supposer
qu'ils appartiennent à l'époque tertiaire la plus récente, probablement à l'époque postpliocène.

J'ai examiné ce pays en 1825, et j'en ai donné la description dans
un mémoire publié dans le *Journal des sciences d'Édimbourg* de
juin 1826, duquel j'extrais la plus grande partie des documents
suivants.

1. *District d'Andernach, de Mayen et de l'Eifel inférieur.* — En
atteignant le sommet du coteau escarpé, mais richement cultivé,
qui, près d'Andernach, forme la rive gauche du Rhin, on se trouve
subitement dans un pays sauvage et stérile, formant un grand con-

traste avec le riche et luxuriant paysage qu'on vient de quitter. C'est un haut plateau d'ardoise de wacke à travers lequel la profonde vallée du Rhin n'apparaît que comme un étroit canal que le regard domine entièrement, le plateau se continuant sur le même niveau du côté opposé. A l'ouest, le niveau général s'élève graduellement jusqu'aux raboteuses sommités de l'Eifel supérieur. Il est aussi souvent sillonné par les gorges étroites et sinueuses à travers lesquelles quelques petits ruisseaux trouvent moyen de se jeter dans le Rhin ; il est encore plus altéré par un grand nombre de collines isolées de formation volcanique, d'une forme sous-conique pour la plupart, et irrégulièrement parsemées sur la surface du plateau. Quelques-unes de ces collines sont des cônes volcaniques complets avec ou sans orifice ou cratère central. Tels sont le Hirschenberg, près de Burgbrühl ; le Bousenberg, entre ce village et Olburg ; le Poter, le Pellenberg, et finalement le Camillenberg, peut-être la plus élevée et la plus considérable de ces éminences, lequel semble s'élever d'environ 300 mètres au-dessus du plateau ardoisier adjacent. D'autres sont moins régulières, et leur manque de symétrie semble provenir de ce qu'elles ont été formées sur une surface inégale, comme le côté incliné d'une vallée. D'autres forment des rangées allongées, composées des produits mélangés de trois ou quatre volcans voisins. Telles sont les collines au-dessus de Niedernich.

Plusieurs possèdent des cratères en forme d'entonnoir, d'autres sont ébréchées sur le côté par l'émission subséquente d'une coulée de lave. Il y en a même qui semblent encore plus irrégulières, et paraissent avoir souffert plus ou moins de destruction par suite de l'action mécanique de quelque force de dénudation qui s'est manifestée depuis leur formation. Tous ces cônes, à quelque catégorie qu'ils appartiennent, se composent entièrement de comglomérat détaché, ou cendre volcanique, contenant de nombreux fragments de ponce, de lave phonolithique, d'ardoise en partie calcinée, etc. De minces couches de ces fragments couvrent aussi quelquefois les parties plates de la plate-forme d'ardoise dans le voisinage de ces cônes, ou remplissent quelques creux convexes dans les talus des vallées.

Plusieurs de ces dernières se trouvent souvent remplies à une grande hauteur, souvent dépassant la moitié de leur profondeur, de tuf durci appelé dans le dialecte du pays *Duckstein* ou trass, dont une grande quantité est exploitée en carrières, et expédiée en Hollande où l'on en fabrique un ciment se durcissant sous l'eau. Ce sont les cendres les plus basses qui sont les plus compactes, et par conséquent exploitées de préférence. Elles deviennent plus arénacées à mesure qu'elles s'élèvent. Ce tuf ressemble extrêmement à celui de Capo di Monte et du Pausilippe, près de Naples. A l'extraction de la carrière, il se trouve complétement saturé d'eau, que l'on en chasse à coups de marteau. Il est alors d'une couleur noire bleuâtre terne, mais, en séchant, il tourne au gris. Il paraît être entièrement composé de ponce et de fragments, et est évidemment un conglomérat. Il contient aussi des fragments de basalte ardoisier, phonolithique et amorphe, d'ardoise argileuse brûlée, et d'une grande proportion de bois carbonisé, non pas par fragments, ou même par couches, mais par troncs entiers et par branches, qui pénètrent la roche dans toutes les directions. Ce bois se rapproche beaucoup du charbon de bois, mais se pulvérise plus facilement, et même spontanément, lorsqu'il reste à l'air. Dans la vallée de Burgbrühl, le trass repose souvent immédiatement sur l'ardoise ; dans les autres districts intervient une couche de tuf calcaire qui n'est sans doute que le dépôt de quelque source minérale antérieure à la formation du trass. Une incrustation semblable le recouvre aussi quelquefois en enveloppant des fragments de ponce et en formant un tuf calcaire volcanique. La portion durcie est quelquefois divisée en couches massives par des strates intermédiaires de ponce ou de lapillo et d'ardoise en fragments.

En remontant la vallée du Brühl, j'ai trouvé ce trass l'occupant à une grande profondeur sur toute sa longueur, de son embouchure dans la vallée du Rhin, jusqu'au pied du Feitsberg, une des collines qui forment la circonférence de l'étang de Laach, d'où se sont échappés ces torrents de tuf boueux, ainsi que plusieurs autres.

Le bassin du Laach est presque circulaire et cratériforme, entouré d'une bordure de collines peu élevées et légèrement inclinées. Elles se composent de couches irrégulières de tuf meuble, contenant de nombreux fragments et de grands blocs de laves variées. Les plus abondants sont de basalte avec de grands cristaux réguliers d'augite noire et d'olivine. On rencontre aussi des fragments de trachyte, quelquefois d'une couleur jaune blanchâtre et d'une fracture conchoïde ; ou bien d'un grain grossier, consistant en cristaux de feldspatth vitreux et de hornblende. Il y a aussi des fragments semblables à ceux qui sont si communs dans les conglomérats de Somma, composés d'une agglomération de cristaux de mica, de néphéline, de méionite, de vésuvienne et d'autres minéraux rares. On ne rencontre aucun roc de lave en place dans l'intérieur du bassin, et, à l'extérieur, le seul rocher de cette nature qui se montre sous forme de courant régulier, est celui dans lequel on exploite la pierre meulière de Niedermennig. Cette coulée est certainement sortie du cratère de Laach, dont le rebord présente une dépression de ce côté. L'éruption qui l'a produite fut probablement la dernière, non pas seulement de cet orifice en particulier, mais aussi de toute la contrée, car la surface a un aspect tout moderne et est à peine couverte de végétation. Il se pourrait que ce fût l'éruption mentionnée par Tacite (*Annales*, liv. XIII), qui ravagea le pays des Jutiones, près de Cologne, sous le règne de Néron. La roche dont se compose le courant est du greystone s'approchant du trachyte, avec très-peu de cristaux visibles de feldspath et d'augite, et extrêmement cellulaire, les cavités étant très-petites et irrégulières. Elle se divise en colonnes à la partie la plus basse du courant qui se trouve être plus compacte que la partie supérieure, mais toujours cellulaire, et possède assez de dureté pour être exploitée comme meule à moulin, que l'on exporte en grande quantité en Hollande, et de là en Angleterre. Elle contient de nombreux fragments de quartz (toujours plus ou moins vitrifié et fendillé), de granit, et d'autres roches problématiques, comme celles qui se rencontrent dans le conglomérat, tels que des cristaux de lazulite, etc.

L'origine du trass a été diversement expliquée ; à moi elle me semble dérivée simplement d'une modification ordinaire des phénomènes volcaniques. La matière pulvérulente, dont il était principalement composé, s'est mêlée avec l'eau de façon à former une pâte imperméable comme l'argile, et cela est si vrai, qu'on l'emploie pour faire de la poterie lorsqu'on le trouve à l'état arénacé. C'est dans cet état qu'il a été rejeté par le volcan et s'est accumulé comme d'habitude en une bordure circulaire ou elliptique autour de l'orifice. La pluie, qui tombe généralement en grande abondance après une éruption, se mêlant avec ces cendres trachytiques, doit souvent avoir formé une croûte impénétrable au fond et sur les côtés de cette cavité. Par suite, l'eau qui descend le long de ces côtés doit s'accumuler en un lac devenant continuellement plus profond, jusqu'à ce que la pression des eaux fasse crever les bords sur quelque côté, ou qu'une nouvelle éruption le dissipe. Dans l'un et l'autre cas, une brèche s'opérant dans la circonférence du cratère, ces eaux doivent se précipiter en débâcle furieuse, entraîner d'énormes quantités de fragments provenant des éminences qu'elles bouleversent, et remplir de ces dépôts d'alluvion les vallées à travers lesquelles elles se sont frayé un chemin.

Ces phénomènes ont pu se répéter plusieurs fois au même orifice volcanique, et c'est là, sans aucun doute, l'histoire véritable du trass de la rive gauche du Rhin. Que la masse se soit particulièrement durcie ou soit demeurée sans cohésion, cela paraît avoir dépendu principalement de la qualité des cendres et de leur mélange intime avec l'eau. Ce durcissement est évidemment le résultat d'une action chimique, analogue à *la prise* du ciment et du mortier. Les éruptions de boue (*tepetate*) de Quito et des tufs d'Islande, se manifestent dans les mêmes circonstances aujourd'hui. Cette explication est spécialement applicable au trass de Laach et de son voisinage ; le lac, même aujourd'hui, serait sujet à s'élever jusqu'à rompre ses digues, sans un canal artificiel de dérivation, construit par les moines de l'abbaye de Laach, ruine pittoresque qui s'élève sur le bord occidental. Des courants de tuf liquide semblent s'être écoulés de cette façon sur plusieurs points de la circonférence. Ceux du côté oriental ont occupé les vallées du Brühl et des autres cours d'eau qui se rendent dans le Rhin ; les autres ont arrosé le plateau ardoisier dans la direction de Niedermennig, de Bell, d'Olburg et de Kruft, et l'ont couvert plus ou moins de couches de tuf compacte, alternant avec d'autres de même composition, mais meubles et sans cohésion, et provenant sans doute des déjections des orifices voisins.

Il existe aussi dans le bassin de Laach une caverne qui dégage un volume considérable d'acide carbonique et présente tous les phénomènes de la Grotte du chien. Il y a aussi plusieurs sources minérales dans le voisinage, comme à Tonigstein, et près du Brühl, fortement imprégnées du même gaz, qui est généralement le dernier produit d'un volcan d'ailleurs éteint.

A quelque distance de Laach, vers le sud-ouest, entre les villages de Bell et de Mayen, s'élève un autre groupe de cônes, contenant deux ou trois bassins cratériformes irréguliers, desquels différents ruisseaux de boue semblent s'être écoulés, couvrant le plateau voisin de leurs dépôts. Ces bouches volcaniques diffèrent cependant de celle du Laach en ce qu'elles ont produit des laves leucitiques, et en ce que, par conséquent, leurs conglomérats sont d'un caractère différent, ressemblant exactement au pépérino de Monte Albano. Telle est la roche exploitée près de Bell, appelée *Backofenstein* ou *pierre à four*. On l'emploie pour faire des fours, à cause de ses qualités réfractaires, dues à ce qu'elle est presque entièrement composée de leucite dans un état fragmentaire, car elle contient plusieurs leucites blanches, farineuses, des fragments et des blocs de lave leucitique, d'ardoise argileuse brûlée et de grandes plaques brisées de mica.

Le phonolithe leucitique, dont parle Keferstein, existant en couches massives, près de Reiden et de Meyr, provient aussi, je pense, de ce système d'orifices. Plus au sud, près du village de Kruft, s'élèvent trois autres cônes plus petits, couverts de végétation, et ne présentant que de faibles traces de cratères. D'autres cônes, dont quelques-uns de grandes dimensions, se voient à l'ouest d'Olburg; mais je n'eus pas le temps de les examiner en détail. A tout prendre, les produits volcaniques d'Andernach et de l'Eifel supérieur m'ont paru avoir la plus grande analogie avec ceux de l'Italie, surtout dans la campagne de Rome. Les différences qui peuvent exister entre eux, proviennent de ce que les volcans de la première série se sont formés sur un plateau d'ardoise élevé et à sec, et ceux de la dernière, sur un rivage de formation alluviale sous-marine. Dans ces deux régions, aussi bien que dans les champs Phlégréens, il est remarquable que les mêmes orifices ou du moins que des orifices très-rapprochés les uns des autres, aient produit des laves de trachyte , de greystone, de leucite et de basalte, avec les tufs correspondants.

2. *District de l'Eifel supérieur.* — Le groupe d'orifices volcaniques qui occupe cette région, se trouve en contact immédiat avec celui de Laach et de l'Eifel inférieur, quoique les points sur lesquels se sont manifestées les éruptions soient un peu plus rapprochés les uns des autres, vers la limite occidentale, principalement le long de la rivière Kyll, que vers l'extrémité orientale. L'époque de leur activité paraît aussi également moderne, datant au moins depuis la formation de toutes les vallées de cette région, dans lesquelles leurs ruisseaux de lave ont invariablement coulé, envahissant le lit des cours d'eau, qui, dans quelques cas fort rares, eurent à peine assez de force ou de temps pour s'en creuser un nouveau au-dessous du premier. Telle est même l'apparence récente de plusieurs des roches volcaniques, qu'il ne faut rien moins que le silence de l'histoire pour nous convaincre qu'elles n'ont pas été formées dans les vingt derniers siècles. Et encore ce silence ne prouve rien, car il est probable que le récit de semblables phénomènes, dans des contrées barbares et éloignées, devait rarement parvenir jusqu'à Rome, à moins qu'ils ne fussent

du caractère le plus destructif et le plus épouvantable, tel que celui rapporté par Tacite, dont il a été parlé plus haut. Et, s'il s'en est manifesté aucun durant le moyen âge, on peut bien supposer que la tradition s'en est évanouie en même temps que d'autres renseignements précieux.

Les éruptions volcaniques de l'Eifel supérieur ont eu lieu à travers la superficie de la formation ardoisée sur plusieurs points, et sur d'autres à travers les masses de couches calcaires qui recouvrent l'ardoise, dans une vaste portion de cette région. Quelques-uns des orifices ont déchargé des courants de lave augitique (basalte); d'autres n'ont rejeté que des matières détachées. Ces éjections consistent principalement, et souvent presque entièrement, en ardoise de greywacke brisée et en grès plus ou moins affectés ou pulvérisés par la chaleur. C'est probablement à cause de la nature argileuse de ces fragments, réduits à une grande finesse, que tous les cratères de ce district, presque sans exception, sont devenus des réservoirs d'eau, ou des *maare*, comme les indigènes les dénomment. La plupart ont encore à leur fond un petit lac ou une tourbière. Quelques-uns ont été desséchés par la culture ; d'autres par la nature, soit par l'élévation du lac, au point de creuser les bords du cratère par son poids, soit par la lente érosion du ruisseau par lequel il s'est écoulé. Dans ce dernier cas, les flancs du bassin sont coupés par ce canal naturel, comme on peut le voir dans le Meerfelder et le Drieser-Maare, aussi bien que près de Strohn et de Waldsdorf. Dans l'autre exemple, la régularité du bassin a été plus ou moins affectée par l'ébrèchement de ses rives, et d'énormes dépôts de trass ou plutôt de pépérino, se sont formés, évidemment agrégés par l'effet de l'eau. On en voit des exemples dans les vestiges des cratères près de Steffler, de Schalken-Meeren et de Rockeskill. Sur les points où la lave a été émise sous une forme liquide, on trouve rarement un cratère régulier, du moins à la source du courant. Il y a cependant toujours, dans le voisinage, un ou plusieurs cratères qui semblent avoir donné lieu à de violentes explosions aériformes, vomissant des scories

et des cendres, tandis que la lave s'échappait de l'orifice voisin.
On peut juger de la force de ces explosions de vapeur renfermée
par les dimensions et la profondeur des cavités qu'elles ont creusées dans le greywacke solide. Le cratère de Meerfeld, par exemple,
l'un des plus considérables, mesure plus de 160 mètres au-dessus
de la surface du lac, lequel a lui-même 50 mètres de profondeur,
jusqu'au rebord qui l'entoure, et son diamètre a plus d'un kilomètre et demi. La quantité des fragments expulsés et amoncelés
autour de ces bassins n'est pas du tout en proportion avec leur
étendue. La plus grande partie consiste en ardoise et en grès, par
blocs de toutes dimensions, à demi calcinés, probablement pour
être tombés continuellement sur la surface de la lave à l'intérieur
du cratère pendant ces explosions.

Le point le plus occidental sur lequel on puisse découvrir des
traces d'éruption volcanique est Ormont, on peut voir s'élever deux
petits cônes sur un plateau élevé et sauvage d'ardoise et de quartz
alternés. Ils se touchent par leurs bases, et n'ont ni cratères ni
laves visibles. Les scories et les fragments dont ils se composent
sont basaltiques, et sont mêlés d'augite et de plaques de mica
brun. On trouve aussi des cristaux et des morceaux isolés d'augite,
presque aussi gros que le poing.

A une faible distance à l'est d'Ormont, les roches d'ardoise sont
recouvertes par des couches de grès, inclinées vers l'est sous un
angle élevé. Au sud du village de Steffler, reposant sur ces dernières couches, s'élève un cône volcanique, formé de scories et de
pouzzolane, en partie sans cohésion, et en partie comprimées en
pépérino. Steffler est bâti sur une des couches de cette nature,
qui cependant, d'après leur inclinaison, ont évidemment été déposées par un torrent éluvial descendu d'une autre colline au
N.-E. du village, sur laquelle on voit encore un vaste cratère circulaire. A peu de distance, au S.-E., se trouve une petite *maar*, ou
cratère-lac.

Le village de Roth est bâti sur un courant de basalte provenant
du cône qui le domine, et qui a aussi émis une masse considérable

de lave vers le nord et l'ouest. Une petite caverne, qui est la bouche d'une profonde fissure dans un de ces courants, à mi-hauteur du cône, est célèbre par un de ces phénomènes fréquents dans les formations volcaniques. Le plancher de cette grotte était recouvert d'une épaisse couche de glace, un jour que je la visitai, à midi, par une très-chaude journée d'août. Pendant l'été, me dirent les paysans du voisinage, il s'en trouve toujours, tandis qu'en hiver, il n'y en a pas; mais, au contraire, les bergers s'y réfugient pour se réchauffer. Cette caverne est probablement l'entrée d'une de ces galeries voûtées que l'on rencontre si souvent sous les courants de lave en Irlande, à Bourbon et autre part. Si l'autre extrémité de cette galerie communique avec l'air extérieur à un niveau beaucoup plus bas, au pied du cône, par exemple, ou bien au point où le courant de lave s'arrête dans la plaine, il doit exister un courant d'air continuel de l'extrémité inférieure à l'extrémité supérieure. Dans son passage, cet air doit être complétement desséché, par suite des qualités absorbantes de la roche, dues peut-être à la présence de l'acide sulfurique ou chlorhydrique. Il en résulte, sur le plancher de la grotte, humecté par quelque filet d'eau superficiel, une évaporation suffisante pour le recouvrir en été d'une couche de glace, puisque plus l'air extérieur se trouvera raréfié par la chaleur, plus le courant d'air frais et sec, par conséquent l'évaporation, sera rapide. En hiver, ce courant, quoique moins rapide, se produit encore, et, prenant la température des roches qu'il traverse (température qui, d'après la profondeur de cette galerie, doit être la moyenne de ce climat), il doit sembler chaud, en comparaison de l'air extérieur, aux bergers qui viennent s'abriter à l'entrée de cette fissure.

Le cône de Roth se rattache à une plus petite colline qui se prolonge vers le Kyll, laquelle a donné naissance à trois ou quatre coulées distinctes de lave basaltique.

En approchant du Kyll du côté de Gerolstein, on est frappé de l'apparence d'un haut plateau formé de calcaire en couches horizontales, reposant sur le grès et borné par une bordure de falaises pittoresques et sauvages, avec un talus de massifs débris à leur base. Sur ce plateau s'élevaient quatre grands cônes volcaniques, indépendamment de petites éminences semblables. L'une a émis un courant de basalte qui descend le long des roches abruptes de calcaire, en une espèce de cascade, sur le côté occidental, occupe un petit fond, et, serpentant autour de la base de ces rochers, atteint le Kyll à Sarsdorf.

Les deux plus grands cônes de ce plateau se trouvent au N.-O. de Casselburg, ruine romantique, à 3 kilomètres environ au N. de Gerolstein. Le calcaire de Gerolstein est dolomitique et cristallin, et aurait, d'après Von Buch, acquis ces caractères particuliers sous les influences métamorphiques de l'action volcanique qui l'a évidemment travaillé sur plusieurs points, comme on peut le voir par les éruptions de lave et de scories qui ont eu lieu.

Autour de Rockeskill se voient des traces d'une autre formation de pépérinos semblables à celui de Steffler, paraissant prendre son origine dans la colline immédiatement derrière ce village. Plus au nord, le Waldsdorfer-Kopf s'élève en cône très-régulier; au pied s'étend un cratère, jadis un lac, aujourd'hui réduit à l'état de tourbière. Ce cône a émis un des plus importants torrents de lave du pays. La direction est vers l'ouest, et il atteint presque Hillesheim.

Arnsberg est un cône considérable complet, qui a, lui aussi, produit beaucoup de lave. A l'est de Waldsdorf s'étend le Drieser-Maar, large cratère, qui a été artificiellement desséché. On trouve des blocs d'olivine, souvent d'un poids de deux ou trois livres, gros comme la tête, dans les couches de débris qui forment les flancs de ce bassin. Une partie de ce rebord circulaire s'élève en cône vers le S.-O., et se rattache à une troisième colline audessus de Dochweiler, laquelle laisse voir à son sommet un cratère bien défini, d'où se sont échappés de puissants courants de basalte. La route, de ce point à Daun, laisse à droite trois ou quatre cônes considérables, près de Nerod et de Steinborn. Ils consistent en grande partie en lave qui s'est échappée de leurs flancs ou de leurs sommets et a inondé les niveaux environnants les plus bas.

A l'est de Daun, une couche massive et élevée de basalte, bordée de sections abruptes, dans lesquelles on peut distinguer une grossière configuration colonnaire, descend vers la ville, d'une plus haute éminence, à l'extrémité orientale composée de scories, accompagnée de traces de cratère. Cette éruption paraît être la moins récente de toutes celles du voisinage.

Au sud de Daun s'élève un groupe de collines qui paraissent, à mesure qu'on les gravit, n'être absolument composées que d'ardoise de greywacke, et dans lesquelles, par conséquent, on doit s'attendre à ne trouver aucune apparence d'action volcanique, lorsque, en atteignant le sommet, le voyageur se trouve subitement sur le bord d'un bassin profond et circulaire, foré à travers le greywacke par des décharges répétées de vapeur souterraine. Il y a trois de ces *maare*, alignées, dans une direction N. et S., en contact immédiat, le même bord formant la séparation mitoyenne de deux cratères. Les fragments dont sont formées les pentes environnantes consistent principalement en ardoise partiellement calcinée, et le reste en scories augitiques. Un gros rocher d'ardoise de greywacke, évidemment resté sur place, se projette du fond de l'un de ces bassins. L'eau, dans ces trois lacs, paraît avoir le même niveau, et il est probable qu'ils communiquent entre eux au moyen de fissures dans les roches intermédiaires. Un seul, la Schalkenmehrener-Maar, a un débouché visible, et il se trouve des indices de débâcles de trass dans cette direction.

A quelques milles plus loin au sud, on rencontre la Pulvermaar de Gillenfeld; c'est un bassin ovale magnifique, présentant exactement les mêmes caractères généraux que ceux décrits plus haut, mais remarquable surtout par ses grandes dimensions et son extrême régularité. Le rebord de fragments qui l'entoure est intact, et conserve presque partout un niveau uniforme d'environ 50 mètres au-dessus de l'eau. La profondeur du lac est de 100 mètres; ses flancs ont une pente intérieure de 45 degrés, et extérieure, de 35 degrés. Immédiatement au pied du cône de la Pulvermaar, au midi, s'élève une colline terminée par un cratère beaucoup moindre, avec un marais tourbeux au fond.

Encore plus au midi, entre le village de Strohn et de Trittscheid, est un cône double de grande dimension. Il a deux cratères considérables, tous deux ébréchés vers le N.-O. Celui du sud est vaste et circulaire, et rempli par une tourbière. L'autre a émis un courant de lave basaltique, qui, après avoir formé quelques mamelons assez importants dans la direction du N.-O., dirige son cours le long du lit d'un ruisseau voisin, vers le S.-O., et l'occupe même pendant trois ou quatre kilomètres, traversant la grande route de Coblentz.

Mais, sans contredit, le groupe d'orifices volcaniques qui offre le plus grand intérêt dans l'Eifel, est le Moseberg, auprès de Bettenfeld, avec le Meerfelder qui l'avoisine. Le Moseberg est l'une des plus hautes collines du pays. Sa base, d'une élévation considérable au-dessus de la plaine, consiste en ardoises et en grès. Le sommet en est formé par un cône volcanique triple, produit des déjections accumulées de trois petits cratères, distinctement séparés. Les deux cônes du nord sont entiers, mais réduits à l'état de marais tourbeux. Le troisième a été ébréché au S.-E. par une coulée de lave, d'un aspect tout à fait moderne, qui, s'échappant par cette brèche, descend la pente, en un torrent rocheux, jusqu'au lit de la rivière au-dessous.

La lave et les scories de ces cônes ont enveloppé une grande quantité de fragments à demi-fondus de grès et d'ardoise. Le cratère circulaire voisin, appelé la Meerfelder-Maar, est remarquable par sa grandeur et sa profondeur. Il a près d'un kilomètre et demi de diamètre, et, dit-on, plus de 100 brasses (190 mètres) de profondeur. Il a été creusé dans l'ardoise et le grès dévonien qui forment la base nord du Moseberg. Les roides talus qui l'entourent laissent voir sur plusieurs points d'abruptes sections de ces roches, partiellement recouvertes d'une couche légère de cendres, de pouzzolane, d'ardoise pulvérisée et d'autres fragments. Le fond de

25

cette cavité est occupé par l'eau à peu près au tiers de sa superficie, le reste est une plaine sur laquelle s'élève le village de Meerfeld.

Le point le plus méridional de ce district où l'on trouve des produits volcaniques, est dans le voisinage des bains de Bertrich, village situé au fond de la gorge profonde et étroite de la rivière Isbach, qui coule à quelque distance dans la Moselle.

Ici, une lave, qui s'est congelée en un basalte extrêmement dur, compacte et résistant, rempli de cristaux d'olivine et d'augite, paraît être sortie de crevasses dans le grès dévonien, sur trois ou quatre points voisins, tout à fait au bord de la pente rapide, ou plutôt du précipice, qui forme le flanc nord de la vallée. Très-peu d'explosions aériformes semblent avoir eu lieu, puisqu'il n'y a guère de scories, et que la petite quantité que l'on en rencontre, s'étend en couches *sur* la surface de la lave, autour des trois sources principales, et a dû par conséquent n'être rejetée *qu'après* l'émission de cette lave. A chacun de ces points s'élève un tout petit cône. Celui qui se trouve le plus à l'est, le Facherhohe, présente un cratère entouré de basalte recouvert de scories. De là, un courant de basalte peut être tracé sans interruption jusqu'au fond de la vallée, qui se trouve ici avoir une profondeur de 200 mètres, retombant en une solide cascade par-dessus les roches d'ardoise presque perpendiculaires.

Le cône suivant, appelé Falkenley, consiste en une masse de basalte recouvert d'une profonde couche de scories, et donne, lui aussi, naissance à un copieux courant basaltique, qui descend dans le lit de l'Isbach, qu'il envahit à quelque distance en aval et en amont. Le troisième point d'éruption présente deux petits cônes très-bas, entièrement formés de basalte scoriforme, et paraît avoir produit une lave insignifiante, que l'on peut retracer en partie depuis le ravin le plus proche jusque dans la vallée principale.

L'extrême facilité à se casser des scories de cette localité, surtout du Falkenley, est remarquable. Des fragments des couches de cailloux et d'ardoise du terrain dévonien, fondus en partie en se transformant graduellement en basalte, se trouvent enchâssés en profusion dans cette lave scoriforme.

Au fond de la vallée, il devient évident que le torrent appelé l'Isbach a coupé et même emporté la plus grande partie des courants de basalte qui autrefois remplissaient son lit à une grande hauteur, sur une étendue de 2 kilomètres au-dessus, et un peu moins, au-dessous de Bertrich. Aujourd'hui, il ne reste plus que des fragments de basalte sur les deux côtés du lit actuel, et surtout dans les concavités de la vallée, mais quelques-uns ont plus de 15 mètres de haut. La partie inférieure de ces blocs est régulièrement colonnaire, et les colonnes, souvent partagées par des joints, sont écartées de 6 pouces à 2 pieds. Là où elles ont été longtemps exposées à l'érosion causée par le torrent, ces colonnes paraissent formées de sphéroïdes grossiers et aplatis, empilés les uns sur les autres. C'est un exemple de la structure colonnaire divisée, passant à la structure globulaire. Une galerie voûtée, désignée sous le nom de la Cave à fromage, à 1 kilomètre environ de Bertrich, laisse voir cette structure dans toute sa perfection. Cette galerie a évidemment été jadis le lit du petit torrent qui la côtoie aujourd'hui, et qui a ainsi en partie usé les colonnes, jusqu'à les réduire à de simples piles de boulets.

Les éruptions de ces trois ou quatre orifices contigus furent sans aucun doute simultanées ou à très-peu de chose près. Leurs laves sont assez difficiles à distinguer les unes des autres, se réunissant toutes dans la vallée et le basalte présentant des caractères identiques. Il semble probable que les sources thermales de Bertrich doivent leur température modérée à leur infiltration à travers quelque masse de lave non encore refroidie dans l'intérieur des roches schisteuses, et occupant peut-être le prolongement des fissures à travers lesquelles ont été expulsées les laves.

On rencontre encore quelques orifices dans le voisinage d'Ulmen, de Kellberg, d'Adeneau et de Boos, qui rattachent cette contrée à celle d'Andernach. Je n'ai pas visité toutes ces localités, mais d'après celles que j'ai vues, et le récit que fait Steininger des autres, elles me semblent n'être que la répétition des moins intéressants des cônes et des *maare* dont il a déjà été parlé.

A tout prendre, quoique les vestiges des phénomènes volcaniques que l'on peut observer dans les provinces prussiennes de ce côté du Rhin, ouvrent, sans aucun doute, un vaste champ d'études intéressantes pour le géologue, cependant on ne peut guère les recommander comme des types de formations volcaniques à ceux qui, sans visiter d'autres débouchés de l'énergie souterraine, actifs ou éteints, pourraient chercher, dans le court intervalle entre Spa et Coblentz, à acquérir une connaissance générale des effets de ces agents naturels. Ils sont bien moins instructifs que ne le sont les formations analogues de l'Auvergne, du Velay et du Vivarais, où l'on peut retracer, sur une plus grande échelle, presque toutes les modifications possibles des phénomènes volcaniques. Dans les provinces rhénanes, tout est sur une faible échelle, et il semblerait que l'énergie volcanique a été amortie et entravée par la masse de couches de transition et secondaires qu'elle a eu à traverser, et peut-être aussi par la nature fragile de l'ardoise dévonienne, qui, fracassée et pulvérisée par les premières explosions aériformes de chaque éruption, a dû s'accumuler en grande quantité au-dessus de l'orifice et au dedans, de façon à arrêter l'activité. Cependant, ils valent la peine d'être étudiés, et comme je ne sache pas qu'il en existe aucun tableau complet, j'espère que l'on m'excusera d'en avoir parlé avec quelques détails.

Un des petits cratères de l'Eifel supérieur, dont je n'ai pas encore parlé, est celui de Rodderberg, sur la rive gauche du Rhin, immédiatement au-dessus du rocher basaltique bien connu de Rolandsek. Le cratère, comme tant d'autres du voisinage, a été creusé à travers des couches hautement inclinées d'ardoise et de conglomérat de quartz, et ses bords sont jonchés de fragments à demi fondus de ces roches, aussi bien que de scories, de lapillo, de cendres et de bombes volcaniques. Le basalte de Rolandsek semble si intimement se rattacher à ce cratère, que je le crois contemporain et même émis de ce même cratère dans un état de liquidité imparfaite, ce qui l'a fait adhérer au flanc de la montagne, comme la cire ou le suif adhère au côté d'une chandelle qui *goutte*, et s'y coaguler en roche en forme de contre-fort. Il n'est cependant pas impossible que cette lave ait pu s'étendre à quelque distance dans le lit même du Rhin et en endiguer les eaux pendant quelque temps, puis disparaître par l'érosion.

Le Siebengebirge. — Sur la rive droite du Rhin, s'élèvent sept collines, toutes volcaniques ; le Drachenfels est la plus rapprochée du fleuve et la plus remarquable. C'est une masse élevée, en forme de dyke, de trachyte à grain grossier, contenant de gros cristaux de feldspath vitreux, et très-semblable au trachyte du Mont-Dor et à la dômite. On le voit étendre sur la formation de lignite (*braünköhl*) ; il date donc probablement de l'époque tertiaire moyenne.

Il est, en outre, accompagné d'un conglomérat de ponce, peu différent du trass qui se trouve sur le côté opposé du Rhin. Dans son état de décomposition partielle, il ressemble à l'argile, et on l'emploie sous le nom de *backofenstein*, comme pierre réfractaire pour les fours, etc. Les autres collines du groupe sont principalement basaltiques, mais il y a des endroits où une classe de roches passe graduellement dans l'autre. Les laves du Siebengebirge paraissent avoir été expulsées dans un état de consistance considérable, de manière à s'accumuler en mamelons ou en collines, en forme de dômes, au-dessus de leurs sources, au lieu de couler en courants, ou de s'étendre en larges plateaux, comme font les laves plus liquides. La surface des laves basaltiques paraît généralement crevassée par des fissures de retrait en un grossier chaos de blocs prismatiques, plus ou moins cellulaires. Il n'y a point de traces de cratères, ni aucun cône de cendres pour attester le site des explosions aériformes qui ont probablement accompagné l'expulsion de ces laves massives. Le contraste du caractère général de développement de l'activité volcanique est vraiment remarquable entre les deux rives du Rhin. Sur la rive occidentale, les cônes de cendres et les cratères, provenant d'explosions aériformes, sont nombreux, comme je l'ai déjà dit, tandis qu'au contraire, des roches massives de lave sont rarement visibles. Sur la rive orientale, les laves trachytiques ou basaltiques abondent, mais point de cônes ni de cratères. Il faut attribuer cette différence principalement au grand degré de dénudation qu'ont subie les formations primitives.

Le Westerwald. — Le groupe du Siebengebirge est prolongé, et ses formations caractéristiques sont répétées, dans cette longue rangée de collines volcaniques, qui consiste en partie en trachyte et en greystone, mais principalement en diorite et en basalte. Ces roches forment des masses qui recouvrent, et des dykes qui pénètrent les couches secondaires. Elles sont accompagnées de ponce, de conglomérats, de scories et de trass. A l'extrémité orientale, la chaîne du *Vogelsgebirge* continue la ligne volcanique, en un groupe massif de mamelons et de plateaux basaltiques, sur une superficie d'au moins 80 kilomètres carrés, résultant des nombreuses éruptions répétées à travers le grès bigarré (*triass*) aussi bien qu'à travers quelques couches d'eau douce (époque miocène), formant le dessus de la formation de Mayence. Les roches provenant de ces éruptions ont ici partiellement dérangé et bouleversé les couches. Parmi ces masses volcaniques, celle du *Münsterberg* est remarquable par son volume.

Il y a quelques apparences de cratères-lacs dans cette région, et des dépôts considérables de scories et de cendres; ces dernières prennent souvent le caractère du trass.

Plus au nord et à l'est, sur les confins de la Bavière et de la Hesse, on rencontre de nombreuses éminences de roche volcanique, chacune sans doute indiquant l'emplacement d'un orifice indépendant. Une de ces éminences, le *Meisner,* imposant plateau de basalte, recouvre le lignite, qui, en quelques endroits, s'est converti en anthracite. Sur le *Blaue Koppe,* on voit s'élever le basalte en dykes massifs, à travers le grès de Bunter (*Buntersandstein*). Auprès de Cassel, une chaîne élevée, appelée le *Habichtswald,* se compose de basalte, de lave scoriforme et de pépérino, reposant aussi sur le lignite et les couches calcaires de la formation d'eau douce ou miocène.

Vient ensuite, vers l'est, le *Rhongebirge*, chaîne de montagnes auprès de Fulda, qui laisse voir des masses considérables de basalte et de clinkstone, souvent hautement scoriformes, ou passant à la perlite, comme auprès de Cobourg. D'après le professeur Leonhard, l'action volcanique semble remonter ici à une époque très-moderne. Dans le *Thüringerwald*, on remarque une forte protrusion de porphyre rouge et noir. Sur la frontière N.-E. de la Bohême, d'Egra à Pahstein, le *Fichtelgebirge* est bordé d'une série de cônes qui ont percé le grès de Keuper. Quelques-unes de ces roches sont de date ancienne, mais on trouve aussi des indices d'éruptions très-récentes, au *Kammersberg*, par exemple, près d'Egra. Les sources extrêmement chaudes de Carlsbad, dans le voisinage, indiquent que l'influence volcanique est encore en activité à une faible profondeur au-dessous de la surface.

D'Egra à Tœplitz, et de là au *Riesengebirge* en Silésie, s'étend une autre chaîne de nombreuses collines de basalte et de clinkstone, dans une direction presque parallèle à la rangée primaire de l'*Erzgebirge* saxon. Près de Tœplitz, le basalte et le clinkstone composent une série de hautes collines, et sont accompagnés de couches de tuf alternant avec du calcaire tertiaire. D'après Ehrenberg, on peut voir, auprès de Franzenbad, une vallée en forme de cratère, mesurant 6 kilomètres et demi de diamètre, et contenant un petit cône central volcanique, appelé *Kammerbuhl*. Les scories et la lave cellulaire abondent dans le *Mittelgebirge*, et contiennent de la leucite. A l'est de l'*Erzgebirge* se trouve une autre rangée de montagnes basaltiques, décrite par Daubuisson, affectant principalement la forme de hauts plateaux, reposant sur le granit, le gneiss ou le mica-schiste. Une de ces collines, le *Stolpen*, a été longtemps notée pour l'extrême régularité de sa structure colonnaire. C'est le district que Werner a principalement étudié, et dans lequel il s'est imbu de cette doctrine si longtemps et si opiniâtrément maintenue, de la précipitation du basalte d'une dissolution aqueuse.

Passant de la Saxe à la Lusace, on rencontre la continuation de cette chaîne, avec quelques interruptions, sur quelques points s'étendant en larges plateaux et sur quelques autres s'élevant en cônes isolés. Dans le *Riesengebirge,* le basalte, basé sur le granit, atteint une hauteur de 4,660 pieds au-dessus de la mer. Plus à l'est, une série de cônes basaltiques s'étend de l'Oder à Falkenburg, jusqu'à Troppau, et de là à Freudenthal en Moravie. Ici, au nord d'Olmütz, on trouve des indices d'éruptions comparativement récentes, sur une colline appelée le *Raudenberg,* où le basalte et les scories rouges et noires paraissent aussi fraîches que celles du Vésuve, ainsi que plusieurs cavités en forme d'entonnoir, que l'on peut considérer comme des cratères. Encore plus loin, toujours à l'est, sur la frontière de Hongrie à Banow, se trouve une petite formation volcanique, décrite par le docteur Boué, comme un cône de clinkstone gris, contenant de la hornblende, et présentant des pores allongés dans le sens de la verticale; c'est donc probablement un dyke, ou le noyau d'un orifice volcanique (1). Ainsi, il paraît qu'il existe, traversant le centre de l'Allemagne, dans une direction presque parallèle à la chaîne centrale des Alpes lointaines, une bande presque non interrompue de cônes et de plateaux basaltiques, produit d'éruptions datant, pour la plupart, de la Pliocène, ou époque tertiaire moderne, et même, sur quelques points, d'éruptions plus récentes. Et comme cette même bande est sujette à de fréquents tremblements de terre, et possède plusieurs sources chaudes, il est possible qu'il existe encore au-dessous d'elle de la matière volcanique dans un état loin de l'inactivité.

Hongrie. — Une autre série de roches volcaniques, peut-être encore plus remarquables, se voit le long du flanc sud de la chaîne granitique qui sépare la Hongrie de la Gallicie, sur le bord septentrional de l'immense plaine marécageuse, jadis, sans aucun doute,

---

(1) Je dois la plupart de ces détails au docteur Daubeny, car je n'ai pas visité cette région.

un vaste lac, aujourd'hui desséché par la Theiss et le Danube, et leurs tributaires, par la gorge de la Porte-de-Fer, près d'Orsova. La plus grande masse de ces matières expulsées est trachytique. Elles ont été décrites avec beaucoup de détails dans le volumineux ouvrage de M. Beudant. Selon lui, il existerait cinq centres indépendants d'éruption, ou montagnes volcaniques, savoir : celle de Schemnitz, celle sur la rive septentrionale du Platten-See, et trois autres immédiatement au-dessous du flanc sud-ouest des Carpathes. Il y a aussi des blocs moins importants, disséminés entre ces masses principales. Les principaux groupes trachytiques consistent en plusieurs collines plus ou moins distinctes, et en forme de dôme, composées de diverses variétés de roches. M. Beudant classe ainsi ces diverses variétés :

1° Trachyte proprement dit;

2° Porphyre trachytique;

3° Perlite;

4° Porphyre meulier;

5° Conglomérat trachytique.

D'après la description de ces roches, combinée avec l'examen de la belle collection dont il a enrichi l'École des Mines de Paris, je n'éprouve aucune difficulté à reconnaître que les deux premières classes sont identiques avec les variétés habituelles dans les trachytes bien connus du Puy-de-Dôme et du Mont-Dor. La troisième classe présente le caractère de la perlite ordinaire, telle qu'on la trouve dans les îles Ponza, Lipari, la Sardaigne, les Cordillères, et dans d'autres localités. Comme elle, cette classe présente une structure *rubanée* et lamellaire, passant au trachyte cristallin. La quatrième classe, un trachyte siliceux et friable au plus haut degré, trouve aussi son analogue dans les îles Ponza et dans plusieurs volcans de l'Amérique du Sud. La cinquième classe enfin, celle des conglomérats, se compose de déjections fragmentaires et de matières éluviales, principalement de tufs de ponce, communs à tous les volcans trachytiques, disposés de la manière ordinaire sur les pentes les plus basses, ou autour de la base des montagnes, qui consistent elles-mêmes, pour la plupart, en laves et en matières expulsées qui n'ont pu s'écarter loin de l'orifice central. Quelques-uns de ces conglomérats sont interstratifiés de couches marines de la Miocène, ce qui permet de deviner l'époque de l'activité de ces volcans (voir p. 174 et suivantes).

Malheureusement, M. Beudant, peut-être n'ayant pas une idée bien définie des lois de l'action volcanique, ou de la disposition normale des matières expulsées, ne donne que peu de renseignements sur la structure de ces importants groupes trachytiques. Je puis cependant découvrir, d'après ses descriptions, qu'il doit y avoir existé, pendant longtemps, au moins cinq volcans vomissant des laves trachytiques d'une fluidité très-imparfaite, qui ont dû, par conséquent, s'accumuler en mamelons bombés ou en couches massives dans le voisinage immédiat de leur source, entourées par des conglomérats éluviaux entraînés par les torrents qui accompagnent ou suivent les éruptions, et que ces montagnes ont depuis subi un grand degré de dénudation. Il ne paraît pas que l'on ait encore pu distinguer des traces de cratères dans ces carcasses de volcans; mais je crois que, sur place, il ne serait pas difficile de reconnaître les centres habituels de l'éruption et de remonter les masses trachytiques jusqu'à leurs sources respectives. Le trachyte de Hongrie se distingue de celui de tous les autres pays, en ce qu'il contient de l'or (sulfure d'argent aurifère) en deux ou trois endroits, ainsi que plusieurs belles variétés d'opale. Le diluvium (*loess*) du bassin du Danube est rempli de cendres trachytiques.

Ces formations trachytiques de la Hongrie se continuent plus loin, au S.-E., jusqu'en Transylvanie, où l'on peut distinguer quelques cratères, dont quelques-uns sont à l'état de solfatares en activité.

Styrie. — Le docteur Daubeny donne la description et le croquis d'une section d'une haute colline conique, auprès de Friedau en Styrie, nommée le *Gleichenberg,* formée de couches de tuf augitique, avec des plaques argentées de mica, disposées en mantelet, sous un angle très-élevé, autour d'un noyau central de trachyte. Le basalte se montre aussi au-dessous du tuf, et le tout repose sur des marnes tertiaires, dénuées de matières volcaniques. Le docteur Daubeny, partisan de la doctrine du soulèvement, en voit naturellement ici un exemple. Pour moi, je pense que c'est là un volcan augitique ordinaire, dont le dernier cratère central a été comblé par l'éruption d'un gros mamelon de lave trachytique imparfaitement liquide ou semi-solide.

District du Levant ou de la Méditerranée orientale. — La bande volcanique trans-européenne, que nous avons suivie jusqu'ici, peut être considérée comme prolongée depuis la Hongrie, par le Danube, la Servie et la Roumélie, le long des côtes méridionales des Balkans jusqu'aux rives de la mer Égée et le Bosphore, d'où elle passe en Asie Mineure. Sur ce parcours, on rencontre une quantité de groupes de collines trachytiques, dont le cratère général a une grande ressemblance avec celui des collines de Hongrie. M. Boué en donne la description dans son ouvrage sur la Turquie d'Europe. Quant aux roches ignées du Bosphore de Thrace, la meilleure description que nous en possédions est celle que donne M. Strickland, dans les *Transactions de la Société géologique de Londres* (vol. V, 2ᵉ série). Elles traversent des couches de la Miocène, aussi bien que des roches plus anciennes, et consistent en trachytes et en conglomérats correspondants, intersectés par des dykes de clinkstone et de basalte, ce dernier souvent colonnaire. De légères veines de calcédoine pénètrent le conglomérat. Sur quelques points, les roches sont teintes en bleu et en vert par la présence du cuivre; de là, le nom de Cyanées, donné aux Symplégades. Puisque nous trouvons ces masses volcaniques formant les deux rives de l'entrée du Bosphore dans la mer Noire, il est difficile de ne pas croire que leur éruption a été contemporaine de la formation de cette espèce de gorge, par laquelle se sont répandues les eaux de la vaste mer intérieure, qui, jadis, a certainement recouvert cette superficie déprimée de l'Asie centrale et de la Russie orientale, aujourd'hui desséchée jusqu'aux bas niveaux des lacs salés de la mer Caspienne, d'Aral, etc. Une telle révolution dans la géographie physique d'une si énorme étendue de pays (plus de 4 millions de kilomètres carrés) a pu fort bien s'effectuer par un seul tremblement de terre, ou soubresaut éruptif, déchirant l'isthme qui barrait le Bosphore, lequel semble avoir jadis réuni l'Europe et l'Asie.

Cependant, ce n'est pas au seul Bosphore que s'applique cette hypothèse. Les îles de Lemnos, d'Imbros, de Samothrace, de Ténédos, et d'autres dans la mer Égée, près du détroit des Dardanelles, sont aussi d'origine volcanique, leurs éléments constitutifs étant du porphyre de pechstein et de la ponce. Une vaste surface de porphyre augitique forme la côte de la mer de Marmara jusqu'au mont Olympe, près de Brousse.

La Troade. — Au sud de l'Hellespont, les montagnes entourant la plaine de Troie offrent plusieurs traces d'action volcanique dans des sources chaudes, des masses de trachyte, de clinkstone, de basalte, et leurs tufs respectifs, surtout près d'Ænéé, Asso et Mantosia. On rencontre encore des roches trachytiques au nord et au sud de la baie de Smyrne, plus modernes qu'une formation calcaire lacustre qu'elles ont pénétrée et inondée en nappes horizontales étendues. Plus au sud, à Budrum, l'ancienne Halicarnasse, s'élèvent plusieurs hautes collines, composées de trachyte et de conglomérat de ponce.

L'Archipel. — Presque sur le même parallèle que ces derniers points d'énergie volcanique, se déroule une chaîne d'îles volcaniques dans la mer Égée méridionale : Pathmos, Cos, Nisyros, Santorin, Policandro, Milo, Argentière, et plusieurs autres petits îlots; et, auprès de la côte du Péloponèse, Poros, le promontoire de Méthone, et l'île d'Égine. Le professeur Forbes nous a donné une description, non-seulement de *Pathmos*, mais aussi de plusieurs autres îles voisines, qu'il considère comme étant d'origine volcanique récente. *Nisyros*, d'après ce qu'en dit le docteur Ross, paraît être une île circulaire, avec un vaste cratère central, d'une profondeur de 600 mètres, entouré de rochers à pic, encore à l'état de solfatare, et donnant naissance à des sources chaudes. On peut retracer des ruisseaux de lave, rayonnant du bord du cratère, de tous les côtés jusqu'à la mer, dans laquelle ils font saillie en guise de promontoire. Cette île fournissait des meules à moulin en lave cellulaire (trachyte meulier) aux Grecs du temps de Strabon.

De *Santorin* et de ses îlots adjacents, il a déjà été parlé dans un chapitre précédent (voir p. 201). La formation du grand cratère, maintenant presque entièrement entouré par trois îles en croissant, Thera ou Santorin, Therasia et Aspronisi, remonte sans aucun doute à une époque anté-historique. Mais la naissance de deux des petites îles centrales, appelées la *Grande* et la *Petite Kaïmeni*, semble avoir été plus ou moins vaguement mentionnée par Pline, Justin et quelques autres, surtout en ce qui concerne Hiera, ou la grande Kaïmeni. Les deux autres sont connues pour avoir été formées par les éruptions de 1573 et de 1707. Elles sont toutes incontestablement les sommets d'autant de petits cônes qui, de temps à autre, ont été produits de l'orifice principal du volcan dans le centre du grand cratère formé par un paroxysme.

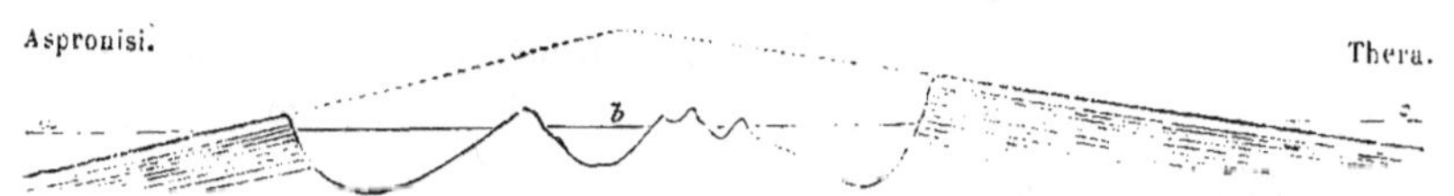

Fig. 75. — *a*, *b*, *c*, Niveau de la mer. — La ligne ponctuée indique la surface présumée du volcan avant l'éruption qui forma le cratère.

Les îles environnantes laissent voir des roches à pic vers l'intérieur. D'un autre côté, leurs surfaces, aussi bien que les couches irrégulières de trachyte, de tuf et de cendres, surtout de ces dernières, dont elles se composent, s'inclinent toutes extérieurement, sous la pente graduelle ordinaire de 20 à 10 degrés. Quoiqu'elles soient souvent citées comme exemples de soulèvement volcanique, il ne s'y trouve rien qui justifie la conclusion que ces couches aient été formées autrement que de la manière normale, c'est-à-dire, par l'accumulation autour d'un orifice habituellement en éruption. Le trachyte se compose des variétés ordinaires, contient des cristaux de feldspath vitreux, et se transforme quelquefois en pechstein et en obsidienne. Le professeur E. Forbes trouva des portions de fond vaseux, contenant des coquilles modernes de la Méditerranée, attachées à la lave scoriforme de quelques endroits de la petite Kaïmeni. Ces coquillages avaient évidemment été élevés avec elle, lors de son émersion, à peu de profondeur au-dessous de la surface de la mer. Dans quelques parties de l'ancien cratère cependant, entre ces îles centrales et les remparts voisins, on n'a pu atteindre le fond. Les indigènes assurent que des bruits souterrains se font encore entendre, et que des vapeurs sulfureuses s'élèvent de temps en temps dans cette enceinte, ce qui démontre l'activité non interrompue du foyer volcanique.

Argentière et *Milo* sont trachytiques, ayant quelques couches tertiaires, fort altérées par les vapeurs acides. Le trachyte, dit-on, est par endroits hautement siliceux, ressemblant probablement à celui de Ponza, dont il a déjà été question. On y trouve une terre blanchâtre, appelée Cymolite (de l'ancien nom de l'île, Cymolis), contenant 63 pour cent de silex, qui forme un important article de commerce par son emploi dans le dégraissage des laines. C'est probablement le résidu de la lave trachytique, décomposée par les vapeurs acides, après que la plus grande partie de l'alumine a été lavée par les pluies.

L'île de *Poros*, sur la côte d'Argolide, se compose en partie de calcaire et en partie de trachyte, alternant avec des couches de cendres de ponce. Près de là se trouve le promontoire de *Méthone,* qui, sur l'autorité d'un texte des *Métamorphoses* d'Ovide, a été adopté par Humboldt et d'autres, comme le type du soulèvement subit en forme de vessie. Il consiste en un groupe de pics et de mamelons trachytiques, dont le plus élevé atteint 660 mètres au-dessus de la mer, réunissant les variétés ordinaires des roches, poreuses ou domitiques, porphyritiques, siliceuses et compactes, altérées en partie par les vapeurs acides, sans exclure les conglomérats ordinaires. Quelques-unes de ces laves trachytiques sont d'une date plus ancienne que les couches tertiaires auxquelles elles s'associent; d'autres sont plus modernes, car à l'extrémité occidentale de la Péninsule, on rencontre beaucoup de scories noires et de lave scoriforme, semblables, par leur aspect moderne, aux roches de la petite Kaïmeni, et, par conséquent, indiquant le site de l'éruption dont parle le poëte (1). Il ne se trouve dans cette description rien qui indique aucune dérogation au mode ordinaire d'émission des laves trachytiques d'une liquidité imparfaite, et par conséquent s'accumulant en masses volumineuses au-dessus de l'orifice d'expulsion (voir p. 132 et suivantes).

Asie Mineure. — Revenant au continent asiatique, nous trouvons, d'après la relation de M. Hamilton et de M. Strickland, une seconde série de roches volcaniques, traversant l'Asie Mineure presque de l'est à l'ouest, depuis le golfe de Smyrne, le long de la vallée de l'Hermus. La région la plus remarquable de cette bande volcanique est celle qui, d'après son caractère général moderne, était appelée par les anciens *Katakekaumène,* ou *Pays brûlé.* Cette région est en plusieurs endroits l'exacte répétition de l'Auvergne, ses volcans s'étant fait jour à travers des couches de marnes lacustres tertiaires, dont ils ont inondé la surface de nappes basaltiques. Comme dans l'Auvergne, les époques respectives de ces éruptions sont indiquées par les hauteurs relatives auxquelles les plates-formes basaltiques surplombent les vallées, qui ont été lentement creusées par les pluies et les rivières seules, depuis les époques où ces laves ont pris leur position actuelle. M. Hamilton admet trois périodes d'éruption; les laves de la période la plus moderne s'élèvent à 24 mètres au-dessus du fond actuel de ces vallées; celles de la période la plus ancienne à 240 mètres, et celles de la période moyenne à 60 et 90 mètres. Les plus modernes peuvent être retracées jusqu'aux bords du cratère de cônes d'un aspect tout récent, et la surface de ces laves modernes est raboteuse, vitrifiée et dénuée de toute végétation. Le nombre des cônes de cendre restants est de trente à quarante. Ceux qui appartien-

(1) Virlet, *Expéd. scientifique,* 1837.

nent aux laves anciennes ne sont plus qu'à l'état rudimentaire; mais les plus récents sont aussi entiers que les derniers formés sur l'Etna. Comme en Auvergne, de nombreuses sources calcaires, ou pétrifiantes, jaillissent dans le voisinage de ces points volcaniques, et ont produit une grande quantité de travertins.

Plus loin encore, dans l'intérieur de l'Asie Mineure, le grand plateau, au nord de la chaîne du Taurus, a été déchiré par une longue série d'éruptions. A Asiom-Kara-Hissar, et autour de Baiad, la roche volcanique abonde, présentant les divers caractères du phonolithe, du basalte, du trachyte, du tuf ponceux blanc, et de lave scoriacée et de cônes de cendres. Les carrières de marbre blanc cristallin d'Eski-Hissar, largement exploitées par les anciens Grecs, sont, d'après M. Hamilton, ouvertes dans du calcaire secondaire ordinaire, enveloppé dans le trachyte, et altéré par son contact avec la roche ignée.

Plus à l'est encore, un haut plateau, atteignant 1,200 mètres au-dessus de la mer, ayant un système fluvial propre, tributaire de quelques lacs saumâtres, et composé de marnes tertiaires marines et de roches volcaniques, principalement de tuf, alternées en couches horizontales, couvre une étendue mesurant 320 kilomètres de grand diamètre; de l'est à l'ouest sur ce plateau, s'élève un autre volcan remarquable, le *Hassan-Dagh*, à 2,400 mètres au-dessus de la mer. Il se compose principalement de trachyte et de ses conglomérats; mais à la base se trouvent plusieurs cônes de cendres, qui ont donné issue à des courants de lave noire vésiculaire qui s'est écoulée dans la plaine, et est évidemment d'origine moderne.

Près de ce volcan, au N.-E., s'élève la masse encore plus imposante du mont Argée, aujourd'hui l'*Ergish-Dagh*, cône isolé d'au moins 3,900 mètres, et entièrement volcanique. Le sommet, d'après M. Hamilton, consiste en brèche scoriacée, contenant des fragments de basalte et de trachyte porphyritique qui forment un mur de séparation entre deux immenses cratères ébréchés, ouverts, l'un au N.-E., et l'autre au N.-O., et couverts de neiges perpétuelles. De nombreux cônes de ponce et de lapillo s'élèvent sur les flancs de ce volcan, et sa base est entourée de courants de lave noire. D'autres courants considérables, en forme de levées, tant de trachyte que de basalte, rayonnent en tous sens (*Transactions de la Société géologique*, 2ᵉ série, vol. VI).

On trouve dans cette région les mêmes indices d'antiquité différente dans les formations volcaniques, que dans la Katakekaumène ; quelques-unes sont antérieures aux couches tertiaires (Miocène), d'autres leur sont contemporaines, et plusieurs éruptions datent certainement d'une époque récente. M. Hamilton pense que l'élévation des couches tertiaires du fond de la mer a dû être contemporaine d'une des périodes éruptives les plus anciennes de cette région. Cette élévation, cependant, a pu aussi bien avoir eu lieu dans l'intervalle écoulé entre deux ou plusieurs périodes volcaniques, pendant lequel ces soupapes de sûreté étant closes ou surchargées, n'ont laissé aucune issue à la dilatation des matières inférieures. Toute l'Asie Mineure est encore sujette à de fréquents et violents tremblements de terre ; mais, depuis des siècles, il ne s'y est manifesté aucune éruption.

Plus au S.-E., au fond du golfe d'Alexandrette, et au N. d'Antioche et d'Alep, on rencontre une autre grande région volcanique, d'un caractère tout à fait analogue aux précédentes.

Syrie. — En se dirigeant au sud vers la Palestine, on remarque encore beaucoup de vestiges d'action volcanique. La côte de Syrie est très-sujette aux tremblements de terre. Une de ces catastrophes, en 1759, détruisit, dit-on, vingt mille personnes, et épouvanta tellement les habitants du Liban, qu'ils durent quitter leurs maisons pour demeurer quelque temps sous la tente. La vallée remarquable, longue et étroite, suivant la direction du méridien, arrosée par le Jourdain et en partie occupée par le lac de Tibériade et la mer Morte ou lac Asphaltite, indique probablement le cours d'une profonde fissure volcanique. Sur leurs rives, on rencontre de la ponce, du bitume et du soufre, ainsi que des sources chaudes. La destruction traditionnelle de plusieurs villes de cette vallée a été très-plausiblement attribuée à l'action volcanique. Sur le côté S.-E. de la mer Morte, M. Legh a observé plusieurs cônes de scories et des cratères volcaniques. Rüsseger parle du côté occidental de la vallée du Jourdain, comme étant formé de roches de calcaire jurassique, traversé par de nombreux dykes et courants de basalte, et d'autres voyageurs disent que le pays entre le Jourdain et Damas est couvert de lave scoriforme, accompagnée de cônes et de cratères. Le lac de Tibériade est en partie encaissé dans le basalte, et un ruisseau de lave toute moderne, d'une lieue de largeur, s'y écoule du flanc d'une montagne, en partant d'une hauteur d'environ 300 mètres. La rivière qui dégage ce lac a creusé son lit à travers un autre courant de lave, qui a très-bien pu, en endiguant le cours de la rivière, être la cause de la formation du lac lui-même. Sur le bord oriental de la vallée d'Akabah, qui continue la vallée du Jourdain jusqu'à la mer Rouge, s'élèvent plusieurs cônes volcaniques. Si nous supposons que les laves de ces cônes ont encombré la vallée, et que le lit du Wady s'est élevé, à quelque époque reculée, dans leur voisinage, assez pour interrompre la communication du golfe d'Akabah avec cette vallée ; si nous admettons cette supposition, le bassin maritime ainsi isolé, ne recevant pas dans cette région aride, de ses tributaires, une somme d'eau suffisante pour compenser l'évaporation qu'il subit, se sera abaissé par degrés au niveau de l'extrême dépression actuelle de la mer Morte, qui est de 390 mètres au-dessous de la Méditerranée et de la mer Rouge.

Sinaï. — Dans la péninsule de Sinaï, selon Burckhardt, il y a plusieurs cratères et remparts de basalte cellulaire. Je n'ai pas connaissance que cette péninsule ait été explorée par aucun géologue compétent.

Mer Rouge. — La ligne méridienne d'activité volcanique dont nous venons de parler, peut être considérée comme se prolongeant le long de la mer Rouge elle-même, sur les côtes de laquelle (surtout sur celle d'Arabie) on a observé plus d'un volcan encore en activité. D'anciennes chroniques mentionnent des éruptions près de Médina, en 1254 et 1276 (*Cosmos*, vol. IV). Von Hoff trouva des laves poreuses au sud de la Mecque, en divers endroits, jusqu'à Damar, par 15° N.

Le Djebel-Tier, pic insulaire dans la mer Rouge (16° lat. N.), vomit continuellement de la vapeur, et consiste en une roche volcanique, ainsi que plusieurs îles voisines. Le promontoire d'Aden, en dehors du détroit de Bab-el-Mandeb, est entièrement volcanique. La ville d'Aden elle-même occupe, dit-on, le fond d'un cratère ébréché bien caractérisé, d'un diamètre de 2 kilomètres et demi, entouré de rochers à pic de 300 à 550 mètres de hauteur, appuyés sur des masses de roches volcaniques plus élevées encore. La tradition mentionne plusieurs éruptions sur ce point même, et des ruisseaux récents d'obsidienne, recouverte de ponce, semblent la confirmer. Si cela est, cette colonie peut craindre quelque danger.

Sur la côte africaine de la mer Rouge, les divers voyageurs mentionnent tant de points d'activité volcanique, que l'on peut en conclure qu'une exploration complète révélera l'existence d'une chaîne non interrompue de ce caractère, du N. au S. En Égypte, entre le Nil et la mer, on mentionne des montagnes vomissant de la fumée et du soufre. Dans la province de Kordofan, en Nubie, il existe une chaîne de collines entièrement composées d'obsidienne noire et vésiculaire. Les tremblements de terre y sont fréquents, ainsi que les rumeurs souterraines. Dans le Gondar et le Shoa, il existe beaucoup de basalte et de trachyte. Sur les côtes d'Abyssinie, de semblables indices d'énergie volcanique, active ou récente, ont été remarqués, aussi bien que dans l'île de Socotora, en face le cap Guardafui, dans laquelle s'élève un pic volcanique, appelé le *Jebel Hajier*, haut de 1,500 mètres.

On connaît si peu l'Afrique orientale, qu'il est impossible de dire si la ligne des soupiraux volcaniques se continue le long de la côte, mais cela ne paraît pas improbable, puisque la montagne couverte de neige de Keenia (1° 20′, lat. S.) est un volcan, d'après Humboldt (*Cosmos,* vol. IV), et que les cataractes du Zambèse

(16° lat. S.), d'après Livingstone, ont creusé leur lit à travers le basalte.

Revenant au N. de l'Asie Mineure, nous avons tout lieu de croire à l'existence d'une ligne d'action volcanique ancienne, mais aujourd'hui éteinte, s'étendant de l'ouest à l'est, depuis le Bosphore jusqu'à Samsoun, par l'intérieur, et, de là, le long de la côte, jusqu'à Trébizonde, Poti et Erzeroum. Trébizonde prend son nom d'une colline au sommet aplati (Trapezus) de trachyte, couverte de tuf et de sable volcanique rempli de cristaux cruciformes de hornblende (Hamilton). D'Erzeroum à Kars, et de là à Tiflis et Erivan, et même à travers presque tout l'espace au sud du Caucase, séparant la côte orientale de la mer Noire de la mer Caspienne, aussi bien que de la contrée entourant le lac Van et l'Ourmia, on voit prédominer les formations volcaniques. En outre d'abondantes roches de trapp, datant de l'époque crétacée, ou de couches tertiaires anciennes, on y voit encore de nombreux cratères-lacs circulaires, émettant des ruisseaux de lave et d'obsidienne, ainsi que plusieurs cônes de grandes dimensions, qui ont évidemment été en éruption depuis une époque très-ancienne, presque jusqu'aujourd'hui.

M. Dubois de Mont-Pereux, dans ses remarquables *Voyages* dans ces régions, donne la description de six principaux « amphi- « théâtres volcaniques, » savoir :

1° Celui d'*Akaltsiké*, s'étendant depuis Poti sur la mer Noire, vers l'est, jusqu'aux sources de la rivière Kour ;

2° Celui qui entoure le lac *Sevan;*

3° Celui d'*Arménie* qui comprend le grand et le petit *Ararat.;*

4° Celui du lac *Van ;*

5° Celui du lac *Ourmia*;

6° Celui de la « vallée volcanique » de *Kapan*, près de l'embouchure de l'Araxe, dans la mer Caspienne.

I. Le premier de ces systèmes, celui d'*Akaltsiké,* laisse voir beaucoup de tufs volcaniques en couches, interstratifiés de marnes et d'argiles marines tertiaires, ainsi que du basalte et du trachyte de la même époque. Ce dernier ressemble à la domite. M. Dubois donne encore la description et le dessin d'un vaste bassin cratériforme, à l'entrée de la vallée du Kour, contenant plusieurs cônes secondaires, avec leurs cratères, qui ont déversé d'abondants ruisseaux de lave augitique. Un d'eux contient un petit lac circulaire.

II. Le lac *Sevan,* au N.-E. d'Erivan, est entouré de collines d'origine volcanique, surtout sur sa rive S.-O., où une éminence considérable, ayant plusieurs cratères, a donné naissance à de nombreux courants de lave basaltique.

III. Au sud de la vallée plane de l'Araxe, sur les bords de l'Arménie, s'élèvent les deux cônes jumeaux, presque isolés, du *Grand* et du *Petit-Ararat.* Le Grand-Ararat, dont le pic s'élève à 5,200 mètres au-dessus de la mer, et à 4,290 mètres au-dessus de la plaine de l'Araxe, laisse voir de ce côté, selon Abich, un énorme cratère en fer à cheval, appelé la vallée de Saint-Jacques. Les roches entourant cette cavité démontrent que la structure intérieure de la montagne n'est qu'une succession de couches alternées, massives et irrégulières, de trachyte et de conglomérat. De ce côté, on n'aperçoit aucune lave moderne. Sur le côté opposé, au sud-ouest, la silhouette de la montagne est régulièrement conique; mais le flanc est entr'ouvert, depuis le sommet jusque vers le tiers de la hauteur, par une crevasse remarquable, bordée de remparts élevés de trachyte porphyritique. Le fond de cette crevasse est occupé par un courant rapidement incliné de trachyte, à section convexe, qui s'élargit en descendant, jusqu'à ce qu'il se termine en une rangée de roches abruptes vers le milieu de la pente de la montagne. Ces rochers sont bordés de courants plus récents d'une lave vitreuse noire, qui se sont écoulés de cônes de scories. Un grand nombre de cônes semblables sont parsemés sur le flanc de la montagne, depuis le haut jusqu'en bas; quelques-uns sont disposés en chaîne, et paraissent contemporains; tous ont des cratères, ébréchés pour la plupart, et ont donné naissance à des coulées prodigieuses qui, descendant jusqu'à la base, ont inondé les plaines des alentours. Les laves du côté sud sont pour la plupart basaltiques (*Dolérite*, selon Abich). Sur le côté du nord, vers Erivan, on voit plusieurs mamelons et plusieurs torrents considérables de trachyte sortir d'autant de cavités cratériformes, environnées de roches calcinées et noircies. Ces laves trachytiques ont dû être dans un état de liquidité bien imparfaite au moment de leur éruption, puisqu'elles se sont arrêtées sur le flanc de la montagne, à moitié chèmin de la base, et se terminent en brusques escarpements.

Abich donne un croquis intéressant du Grand-Ararat, pris du sommet du Petit-Ararat, dessin dans lequel sont indiqués ces caractères. (*Bull. de la Soc. de Géogr. de France*, sér. 4, t. I.) Sa description, cependant, est malheureusement obscurcie par son adhésion à la théorie du soulèvement. Il est surprenant que ses observations sur ce seul volcan ne l'aient pas désabusé de ce parti pris, car il semble impossible de réconcilier l'idée d'un soulèvement soudain de son noyau, en une ampoule creuse, avec l'expulsion postérieure, du sommet et des flancs, de ces prodigieux torrents de laves (trachytiques et basaltiques) qu'il décrit lui-même. L'accumulation de telles masses suffirait pour former la montagne entière.

Le Petit-Ararat touche au Grand, séparé seulement par une plaine unie ou col d'environ 800 mètres de largeur. Il a la figure d'une pyramide ou d'un cône très-régulier, tronqué au sommet par un cratère qui, toutefois, ne paraît pas avoir fait éruption dans les temps modernes. Sa roche lavique, d'après Abich, ressemble à l'andésite de l'Amérique du Sud.

Au nord-ouest de l'Ararat, vers Kars, Abich parle d'un vaste système volcanique, appelé le Tantoureck, à l'ouest de Bajazid, de deux grandes montagnes (*magnifiques cratères de soulèvement*), appelés *Sordagh* et *Aslanlydagh*, et d'autres «chaînes volcaniques, *Synak* et *Parlydagh*, entourant le lac élevé de Balykgoell. » Tous ces volcans sont visibles du Petit-Ararat, aussi bien que les vastes plates-formes basaltiques au delà de l'Araxe, au nord d'Érivan, probablement le système du lac Sevan.

Les courants de l'Ararat semblent s'être étendus à une distance de 175 kilomètres, d'après ce que dit M. Loftus. (*Quart. Jour. Geol. soc.*, vol. XI, p. 322.) Quelques-unes de ces laves sont de greystone leucitique ; il y a aussi beaucoup d'obsidienne et de ponce. Un cône volcanique de cette région, appelé *Suphan-Dagh*, de 3,000 mètres de hauteur, d'après sa description, a un cratère très-caractérisé à son sommet, et de nombreux ruisseaux de lave à la base. Plusieurs autres volcans coniques ont été remarqués par M. Loftus dans les environs du lac Van et du lac Ourmia.

Au nord de ce grand district volcanique s'élève, dans une direction est et ouest, la chaîne du Caucase, principalement composée de roches dévoniennes hautement soulevées, supportant d'une manière irrégulière des couches crétacées de chaque côté. De ses points culminants s'élèvent diverses masses volcaniques. Le *Kasbegh* et le *Savalan*, tous deux de 4,500 à 4,800 mètres, appartiennent à ce groupe. Le pic le plus élevé du Caucase, l'*Elburz*, d'une hauteur présumée de 5,600 mètres, a un cratère à son sommet ; ses laves sont principalement trachytiques. Plusieurs remplissent les vallées de formation récente, étant mélangées avec du trass et du tuf.

Quoique quelques-uns de ces volcans semblent avoir été en activité depuis la période géologique la plus moderne, il n'existe aucun document authentique de leurs éruptions. Cependant les sources chaudes sont nombreuses et les tremblements de terre fréquents.

Abich pense que les principales éruptions du Caucase se sont manifestées à l'aurore de la période humaine, puisque ses laves et ses tufs recouvrent des dépôts sédimentaires contenant des mytilus qui aujourd'hui remplissent la mer Caspienne (1). Quelques-unes des roches volcaniques de ce district sont cependant interstratifiées de couches tertiaires. D'autres sont encore plus anciennes, et peut-être contemporaines de l'élévation de la chaîne caucasique. Il est clair que cette énergie volcanique s'est continuellement manifestée ici sur une échelle colossale, dès l'époque la plus ancienne, et rien ne prouve qu'elle ait cessé pour toujours. Dans la contrée qui entoure l'Ararat surtout, les tremblements de terre sont fré-

____

(1) Abich, *Esquisses géologiques.*

quents depuis quelques années, et quelques-uns peut-être ont été
accompagnés d'éruptions. En l'année 341, on dit que les montagnes d'Arménie se sont entr'ouvertes en vomissant de la flamme
et de la fumée, et que ces phénomènes continuèrent pendant tout
le reste du siècle. Dans le huitième, on cite une obscurité totale de
quarante jours, ce qui semble indiquer la présence de nuages de
cendres volcaniques. En 1841, un violent tremblement de terre
ébranla les deux Ararats jusque dans leurs fondements, faisant
rouler d'énormes rochers de leurs sommets, avec des avalanches
de glace et de neige, jusque dans les vallées en bas. La secousse se
fit sentir avec beaucoup d'intensité dans les provinces voisines
aussi loin que *Shusa* et *Tabriz* d'un côté, et Tiflis de l'autre.

Aux deux extrémités du Caucase, vers la mer Caspienne à l'est,
et la mer d'Azof à l'ouest, comme aussi au sud de la partie centrale,
on trouve une région basse, sur laquelle sont éparpillés en quantité des volcans de boue, c'est-à-dire des cônes d'argile ductile et
onctueuse, formés par le dégagement continuel d'un gaz sulfureux
inflammable, et rejetant des flots et des grumeaux de boue liquide.
Quelques-uns de ces cônes ont 75 mètres de haut. Ces phénomènes
ont, selon toute apparence, continué pendant de longues périodes
et ont couvert une vaste étendue de terrains de leurs produits. Ils
sont certainement bien distincts de ceux des vrais volcans, puisqu'ils ne rejettent ni laves ni scories, ni aucune matière incandescente ; et la boue est même *froide* lors de son émission, quoique
le gaz, dont le violent dégagement opère cette émission, soit quelquefois enflammé.

Cette boue est souvent bitumineuse, et l'on extrait du pétrole de
puits creusés à travers un schiste bitumineux à Baku, sur la côte
occidentale de la mer Caspienne, dans le voisinage de quelques-
uns des volcans de boue. Le plus grand nombre des géologues
considèrent ces phénomènes comme entièrement distincts des
phénomènes volcaniques, et comme résultant d'une action chimique opérant à une faible profondeur au-dessous de la surface
sur les éléments constitutifs de certaines matières stratifiées.

D'autres, et notamment sir Roderic Murchison, qui a visité les lieux, sont d'avis que « ces phénomènes se rattachent à l'action ignée intérieure tout autant que les autres phénomènes d'éruption. » Il est certain que leur manifestation à chaque extrémité de la chaîne volcanique du Caucase, semble justifier cette opinion. Et il faut se rappeler que les phénomènes analogues du Macaluba, en Sicile, ont lieu dans un district peu éloigné du siége de grandes perturbations volcaniques. Si l'on suppose que l'hydrogène sulfuré qui se dégage en si grande abondance des soupiraux volcaniques, provient de grandes profondeurs à travers une fissure étroite et tortueuse, puis enfin à travers des couches de sédiment boueux au fond d'une mer peu profonde, ce gaz peut parfaitement arriver en contact avec l'atmosphère à une basse température et produire les effets décrits plus haut.

L'axe du Caucase peut être considéré comme prolongé à l'ouest sur la côte élevée méridionale de la Crimée, où le plateau crétacé a été percé sur plusieurs points et disloqué par l'éruption du greenstone, de la serpentine et du trapp. Les couches tertiaires reposent irrégulièrement sur ces roches et se trouvent mêlées avec des couches de cendres volcaniques, de pépérino, etc.; ce qui semble indiquer une action volcanique plus récente encore dans ce voisinage.

Au sud de la mer Caspienne, dans la chaîne de l'Elburz, montagne de la Perse, se trouve la haute montagne ignivome appelée le *Demavend*. M. Taylor Thomson en fit l'ascension en 1837, et en détermina la hauteur, qui est de 4,400 mètres, dont les 30 derniers ne sont qu'une masse de soufre pur, dans laquelle est une ouverture creuse n'émettant que de la vapeur sulfureuse. Autour de la montagne sont éparpillées des scories, de la ponce et des blocs de lave augitique. D'après M. Thomson, un côté de la montagne, vers la base, consiste en couches de grès et de calcaire datant de l'époque carbonifère, hautement inclinées dans le sens de l'axe du volcan.

On dit aussi que les formations volcaniques abondent entre Téhéran et Ispahan, aussi bien que vers Tabriz, en Perse; mais, jusqu'ici, nous n'avons sur elles aucune relation digne de foi.

L'Oural. — La grande chaîne méridienne de l'Oural, qui sépare l'Europe de l'Asie, s'abaisse jusqu'au niveau de la steppe des Kirghis, entre la mer Caspienne et la mer d'Aral. Le soulèvement de la série des couches sédimentaires qui compose la portion occidentale de cette grande chaîne, aussi bien que les plaines de la Russie d'Europe, semble s'être opéré par des éruptions répétées de nombreuses masses de trapp, syénite, greenstone, porphyre, augite, accompagnées de cendres et d'autres matières fragmentaires, d'une longue fissure, ou série de fissures, sur le côté oriental de l'axe central. Sir Roderic Murchison pense « que cette action éruptive s'est manifestée dès la période la plus reculée, » mais surtout à deux époques distinctes : « 1° après la formation « du calcaire carbonifère, » et « 2° après l'arrangement des couches « permiennes sur les arêtes disloquées et bouleversées des roches « anciennes. » Depuis ce moment, il admet bien des variations de niveau, mais sans explosion de roches ignées. Les éruptions volcaniques de l'époque tertiaire ont, selon toute apparence, été restreintes à la chaîne du Caucase qui traverse diagonalement l'extrémité méridionale de l'Oural (1).

L'Indoustan et l'Asie centrale. — On assure qu'il existe des indices d'action volcanique en Afghanistan et dans la vallée de Kachmyr, mais on manque encore de documents détaillés et authentiques. Le long du flanc méridional de l'Himalaya, à l'est de Jumna, les couches nummulitiques ou de la période éocène, qui atteignent ici une hauteur de 2,100 mètres, ont été percées par des éruptions répétées de laves trappéennes, telles que syénite, porphyre, greenstone, basalte amygdaloïde et cendres volcaniques, passant, comme il arrive souvent dans les trapps anciens, les uns dans les autres, et altérant les marnes et les grès avec lesquels ils se trouvent en contact. Ces phénomènes datent probablement de la période tertiaire ancienne, pendant laquelle la grande chaîne de l'Himalaya, aussi bien que ses prolongements, le Caucase et

(1) Voir *La Russie et l'Oural*, p. 586 et suiv.

les Alpes européennes, furent soulevées de plusieurs milliers de
pieds. Les lignes de fracture qui ont livré passage aux éruptions
sont parallèles à la direction des roches schisteuses et stratifiées
de l'Himalaya et de ses nombreuses inflexions. Dans quelques localités on rencontre des sources sulfurées et des dépôts de travertin.

La province de Koutch, au sud du delta de l'Indus, est certainement volcanique dans la plus grande partie. Selon le capitaine
Grant, le basalte compacte et cellulaire, accompagné de scories, y
abonde. Dans la chaîne de Doura est un volcan éteint, avec un
cratère irrégulier, que l'on dit avoir été en éruption en 1819, pendant qu'au même moment un formidable tremblement de terre
ébranlait la contrée voisine. On rencontre dans le voisinage d'autres indices d'éruptions récentes, qui peuvent aider à s'expliquer
les remarquables oscillations de la surface que l'on sait avoir eu
lieu sur une vaste échelle dans le district voisin appelé le *Runn*
de Koutch, surtout durant le tremblement de terre de 1819 (voir
les *Principes* de Lyell).

Dans la partie centrale et occidentale de la grande Péninsule
indienne, une vaste étendue de pays a été inondée par des laves basaltiques, qui alternent avec un dépôt d'eau douce généralement calcaire, datant probablement de la période éocène. Le basalte forme
des plateaux élevés de plusieurs centaines de kilomètres d'étendue, et semble avoir coulé à de grandes distances horizontales, en
nappes superposées, sur le fond de lacs tertiaires peu profonds.
On ne voit pas de quels orifices ces nappes se sont écoulées,
car on n'y peut découvrir de cônes ni de cratères. Le basalte est
souvent amygdaloïde, contient beaucoup d'augite, et sa structure
est plutôt nodulaire que colonnaire. Il a transformé plusieurs des
couches de sable sur lesquelles il repose ou dans lesquelles ont pénétré ses dykes, en jaspe et autres substances métamorphiques (1).

M. de Férussac et Humboldt ont réuni, d'après diverses sources

(1) Hislop et Hunter, sur le district de Nagpour, *Quart. Jour. Geol. soc.*, vol. XI,
p. 370. — Sykes, *Géol. trans.*, vol. II, 2e série.

historiques, des indices plus ou moins obscurs sur l'existence de volcans dans la Tatarie centrale et la Chine, entre l'Altaï et l'Himalaya. La grande chaîne est et ouest de Tiantschan, rattachant l'Altaï avec le Kuenlun, et par celui-ci, avec le plateau persan, serait principalement volcanique. Un volcan, appelé *Peschan*, est surtout cité comme vomissant perpétuellement « du feu et de la « fumée, et de la pierre fondue qui se durcit par le refroidisse-« ment ; » telles sont les expressions d'un annaliste chinois. Des flammes aussi s'élèvent d'une autre montagne appelée *Ho-Tekeou*, près de Tourfan, à 190 kilomètres plus à l'est. On récolte du soufre et de l'ammoniac dans ces montagnes, ainsi que sur l'Altaï. Mais on connaît si peu la géologie, et même la géographie, de cette partie de l'Asie, qu'il est inutile d'insister sur le peu de connaissances que l'on peut recueillir à ces sources. Il n'y a cependant aucun motif de mettre en doute les faits rapportés, qui sont surtout remarquables par la grande distance des volcans en activité, de toute espèce de mer. Ils appartiennent pourtant au grand bassin intérieur de l'Asie centrale, dont la majeure partie, dans des temps géologiques peu reculés, a été recouverte d'eau.

Volcans de l'Atlantique.

On peut retracer une ligne irrégulière de volcans, surgissant à de grands intervalles des profondeurs de l'Atlantique, depuis la côte nord-est extrême du Groënland, à travers les îles de Jan Mayen, l'Islande, Féroë, les îles occidentales de l'Écosse, le nord de l'Irlande, les Açores, Madère, les Canaries, les îles du cap Vert, l'Ascension, Sainte-Hélène, jusqu'à l'île Tristan d'Acunha, sous le parallèle du cap de Bonne-Espérance. Cette ligne suit presque la méridienne pendant 120 degrés de latitude, ou plutôt une parallèle approximative aux côtes d'Europe et d'Afrique qui bordent l'Atlantique.

Je me propose de mentionner ces divers sites d'éruption dans l'ordre où ils se présentent du nord au sud.

La côte orientale du Groënland est une formation volcanique sur plusieurs degrés de latitude ; ce sont des couches massives alternées de basalte et de conglomérat basaltique, qui composent ses roches, mais je crois qu'on n'y remarque aucun volcan en activité.

Dans l'île de *Jan Mayen*, par 71 degrés de latitude nord, Scoresby a observé deux volcans en éruption. Les laves sont basaltiques.

Islande.—Cette île considérable, à 6 degrés plus au sud, est remarquable par l'échelle étendue sur laquelle s'est développée son activité volcanique ; toute sa surface, qui est beaucoup plus vaste que celle de l'Irlande, étant exclusivement composée de roches volcaniques, et plus de vingt de ses montagnes ayant été en éruption depuis la période historique. A vrai dire, aucune région de l'Europe ou de l'Afrique ne peut lui être comparée sous ce rapport. Les seuls analogues qu'on puisse lui chercher sont sur les côtes orientales ou occidentales du Pacifique.

Les laves produites par les volcans d'Islande sont en partie trachytiques et en partie basaltiques. Probablement même, le plus grand nombre devrait être classé dans la catégorie intermédiaire du greystone. Quelques-unes sont entièrement vitreuses, c'est-à-dire composées d'obsidienne ou de pechstein. Comme cela arrive fréquemment dans les îles volcaniques, une grande partie de la surface consiste en plates-formes horizontales de basalte, laissant voir des couches répétées, l'une au-dessus de l'autre, et séparées par du conglomérat scoriacé, partout où a pénétré l'érosion, qui, en Islande, a créé une multitude de *fiords* semblables à ceux qui ont dentelé les côtes voisines granitiques de l'Écosse et de la Norwége. Probablement, ces énormes courants de lave basaltique ont coulé *sous* la mer, et depuis se sont élevés au-dessus, et ont craqué, sous la lente action des forces souterraines d'élévation. Ils forment les régions du nord-ouest et du sud-est de l'île. La région centrale ou intermédiaire est principalement, mais non exclusivement, trachytique. C'est dans cette région que l'on trouve le plus grand nombre de montagnes ignivomes qui ont été en éruption depuis les dix derniers siècles qu'embrassent les archives locales. Ces orifices en activité semblent rangés sur deux lignes parallèles, traversant l'île du nord-est au sud-ouest, et laissant une profonde dépression entre elles.

Comme l'on doit s'y attendre dans ces latitudes septentrionales, où rarement une éruption peut avoir lieu sans amener la lave fondue et les scories incandescentes en contact avec d'énormes masses de neige et de glace, une grande proportion des formations de l'Islande consiste en conglomérats, formés par la débâcle tumultueuse de torrents se précipitant des points d'éruption et entraînant des quantités de matières alluviales, dispersées confusément et en désordre dans les régions les plus basses, comblant certaines vallées et en creusant d'autres. Dans les conglomérats anciens sont des couches de *surturbrand*, une variété de lignite, ce qui peut faire supposer que la végétation a été jadis plus vigoureuse qu'elle ne l'est aujourd'hui dans aucune des parties de l'île, à moins que l'on ne suppose que le bois a été charrié par l'Atlantique, ce qui a encore lieu aujourd'hui sur une échelle considérable.

Les éruptions que l'on connaît se sont déclarées sur une vingtaine d'orifices ou davantage, tous sur différentes montagnes dans diverses parties du pays, principalement cependant dans les limites de la région centrale trachytique. L'Hékla peut-être a été le plus souvent en éruption, mais n'est pas le plus élevé, le sommet n'étant que de 1,463 mètres au-dessus du niveau de la mer. Ses laves sont pour la plupart hautement vitreuses, consistant quelquefois entièrement en ponce ou en obsidienne, selon que la roche est compacte ou vésiculaire. Les éruptions enregistrées de l'Hékla sont celles de 1004, 1137, 1222, 1300, 1341, 1362, 1389, 1538, 1619, 1636, 1693, 1766-8 et 1845. Depuis cette époque, il est demeuré au repos. Les éruptions d'autres volcans sont les suivantes : du Kotlugaja-Jokul, en 900, 1245, 1262, 1416, 1580, 1625, 1660, 1721, 1755, et 1860, époque de son dernier paroxysme. En 1340, une éruption éclata, près de Reikiavik, d'un volcan qui avait déjà été en activité de 1222 à 1240. En 1563, une éruption fut observée ayant lieu en mer à une grande distance de la côte occidentale. En 1716, une autre eut lieu dans le lac Grimwatn, et en 1720 et 1822, il s'en déclara d'autres sur l'Eyafialla-Jokul. De 1724 à 1730 le Krabla fut en violente éruption; l'Orœfa, en 1332 et 1362; le Trolladyngia, en 1150, 1188, 1359 et 1510; le Thringvalla-kraün, en 1510 et 1587. En 1783, l'éruption du Skaptar-Jokul éclata avec plus de violence encore. D'autres, de moins d'importance, sont aussi mentionnées dans les vieilles chroniques de l'île.

Ces diverses éruptions ont généralement été caractérisées par l'expulsion, durant plusieurs semaines ou plusieurs mois, par un orifice ouvert au sommet ou sur le flanc de la montagne, de vastes quantités de scories ou de ponce et de cendres fines, qui ont couvert la face du pays et ont même causé plus de tort aux habitants que n'en ont causé les coulées de laves, quoique celles-ci aient souvent été énormes. La dernière éruption de l'Hékla, en 1845, en est un exemple. Ce volcan avait été en repos depuis quatre-vingts ans. La montagne perdit dans cette éruption 500 pieds de sa hauteur, une portion égale du sommet ayant été dispersée par les explosions, et la coulée de lave qui s'en échappa atteignit une distance de 15 kilomètres, sur une épaisseur de 16 à 25 mètres. Sa surface, nous dit-on, est crevassée en blocs grossiers disposés longitudinalement. Les flancs des fumerolles sont revêtus de chlorhydrate d'ammoniaque en grande quantité, avec une forte proportion de chlorhydrate de fer (1). Les fumerolles du cratère continuent à déposer beaucoup de soufre.

Une des plus terribles éruptions modernes en Islande est celle du Skaptar-Jokul en 1783. Ses principaux phénomènes ont déjà été décrits dans un précédent chapitre (p. 83).

La dernière grande éruption en Islande est celle du Kotlugaja, en mai 1860; elle est décrite par le docteur Lauder Lindsay dans le Nouveau Journal philosophique d'Édimbourg (*Edinburg new philosophical Journal*) de janvier 1861. Ce volcan a été en éruption

(1) Descloiseaux, cité par Dufrénoy, 1840. *Mém. de l'Acad. des sciences.*

quinze fois depuis l'année 900. Son nom signifie « la grande fissure de Kotl, » et est dérivé d'une vaste fente ou *baranco*, formant une vallée profonde qui traverse l'épaule (1) nord-ouest de la montagne, dont le vrai nom est le Myrdals-Jokul. Le volcan n'a pas d'autre cratère que cette fissure, « qui, à la vérité, nous dit Lindsay, n'a été vue que de peu de personnes, et cela de loin, » tant sont inabordables, par les escarpements des roches, les environs de quelques-unes de ces hauteurs volcaniques.

Henderson appelle cet abîme un incommensurable cratère béant, distinctement visible à 105 kilomètres. Mais la neige, les glaces, la fumée et la vapeur en interdisent toute approche. Pendant une éruption du Myrdals Jokul, on dit que la montagne fut complétement fendue en deux. Telle fut sans doute l'origine de cet abîme cratériforme appelé depuis le Kotlugaja.

Les phénomènes caractéristiques de ces éruptions d'Islande sont ces torrents de glaces et d'eau bouillante,

> Avec eux entraînant les rochers et les pierres,
> Les arbres arrachés, les troupeaux, les chaumières,
> En tumulte roulant,   (HORACE.)

qu'ils détachent des montagnes, en couvrant ainsi de débris de vastes surfaces du pays. Le docteur Lindsay explique très-clairement le caractère de ces déluges de feu et de glace : « La chaleur volcanique fait fondre la partie du manteau glacé du Jokul qui se trouve en contact immédiat avec le sol ; son adhérence est atténuée, et il se forme une couche d'eau qui finit par la détacher entièrement et par faire flotter la glace supérieure le long des flancs de la montagne. » L'effet dévastateur de semblables déluges peut facilement se concevoir. Non-seulement ils entassent de vastes masses de conglomérat sur les plaines, mais encore déchirent et labourent la montagne de ravins de dimensions proportion-

(1) Expression et image analogues employées par Victor Hugo, *Crépuscule*, I, *in fine* :

> « La lave se répand comme une chevelure
> « Sur les épaules du volcan. »

nées, sillonnent, strient et polissent les rocs les plus durs sous des torrents de glaçons et de pierres roulantes, et prolongent de plusieurs kilomètres les rivages de la mer. Si nous ajoutons les épaisses averses de scories et de cendres qui tombent continuellement, pendant des jours entiers, des hauteurs de l'atmosphère dans laquelle elles sont lancées du fond du volcan, et les torrents de lave incandescente qui, jaillissant des entrailles de la montagne, se précipitent sur ses flancs avec les débâcles de glaces et d'eau, et couvrent plusieurs kilomètres carrés de nappes de roche solide, il est clair qu'il n'est guère possible d'imaginer dans toutes les forces de la nature de plus puissants agents de changement superficiel.

Au commencement de l'éruption du Kotlugaja en 1755, la terre elle-même oscilla comme une mer agitée, et l'océan subit la même commotion, au grand détriment de la navigation. Lorsque cette vibration eut duré quelque temps, une terrible détonation se fit entendre, et aussitôt du feu et de l'eau (de la neige fondue ou de l'eau des lacs) s'élancèrent par trois ouvertures dans le volcan. La colonne de feu ou de scories rouges s'élevait si haut qu'elle était visible à 320 kilomètres, et l'air était obscurci à la même distance par la fumée et les cendres. Cette éruption fut remarquable par sa coïncidence avec le grand tremblement de terre de Lisbonne. On dit qu'elle commença le 19 octobre 1755 et se continua jusqu'au mois d'août de l'année suivante. Le tremblement de terre de Lisbonne commença à neuf heures et demie du matin, le 1er novembre 1755, ou onze jours plus tard, divergence qui peut n'être qu'apparente, étant due sans doute à la différence des deux styles de computation. Si cela est, on peut supposer que le tremblement de terre de Lisbonne fut le signal qui déchaîna les feux de la grande chaudière d'Islande, ou plutôt qu'une même impulsion causa les mêmes phénomènes. Cette idée n'a rien d'invraisemblable, car on sait très-bien que les vibrations dans les lacs de la Suisse et les montagnes septentrionales de l'Écosse, à mi-chemin de l'Islande, prouvent la sympathie de ces divers points de la surface avec la commotion souterraine, dont le pivot central semble avoir été dans l'Atlantique, à l'ouest de l'embouchure du Tage.

La dernière éruption de ce volcan, en 1860, commença, comme d'habitude, par des ébranlements locaux; puis une épaisse colonne de vapeur et de cendres parut s'en élever, et des torrents d'eau, de glace, de roches et de lave roulèrent dans la vallée qui prolonge la grande gorge. La nuit, un jet de *boules* de feu ou bombes volcaniques, s'éleva à une hauteur de 7,200 mètres, au moins, puisqu'on la vit à 288 kilomètres en mer. Plusieurs de ces bombes furent vues et entendues éclatant à 160 kilomètres de distance. Il faut donc qu'elles aient été fort grosses aussi bien que lancées à une très-grande hauteur. Qu'elles aient éclaté à ce point, cela paraît fort probable, par le fait que l'on trouve près des orifices d'éruption des fragments ayant évidemment cette origine. Et si l'on suppose que la surface de la masse globulaire de lave liquide se consolide, à mesure qu'elle s'élève avec un mouvement rotatoire à une grande hauteur, il est très-probable que l'expansion des gaz arrivant dans l'atmosphère raréfiée à cette extrême hauteur est la cause de ces violentes explosions.

Les montagnes de l'Islande centrale consistent en grande partie en tuf palagonite, qui est un conglomérat trachytique particulier, stratifié, et souvent fissile comme les schistes argileux (comme le sont beaucoup de tufs dans d'autres pays) renfermant des fragments de trapp et d'autres roches amygdaloïdes, de la ponce, ainsi que des infusoires et de menus fragments de coquillages provenant sans doute de cratères-lacs.

Les courants de lave de l'Islande sont extrêmement raboteux à leur surface, et les bords de leurs cassures sont tranchants comme le verre. Ils présentent souvent des fentes longitudinales parallèles, causées probablement par l'affaissement irrégulier de la surface, à mesure que l'intérieur encore liquide s'écoule à des niveaux plus bas. Les grandes crevasses de la vallée du Thringvalla en sont le plus frappant exemple (voir p. 78).

J'ai déjà parlé des nombreuses sources bouillantes que l'on

rencontre dans diverses parties de l'île, dont les Geysers sont les mieux connues et les plus imposantes, mais nullement les seuls exemples. Dans un autre chapitre, j'ai insisté sur leurs phénomènes et leur origine probable. On sait que beaucoup des laves d'Islande sont remplies de cavités énormes, et le capitaine Forbes, un des derniers visiteurs du grand Geyser, dit que l'ascension et l'explosion des bulles de vapeur, dans quelque cavité souterraine au-dessous du bassin du Geyser, se manifestent par de fortes et fréquentes détonations qui font trembler le sol, et cela, pendant que l'eau du bassin se trouve au repos. Il est donc probable que c'est cette ébullition interne qui alimente de vapeur la cavité, jusqu'au point de surpasser, par sa tension élastique, le poids de la colonne d'eau dans le conduit, et de provoquer l'éruption de la façon indiquée à la page 150.

La montagne ignivome de Krabla, au N. de l'île, n'est connue pour être en activité que depuis 1724. Depuis cette époque, il s'est manifesté quatre éruptions observées, dont l'une produisit un torrent de lave vitreuse ou obsidienne de 15 kilomètres de longueur sur 7 à 8 de largeur. Le cratère est aujourd'hui à l'état de solfatare.

Dans le voisinage, aussi bien que dans d'autres parties de l'île, on rencontre d'immenses couches de soufre, évidemment les dépôts accumulés de vapeurs d'hydrogène sulfuré qui se dégage encore avec abondance des crevasses de rochers. Les couches de soufre alternent avec des couches d'argile blanche, provenant de la matière alumineuse du trachyte décomposé.

Le capitaine Forbes donne une intéressante description des grands dépôts sulfureux près de Kriswik, sur la côte méridionale, dans une région d'environ 40 kilomètres de long, recouverte de couches de terre et d'argile contenant de 15 à 60 pour 100 de soufre, sans compter de nombreuses et puissantes croûtes de soufre pur de 30 à 90 centimètres d'épaisseur. Au nord se trouve une région semblable, presque aussi abondante. Ces couches modernes de soufre éclaircissent singulièrement l'origine des dépôts analogues plus anciens que l'on trouve, en Sicile et dans d'autres pays, associés avec des couches de dépôts tertiaires.

La fiorite et le sinter (croûtes siliceuses) se trouvent abondamment déposés par les sources chaudes, ce qui fait supposer une origine thermo-aqueuse aux veines de quartz, métallifères ou non, si nombreuses dans les roches métamorphiques de tout âge.

Le capitaine décrit, à un endroit qu'il a visité, un cône de sable et de cendres, couronné par un parapet sombre et vitrifié de lave, ce qui le fait ressembler à une tourelle crénelée, d'un diamètre d'environ 200 mètres; il porte le nom significatif d'*Elborg*, ou *Forteresse de feu*. J'ai déjà parlé plus haut de l'origine de semblables « mitres de cheminées » (voir p. 67).

Iles Feroë. — Toutes les îles de ce groupe se composent exclusivement de plates-formes unies de lave basaltique, en couches superposées comme celles des régions du N.-O. et de l'E. de l'Islande. Elles semblent, comme ces dernières, appartenir à une époque très-ancienne. Elles sont probablement le produit d'éruptions sous-marines, et se sont depuis élevées au-dessus de l'eau. Aucun visiteur ne fait mention de traces de cônes ou de cratères. Une grande partie de la roche est amygdaloïde, ce qui démontre au moins que ces laves ne se sont pas produites à une profondeur en mer assez grande pour empêcher l'expansion de la vapeur contenue dans les vésicules. Dans la surface supérieure de ces rochers, les vésicules sont allongées dans une direction verticale; ce qui se voit ailleurs.

Les îles Britanniques septentrionales. — J'extrais de la *North British Review*, n° LXIX, l'excellente esquisse suivante :

« Pendant la période du dépôt des roches siluriennes infé-
« rieures, il existait plusieurs centres d'éruption dans le N. du
« pays de Galles, aussi bien que dans les comtés de Radnor, de
« Montgommery et de Shropshire, centres desquels furent expul-
« sés d'énormes courants de laves feldspathiques et de lourdes
« averses de cendres et de scories. Il existait aussi au moins un
« foyer d'action volcanique au nord de la Tweed. On pourrait peut-

« être encore en découvrir d'autres. De vastes nappes de lave s'é-
« coulèrent alors, accompagnées de pluies épaisses de cendres et
« de poussière. Ces matières se solidifièrent en talus et en col-
« lines, qui forment aujourd'hui les chaînes d'éminences les plus
« considérables de la contrée, telles que les Sidlaws, les Ochils,
« les Campsies, les Pentlands et les collines de Kilpatrick et de
« Renfrew, qui s'étendent jusque dans l'Ayrshire. Dans le Cum-
« berland, il y a aussi des traces d'action volcanique contempo-
« raine. Pendant la période carbonifère, les forces souterraines
« ont continué à être en activité, mais d'une façon un peu diffé-
« rente. Au lieu de vomir d'immenses nappes de lave s'accumu-
« lant en longues chaînes de collines, s'étendant à travers le pays
« d'une mer à l'autre, les éruptions devinrent plus faibles, et d'un
« caractère plus local et plus sporadique. Elles paraissent avoir
« ressemblé à celles de l'Auvergne et de l'Eifel, et n'avoir, en plu-
« sieurs cas, produit que des monticules de cendres, avec une
« petite colonne de lave dans la cheminée du cratère. Tels sont
« les volcans en miniature qui s'éparpillèrent dans l'Écosse cen-
« trale, durant le milieu de la période carbonifère. Le professeur
« Nicol attribue les singuliers conglomérats de trapp, à Oban, à
« l'époque du trias.

« Dans le groupe oolitique des Hébrides intérieures, on ren-
« contre une succession considérable d'anciennes coulées de lave,
« aujourd'hui consolidées en masses de greenstone et de basalte.
« Le cercle d'éruption semble avoir été restreint à la région entre
« Long-Island et les rives occidentales de Ross, d'Inverness, et
« d'Argyle, occupée aujourd'hui en partie par l'Atlantique, et en
« partie par le groupe d'îles qui s'étendent depuis le Minch-Loch
« jusqu'au Linnhe-Loch. Sur le reste de l'Écosse, autant que nous
« pouvons le savoir, il n'y avait point de volcans à cette époque, à
« moins que ce ne fût le *Trône d'Arthur* à Édimbourg.

« Puis, dans une nouvelle région, les forces souterraines s'ou-
« vrirent une nouvelle issue, et répandirent encore une fois des
« courants de roche fondue, qui devinrent ces énormes collines

« de trapp qui forment un caractère si décidé du paysage de l'ouest
« de l'Écosse. Dans les iles de Skye et de Ramsay, elles sont ooli-
« tiques; dans celle de Mull, elles sont tertiaires, présentant un
« grand développement de greenstone associé avec des couches
« de schiste argileux. Des rivières de roche fondue, violemment
« expulsées des cratères, se sont répandues en long et en large sur
« le lit de la mer et des estuaires, ainsi que sur des étendues de
« terrain aujourd'hui complétement dévastées. D'épaisses couches
« de lave ont été empilées les unes sur les autres à la hauteur de
« plusieurs mille pieds.

« Les dykes massifs du nord de l'Angleterre appartiennent aux
« mêmes époques. Ils remplissent de longues fissures dans la
« croûte terrestre, à travers lesquelles la lave fondue est montée,
« comme une source, de l'intérieur échauffé. Là où ces dykes sont
« visibles à la surface, ils parcourent les collines et les vallées en
« levées irrégulières, comme les remparts détruits de quelque
« Adrien ou Antonin anté-historique. La craie rongée d'Antrim
« est recouverte par le célèbre basalte de la chaussée des Géants.
« Cette roche ignée appartient sans doute à l'époque qui enterra
« les couches de feuilles de Mull dans la période tertiaire. » Elle
est aussi probablement contemporaine des trapps des Feroë.
(Voir le *Manuel* de Lyell, 1855, p. 181; A. Geikie, *Chronologie des
Trapps d'Écosse; Trans. de la Soc. d'Édimbourg*, 1861.)

Je n'insisterai pas sur ces exemples des iles Britanniques, leurs
détails se trouvant décrits dans d'autres ouvrages distingués. Mais
il est à peine nécessaire de dire qu'aucune trace d'action volcanique moderne ne paraît dans aucune de ces îles.

En descendant vers le sud, le long des côtes de l'Atlantique, on
rencontre les formations volcaniques des côtes occidentales d'Espagne et de Portugal, dont j'ai déjà fait mention, et à peu de distance, l'archipel des Açores, entièrement volcanique, s'élève du
fond de l'Océan.

Les Açores. — La plus grande ile de ce groupe, *San Miguel*, dont
le docteur Webster, de Boston, a donné une description claire et

détaillée, est traversée dans toute sa longueur, de l'est à l'ouest,
par une chaîne de cônes de cendres volcaniques élevés, dont quelques-uns se touchent par la base. Ils varient de 300 à 600 mètres
de hauteur. Plusieurs ont des cratères, quelquefois d'un circuit de
plusieurs kilomètres, avec des lacs au fond. D'autres cônes plus
petits sont éparpillés des deux côtés de la chaîne centrale. Il
semble que le trachyte et le basalte sont alternés parmi les produits de ces volcans. On peut aussi retracer d'innombrables courants basaltiques jusqu'aux cratères d'où ils se sont écoulés vers
les différentes parties de l'île. A l'extrémité nord-ouest, on peut
voir un remarquable cratère dont le bord a *vingt-quatre kilomètres*
de circonférence ! Le fond en est occupé par deux lacs et deux ou
trois petits cônes. Les hauteurs environnantes s'élèvent à 600 mètres au-dessus de cette base, sous un angle d'environ 45 degrés.
Elles se composent de tuf de ponce désagrégé et de conglomérat
trachytique grossier, produits sans aucun doute de l'éruption
explosive qui a ouvert cette immense chaudière. On rencontre
aussi beaucoup de bois bituminé, d'où on peut conclure que le
cône déchiré par ce paroxysme était couvert de forêts. Là où la
montagne a été dégradée par la mer, on peut voir sur plusieurs
points le tuf durci. Lorsque, dans ces positions, des couches plus
meubles alternent avec les laves, de vastes cavernes ont été creusées dans la substance la plus molle. Plusieurs sources jaillissent
sur différents points, et près de Villafranca se trouve une solfatare, dont les vapeurs chaudes déposent du soufre pur en abondance. Le docteur Webster parle d'une variété de lave vésiculaire,
contenant de grandes cavernes, du plafond desquelles pendent,
comme dans plusieurs cas analogues, des pseudo-stalactites de
lave, et des ramifications saillantes, recouvertes d'une espèce de
vernis vitreux. Aucune éruption n'a eu lieu dans l'île principale
depuis la période historique ; mais en **1811**, une petite île temporaire s'éleva à peu de distance de la côte, et fut appelée *Sabrina*
par l'équipage de la frégate anglaise de ce nom, qui fut témoin de
son apparition. Comme toutes les îles de cette nature, elle affectait

la forme conique, terminée par un cratère, d'où la vapeur, les scories et les cendres s'échappèrent pendant plusieurs jours. Sa hauteur extrême était de 100 mètres, et elle couvrait une surface de 1,600 mètres de circonférence. Quelques semaines après que les explosions eurent cessé, elle disparut sous l'action des flots (voir p. 236).

Près de la ville de Villafranca, on peut voir un autre cône de scories s'élever de la mer. Le cratère en est encore parfait, mais les couches inclinées extérieurement, consistant en fragments non adhérents, ont été balayées par l'action des vagues, et les seules parties qui restent sont les couches centrales inclinées intérieurement, qui, étant probablement plus étroitement cimentées par la chaleur transmise de l'orifice voisin, ont été capables de résister plus longtemps à l'action érosive de la mer (voir p. 63).

L'île de *Pico*, une autre du groupe, consiste en une seule montagne volcanique, qui s'élève à 2,400 mètres. Quoique couverte de neige, on suppose qu'elle est en activité permanente, puisque la fumée s'échappe toujours de son sommet. Cette fumée, cependant, peut aussi bien provenir de la fumerolle d'une solfatare fort active. Une éruption paroxysmale s'y déclara en 1718. Ses laves sont trachytiques comme le sont celles de l'île de *Fayal*, qui contient une grande *caldera* centrale.

L'île de *San Jorge* eut une violente éruption en 1812, et d'abondants courants de lave s'écoulèrent du cône dont le cratère est encore visible.

Les régions centrales de *Terceira* consistent en trachyte et en tuf trachytique, recouvert de coulées de lave basaltique. On peut souvent les retracer jusqu'aux cratères où ils ont pris leur source. Deux ou trois autres îles de cet archipel ne sont pas volcaniques, et consistent en schistes stratifiés.

Madère. — Après les Açores, dans la direction du sud, mais un peu plus près de la côte d'Afrique, le groupe dont Madère est l'île principale est un autre exemple d'un volcan considérable s'élevant du fond de l'Atlantique.

La meilleure description de la géologie de Madère est celle donnée par sir Ch. Lyell, dans la dernière édition de son *Manuel*. D'après cet auteur, il paraîtrait que cette île est d'origine volcanique sous-marine, de l'époque miocène, puisque l'on trouve, à une hauteur de 360 mètres au-dessus du niveau actuel de la mer, des tufs et des calcaires accompagnés de coquillages marins et de coraux. Au-dessus s'étendent des laves et des conglomérats seulement, qui paraissent avoir été produits par des éruptions sous-aériennes émanant surtout d'un point central, car les collines principales de l'intérieur de l'île, disposées en cercles, marquent les limites du dernier cratère important. Dans cette région centrale, comme d'habitude dans le cœur d'un volcan, les dykes verticaux sont nombreux et pénètrent les couches plus ou moins horizontales de lave et de conglomérat scoriacé, qui sont tantôt composées de basalte ou de trachyte, tantôt même de greystone. Les plus hauts points de l'île, le Pico-Ruivo et le Pico-Torres, à 2,000 mètres, se composent d'éléments semblables, consolidés par des dykes nombreux. Les vestiges de plusieurs cônes d'éruption sont encore visibles sur ces hauteurs centrales et dans leurs environs, plus ou moins enterrés sous des courants de lave plus modernes, qui semblent s'être amassés en plates-formes unies, comme il arrive sur le sommet du Vésuve, toutes les fois que le cratère est rempli jusqu'au bord (voir p. 187). Mais les couches de lave sur les flancs de la montagne ont généralement une inclinaison de 10 à 15 degrés, qui diminue, comme d'habitude, vers la base, à mesure qu'elles se rapprochent de la mer. A cette hauteur encore, se trouvent plusieurs cônes parasites d'éruption, dont plusieurs sont plus ou moins inondés par les courants de lave provenant du sommet. L'épaisseur réunie des couches basaltiques, alternant avec leurs tufs, atteint de 450 à 900 mètres, ainsi que l'on peut en juger par les côtés de la profonde vallée appelée le *Curral*, que quelques géologues considèrent comme un cratère, à cause de l'inclinaison extérieure des couches composant les roches qui forment son enceinte circulaire. Mais sir Ch. Lyell n'y voit qu'un résultat de l'érosion aqueuse. Probablement, comme dans le Val del Bove, cette vallée est due aux deux actions, l'éruption et l'érosion. Sir Charles dit que, sur plusieurs points, des masses de lave trachytique ont comblé des vallées ouvertes à travers des roches basaltiques anciennes, quoique quelques-uns des courants encore plus modernes soient basaltiques. La plus grande masse des hauteurs supérieures est de roche augitique, avec beaucoup d'olivine, ce qu'il appelle du trapp feldspathique. La structure en est sphéroïdale, surtout dans les parties mises à nu par la décomposition. Quelques-unes des laves plus modernes ont un aspect singulièrement récent et raboteux, si bien que l'on est surpris qu'il n'existe aucun document qui mentionne les éruptions qui leur ont donné naissance. Tout, dans Madère, implique une longue continuité d'activité volcanique intermittente, principalement sous-aérienne, depuis la période tertiaire moyenne jusqu'à une époque très-moderne.

L'île voisine de *Porto Santo* offre un caractère analogue, consistant en tuf calcaire volcanique, s'élevant à 300 mètres et traversé par de nombreux dykes d'un basalte rouge brun. Au centre de l'île est un cratère-bassin peu profond, contenant une formation rudimentaire d'eau douce remplie de coquillages modernes de terre et de marais. Les couches de tuf sont couvertes au nord-est de l'île, de phonolithe, ou plutôt d'un trachyte lamello-vitreux et de cristaux de feldspath. Des dykes de même nature traversent les tufs inférieurs.

L'îlot voisin de *Basco* présente aussi la même composition. Ses couches de calcaire, traversées de dykes, s'élevant à 300 mètres, contiennent de nombreuses coquilles marines modernes.

Les *îles Canaries* viennent ensuite.

Ténériffe. — Cette île est une grande montagne volcanique, s'élevant de la mer de tous les côtés suivant une inclinaison de 10 à 14 degrés, jusqu'à une hauteur de 2,250 à 2,700 mètres. Ici la pente est arrêtée par une rangée de rocs à pic, entourant presque entièrement un vaste cirque, le *grand cratère*, d'une figure ovale et mesurant 12 kilomètres et demi sur 9 et demi. Près du centre de cette dépression s'élève le pic proprement dit, un cône de 3,660 mètres de hauteur de sa base, et de 4,500 au-dessus de la mer. La surface, là où la neige ne la recouvre pas, se compose de ponce et de cendres, mêlées à des coulées de lave noire et vitreuse, provenant du sommet, où l'on peut encore voir un petit cône de cendres avec son cratère s'élevant d'un plateau convexe. De chaque côté du pic, se trouvent deux autres cônes moins élevés, de 3,000 et 2,700 mètres au-dessus de la mer, nommés *Chahorra* et Montana Blanca. Le premier a un cratère plus considérable et plus profond que celui du pic, et son activité est plus moderne, car la dernière éruption eut lieu en 1798 et produisit un courant d'obsidienne.

Les flancs du Chahorra ont une inclinaison de 28 degrés.

Le grand cratère extérieur est elliptique. Son plus grand diamètre est de 12 kilomètres et demi. Les remparts intérieurs consistent en couches de lave et de conglomérat, presque horizontales dans les sections, mais ayant une inclinaison quaquaversale extérieure de 12 à 15 degrés là où elles sont exposées par des ravins rayonnants. Ces couches varient en puissance de 150 mètres à quelques pouces, et sont généralement composées de lave trachytique et de tuf, quoique quelques-unes des roches soient plus au-

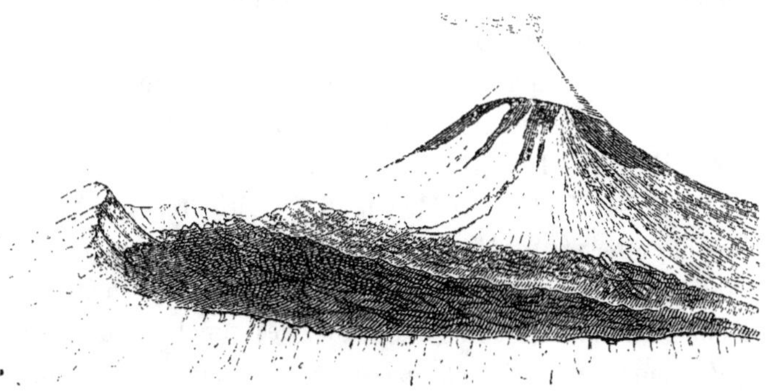

Fig. 76. — Le pic de Ténériffe, vu du bord du cirque environnant.

gitiques et ferrugineuses, passant au greystone et au basalte. En somme, c'est le greystone qui semble dominer.

Les roches trachytiques sont souvent minutieusement lamellées, et quelquefois intersectées de dykes de greenstone (hornblende basaltique) et d'une obsidienne noire mêlée de cristaux blancs de feldspath vitreux, d'une nature identique à celle des courants modernes du pic. Quelques-unes des couches du tuf sont d'une cendre de ponce très-blanche. Les flancs extérieurs de l'ancien volcan sont parsemés de petits cônes parasites, dont chacun a donné issue à un courant de lave ; ils ont presque tous un aspect moderne. Une large déchirure, ou *baranco*, pénètre les anciens remparts à l'ouest, dans la direction du Chahorra, dont les laves l'ont presque comblée. Une autre, du côté d'Orotava, au nord-est, a été de même remplie par les laves qui ont coulé du volcan central, et une large section du rebord de l'ancien cratère, au nord-ouest, a été débordée par ces laves, qui vont de là à la mer.

Les laves de Ténériffe sont généralement à leur surface brisées en un chaos de blocs. Les cristaux de feldspath vitreux sont plus nombreux et plus gros dans les laves modernes que dans les laves anciennes. Les laves modernes s'étendent généralement de la source en longs talus étroits, ressemblant beaucoup à des remblais de chemins de fer. (Léop. de Buch, Lyell, Piazzi-Smyth.)

Palma. — Cette île est un volcan conique presque régulier, jusqu'au niveau où il se trouve tronqué par le magnifique cratère central ou *Caldera*, qui a près de 8 kilomètres de diamètre et 1,500 mètres de profondeur, entouré de rocs à pic, à l'exception d'un seul endroit, où ce bassin décharge ses eaux dans la mer par une grande crevasse, le *Baranco*. Les roches intérieures se composent de couches alternées de basalte et de conglomérat, lesquelles, tout en paraissant presque horizontales dans les sections, s'inclinent de tous côtés vers la base de la montagne. Ces couches, comme cela se voit généralement dans la masse centrale d'un volcan, sont intersectées par un réseau de dykes. La roche la plus basse, dans la Caldera, est le trachyte avec ses tufs et ses conglomérats. Il semblerait donc que les premiers produits de ce volcan ont été plus feldspathiques que ne l'ont été les suivants.

Il est très-connu que M. de Buch, dans son volume sur les Canaries, émet l'opinion que les couches basaltiques qui constituent

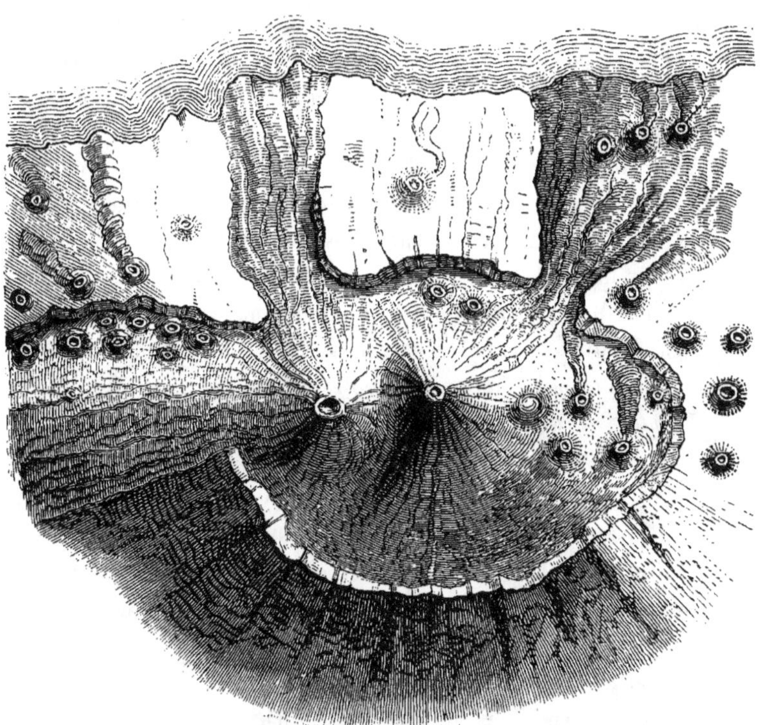

Fig. 77. — Plan du pic de Ténériffe et du Chahorra, avec le cirque environnant.
(D'après un photogramme d'un modèle en relief, par Piazzi-Smyth.)

cette montagne furent, étant horizontales, subitement soulevées
jusqu'à l'angle d'inclinaison qu'elles ont aujourd'hui, par un seul
effort, comme celui qui gonfle une vessie. Je ne répéterai pas ici
les motifs qui me font considérer cette hypothèse comme absolument insoutenable, étant en opposition directe avec toutes les
lois normales de l'action volcanique, lois énoncées dans cet ouvrage (1). Sir C. Lyell a admirablement traité le sujet, par rapport

(1) Voir mon *Mémoire sur les Cônes et cratères volcaniques*. Paris, 1860.

à Palma, et réfute complétement la doctrine des soulèvements que Von Buch a voulu y appliquer (*Manuel*, 1855, p. 498). Je suis convaincu que Palma est, au contraire, le type du volcan insulaire, principalement sous-aérien, tronqué et creusé par un paroxysme, et déchargé par une fissure rayonnante principale, que les torrents et les débâcles ont depuis considérablement agrandie, comme on en voit de fréquents exemples (voir p. 214).

La *Grande Canarie* ressemble à Palma sous plusieurs rapports. Elle est d'un contour presque exactement circulaire, et a, comme Palma, un énorme cratère béant, laissant voir le trachyte du fond, recouvert d'abord de tuf, puis de couches répétées de greystone et de basalte, accompagnées de leurs conglomérats respectifs, toutes s'inclinant vers l'extérieur sous l'angle ordinaire des courants qui se sont écoulés de l'orifice central ou axial d'un volcan.

Fuertaventura et Lancerote. — Ces deux îles elliptiques sont bout à bout, de façon à ce que leurs grands diamètres suivent la même ligne N.-N.-O. au S.-S-.-E. Lancerote est la plus rapprochée de la côte d'Afrique dans tout le groupe, n'en étant éloignée que de 45 kilomètres. Elles sont entièrement volcaniques et couvertes d'une grande quantité de cônes, dont le plus élevé est de 620 mètres.

M. Hartung, qui a visité et décrit l'île de Lancerote en détail, en divise les formations volcaniques en quatre classes : la première et la plus ancienne se compose de greenstone syénitique, de trachyte et de basalte, dépourvus de matières scoriacées, qui ont sans doute été enlevées par la dénudation ; les trois suivantes se composent de basalte de diverses époques, dont le plus ancien laisse voir des monceaux de scories assez considérables, mais point de cônes ni de cratères parfaits ; le suivant en possède de clairement définis, ainsi que des courants de lave basaltique ; le dernier, enfin, s'est formé des produits de la série d'éruptions qui, de 1730 à 1736, ont criblé l'île d'orifices s'ouvrant successivement sur une fissure qui s'est déclarée dans presque toute sa longueur, et en a couvert au moins le tiers par les déluges de lave auxquels elle a donné naissance. Le plus élevé de ces cônes modernes est la Montagne de feu, haut de 525 mètres. Il émet encore de la fumée et de la vapeur par le cratère de son sommet, et le sol y est si chaud, qu'un bâton enfoncé à 66 centimètres en ressort tout carbonisé. En 1824, une autre éruption se déclara un peu à l'est de la Montagne de Feu, mais d'une façon fort anodine. La direction générale des chaînes d'orifices d'une même époque est la même, et correspond avec le grand axe des deux îles, et cette correspondance est si exacte, que, selon de Buch, pour l'observateur posté au sommet de la Montagne de feu, le premier cône cache tous les autres, qui sont au nombre de plus de quarante. Les laves qui en ont découlé se sont mêlées en un océan continu de basalte, et peuvent servir d'exemple de la production de plusieurs des trapps anciens, savoir : l'inondation de vastes superficies par d'abondants courants de laves contemporaines ou à peu près, s'écoulant de plusieurs orifices indépendants, mais contigus, accompagnée de couches de scories et de cendres séparant les émissions différentes de ces laves. De semblables éruptions ont incontestablement été sous-aériennes, ce qui est à noter pour ces géologues qui sont portés à attribuer toute couche étendue de trapp à l'action exclusive des volcans sous-marins.

Il est clair que ces explosions de lave et de vapeur se sont déclarées par des orifices successivement ouverts sur une fissure traversant l'île dans toute sa longueur. Les habitants ont vu ces fissures s'ouvrir au commencement des éruptions, accompagnées de formidables tremblements de terre.

Les laves, comme on l'a vu plus haut, sont basaltiques et contiennent de l'olivine, dont les nodules près de la source sont de la taille d'une tête humaine, mais diminuent de volume à mesure que l'on s'en écarte, jusqu'à n'être plus que des fragments granulaires.

L'île de *Fuertaventura* est sous tous les rapports la continuation de Lancerote, excepté que ses cônes et ses laves modernes ne sont d'aucune date connue. Plusieurs, cependant, ont un aspect trèsrécent, et sont évidemment dus à des éruptions sous-aériennes.

Les plus anciennes formations des deux îles sont toutes recouvertes d'un dépôt calcaire semblable à ceux déjà mentionnés de Ventotiene et d'autres îles volcaniques de la Méditerranée (p. 327), prenant son origine, à mon avis, dans une infiltration à travers des cendres volcaniques sablonneuses, ou sable meuble du carbonate de chaux, provenant de la décomposition, pendant une longue période, des coquillages terrestres qui ont vécu dans la couche supérieure du terrain végétal. M. Darwin fait mention d'une couche analogue dans les îles de l'Ascension, de Sainte-Hélène, etc. Ces mollusques, sans aucun doute, tiraient le calcaire de la matière volcanique superficiellement décomposée par les variations atmosphériques.

Iles du Cap-Vert. — En avançant vers le sud, le long de la côte occidentale d'Afrique, nous trouvons le groupe d'îles en face le Cap-Vert. Elles sont toutes, à ce que l'on suppose, d'origine volcanique. Peu d'entre elles, cependant, ont été visitées ou décrites par des géologues, excepté le *Pic de Fueyo* et *Santiago*, dont la première seule est aujourd'hui en activité. Elle paraît, d'après la relation de M. Duvalle (*Bull. de la Soc. géol.*, vol. III, 1846), s'élever en cône très-régulier à la hauteur de 2,640 mètres au-dessus de la mer, du milieu d'un cratère semi-circulaire, précisément comme le Vésuve est à demi entouré par la Somma. De nombreux cônes de scories parsèment ses flancs; les plus récents datent des éruptions de 1785 et 1799.

Santiago a été en partie décrit par M. Darwin. Il parle d'une chaîne de falaises d'environ 200 mètres de hauteur, à sommet aplati, et fort escarpées du côté qui regarde l'intérieur de l'île, qu'elles entourent presque entièrement, mais avec des brèches, c'est-à-dire des vallées rayonnant extérieurement. Elles ont toutes une pente extérieure vers la mer, et se composent de couches basaltiques d'un aspect moderne, en partie décomposées et à l'état de wacke, accompagnant par endroits des couches calcaires. Ces couches reposent sur « une roche compacte, d'un grain fin, ferru

gineuse, feldspathique et non stratifiée, généralement décomposée,
ayant l'apparence d'argile cuite, ou d'un dépôt sédimentaire altéré,
contenant cependant tous les éléments du trachyte ; » tout cela
n'est sans doute qu'un tuf trachytique plus ou moins altéré. D'a-
près cette description, ces collines sembleraient être les restes
d'un vaste cratère annulaire d'une période très-ancienne. Dans
l'intérieur de ce cirque, vers le centre de l'île, s'élèvent plusieurs
montagnes volcaniques plus hautes et plus ou moins coniques,
desquelles se sont écoulés plusieurs courants de lave vers la mer,
en traversant les vallées qui séparent les différents segments de la
masse déjà décrite. Après avoir passé ces défilés, ces courants s'é-
tendent en plaines basaltiques, souvent sillonnées elles-mêmes en
larges vallées avec des côtés formés par des remparts à pic, qui
laissent voir des sections de lave basaltique reposant sur un dépôt
calcaire marin, et même s'y mêlant quelquefois. Quelques éruptions récentes semblent s'être manifestées sur ces plaines, ainsi
que le démontrent des cônes de scories, qui, toutefois, ne sont pas
d'un aspect très-moderne. M. Darwin en décrit un, le mont du Signal, où les couches, généralement horizontales, de lave et de
matière calcaire s'inclinent vers l'axe du cône. Il semblerait que
cette île a subi une certaine élévation en masse depuis ou pendant
les dernières éruptions.

Je ne connais aucun document détaillé concernant les autres îles
de cet archipel. A en juger cependant par les excellentes cartes de
l'amirauté, rédigées par le capitaine Vidal, elles sont toutes volcaniques et contiennent de nombreux cônes terminés par des
cratères. Les deux îles les plus septentrionales, *Sant-Antonio*,
(2,100 mètres) et *San-Vicente*, semblent posséder chacune un vaste
cratère central entouré d'une chaîne de hautes collines.

Quelques degrés plus au sud, par le 11° parallèle sud, le petit
groupe d'îles appelées *Los*, tout près de la côte de Sierra-Leone, est,
dit-on, volcanique, ainsi qu'une imposante chaîne de montagnes
appelées *Loma*, dans l'intérieur de cette partie du continent, et de
laquelle on suppose que le Niger et le Sénégal dérivent leur source.

Un peu plus loin, près des bouches du Calabar, dans le golfe de Bénin le groupe, dont *Fernando-Po* est l'île la plus septentrionale et *Annobon* la plus méridionale, est également volcanique. Sur la terre ferme en face, une des montagnes des *Camerono*, d'environ 3,900 mètres, fut vue en éruption et vomissant des laves en 1838.

Plus à l'ouest, et se rapprochant de la ligne des volcans insulaires que nous avons tracée, nous arrivons à une région de l'Atlantique voisine de l'équateur, par 18° à 20° de longitude occidentale, qui, d'après certains indices observés par des navigateurs passant dans ces parages, est bien certainement le site de fréquentes éruptions sous-marines. Des tremblements de terre, parfaitement sensibles, des colonnes de fumée, de feu, de cendres, des scories flottantes, la décoloration de l'eau, tels sont les phénomènes observés en plusieurs occasions, et qui ne peuvent s'expliquer autrement (voir p. 237). Ce point est presque au milieu de la distance entre les deux points les plus rapprochés des continents africain et américain.

A peu de distance au sud, l'île de l'*Ascension* s'élève du sein de la mer. A propos de cette île, nous pouvons profiter des observations de M. Darwin (*Iles volcaniques*). Elle est entièrement volcanique. Les roches qui la composent sont en grande partie trachytiques, surtout les masses centrales et inférieures. Elles sont toutefois recouvertes de courants noirs et raboteux de laves basaltiques, que l'on peut retracer jusqu'à des cônes de scories rouges, tous ouverts au S.-E., d'où soufflent les alizés. La principale éminence de l'île, la montagne Verte (840 mètres), a un vaste cratère elliptique au N.-E., bordé de talus intérieurs perpendiculaires de 120 mètres, d'où furent probablement lancés dans ses derniers paroxysmes les fragments de ponce, de trachyte, de basalte, de scories, de bombes volcaniques et même de granit, qui se trouvent abondamment éparpillés sur toute la surface de l'île.

Une grande partie du trachyte est d'une variété blanche, terreuse et fortement poreuse, ressemblant au trachyte blanc de

Ponaza, avec des veines de silice. Une grande quantité aussi est lamellée et se transforme en obsidienne, passant par l'état de pechstein et de perlite. Les zones d'obsidienne vitreuse, de pechstein et de perlite s'alternent; la dernière devient cristalline par la multiplication des concrétions globulaires ou sphérulites, qui finissent par composer la masse entière de la roche, dans laquelle alors se montrent les cristaux de feldspath. Les cristaux, ainsi que les sphérulites, ont été étirés par le mouvement de la lave en petites lames, souvent contournées en innombrables replis, semblables à ceux du gneiss ou de certaines ardoises. Enfin, la roche devient entièrement lithoïde, tout en retenant encore des vestiges d'une structure lamellée. J'ai observé des variétés absolument semblables dans le trachyte de Ponza (voir p. 140-329, et les *Iles volcaniques* de Darwin).

Par 20° de latitude sud et 26° de longitude ouest s'élève, dans l'Atlantique, une petite île volcanique appelée *La Trinité*.

Sainte-Hélène. — Les bords de cette île, d'une circonférence de 45 kilomètres, sont formés, dit M. Darwin, par un cirque grossièrement tracé en fer à cheval de grands remparts noirs, composés de couches basaltiques s'inclinant vers la mer, et réduits à l'état de falaises d'une hauteur perpendiculaire de 30 à 600 mètres. Ce cirque, dernier vestige, sans aucun doute, d'un énorme volcan ancien, est ouvert au sud et ébréché sur plusieurs autres points, et notamment à l'est, côté du vent. L'intérieur a été presque entièrement comblé par les produits d'un volcan central plus moderne qui n'a vomi que des laves feldspathiques, et qui possède aujourd'hui un vaste cratère avec un rebord annulaire, atteignant une hauteur de 825 mètres au-dessus de la mer, et surmonté en quelques endroits par un parapet ou mur perpendiculaire des deux côtés, le reste d'un anneau en forme de tuyau de cheminée, comme celui de Ténériffe. M. Darwin dit que les anciennes couches de cette île sont fortement décomposées et traversées par un nombre infini de dykes basaltiques, généralement parallèles et dirigés vers le N.-N.-O. Elles sont recouvertes d'une couche mince de pechstein et conservent une remarquable uniformité d'épaisseur sur de grandes distances, tant verticale qu'horizontale. Elles suivent souvent un cours parallèle aux couches de roches trachytiques ou de conglomérats que, dans d'autres endroits, il leur arrive de traverser. Quelquefois les roches anciennes ont été disloquées ou relevées, un fait, selon l'observation de l'auteur, très-rare, dans les contrées volcaniques. Dans l'intérieur du cratère central, surtout, on rencontre des masses coniques de phonolithe, qui semble s'être injecté dans les fissures du tuf et des laves scoriformes, dont les couches paraissent avoir été plus ou moins disloquées par la protrusion de ces masses de lave, probablement à l'état de semi-liquidité, condition qui n'est pas rare dans les laves de phonolithe (voir p. 137). Tels paraissent être les derniers produits du volcan central.

La surface de plusieurs parties de l'île, jusqu'à la hauteur de 200 mètres, est recouverte de couches minces de fragments de coquillages terrestres modernes, cimentés en partie ensemble en un calcaire brun stalagmitique oolitique, par l'infiltration de l'eau de pluie, comme à Lancerote (voir p. 430). Les couches supérieures contiennent des os et des œufs d'oiseaux. D'après la présence du gypse et du sel, aussi bien que de cailloux roulés, dans les rochers qui forment la base des falaises de la côte, M. Darwin suppose qu'elles ont été formées sous la mer, et par conséquent que l'île a subi à quelque période un certain degré de soulèvement en masse.

Dans l'intérieur de l'ouest de l'Afrique, près de la rivière du Congo, et ensuite plus au sud, au-dessous de la baie de Walvich, dans la province de Damara, quelques voyageurs font mention de montagnes de basalte et d'autres traces d'action volcanique, mais il faudra probablement encore du temps pour que l'on puisse obtenir des renseignements authentiques sur la géologie de ces régions inexplorées.

Un groupe de petites îles volcaniques, dont la plus considérable est celle de *Tristan d'Acunha*, s'élève au milieu de l'Atlantique, par 37° 3' de latitude sud. Cette dernière île, d'environ 10 kilomètres de diamètre, est en forme de cône, tronqué à une hauteur de 900 mètres, et surmonté d'un dôme s'élevant à 1,500 mètres plus haut, ce qui donne une élévation totale de 2,430 mètres au-dessus de la mer. La masse du cône extérieur se compose de couches inclinées de lave augitique et de tuf intersectées de dykes nombreux. Le dôme ou cône central se compose de lave cellulaire et de scories, avec des rebords de laves rayonnantes, vers le bas, à partir d'un cratère d'un kilomètre et demi de circonférence. C'est sans aucun doute un volcan moderne qui s'est élevé dans le cratère d'un volcan beaucoup plus ancien.

Un peu plus bas vers le sud se trouve une île appelée île de *Gough ;* elle aussi est d'origine volcanique.

Dans l'*océan Austral*, à l'est du Cap, on rencontre l'île du *Prince Édouard* et l'archipel de *Crozet* (46° et 47° lat. sud) composés de collines coniques avec cratères, d'où se sont écoulés des courants de basalte.

Encore plus à l'est et presque sous les mêmes parallèles, la *Terre de Kerguelen*, étudiée par sir James Ross, laisse voir aussi plusieurs cônes terminés par des cratères, s'élevant jusqu'à 800 mètres, entourés de couches de basalte et de greenstone coupées par des dykes nombreux. On a aussi remarqué des veines de houille entre les trapps.

Au N. de cette île, et un peu plus à l'E., s'élèvent les îles d'*Amsterdam* et de *Saint-Paul*, contenant toutes deux des cratères, que l'on a vus jeter des matières enflammées et des vapeurs. Dans la première, on a observé des couches de ponce. La dernière a un cratère circulaire d'un kilomètre et demi de diamètre, avec une étroite ouverture vers la mer, mais partout ailleurs entouré de talus roides, tandis que les pentes extérieures descendent graduellement, comme d'habitude, vers la mer, excepté là où elles sont brisées en blocs par l'action des vagues. Sir Ch. Lyell en donne un plan et une vue dans son *Manuel*. (1855, p. 512).

Madagascar. — Il y a tout lieu de soupçonner l'existence de volcans en activité dans cette île remarquable. Dans le canal de

Mozambique, qui la sépare de l'Afrique orientale, la plus grande des îles *Comores* contient un volcan qui est généralement en activité.

Bourbon. — A l'est de Madagascar, les deux îles de *Bourbon* et de *Maurice* sont entièrement volcaniques. La première est parfaitement décrite dans l'ouvrage de Bory de Saint-Vincent, publié dès 1804. Elle consiste, quant à la moitié occidentale, dans le squelette, pour ainsi dire, d'un grand volcan ancien, laissant voir les restes d'une ou plusieurs cavités cratériformes, presque entièrement entourées de roches à pic, composées de trachyte, de phonolithe et de basalte, avec leurs conglomérats, et intersectées de nombreux dykes de cette dernière roche. Toutes ces masses ont abondamment souffert de la dénudation. Le sommet principal, le *Gros-Morne*, s'élève à près de 3,000 mètres.

A l'extrémité orientale de cette île est le volcan encore actif, dont il a été plusieurs fois parlé dans le courant de cet ouvrage (voir p. 75, 135, 197). Il consiste en un cône ou dôme de 2,100 mètres de haut, principalement composé de couches d'une lave hautement vitreuse et visqueuse, qui, à l'époque des plus grandes éruptions, a coulé rapidement le long des flancs de la montagne jusqu'à la mer qui en baigne le pied. Dans les intervalles de repos, cette lave jaillit en jets par des orifices au sommet du dôme, ce qui donne naissance à une quantité de petites éminences coniques ou en forme de mamelons de 25 à 50 mètres de hauteur, se composant de petites vagues circulaires s'étendant les unes sur les autres, ou de gouttes d'une lave visqueuse, coagulée comme le suif d'une chandelle qui coule. Le grand cône s'élève du centre d'un ancien cratère annulaire ou cirque en forme de fer à cheval, évidemment produit par l'explosion de quelque paroxysme ancien. En dehors de la masse de ce cirque, du côté de l'intérieur de l'île, s'élèvent plusieurs cônes séparés avec leurs cratères, ce qui prouve que les éruptions modernes n'ont pas été restreintes au seul orifice aujourd'hui en activité. Celui-ci était encore en violente éruption il y a trois ans (1860). Le courant de lave descendit jusqu'à la mer et coupa toute communication entre les régions N.-E. et S.-O.

de l'île. Les décharges aériformes de ce volcan sont rarement violentes ; elles consistent pour la plupart en fils fins de matière vis-

Fig. 78. — Le volcan de Bourbon, entouré par les remparts d'un ancien cratère.
(D'après Bory de Saint-Vincent.)

queuse, comme du verre filé, accompagnés de gouttes piriformes ovales comme celles de la cire à cacheter. La lave et les scories sont noirâtres, vitreuses et filamenteuses.

Ile Maurice. — Cette île est de forme ovale, et s'élève de lamer en partant du rebord d'une ceinture elliptique de remparts basaltiques, entourant une plaine centrale cratériforme, presque comblée par de nombreux courants de lave moderne. Cette configuration caractéristique la fait ressembler à Santiago, Sainte-Hélène, et plusieurs autres îles volcaniques déjà mentionnées. Le grand axe de cet anneau mesure au moins 20 kilomètres. Le rempart a plusieurs brèches, par lesquelles les laves modernes provenant des orifices intérieurs se sont frayé un chemin vers la mer. Il existe aussi plusieurs cônes d'un aspect moderne et des laves sur les flancs extérieurs ; quelques-uns même proviennent du fond de la mer, surtout autour de l'extrémité septentrionale de l'île. Les laves anciennes sont basaltiques ; les plus modernes contiennent plus de feldspath ; et d'autres même se fondent en un verre pâle.

Dans les sections qu'a mises à nu le cours des rivières, on voit de pareilles couches, d'une faible épaisseur, empilées les unes sur les autres en grand nombre, séparées par des couches de scories. Le mont appelé le *Piton* fut sans doute le principal orifice de ces éruptions centrales modernes.

Volcans de l'hémisphère occidental.

Atlantique occidental. — Revenant à l'Atlantique, nous ne pouvons qu'être frappés de l'absence presque totale de traces volcaniques sur ses côtes orientales, dans toute leur étendue, depuis le détroit de Davis jusqu'à celui de Magellan, à l'exception d'une petite section d'un si vaste développement, savoir : du 10ᵉ au 18ᵉ degré de latitude nord, où le continent américain est réduit à un isthme bas et étroit par la concavité de la mer des Caraïbes, dont l'entrée est traversée par une chaîne d'îles volcaniques; et cette absence de volcans caractérise non-seulement les côtes orientales des deux Amériques, du nord au sud, mais aussi (sauf une insignifiante exception) leur largeur entière, depuis ces côtes jusqu'à leurs chaînes de montagnes axiales, les Montagnes Rocheuses et les Andes, qui bordent le Pacifique.

Un fait général, sur une échelle aussi considérable, s'appliquant à un hémisphère tout entier, ne peut pas être regardé comme un simple accident. Ce doit être la conséquence de quelque loi générale, et il semble fortement confirmer l'hypothèse énoncée dans le cours de cet ouvrage (p. 273), que les volcans agissent comme une soupape de sûreté au bénéfice d'une certaine superficie géographique autour d'eux ou sur un de leurs côtés, en permettant le dégagement de la chaleur souterraine ou de la matière chauffée, sans perturbation superficielle sensible, tandis que dans d'autres régions où il n'existe point de ces issues, la force expansive souterraine a soulevé les couches suprajacentes en vastes continents au-dessus du niveau moyen de la surface terrestre.

Volcans de la mer des Caraïbes. — Les îles de l'archipel des Indes occidentales se divisent généralement en *Grandes* et *Petites Antilles*. Les premières consistent en quatre grandes îles : Cuba, la Jamaïque,

Saint-Domingue et Porto-Rico, qui forment deux chaînes parallèles élevées, s'étendant depuis l'extrémité nord-est du Yucatan, à l'entrée du golfe du Mexique, vers l'est dans l'Atlantique, où la chaîne des petites îles, appelées les Petites Antilles, les croise presque à angle droit, en s'étendant de là vers le sud jusqu'à la côte du Vénézuéla, dans le continent méridional.

Les Grandes Antilles sont principalement composées de roches cristallines plutoniques et de couches sédimentaires des périodes secondaire et tertiaire. Ce n'est qu'à la Jamaïque et à Porto-Rico que l'on a observé de véritables trapps ou roches volcaniques. Les Petites Antilles sont pour la plupart d'origine volcanique relativement moderne, et plusieurs contiennent des volcans habituellement en éruption. Elles consistent dans les îles suivantes, en commençant par le sud :

1° *La Trinité.* — Quoique la plus grande partie de cette île soit granitique, étant le prolongement de la chaîne élevée, longeant de l'est à l'ouest la côte de Caraccas, si sujette aux tremblements de terre, le professeur Jukes y a remarqué des roches de lave noires associées avec des couches de grès contenant des coquillages modernes. Ses volcans de boue et son lac de poix bien connus indiquent qu'elle est située au-dessus d'une fissure volcanique.

2° *Grenade.* — La montagne appelée le *Morne Rouge* est un cratère éteint, composé de scories et de matières vitrifiées. Quelques-unes des hauteurs sont couronnées de basalte colonnaire, et des sources bouillantes attestent l'activité très-moderne ou même actuelle des forces volcaniques.

3° *Saint-Vincent*, l'île suivante, vers le nord, contient un volcan en activité appelé le *Morne-Garou*, qui s'élève à 1,480 mètres au-dessus de la mer. Il est longtemps demeuré à l'état de solfatare, mais de temps en temps il éclate avec violence, comme en 1718, puis en 1812, dont l'éruption eut lieu vingt-deux jours après le grand tremblement de terre qui renversa la ville de Caraccas sur le continent voisin, et dont les secousses se firent violemment sentir dans plusieurs des îles adjacentes. Pendant cette éruption, le volcan vomit, en jets noirs perpendiculaires, de prodigieux volumes de cendres grises, de ponce et d'augite mêlées avec des matières organiques provenant sans doute d'un cratère-lac. L'île en fut presque totalement encombrée et le sol arable détérioré au point d'en souffrir encore. Un énorme torrent de lave s'échappa du sommet de la montagne et atteignit la mer au bout de quatre heures.

4° *Sainte-Lucie*, cône d'environ 420 mètres de hauteur, contient une solfatare très-active. Il y a plusieurs sources intermittentes d'eau bouillante dans le cratère, qui remplissent de petits bassins, comme ceux des geysers d'Islande. Ce volcan a été, dit-on, en éruption en 1766.

5° *La Martinique* n'est pas exclusivement volcanique, puisque l'on trouve des couches corallines sur ses roches feldspathiques, dont quelques-unes s'élèvent en éminences d'une grande hauteur. L'une d'elles, la *Montagne Pelée*, semble être un cône de ponce. On rencontre aussi quelques plateaux basaltiques qui paraissent dater d'une époque ancienne, ainsi que plusieurs sources chaudes.

6° *La Dominique* est entièrement volcanique, et contient diverses solfatares, mais on n'en connaît point d'éruptions. On trouve aussi des roches trachytiques parmi les montagnes qui s'élèvent à 1,700 mètres.

7° *La Guadeloupe* est une île double, dont une partie consiste en un calcaire stratifié d'origine fort récente, contenant des coquillages identiques avec ceux existant aujourd'hui dans les eaux voisines, recouverts d'un conglomérat argileux et de cailloux de lave roulés. L'autre île, plus grande, est entièrement volcanique et compte au moins quatorze cratères éteints et un à l'état de solfatare, autrefois en pleine activité, dont le sommet s'élève à 1,500 mètres au-dessus du niveau de la mer.

En 1797, une violente éruption se déclara à cette hauteur, et vomit d'énormes quantités de ponce, de cendres et de vapeurs sulfureuses. De nouveau en 1836, il éclata une éruption du même caractère dans un cratère sur le flanc oriental de la montagne, suivie quelques mois après de l'émission d'un déluge de boue au N.-O., probablement par suite de l'écoulement soudain d'un cratère-lac ébréché par un tremblement de terre, dont plusieurs secousses se firent rudement sentir dans l'île toute entière. On dit qu'aucune lave ne coula dans ces dernières occasions ; mais comme le bas de la montagne se compose de basalte et le haut de trachyte, il faut qu'il se soit produit de la lave dans les éruptions anciennes. Le trachyte contient des grains de quartz, ainsi que diverses variétés de feldspath, telles que labradorite, rhyakolite et sanidine. (Voir Dufrénoy, *Comptes rendus*, t. IV, 1857.)

8° *Montserrat* est une montagne volcanique, ayant un cratère à l'état de solfatare. L'hydrogène sulfuré s'échappe aussi de plusieurs fissures. Ses laves consistent en trachyte hautement porphyritique, avec de gros cristaux de feldspath et de hornblende, souvent fort décomposés par des exhalaisons sulfureuses.

9° *Nevis* contient des trachytes cristallins, et beaucoup d'argile provient de leur décomposition. Elle possède une solfatare et plusieurs sources thermales, dont l'eau tient en solution de la silice qui se dépose en croûtes de sinter et de fiorite par le refroidissement.

10° *Saint-Christophe* est une montagne d'une hauteur considérable, terminée au sommet par un cratère parfait, dont la dernière éruption date de 1692. Ses laves sont trachytiques.

11° *Saint-Eustache* contient un cratère de la plus grande régularité, appelé le *Bol de punch*. Les flancs sont en ponce, et par conséquent les laves en doivent être d'un trachyte très-feldspathique.

Plusieurs petites îles à de faibles distances à l'est de cette chaîne volcanique, savoir : Antigua , Saint-Barthélemy, Saint-Martin, Saint-Thomas, Marguerite, Curaçao, etc., se composent de couches calcaires modernes et de coquillages d'espèces encore existantes, ou de calcaire corallin, reposant sur un conglomérat de tuf trachytique contenant beaucoup de bois silicifié, avec de l'agate et du jaspe.

Côtes d'Amérique. — Le seul autre exemple connu de développement volcanique sur la côte orientale d'Amérique se trouve dans la petite île de *Fernando Noronha*, en face du cap San-Roque, juste dans l'endroit le plus étroit de l'Atlantique. Il n'y paraît aucun signe d'activité moderne. Mais M. Darwin (*Amérique méridion.*, p. 145) décrit diverses protubérances coniques en forme d'aiguilles, de phonolithe colonnaire accompagné de couches de tuf blanc entrecoupées de dykes, et de couches de basalte, de trachyte et de phonolithe schisteux. Il cite aussi un plateau de roches de trapp près de l'embouchure de la Plata; mais il semble appartenir à une époque très-ancienne et contemporaine probablement des porphyres de la Patagonie, qui datent de l'époque oolitique.

Dans l'extrême Atlantique austral, les *Shetlands du Sud* sont, dit-on, volcaniques. L'une d'elles, l'île de la Déception, n'est qu'un seul vaste cratère annulaire, de falaises perpendiculaires, encerclant un bassin de 13 kilomètres de diamètre, dans lequel la mer pénètre par une brèche au sud. Ces falaises se composent de couches alternées de *glace* et de lave, ayant l'inclinaison douce habituelle à partir de l'orifice central. (Voir *Journal de la Soc. géog. de Londres,* I, p. 64).

L'extrémité terminale de l'Amérique du Sud, la terre de Feu, se composent principalement d'ardoise argileuse de l'époque crétacée, mais entrecoupée de dykes de greenstone. Beaucoup de basalte et de laves porphyritiques se laissent voir sur plusieurs points de la côte du sud-ouest, avec des conglomérats de scories. On peut donc en conclure avec certitude que la grande traînée volcanique de ce continent atteint là ses extrêmes limites au sud.

M. Darwin décrit les rivages du Pacifique depuis le détroit de Magellan vers le nord, comme étant composés d'une base de schistes métamorphiques et d'ardoise argileuse reposant sur des roches plutoniques qui la pénètrent en quelques endroits. Ces roches sont de la variété granitique appelée andésite, et dont l'élément principal est le feldspath blanc ou albite.

Ces roches sont recouvertes d'une immense formation de plu-

sieurs pieds d'épaisseur en porphyre et en conglomérats porphyritiques, souvent impossibles à distinguer des trachytes récents, et
qui paraissent avoir été vomis d'une vaste traînée de volcans sous-
marins tout le long des Cordillères, vers l'époque oolitique, puisqu'ils se trouvent recouverts de grands dépôts de grès, de calcaire
et de gypse contenant des coquillages de cette époque ou de
l'époque crétacée qui l'a suivie. Ces couches sont elles-mêmes
mêlées de beaucoup de cendre volcanique. « Si, dit M. Darwin,
« nous nous figurons le fond de la mer parsemé de nombreux cra-
« tères, plus ou moins en activité, le plus grand nombre à l'état
« de solfatares, déchargeant des matières calcaires, siliceuses ou
« ferrugineuses, et du gypse ou de l'acide sulfurique, dépassant en
« quantité les volcans sulfureux actuels de Java, nous pourrons
« peut-être comprendre les circonstances qui ont déterminé l'ac-
« cumulation de cette singulière masse de couches diverses. »
(*Amérique méridionale*, p. 239.) Leur grande puissance (1,800 à 2,000
mètres) indiquerait, d'après lui, que le lit de l'Océan s'affaissait
lentement à l'époque de leur dépôt. Toutes ces formations furent
ensuite soulevées et disloquées par une force générale d'élévation,
agissant probablement à diverses époques, ou avec beaucoup de
lenteur, interrompue par des intervalles d'affaissement et accompagnée d'explosions volcaniques, en occasionnant des déluges de
lave et de tufs qui, inondant le fond de la mer vers l'est, forment
aujourd'hui le plancher des vastes Pampas tertiaires de la Patagonie. Ces tufs tertiaires ont été retracés par M. Darwin depuis les
rivages de l'Atlantique jusqu'à la vallée de Santa-Cruz, à une hauteur de 1,000 mètres sur la pente orientale des Cordillères.

Cette immense chaîne, ou plutôt série de chaînes parallèles, qui
court nord et sud, est généralement percée dans toute sa longueur,
depuis la terre de Feu jusqu'à Mexico, par des orifices volcaniques
d'une date encore plus récente, dont plusieurs sont encore en
activité et dont je vais de suite faire la description. Mais ce qui a
a été dit suffit pour montrer que des éruptions volcaniques ont eu
lieu le long de cette longue déchirure de la croûte terrestre d'une

façon presque continue dès les époques les plus reculées, accompagnées de mouvements oscillatoires de la surface de bas en haut d'une violence et d'une étendue égales, ce qui a laissé l'ancien lit de la mer à plusieurs milliers de pieds au-dessus du niveau actuel de l'Océan. Les pics culminants des Cordillères ne sont que des volcans actifs ou dormants. Les masses aplaties qui les supportent à un niveau plus bas sont composées de couches gypseuses et porphyritiques, soulevées dans une position verticale ou hautement inclinées. L'intrusion des roches d'andésite par-dessous, a, d'après M. Darwin, été la cause du soulèvement des dernières couches, et il croit qu'il est très-probable qu'elles forment une très-grande chaîne axiale ou dôme longitudinal sous toute l'étendue de la rangée. (*Amérique méridionale*, p. 241). Ces élévations seraient donc plutôt plutoniques que volcaniques. Les laves modernes sembleraient en tirer leur origine, à l'intérieur ou en dessous, partout où des fissures se seraient déclarées à une profondeur suffisante, à travers les roches supérieures, pour permettre l'éruption de quelques portions de la matière intérieure incandescente. Les tremblements de terre presque journaliers de l'époque actuelle et l'élévation de la côte du Pacifique prouvent que cette action continue encore aujourd'hui, comme aussi continuent les phénomènes volcaniques des sommets élevés des Cordillères.

Revenant à ceux-ci, véritable objet de notre étude, je dois faire remarquer qu'il n'est pas nettement défini jusqu'à quel point l'action volcanique se manifeste aujourd'hui, ou s'est manifestée durant les époques modernes, dans l'extrême angle sud du continent américain. Le capitaine Hall prétend avoir vu un volcan en activité par 55° 3′ de latitude, au N. du cap Horn ; un autre volcan est indiqué dans la carte de la Cruz, par 51° 4′ S. D'énormes couches de basalte ont été observées, à environ 300 mètres au-dessus de la mer, s'étendant sur de vastes surfaces entre le 45° et le 46° parallèle, en face de la péninsule de *Tres Montes,* laquelle, selon M. Darwin, est elle-même granitique. Et de là, vers le nord, la chaîne des Cordillères est couverte de pics volcaniques en activité habituelle, sur une étendue du 16e jusqu'au 30e parallèle de Coquimbo. On compte dans ce groupe non moins de vingt-quatre volcans, dont treize ont été vus en activité. Les plus importants et les plus actifs sont ceux de : *Yantales,* au 43° 29', haut de 2,400 mètres ; de *Korcovado,* de 2,200 mètres ; d'*Osorno,* au 41°9' ; de *Michinmadom,* de 2.400 mètres ; d'*Antuco,* au 37° 7', de 4,800 mètres. Ce dernier est un cône trachytique entouré d'un cratère annulaire ancien de basalte, et terminé par un cratère émettant des vapeurs sulfureuses, quoique la lave éclate souvent au pied. Poppig, auquel nous devons ces détails, décrit deux autres volcans dans la même latitude, sur une chaîne parallèle des Andes, assez loin à l'est d'Antuco. Le *Peteroa,* par le 35° 15', est aujourd'hui en activité modérée ; la dernière éruption paroxysmale eut lieu en 1762, et produisit un grand cratère et une grande déchirure dans le flanc de la montagne. Le pic de *Tupunguto* a plus de 7,000 mètres de hauteur. Le *Rancagua,* sous le 34°15', est, dit-on, en éruption constante. Le *Maypu,* sous le 33°53', de 5,200 mètres de hauteur, est un cônet ronqué avec un cratère vomissant de la vapeur et des matières enflammées, ou plutôt des scories rouges, dont la lumière se réfléchit dans des nuages de vapeur. Ce volcan s'élève du milieu du calcaire jurassique mêlé à la dolomite, à de vastes couches de gypse et à des sources salées, le tout atteignant une hauteur de 3,000 mètres.

L'*Aconcagua,* à l'est de Valparaiso, par le 32° 39' degré de dépassant, dit-on, 7,600 mètres, se trouve être par conséquent un des volcans les plus élevés du Nouveau Continentencore en activité. La ville de Mendoza, capitale de la province de ce nom dans la confédération Argentine, et bâtie sur le flanc oriental de la Cordillère, sur le même parallèle, fut détruite en mars 1861 par un tremblement de terre, dans lequel périrent dix mille personnes. Probablement l'Aconcagua fit éruption au même instant, puisque des voyageurs qui traversaient la gorge voisine de l'Uspallata furent inondés de cendres. Le tremblement de terre semble n'avoir été que local, la côte occidentale de la chaîne, côté du Chili, étant demeurée tranquille.

Viennent ensuite trois autres volcans, presque sous le parallèle de Coquimbo, le *Ligui*, le *Chuagui* et la *Limara;* puis au nord, jusqu'au 21° 30', sur un intervalle de 860 kilomètres, Humboldt affirme qu'il n'existe aucun volcan en activité. Toutefois, Philippi en cite un, sous le 22° 16', près de Copiapo. Il est probable qu'un examen plus minutieux de cette partie des Cordillères en ferait découvrir plusieurs autres dormants ou éteints.

Une éruption sous-marine éclata, en 1835, tout près du rivage de l'île de *Juan Fernandez*, au même moment où la côte opposée du Chili était ébranlée par un violent tremblement de terre et inondée par une marée extraordinaire. La profondeur de la mer, au point de l'éruption, était de 69 brasses. Néanmoins, la colonne de matières enflammées vomies au-dessus du niveau d'eau était assez brillante pour éclairer l'île voisine pendant toute la nuit. (*Trans. phil.*, 1836.)

Des tremblements de terre d'un caractère formidable sont fréquents sur toute cette partie de la côte. Copiapo fut renversée en 1819, après l'avoir déjà été en 1773 et 1796. Un soulèvement considérable de terrain a aussi eu lieu le long de toute la côte, depuis les temps modernes, comme on peut le voir par les falaises en terrasse composées de sable et de coquillages à diverses hauteurs. Je puis ajouter que l'un des plus récents et des meilleurs observateurs, M. D. Forbes, dans son mémoire sur la géologie de la Bolivie et du Pérou méridional (*Quart. Journ. Soc. geol.*, vol. XVII) affirme que la chaîne des Cordillères est volcanique sans interruption dans toute cette région. Il nomme les volcans suivants, du sud au nord, comme étant encore en activité plus ou moins fréquente : le *Lullayacu*, par 23°15'; le *Joconado*, par 23°10'; le *Licancàu*, par 22° 50'; l'*Atacama*, par 22° 30'; le *Calama;* l'*Isluga*, par 19° 20'; le *Tucalagua*, le *Tutapaca*, le *Coquina*, le *Gualitieri* et le *Sahama*, par 18° 7': ce dernier présente un cône tronqué de la forme la plus régulière, et haut de 23,900 pieds (7,200 mètres) ; il dépasse de 300 mètres le *Chimborazo*, considéré longtemps comme le point culminant des Andes.

A ce point se trouvent groupés un nombre considérable de pics volcaniques. De plus, la chaîne des Cordillères, qui, jusqu'ici, a couru presque sud et nord, s'infléchit vers l'ouest ; sa largeur s'accroît, et une seconde chaîne parallèle apparaît à l'est, et la dépression intermédiaire, une large vallée alpestre d'environ 4,000 mètres au-dessus du niveau de l'Océan, est en grande partie occupée par l'énorme lac Titicaca. La chaîne orientale est plutonique ; son axe est du granit, soutenant des couches fortement inclinées de roches silurienne, dévonienne et triasique, et pénétrées de filons métalliques comme dans les fameuses mines de Potosi. Les points culminants de cette chaîne, *Sorata* et *Illimani*, s'élèvent à plus de 8,000 mètres au-dessus de la mer. Quelques roches volcaniques modernes se sont fait jour à travers la série carbonifère et dévonienne sur l'extrême limite occidentale de cette chaîne, près du lac. Forbes les décrit « comme de vraies laves de greystone « et de trachyte, caractérisées par une structure rubanée parti- « culière. »

La chaîne occidentale des Cordillères est presque entièrement volcanique. Les laves en sont presque entièrement trachytiques ; plusieurs ressemblent fort à la domite d'Auvergne. Elles sont en général composées de quartz, de mica hexagonal noir ou brun, de feldspath vitreux, et accompagnées de tufs trachytiques blanchâtres entremêlés d'abondants fragments de ponce. Ces tufs sont généralement compactes, de façon à donner d'excellents matériaux à bâtir, et souvent il est difficile de les distinguer de trachytes véritables. Les éruptions ont éclaté, en les débordant, à travers les couches oolitiques près de la côte, dans lesquelles se trouvent les couches de porphyre et les diorites. Parmi les laves modernes se trouve beaucoup de greystone (*trachy-dolérite*) plus foncé que le trachyte, avec de nombreux cristaux d'augite noire ou vert foncé. On trouve du basalte d'un grain très-fin et compacte. Mais la masse des roches volcaniques consiste « en une « lave feldspathique cristalline d'une texture striée et rubanée, « semblable aux stries du verre coloré. » (Forbes.)

29

Ces laves paraissent généralement avoir jailli de fissures latérales sur le flanc des pics volcaniques élevés et couverts de neige qui couronnent la chaîne. Dans le sud de la Bolivie « des éruptions la- « térales de ce caractère ont couvert le sol de lave trachytique sur « une surface de plus de 500 kilomètres sans interruption. » M. Forbes pense que quelques fissures ont pu produire individuel- lement des coulées de lave sur une étendue continue de 80 kilo- mètres (voir p. 136). Il faut toutefois remarquer, à propos des volcans de l'Amérique du Sud, que, quoique les pics vomissent souvent de la fumée et des cendres et contiennent plusieurs solfa- tares, nous entendons rarement parler de l'émission de grands courants de lave dans les temps modernes comme il arrive géné- ralement dans d'autres pays volcaniques.

Le volcan de *Miste*, près d'Arequipa, au Pérou, haut de 5,600 mè- tres, présente plusieurs petits cratères, souvent en éruption mo- dérée. Un autre pic voisin, appelé *Chacani*, a un grand cratère ; *Vejo*, de même, avec des laves et de la ponce ; *Omato*, par 16° 50', fut en violente éruption en 1667, et d'autres, dont il est inutile de donner les noms, sont cités par divers auteurs.

De ce point, le 16° de latitude sud, la principale chaîne des Andes paraît ne plus être volcanique, ou du moins ne plus donner de signes d'activité pendant le long intervalle de 1,500 kilomètres. Le premier que l'on rencontre vers le nord, est le volcan de *San- gay*, au sud de Quito, par le 2e parallèle méridional. De là jusqu'au 2e de latitude nord se trouve un groupe serré de dix-huit à vingt volcans d'une grande hauteur dont on suppose que la moitié au moins doit être en activité. Sangay, de 4,800 mètres, semble être en éruption permanente comme celui de Stromboli. M. Sébastien Wise, qui en a gravi le sommet, a compté 267 explosions de cendres et de scories en une heure. Le lapillo noir expulsé par ce volcan, forme sur ses flancs, et à 18 kilomètres à la ronde, des couches de 100 à 120 mètres d'épaisseur. Humboldt parle souvent des roulements de tonnerre de Sangay, qui se font entendre à de grandes distances. C'est un phénomène commun à d'autres volcans élevés, durant leurs phases d'éruption, et sans aucun doute provenant des explosions de vapeur qui ont lieu au fond de leurs cratères, dont le son se propage non-seulement à travers l'air, mais encore à travers la terre. Les détonations d'artillerie s'entendent, on le sait, à plus de 80 kilomètres.; il n'est donc pas étonnant que les explosions infiniment plus violentes de certains volcans se fassent quelquefois entendre cinq ou même dix fois plus loin. On peut donc supposer que ces mystérieux *bramidos* ou tonnerres souterrains, mentionnés par Humboldt comme étant fréquents dans les Andes, ont toujours cette origine toute naturelle.

La ville de *Riobamba*, au pied du *Tunguragua* (1° 41′ lat. S.), volcan de 4,900 mètres de hauteur, fut détruite par un violent tremblement de terre, le 4 février 1797. Ce volcan, ainsi que les autres du même groupe, le *Carguairazo*, le *Chimborazo*, le *Cotopaxi*, l'*Antisana*, le *Pichincha*, l'*Imbaburu* et neuf autres, tous renfermés dans une superficie elliptique dont le grand axe mesure 180 kilomètres, peuvent être considérés comme les divers débouchés d'une seule masse volcanique, plutôt que comme des volcans distincts. Quelques-uns vomissent des torrents de boue (cendres mêlées d'eau) lors de leurs éruptions, comme fit le Carguairazo en juin 1698 et l'Imbaburu en 1691. Dans cette boue se trouvent des quantités de petits poissons (*Pimelodes cyclopum*, voir p. 174). L'origine probable de cette eau et des poissons et infusoires que l'on y trouve, doit être dans le cratère-lac du volcan qui s'élève au-dessus de la ville de Pasto, sous le 1° 13′ de latitude N. Le Chimborazo (6,400 mètres) est un dôme régulier couvert de neige; la roche visible la plus élevée est du trachyte prismatique; on ne l'a jamais vu en éruption. Le Cotopaxi (5,200 mètres), au contraire, est fréquemment en agitation depuis l'année 1742, et ses éruptions sont souvent accompagnées de torrents d'eau qui, dans ce cas, proviennent surtout de la fonte subite de son manteau de neige, qui, selon Humboldt, a quelquefois disparu en entier en une seule nuit. La débâcle qui en a été la conséquence peut expliquer toute quantité de conglomérat alluvial accumulé à la base, quelque grande qu'elle soit. Le cone du Coto-

paxi est d'une régularité remarquable, malgré les terribles phénomènes ignés et aqueux dont il est le théâtre (voir p. 183).

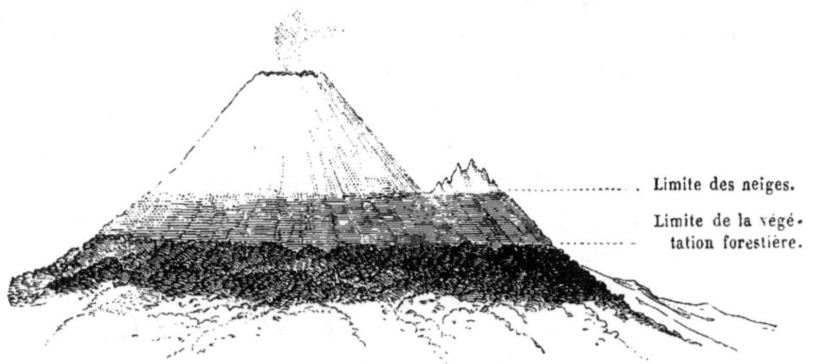

Fig. 79. — Le Cotopaxi (5,200 mètres), vu à une distance de 144 kilomètres,
d'après Humboldt.

Il a émis d'énormes courants de ponce parfaitement vitreuse,
exactement semblable à celle des Lipari; on l'exploite comme
pierre de construction, et on en tire facilement des blocs de 20 pieds
de long ou davantage, et de 5 ou 6 d'épaisseur. (Humboldt, *Cosmos*.) Le sommet du Carguairazo disparut dans l'éruption de 1698,
probablement fracassé par l'explosion du paroxysme. Le *Sinchula-
gua* fut en éruption en 1660; sa hauteur est de 4,600 mètres. L'*Antisana* (5,700 mètres), terminé par un pic conique d'environ 1,500
mètres, s'élève du milieu d'une plaine ovale, probablement un ancien cratère comblé, traversée par plusieurs courants d'obsidienne
noire et de pechstein qui ont coulé de l'orifice le plus élevé. A un
niveau plus bas, sur le flanc oriental de la montagne, des courants
semblables de lave noire se sont écoulés de deux petits cratères, devenus aujourd'hui des lacs. Ces laves, en se refroidissant, se sont
fendues en blocs massifs, ce qui arrive assez souvent, mais semble
peu compris de Humboldt. (*Cosmos*, IV, p. 313.) Les pentes de l'Antisana sont couvertes de ponce et de pechstein fragmentaire. Ce
volcan a été en éruption en 1590 et en 1728.

Le Pichincha (5,200 mètres) a souvent été en éruption, au moins depuis 1539, et était en pleine activité en 1831. Son sommet consiste en deux grands cratères en entonnoir. L'un d'eux contient un petit cône central, d'où s'échappent, par plusieurs ouvertures, de la vapeur, de l'hydrogène sulfuré et divers gaz sulfureux, accompagnés d'énormes colonnes de cendres et de ponce. L'autre grand cratère sommeille pour le moment. *Cumbal, Chiles, Pasto, Sotara*, sont les noms des autres pics volcaniques qui s'élèvent au-dessus de la limite des neiges perpétuelles. Le *Puracé* (4,800 mètres), près de Popayan, est un cône tronqué, dont le sommet se compose d'obsidienne. La rivière du Vinaigre, fortement imprégnée d'acide sulfurique, prend sa source dans cette montagne. Le *Tolima*, autre cône tronqué, sous le 4° 35' de latitude, à l'O. de Santa-Fé-de-Bogota, haut de 5,400 mètres, est le pic le plus élevé des Andes au N. de l'équateur. Aujourd'hui il n'émet plus que de la vapeur et des gaz, mais il a été en éruption violente en 1595 et de nouveau en 1826. A cette dernière époque, toute la province de la Nouvelle-Grenade fut fortement agitée par des tremblements de terre; de bruyantes détonations se firent entendre, des déchirures se déclarèrent à la surface de la plaine, vomissant de l'acide carbonique et d'autres acides, ainsi que de la boue fortement imprégnée d'acide sulfhydrique.

Se rattachant à cette bande volcanique des Cordillères, quoique éloigné d'environ 800 kilomètres, cependant immédiatement en face de la côte de Quito, je puis mentionner le groupe des îles *Galapagos*, dans lesquelles l'action volcanique s'est énergiquement développée.

Nulle part, dans le monde peut-être, n'a-t-on dans un cercle aussi restreint (190 kilomètres de diamètre), observé autant de cônes et de cratères, aujourd'hui généralement éteints. M. Darwin en porte le nombre à deux mille (!). Lorsqu'il visita ces îles, lors de l'expédition du capitaine Fitzroy, deux cratères se trouvaient simultanément en éruption. Dans toutes ces îles on peut voir des coulées de lave séparées en différentes branches se rendant à la mer. La lave est généralement augitique, mêlée d'olivine et de cristaux d'albite. La vraie ponce manque entièrement. Les cônes sont généralement formés d'un tuf brut durci, couvert comme celui de Naples par des couches arénacées de même matière moins compacte. Les couches ont toujours la même inclinaison quaquaversale partant du cratère, sous des angles de 20 à 30 degrés. Les cratères s'ouvrent invariablement à l'est, les matières expulsées s'étant accumulées le plus, ou ayant offert le plus de résistance à l'action des vagues, sous le vent du volcan. Le cône le plus élevé est de 1,360 mètres. Le groupe est généralement remarquable par son grand nombre de points d'éruption séparés et indépendants, et par l'absence d'une montagne ignivome principale.

Le *Tolima* est le plus septentrional de tous les volcans actifs du continent méridional. Il s'élève au centre de trois chaînes de montagnes en lesquelles les Andes se trouvent ici partagées, et appelées la *Sierra di Quindiu*. La branche occidentale, dans cette latitude, n'a aucun orifice éruptif; mais il s'en trouve un sur la pente orientale du nœud, ou ganglion, d'où part cette trifurcation, près de la source du Rio-Fragua. Il est plus éloigné du Pacifique (243 kilomètres), selon la remarque de Humboldt, qu'aucun autre volcan actif du continent, car il fume encore. Au nord de ce point, entre le 9e et le 10e parallèle, chacune des deux branches latérales prend une courbe soudaine. La branche orientale continue directement sur l'est, par la chaîne côtière élevée de Caraccas, de Cumana et de Trinidad (de 2,400 à 2,700 mètres), où elle rencontre presque à angles droits la traînée volcanique des îles Caraïbes, dont il a déjà été parlé. L'autre, qui est fort démantelée et abaissée, tourne à l'ouest vers l'isthme de Darien, puis se recourbe presque en plein nord. Là, au fond du Golfo-Dolce, auprès de Baruca, se trouve le volcan le plus méridional de l'Amérique du Nord. Dans les intervalles, cependant, se montrent des traces d'action volcanique ancienne, le long des deux chaînes. La Cordillère occidentale a plusieurs couches de porphyre augitique injectées, et de diallage interstratifiées avec les roches sédimentaires. Le long de la côte orientale du Vénézuéla, on rencontre fréquemment des volcans de boue et des puits de pétrole ou de poix minérale. Auprès de Valencia se trouvent une solfatare et plusieurs sources d'eau chauffée au-dessus du point d'ébullition.

Volcans de l'Amérique centrale.

A partir de Baruca, une chaîne de plus de trente volcans, longeant le Pacifique, s'étend au N.-O. jusqu'au 16e parallèle N., dans la province de Guatémala. Il est peu de régions sur le globe dans lesquelles on trouve tant de volcans en activité sur un espace si restreint, outre de nombreuses montagnes de formation volcanique, qui, quoique aujourd'hui au repos, ont évidemment été en éruption dans une période très-moderne. Après Baruca, s'élèvent deux volcans sur les bords de l'Atlantique, près du golfe de Chiriqui. Un autre, appelé *Irasu*, près de la ville de Cartago, atteint une hauteur de 3,570 mètres; il est facile d'arriver à son sommet d'où les deux océans sont parfaitement visibles. Le cône en activité, formé de cendres et de lapillo, d'environ 300 mètres, s'élève du milieu d'un cratère annulaire. Il existe encore un autre cratère, au N.-E. de ce dernier, et mesurant 2,400 mètres de circonférence. Les paroxysmes de ce volcan ont eu lieu en 1723, 1726, 1821 et 1847, accompagnés de tremblements de terre, qui ont été désastreux pour plusieurs des villes situées entre Nicaragua et Panama.

El Reventado, haut de 2,845 mètres, a un profond cratère ébréché au midi, autrefois rempli d'eau. Le volcan de *Barba*, au nord de San-José, capitale de Costa-Rica, a un cratère renfermant plusieurs petits lacs. Jusqu'ici, la chaîne principale se dirige du N.-E. au N.-O., mais en cet endroit, elle est croisée par une chaîne d'orifices transversale d'orient en occident. Sur cette branche s'élèvent trois ou quatre pics en activité : l'un, appelé *la Vieja*, qui, d'après M. Squier, se signale chaque printemps, au commencement de la saison des pluies, par une décharge de cendres; un autre, le volcan de *Votos*, abondant en soufre, et un troisième, au nord de Cartago.

Le *Rincon*, le *Miravaya* et l'*Orosi* sont des volcans plus ou moins actifs, bordant la rive sud-ouest du lac de Nicaragua.

« Peut-être, » dit M. Squier, « aucune région de la surface ter-
« restre ne laisse voir autant et de telles traces distinctes de l'action
« volcanique, que la partie du Nicaragua située entre les lacs et le
« Pacifique. Le lac lui-même est parsemé de groupes d'îles innom-
« brables, toutes d'origine volcanique, s'élevant en forme de cônes
« de 5 à 50 mètres. Sur les collines environnantes, outre des cen-
« taines de cratères béants, se trouvent de nombreux cratères-lacs
« d'origine volcanique, enfermés dans des murs abrupts de roches
« brûlées et calcinées, sans issue, d'une grande profondeur, remplis
« d'une eau amère et salée. » Un de ces lacs, le *Slopango*, selon le
même voyageur, a 20 kilomètres de longueur, sur 8 de largeur ; il
n'a point de cours d'eau tributaire, mais une petite issue. Son niveau
est de 360 mètres au-dessous du niveau du pays environnant. On
trouve généralement ces sortes de lacs à la base d'une éminence
volcanique. Tel est encore le lac de *Masaya*, au pied du volcan de
ce nom, qui est en éruption permanente depuis 1853. Avant cette
époque, il sommeillait depuis 1670, et avant cette date, il était en
activité continue comme aujourd'hui, comme l'affirme Oviedo,
qui le visita en 1529 (voir p. 33). L'éruption de 1670 vomit vers le
nord un torrent de lave qui atteignit une distance de 33 kilomètres, et a l'apparence, dit M. Squier, d'un océan d'encre subitement congelé pendant un orage.

Le *Nindiri* est un volcan jumeau attaché au *Masaya*, ayant, en
1775, émis un énorme courant de lave jusque dans le lac de Léon
qui le baigne au pied.

Le *Mandeira* et l'*Omotepec* sont deux autres volcans jumeaux,
s'élevant comme une île du fond du lac de Nicaragua, ainsi que le
fait le cône éteint de *Lapatera*. Sur la rive occidentale, près de
Grenade, est celui de *Mombacho*. Le *Momotombo*, toujours fumant
et détonant, a les flancs couverts de lave noire. (Squier.)

De là jusqu'au golfe de Fonseca s'étend une chaîne dans la direction S.-E.-N.-O. comprenant six volcans, appelés *Los Morobios*. El

Nuevo était en éruption en 1850, lorsqu'un ruisseau de lave jaillit de la plaine qui l'entoure. Le *Telica*, au-dessus de la ville de Léon, de 1,050 mètres, a pour sommet un cratère de 100 mètres de profondeur, à l'état de solfatare. *El Viejo*, haut de 2,000 mètres, était en pleine activité dans le seizième siècle, et vomit encore des scories rouges. Le *Coseguina*, qui forme le promontoire sud du golfe de Fonseca, était en activité en 1812, mais il est surtout célèbre par la terrible éruption, précédée d'un tremblement de terre, qui commença le 20 janvier 1835. Les détonations furent entendues de la Jamaïque, et aussi de Bogota, à 895 *kilomètres* de distance ! Les cendres expulsées dans l'atmosphère plongèrent tout le pays dans l'obscurité pendant deux jours, et le couvrirent d'une couche de plusieurs pieds ; elles tombèrent à l'ouest dans l'océan sur un espace de 64 kilomètres du nord au sud, et d'au moins 20 degrés de longitude est et ouest (2,200 kilomètres) ! La quantité de matières ainsi expulsées fut énorme (voir p. 205). Nous n'avons point de document concernant la configuration actuelle de ce volcan, mais il est probable qu'il est profondément tronqué, et qu'un immense cratère a été creusé jusque dans ses fondements. Le volcan voisin de *Saint-Vincent* fut aussi en éruption cette même année.

La côte septentrionale du golfe de Fonseca, en face du Coseguina, est aussi formée par un autre volcan, le *Concagua* ou *Amalapa*. Ici encore la chaîne volcanique, qui a suivi généralement une direction S.-E.-N.-O., est de nouveau croisée par une chaîne allant de l'E. à l'O., correspondant à la courbe sur la côte du Pacifique, et aussi à la grande expansion orientale du continent qui forme les provinces de Honduras ou de la côte des *Mosquitos*, dont l'alignement se trouve prolongé dans les chaines de la Jamaïque et de Saint-Domingue. Deux volcans près des villes de *San Miguel* et de *San Salvador* sont, dit-on, en grande activité. *Apaneca*, auprès de Sansonate, est peut-être éteint. L'*Isalco*, encore plus rapproché de cette ville, s'est élevé, selon M. Squier « dans une plaine auprès « du volcan éteint de Santa Anna, en 1770. Des tremblements de « terre se firent sentir durant les mois précédents, et, le 23 février,

« la terre s'ouvrit en vomissant de la lave accompagnée de feu,
« de fumée et d'immenses quantités de cendres et de pierres, dont
« l'expulsion continua pendant des mois et des années après que
« la lave eut cessé de couler. Ces produits formèrent autour de
« l'orifice ou cratère, un cône *s'accroissant continuellement*. Depuis,
« il est demeuré constamment en éruption, et par cette raison est
« appelé le *Phare* de San Salvador. Ses explosions, comme celles
« de Stromboli, ont lieu régulièrement à des intervalles de dix à
« vingt minutes, et vomissent un épais nuage de fumée, de cen-
« dres et de pierres, qui, par leur chute, ajoutent à la hauteur et
« au volume du cône. Celui-ci se trouve être aujourd'hui haut
« d'environ 750 mètres. » (Squier, *Amérique centrale*, p. 296.)

Un volcan voisin, *Atitlan*, était en violente éruption en 1828,
puis encore en 1833, et vomit d'énormes quantités de scories
et de cendres couvrant une surface de plusieurs lieues ; la contrée adjacente fut obscurcie pendant deux jours à 48 kilomètres à la ronde. Un autre volcan près de la ville d'Amatitlan,
nommé *Pacaya* par Humboldt, est en activité permanente. La plus
violente éruption que l'on en connaisse eut lieu en 1776, et ses
débris enterrèrent des villages à 14 *kilomètres* de distance ! La
masse de lave qui roula sur ses flancs, a dans plusieurs endroits
plus de 30 mètres d'épaisseur, et a l'air d'avoir coulé hier. Le lac
d'Atitlan s'étend à la base de ces deux volcans ; il a 48 kilomètres
de long sur 16 de large, et plus de 540 mètres de profondeur. Il est
enclos de roches sombres à pic, et n'a point de dégagement visible.
Plusieurs sources chaudes jaillissent sur ses rives. (Voir Squier,
p. 490, et *suprà*, p. 225.)

A peu de distance de là, et près de la vieille ville de Guatémala,
s'élèvent deux autres montagnes ignivomes. Le volcan de *Agua*,
cône trachytique de 4,470 mètres, plus élevé que Ténériffe, s'élève
jusqu'aux régions des neiges perpétuelles. Sa dénomination provient de ce que ses éruptions, faisant fondre la neige, sont accompagnées d'eaux torrentielles. Ce fut une inondation de ce genre qui
détruisit en 1541 la première ville de Guatémala. Le volcan de

Fuego est à 32 kilomètres O.-N.-O. du volcan de *Agua*, près d'Acatenango. Il est encore en activité, mais moins qu'autrefois. On a enregistré neuf grandes éruptions de 1581 à 1799. La dernière eut lieu en 1852, et émit un courant de lave jusque dans le Pacifique. Il a 4,390 mètres de hauteur. Les continuels tremblements de terre auxquels son voisinage donnait lieu furent cause que la ville de Guatémala dut être, dans le milieu du siècle dernier, transportée à un autre endroit.

On cite encore deux ou trois volcans plus au nord. Mais le dernier de ce groupe resserré de l'Amérique centrale, est le *Soconusco*, à 45 kilomètres sud de *Ciudad Real*, 16° de latitude N.

En avançant vers le nord, on trouve un grand intervalle sans volcans en activité, quoiqu'il y ait tout lieu de croire que la chaîne centrale de cette partie du continent est d'origine volcanique, surtout un pic appelé le *Cempultepec*, qui s'élève à 5,100 mètres. Puis ce n'est plus que vers le parallèle de Mexico que nous rencontrons des sites d'éruptions récentes. Ici une chaîne de volcans, au nombre de six et même davantage, traverse tout le continent de l'est à l'ouest, par conséquent transversalement à l'axe général, fait que nous avons déjà remarqué, sur une échelle moindre en d'autres localités au nord de Panama. Il faut attribuer ce fait à la formation de fissures transversales traversant les lignes principales de dislocation le long desquelles se sont élevées les chaînes cristallines primaires et les hautes plates-formes du continent septentrional.

Le volcan le plus à l'est, celui de *Tuxtla*, forme un promontoire sur la côte de l'Atlantique, à 80 kilomètres au S.-E. de Vera-Cruz; il a eu une éruption paroxysmale en 1793. Plus à l'ouest, s'élève le magnifique cône d'*Orizaba* (5,370 mètres) auprès duquel, vers le nord, M. de Saussure a trouvé de nombreuses coulées de lave basaltique inondant le plateau mexicain (*fig.* 42).

L'ascension d'Orizaba a été opérée en 1851, par M. Alexandre Doignon, un jeune Français, et plus récemment encore par le baron Müller. Ce volcan a un cratère à son sommet, dont la circonférence est évaluée à 6,000 mètres, il est ébréché au sud et à l'est.

L'intérieur en est profond, recouvert en plusieurs endroits d'une croûte de soufre, produit de nombreuses fumerolles. On prétend qu'une éruption commença en 1569 et dura vingt ans; depuis cette époque, le volcan est demeuré dans un état de repos comparatif. La base en est entourée de petits cônes, tronqués pour la plupart; quelques-uns ont vomi des laves, d'autres de la boue et des cendres. Vers l'est se trouve le volcan d'Acatepec. A l'ouest on rencontre plusieurs sources sulfureuses et des fumerolles, ainsi qu'un groupe de collines appelées *Los Derrumbatos*, dont l'une a un cratère souvent en activité.

Au nord s'étend le *Cofre de Perote*, crête rocheuse isolée, haut de 4,060 mètres, composé de trachyte dioritique sombre ou greystone, et s'élevant de 1,800 à 2,000 mètres au-dessus du plateau. D'après une opinion moderne, ce serait le bord restant d'un grand cratère dont le reste aurait été dispersé par les explosions. Le plateau mexicain central lui-même, ayant une hauteur moyenne de 1,800 à 2,000 mètres au-dessus de la mer, consiste en grande partie en porphyre trachytique rempli de feldspath vitreux, le produit d'éruptions très-anciennes, et peut-être sous-marines. Les gorges profondes ou *barancos* qui l'intersectent laissent voir dans leurs falaises plusieurs couches horizontales épaisses de cette roche et de ces conglomérats. Sur plusieurs points de ce haut plateau cependant on rencontre de larges champs de lave scoriacée, de basalte ou de perlite et d'obsidienne, d'une apparence toute moderne et stérile, d'où le nom de *Malpais*. Ces laves sont probablement issues de quelques orifices latéraux de plus grands volcans, ou de fissures à leur pied. (Voir le *Cosmos*, IV, p. 305.) Plus à l'ouest, et immédiatement au S.-E. du lac de Mexico, est le *Popocatepetl*, un immense cône couvert de neige (5,300 mètres), en activité constante, vomissant des vapeurs et des cendres, mais point de laves pour le moment. La roche dominante dans sa composition est un trachyte augitique ou greystone. Quelques-unes de ses couches, cependant, sont de pechstein. Un autre volcan nommé *Istaccihuetl* s'élève tout près, au nord, et d'autres montagnes entourant le bassin du lac sont sans aucun doute aussi volcaniques. Au S.-O. de la ville s'élève le grand volcan couvert de neige, *El Nevado di Toluca*, de 4,500 mètres, dormant aujourd'hui. Ses laves, comme celles d'Orizaba, contiennent de la hornblende.

Bien plus à l'ouest, sous le 19e parallèle, par 99° de longitude ouest, est le célèbre volcan du *Jorullo*, décrit pour la première fois par Humboldt, et proclamé par lui l'exemple typique du soulèvement des couches préexistantes par les forces volcaniques. J'ai déjà relevé (p. 82) cette malheureuse erreur du grand voyageur, à laquelle est due probablement l'origine de la pernicieuse théorie des cratères d'élévation émise par Léopold de Buch. Il est certain maintenant, depuis la visite faite sur les lieux mêmes par M. de Saussure, qu'ainsi que j'avais eu la hardiesse de le proclamer en 1825, dans la première édition de cet ouvrage, tirant mes conclusions seulement de faits et d'apparences énoncés par Humboldt, il est certain, dis-je, qu'en 1759 il n'y a eu *aucun soulèvement quelconque* des couches superficielles « en forme de vessie » ou autrement, mais qu'il ne s'est manifesté que les phénomènes ordinaires d'une éruption sous-aérienne normale. Cinq ouvertures se déclarèrent sur une plaine basse, ou plutôt dans une vallée, le long d'une fissure dirigée du nord au sud. De chacune de ces ouvertures, il se forma un cône de cendres ordinaires, par les éjections continuelles de scories, pendant que de tous ces cônes, mais surtout du plus grand, le Jorullo proprement dit, s'échappèrent de copieux courants de lave basaltique imparfaitement liquide, lesquels ne pouvant s'écouler à de grandes distances, se sont accumulés les uns sur les autres en haute plate-forme convexe, le *Malpais* ou *plaine bombée* de Humboldt. La dernière émission de lave eut lieu par le cratère ébréché du Jorullo proprement dit, et par suite de sa fluidité extrêmement imparfaite, elle forme un massif promontoire ou contre-fort, que l'on voit encore aujourd'hui se projeter du flanc du cône (voir *fig.* 23), la base appuyée sur la lave du Malpais. De considérables évacuations de cendres noires signalèrent la dernière éruption, et les protubérances irrégulières qui s'élevèrent au-dessus des fumerolles du courant de lave, recouvertes d'une couche d'un pied ou deux d'épaisseur de ces matières finement triturées, qui en se consolidant affectèrent une structure globulaire concrétionnaire, ces protubérances formèrent les *hornitos* semblables à des meules de foin, dont Humboldt avait tant de peine à expliquer l'origine. M. de Saussure termine son mémoire par ces mots : « Le volcan de Jorullo *n'a certainement pas été formé par « soulèvement*, et ses phénomènes, loin de plaider en faveur d'une « action expansive par la force volcanique, démontrent, au con- « traire, que les plus formidables explosions peuvent se manifes- « ter sans occasionner la moindre perturbation dans les couches « superficielles. » (*Bull. de la Soc. vaudoise*, vol. VI, p. 451, 1859.)

La lave du Jorullo est un greystone se rapprochant du basalte et contenant des grains d'olivine. Il est d'autant plus singulier que Humboldt ait ainsi méconnu le caractère de cette éruption, que lui-même a décrit une partie de l'ancienne surface sur laquelle existaient et existent encore « de vieilles fermes, et d'an- « tiques troncs de cactus et de goyaviers, » comme n'ayant subi aucune perturbation au milieu du Malpais, quoique au pied du Jorullo. Cet endroit est évidemment, comme cela arrive souvent, une petite éminence entourée, mais non couverte, par le déluge de lave. L'état intact des fermes aurait dû amener Humboldt à douter qu'il y eût eu un soulèvement subit en ampoule de toute la plaine d'alentour de 6 kilomètres superficiels, jusqu'à une hauteur de 150 mètres, ainsi que du cône lui-même jusqu'à 500 mètres. La persistance extraordinaire à vouloir découvrir quelque chose de neuf, d'étrange et d'inconnu dans les phénomènes du Jorullo se trouve prouvée d'une façon bien remarquable dans ce passage d'une lettre de Von Buch à Humboldt, citée par ce dernier dans le quatrième volume du *Cosmos*. « Vos *hornitos* ne sont point des « cônes formés par l'amoncellement de matières éruptives; ils « ont été *soulevés immédiatement du centre de la terre.* » (P. 351; traduction de Galuski.) Puis il continue en comparant l'origine du Jorullo avec celle du Monte Nuovo. Le parallèle est certainement correct, mais l'origine attribuée à tous deux, par les partisans du soulèvement, est également erronée (voir p. 323). Le sommet du Jorullo est à 1,280 mètres au-dessus de la mer (1).

A l'ouest, et presque sur le rivage du Pacifique, est le volcan de *Colima*, haut de 3,900 mètres, sous le 102ᵉ degré de longitude ouest. Pieschel en fit l'ascension en 1852. Il a deux sommets, dont l'un a un cratère d'où s'échappaient des vapeurs d'hydrogène sulfuré. On cite, en 1770, une grande éruption de cendres, et en mars 1795, une colonne de scories incandescentes.

Il est à remarquer que si l'on prolonge à travers le Pacifique la ligne de fissure transversale, siége de ces grands volcans mexicains, elle rencontrera, à une distance de 705 kilomètres à l'ouest, par 10 degrés de longitude, le groupe des *Revillagigedo* que l'on croit être volcaniques, par la quantité de ponce flottante qui souvent les entoure.

Pieschel parle d'une chaîne volcanique parsemée de cratères éteints et de coulées de lave, qui, de Colima, suit une direction parallèle au rivage du Pacifique au N.-O. de *Guadalaxara*. Cette rangée nord et sud se termine peut-être dans le voisinage de *Durango* par 24 degrés de latitude N., où un groupe de roches basaltiques couvertes de scories, s'élève du milieu d'une plaine unie. Sur le sommet de l'une des collines voisines, on a même observé un cratère. Il est donc probable que de nouvelles recherches nous révéleront d'autres traces d'action volcanique, surtout comme plusieurs sources thermales sont bien connues dans la province de Guadalaxara.

A partir de ce parallèle, la *Sierra Madre*, ou extrémité sud-ouest de la grande chaîne granitique des montagnes Rocheuses, commence à s'élever et à s'avancer vers le nord, s'écartant du rivage du Pacifique, depuis 700 kilomètres jusqu'à 1,200. Il n'y existe plus de bouches volcaniques en activité, mais sur ses flancs est et ouest se voient quelques traces d'action volcanique moderne, comprenant des cônes de cendres, des cratères, des laves. L'expé-

(1) *Cônes et cratères,* pp. 5-13, 26-28. (Paris, 1860.)

dition exploratrice du général Fremont découvrit deux grandes régions de formation volcanique; l'une sur la route du fort de Bent, sur l'Arkansas, à Santa Fé, dans le Nouveau-Mexique. Il s'y trouve trois volcans éteints, le mont *Raton*, le *Pic de Fisher* et la colline d'*El Cerrito*. Les laves du premier couvrent tout le pays entre l'Arkansas et la *Canadian River*. Le pépérino et les scories basaltiques abondent dans les prairies à l'est des montagnes Rocheuses, et il y a tout lieu de croire que les grands *Pics Espagnols* (37° 32′ lat. N.) sont aussi des montagnes volcaniques. Ce district oriental couvre une superficie d'au moins 120 kilomètres.

Sur le flanc occidental des montagnes Rocheuses, les traces d'éruption occupent une étendue encore plus grande. Cette région commence au midi, vers 33° 48′ de latitude et embrasse deux chaînes, la crête des montagnes Rocheuses coupée par le *Col de Luñi*, et une division plus à l'ouest, appelée la *Sierra di San-Francisco*. Dans cette crête s'élève une montagne conique, appelée le Mont *Taylor*, de 3,660 mètres, d'où rayonnent d'énormes courants de lave, s'étendant à de grandes distances, depuis la base du volcan, jusque dans une plaine stérile couverte de lave, de scories et de ponce.

A environ 110 kilomètres à l'ouest de Luñi, s'élève l'autre chaine volcanique de *San Francisco*, dont le point culminant est évalué à 4,800 mètres. A son sommet s'ouvre un grand cratère entouré d'énormes courants de greenstone, de basalte, de trachyte, d'obsidienne et de leurs conglomérats. Plusieurs autres montagnes du même caractère continuent la chaîne vers le nord, et le territoire volcanique s'étend à l'ouest du grand Colorado, sous le 34e parallèle, où l'on peut reconnaître plusieurs cônes éteints et des cratères ouverts, auprès du lac de Soude.

Toujours plus à l'ouest, à 800 kilomètres au N., vers le 43e parallèle, entre le 108e et le 110e de longitude ouest, au N. du grand lac Salé, s'élève un grand groupe volcanique, comprenant le *Pic de Fremont* (4,050 mètres), les *Trois Montagnes* et les *Trois Tétons*, d'une hauteur presque égale.

Ce sont des pics coniques, entourés de talus et de champs de lave noire, recouverts de scories, et par conséquent appartenant à une époque récente, quoique aujourd'hui ils paraissent éteints.

Toutes les montagnes volcaniques de cette chaîne principale de l'Amérique septentrionale sont remarquables par leur grande distance de la mer, distance qui varie de 800 à 1,000 kilomètres. Mais outre ces montagnes, plusieurs des orifices volcaniques se trouvent être parallèles aux montagnes Rocheuses, mais plus près du Pacifique. La péninsule de la Vieille-Californie elle-même pourrait être considérée comme étant une formation volcanique. Trois pics élevés, appelés *Loretto*, *Gigantas* et *la Vergine*, surtout présentent ce caractère. M. Farnham appelle toute la péninsule «un tas de « cendres volcaniques, de scories et de laves, presque dépourvu « de végétation. » Tel est aussi le prolongement vers le nord de cette chaîne, appelée la *Chaîne de la Côte* ou *Sierra Nevada*, jusqu'à la latitude de San Francisco, où se trouve le *Monte del Diablo*, volcan éteint de 1,100 mètres, et encore plus au nord, dans la vallée du Sacramento, un large cratère trachytique, appelé la *Butte du Sacramento*. Plus haut encore, près de la source de ce fleuve, on rencontre les *Montagnes Shasty* dont les sommets sont couverts de neige perpétuelle, et toutes composées de lave basaltique. Dans l'Orégon, les *Montagnes des Cascades* comprennent plusieurs pics, aussi couverts de neige, s'élançant jusqu'à 5,000 mètres, connus pour être d'origine volcanique et même en activité. Humboldt en donne la liste suivante, en commençant par le mont *Pitt*, 42° 30′ de latitude, 2,870 mètres ; le mont *Jefferson* ou *Vancouver*, 44° 35′ de latitude, 4,710 mètres, montagne conique ; le mont *Hood*, 45°,10′, certainement un volcan éteint, couvert de lave cellulaire ; celui-ci et son voisin, le mont *Sainte-Hélène*, ont près de 5,000 mètres. *Saddle Hill*, au S.-S.-E. d'Astoria, a un énorme cratère. Le mont Sainte-Hélène vomit sans cesse de la fumée ; il est d'une forme conique très-régulière, mais toujours couvert de neige. En 1842, il se déclara une éruption qui répandit des cendres et de la ponce à de grandes distances. Le mont *Adam*, 46° 18′, presque en plein est de Sainte-Hélène, est à 180 kilomètres de la côte et n'est point aujourd'hui en activité. Le mont *Reignier*, 46° 48′, 3,670 mètres, brûle encore, à la suite de violentes éruptions en 1841 et 1843. Le mont *Olympe*, 47° 50′, s'élève au sud du détroit de *San Juan de Fuca;* à l'est, le mont *Baker*, 48° 48′, 3,210 mètres, puissant volcan encore en activité, d'une figure conique très-régulière, donne un imposant caractère au paysage.

Quittant la chaîne de la côte pour l'intérieur, nous trouvons la *Pyramide*, le mont *Brown*, 5,000 mètres, et le mont *Hooker*, 2,110 mètres, par le 57° degré. Ce sont de hautes montagnes de trachyte, dans la Colombie anglaise, s'élevant sur la chaîne centrale des montagnes Rocheuses, près des sources de *Columbia River*, et à plus de 480 kilomètres du Pacifique. Il y a lieu de croire à un grand développement de formations volcaniques sur ce point. Entre cette chaîne et *Fraser River*, les *Montagnes Noires* forment le centre d'une autre région volcanique. « La grande plaine déserte de Co- « lombie, dit M. Hector (*Journ. de la Soc. géol.* 1861) est occupée « sur presque toute sa surface par une série de coulées basaltiques « horizontales, sans qu'il y ait dans le voisinage aucune montagne « jusqu'à laquelle on puisse les retracer. La plaine est sillonnée de « ravins de 100 à 200 mètres de profondeur, dont les côtes laissent « voir couches sur couches de laves minces interstratifiées de cou- « ches plus friables de tuf. Ces laves ont souvent une structure co- « lonnaire. Il y a aussi dans la plaine des dépressions occupées par « des lacs, qui, probablement, indiquent la position d'anciens « cratères, et sur quelques points ces basaltes recouvrent du cal- « caire fossilifère. La *Columbia River* coule sur une grande éten- « due à travers une énorme ravine dans ces couches de lave et de « tuf, au milieu d'un paysage des plus extraordinaires. »

La chaîne volcanique de la côte, selon toute probabilité, se prolonge vers le nord, et les îles adjacentes sont sans doute du même caractère. Il faut espérer que le progrès de la colonisation dans ces nouvelles régions nous fournira avant peu une certaine connaissance sur leur géologie. La petite île nommée *Lazare*, près de *Sitka*, par le 57° degré, a un volcan, appelé le mont *Edgecumbe*, haut de 912 mètres, qui a été en violente éruption en 1796, vomissant de la ponce en abondance. En 1806, on trouva un lac dans le cratère, qui était alors en repos. Des sources chaudes jaillissent de couches de granit dans le voisinage. Le mont *Fairweather*, 58° 45′, 4,380 mètres, est couvert de ponce et souvent en éruption. Dans la crique de Cook, à 60°, il y a un volcan en activité, d'après Wrangel, qui mesure 3,600 mètres, et le mont *Élie*, 60° 17′, 5,400 mètres, a été vu fréquemment en éruption. On parle aussi d'un autre volcan quelquefois en activité, fort loin dans les terres, vers le 62ᵉ parallèle.

A tout prendre, on en sait assez de ce pays, à peine exploré, pour affirmer que l'action volcanique a été et est encore largement développée le long de toute la côte occidentale de l'Amérique du Nord, depuis les montagnes Rocheuses jusqu'à la mer, les chaînes d'orifices habituellement en éruption ayant généralement une direction N.-O.-S.-E. parallèle à l'axe, ou épine dorsale occidentale du continent.

Vers le 60ᵉ parallèle, où le mont Élie marque la limite de l'Amérique anglaise et russe, la chaîne de la côte, qui jusqu'ici s'était détournée de plus en plus à l'ouest de sa direction générale vers le N.-N.-E., se replie subitement vers le S.-E. et forme la longue péninsule d'Alashka, qui se continue dans la chaîne recourbée des Aléoutiennes, à travers toute la largeur du Pacifique septentrional, réduit, il est vrai, à 15° de longitude. Nous n'avons aucun détail sur la structure de cette remarquable chaîne, de 1,550 kilomètres, de pics de tant de montagnes sous-marines ; mais on voit que le plus grand nombre, sinon la totalité, est d'origine volcanique. Plus de trente-quatre éminences distinctes ont été vues, dit-on, en activité depuis la période historique. En commençant par l'extrémité orientale ou américaine, on cite deux volcans situés dans la péninsule même ; un d'eux, l'*Ilaman*, serait un pic de 3,480 mètres. L'île *Saint-Paul*, dans la mer de Behring, est entièrement volcanique, formée de laves et de ponces modernes. Cependant sa voisine, l'île *Saint-George*, serait granitique.

Dans l'île d'*Unalashka* se trouve un volcan nommé Matuschkin, 1,642 mètres, dont les laves trachytiques contiennent beaucoup de hornblende et de porphyre de pechstein noir. Près de l'extrémité nord d'*Unimak*, où s'élève le plus haut volcan du groupe (2,420 mètres), une éruption sous-marine (1796), décrite par Kotzebue, produisit un volcan insulaire qui continua à être en activité pendant huit ans. En 1819, il avait acquis une circonférence de 25 kilomètres et une hauteur de 660 mètres.

L'*Atcha*, l'une des îles Andrejanowski, a trois orifices fumants, et dans l'île de *Tanaga* se trouve un volcan considérable. L'*Attou*, plus à l'est, continue la chaîne, quoique à un grand intervalle. L'île de Behring est le dernier anneau de la chaîne des Aléoutiennes, vers la côte asiatique. Sa direction prolongée couperait presque à angles droits l'axe principal de la péninsule du Kamtschatka, qui elle-même, croit-on, consiste en éminences volcaniques.

Nous avons donc ici encore un frappant exemple d'une fissure volcanique transversale qui rencontre à angles droits, ou à très-peu de chose près, non pas une seule, mais deux fissures de même nature. La ligne des volcans du Kamtschatka s'étend au N., du point d'intersection avec la ligne prolongée des Aléoutiennes, c'est-à-dire vers le cap Kamtschatka, par 56° de latitude. A ce point précis toutefois se trouve un groupe remarquable : *Krestowik*, 56°4'; le *Klutchewsk*, 4,950 mètres, en violente éruption de 1726 à 1731; puis en 1767 et en 1795. En 1825, Erman fut témoin oculaire, le 11 septembre, d'une éruption de pierres incandescentes, de cendres et de vapeurs vomies par le sommet, tandis que bien au-dessous s'écoulait un vaste torrent de lave, par une fissure sur le flanc occidental. La lave est trachytique, contenant beaucoup d'obsidienne. L'*Uschinkaja Sopka*, ou pic conique, 56°, est relié de très-près au Klutchewsk. Le *Tolbatschi*, au S. vers le 55° 51', 2,490 mètres, émet de temps en temps de la fumée et de la cendre par des cratères variant souvent de position. Le *Schiwelatsch*, au N. à 56° 40', haut de 3,162 mètres, a deux sommets. Son cratère fumait en 1829, lors de la visite d'Erman. De grandes

éruptions eurent lieu en 1739 et entre 1780 et 1810. Dans ces
dernières, d'énormes blocs de roches furent expulsés. En février
1854, il y en eut une autre qui dura quelques mois, vomissant des
torrents de lave et détruisant le sommet nord de la montagne.
(C. von Dittmar.) On cite aussi trois ou quatre volcans tout près de
celui-ci, et tous plus ou moins en activité. Au N.-O., par 57° 20',
dans la chaîne centrale de la péninsule, aux plaines de *Baidar*, on
peut voir un cratère très-ancien, d'une lieue environ de diamètre,
très-éloigné de toute montagne conique, formé sur une fissure
d'où la lave et des scories vésiculaires couleur brique ont été
expulsées en abondance. Plus au nord encore est un lac circulaire
cratériforme d'un diamètre de 24 kilomètres, entouré par les monts
Palan. Au sud du Klutchewsk est un groupe de hauts pics volcaniques entourant un autre grand cratère-lac elliptique, et appelé
le *Kranosk*. Tous deux sont probablement de grands cratères-lacs
du même caractère que ceux du Mexique, que le lac Bolsena et
Bracciano en Italie.

Plus au sud, à 53° 32', nous arrivons au *Jupanowa*, 2,715 mètres,
cône tronqué vomissant continuellement de la fumée. Il est probable que la plupart de ces montagnes fumantes sont à l'état de
solfatares. Le *Koriatskaja*, 53° 19', 3,363 mètres, est très-riche en
obsidienne, que les naturels emploient pour armer leurs flèches.
L'*Awatska*, 53°17', 2,670 mètres, était en éruption violente en
1837. MM. Postel et Lenz, qui l'ont visité l'année suivante, décrivent un vaste courant de lave trachytique, descendant du bord
du grand cratère et se projetant, comme un massif promontoire,
sur le flanc de la montagne. A sa base, ce courant s'étend en haute
plate-forme, de la surface de laquelle, couverte d'une épaisse
couche de cendres, s'élèvent plusieurs petits mamelons coniques
de quelques mètres de hauteur, d'où s'échappaient, au moment
de leur visite, des jets de vapeurs chaudes d'hydrogène sulfuré.
C'est là un pendant complet des *hornitos* du Malpais de Jorullo,
observés par Humboldt vingt ans après l'éruption. Six ou sept
cônes élevés viennent ensuite en ligne le long de la côte orientale

jusqu'au dernier, l'*Opalinskaja Sopka*, juste au-dessus du cap *Lopatka*, extrémité méridionale de la péninsule, qui fut fort actif vers la fin du siècle dernier. Il domine vers le nord un autre grand lac ovale, grand à peu près comme les deux lacs déjà cités. Il y a aussi trois ou quatre pics, dont quelques-uns toujours fumants, sur le versant occidental de la péninsule. En tout, on n'a pas compté moins de quatorze volcans actifs dans toute la longueur de la péninsule, qui a environ 680 kilomètres de long, et il semble probable que l'on pourrait encore compter un nombre au moins égal de montagnes volcaniques aujourd'hui éteintes, ou même seulement dormantes.

Iles Kouriles. — Immédiatement au sud du cap Lopatka, la première des îles Kouriles, *Paramouchir*, contient un volcan en activité. Un autre, un peu à l'est, mais sur le prolongement de la ligne des volcans orientaux du Kamtschatka, *Alaïd*, haut de plus de 3,600 mètres, était en violente éruption en 1770 et en 1793. Les autres îles de la chaîne, longue de 1,160 kilomètres, évidemment les sommets de montagnes volcaniques, s'élevant du fond de la mer, ont encore huit ou neuf orifices plus ou moins en activité. Enfin suivent, en prolongeant cette ligne remarquable de volcans habituellement en éruption, ceux de Yeso et des autres îles du Japon.

Japon. — La première, *Yeso*, est encore peu connue des Européens. A son angle nord-est, un pic volcanique, l'*Angle*, s'élève de la mer jusqu'à une hauteur de 1,600 mètres. On croit que cette île est traversée par une chaîne de volcans depuis le cap Nord jusqu'à la baie du Volcan au S.-E., laquelle est bordée par deux cônes élevés et en activité. Siebold même ne compte pas moins de dix-sept montagnes coniques dans toute la longueur de l'île, et leur attribue une origine volcanique. L'une d'elles est appelée par les Japonais *Usuga-talce*, ou *Mortier*, à cause de son profond cratère. Ce volcan et celui du *Kajo-nori* sont encore en activité.

Dans les autres grandes îles du Japon, les historiens citent sept volcans comme en état d'éruption, deux dans le *Niphon* et cinq dans le *Kiusiu*. En outre de ceux-ci cependant, une chaîne de montagnes coniques enfile les trois îles dans leur longueur, et plusieurs, caractérisées par des cratères complets, sont incontestablement volcaniques. Dans le Niphon, on en compte neuf ayant produit des laves trachytiques, dont deux ont plus de 3,600 mètres de hauteur.

Les volcans actifs connus sont, en commençant par le nord, le *Jakejama*, à l'extrémité nord-est du Niphon, 41° 20'; un autre du même nom, qui est probablement le mot japonais générique pour désigner une montagne ignivome, par le 36e parallèle; l'*Assamajama*, au nord de Yedo, dans l'intérieur, par 36° 22', en éruption violente et désastreuse en 1783, et permanente depuis cette époque. *Fusiyama*, 35° 18', 3,730 mètres, est un cône d'une admirable régularité, tronqué seulement auprès du sommet, couronné par un cratère ovale de 180 mètres de longueur sur 600 de largeur et 350 de profondeur. Cette montagne est pour les Japonais l'objet d'une grande vénération et de fréquents pèlerinages. Les chroniques assurent qu'elle doit sa formation à une violente éruption qui eut lieu en l'année 286 avant Jésus-Christ. Les éruptions historiquement connues sont celles de 799, 863, 937, 1032 et 1707. Depuis cette époque, la montagne est demeurée en repos, et, sans aucun doute, le cratère actuel date de cette dernière éruption.

Dans l'île de *Kiusiu*, on compte au nombre des volcans en activité : le *Wunsen*, 32° 4', 1,230 mètres, dont l'épouvantable éruption de 1793 détruisit, dit-on, 53,000 personnes. Le sommet de la montagne *s'effondra*, ou plutôt fut dispersé par les explosions. L'*Asoyama*, 32° 45', à l'E.-S.-E. de *Nagasaki*; le *Kirisima*, 31° 45'; le *Mitake*, une île dans la baie de *Kagosima*, et *Ounga*, sur la côte occidentale, au S. de *Nagasaki*.

En outre, les navigateurs européens ont observé diverses îles joignant la plus grande, avec des pics et des cratères fumants ; savoir : *Iwosima* ou l'île de soufre, au sud de Kiusiu, dans le détroit de Van Diemen, 30° 43', 708 mètres ; *Ohosima*, 34° 42' de latitude N., et 137° 6' de long. E., d'où Broughton, en 1797, vit s'élever la fumée d'un cratère qui avait été récemment en éruption. Une chaîne d'îles volcaniques, d'après Postel, s'étend vers le sud d'Ohosima jusqu'à *Fatsisjo*, 33° 6', et de là aux îles *Bonin*, 26° 30', plus de 12° à l'est. Les chaînes des Mariannes et des Carolines, encore plus au sud, qui sont aussi volcaniques, semblent être le prolongement de cette ligne.

Sur le côté continental de la mer du Japon, dans la presqu'île de *Corée*, on ne connaît point de volcans, qui semblent circonscrits aux îles voisines. Celle de *Quelpaertz*, présente plusieurs pics coniques d'origine volcanique, et l'on dit que le volcan insulaire de *Tsinmara*, sur la côte de Corée, s'est élevé de la mer en 1007.

La chaîne volcanique des Kouriles et des îles japonaises se continue vers le sud à travers un cordon de petites îles jusqu'à l'archipel de *Lioutcheou* ; de là à la grande île de *Formose*, 24°, où le lieutenant Boyle observa en 1853 une éruption venant de la mer, sur la côte est. Une des plus petites îles de la chaîne *Suwasesima*, 29° 31', fut vue en éruption par le capitaine Belcher ; sa hauteur est de 840 mètres. Le capitaine Basil Hall dit que son cratère est à l'état de solfatare. Ses flancs, fort rapides, sont intersectés de dykes.

Dans *Formose* elle-même une haute chaîne de montagnes traverse le centre de l'île ; elles sont sans doute volcaniques, puisque l'on y trouve une abondance de sel et de soufre, ainsi que des sources chaudes ; on dit aussi que des flammes jaillissent de la terre et de quelques-uns des lacs. La tradition parle de ces montagnes comme ayant été en éruption. M. Stanislas Julien a décrit deux de ces volcans dans les *Comptes rendus* de 1840.

Quelques-unes des îles moins importantes qui rattachent Formose aux *Philippines*, ont aussi été vues en éruption. Dans ce dernier groupe Von Buch n'énumère pas moins de dix-neuf hautes montagnes coniques et isolées, toutes appelées dans le pays *volcanes*.

Dans *Luçon* ou *Manille*, l'île la plus septentrionale, le plus grand volcan est le *Mayon*. Il est décrit comme étant parfaitement

conique, d'une hauteur de 960 mètres, et émettant constamment
une colonne de vapeur de son sommet, et quelquefois des flammes (sans doute des scories); ses détonations se font entendre à
de grandes distances, et le pays environnant est couvert de ses
déjections. Une éruption de 1767 dura dix jours et, pendant deux
mois, vomit un torrent de lave, suivi de déluges d'eau qui dévas-
tèrent la contrée et détruisirent plusieurs villes et villages. Une
éruption eut aussi lieu en 1800 et en 1814.

Un autre volcan de Luçon est celui de *Taal*, une île dans un lac
contenant dans son cratère qui a 3 kilomètres de diamètre, un autre lac, dans lequel s'élève un autre volcan conique. Les rochers
entourant le cratère ont, selon Lopez, une hauteur perpendiculaire de 270 à 360 mètres, et à l'époque de sa visite des millions
de jets de gaz hydrogène enflammé s'échappaient de leurs crevasses. Les eaux du lac sont imprégnées d'acide sulfurique. En 1716,
une formidable éruption eut lieu, et celle de 1754 le fut plus
encore. Les détonations se firent entendre à 1,200 kilomètres. Les
explosions furent épouvantables, et durèrent dix jours, causant
une profonde obscurité par leurs nuages de cendres qui couvrirent les maisons de Manille, à 60 kilomètres de là. Dans le voisinage immédiat de la montagne, des rochers de dimensions énormes roulèrent au milieu des *rivières de soufre* et de *bitume* qui
inondèrent le district de *Bongbong*. Les alligators et les poissons
de la rivière voisine furent anéantis par milliers.

Il n'existe pas moins de onze volcans rangés en ligne dans l'é-
troite péninsule de *Canarines*, extrémité sud-est de Luçon. L'un
d'eux, haut de 960 mètres, était en violente éruption en 1800 et
1814. Dans la petite île de *Mindoro*, en face de Manille, est un volcan en activité incessante.

Dans l'île de *Mindanao*, la plus méridionale des grandes îles
Philippines, à *Bukayan*, est un volcan qui fut en éruption en 1640,
et dispersa d'énormes masses de rochers à une distance de 8 kilomètres. Les cendres se répandirent sur les Moluques et sur Bornéo, tandis que les îles les plus voisines étaient plongées dans la

plus profonde obscurité. La montagne *disparut,* un lac (cratère-lac) prit sa place, et les eaux furent longtemps blanchies par l'abondance des cendres. (Voir Bowring, *Iles Philippines,* 1861.)

On remarquera que cette grande île de Mindanao est en quelque sorte fourchue, projetant deux grands promontoires, l'un au sud, l'autre au sud-ouest. Il semblerait donc qu'ici la grande chaîne ou fissure volcanique se bifurque et diverge dans ces deux directions; la branche sud-ouest, enfilant la chaîne de *Sooloo* jusqu'à *Bornéo,* et la branche sud traversant celle de *Sangir* et de *Sivao,* tous deux volcans récemment en éruption, à travers le détroit de *Banka,* jusqu'à l'extrémité nord-est de *Célèbes.*

Le groupe prolongé des *Sooloo,* au nombre d'au moins cent îlots, et qui relie Mindanao à Bornéo, est en partie volcanique et en partie composé de récifs de coraux.

Dans *Bornéo* même on ne connaît aucun volcan actif; on ne connaît même qu'une très-étroite bande de la côte, et l'on ne suppose pas que ses plus hautes montagnes soient volcaniques. Rajah Brooke, cependant, cite une montagne dans la province de *Sarawak,* appelée *Goonung Api,* ou *Montagne de Feu,* en langue malaise, et entourée de scories, ce qui indique indubitablement une origine volcanique.

L'autre branche de la chaîne volcanique semble traverser Célèbes, où le docteur *Junghuhn* compte onze volcans en activité, sur une ligne se dirigeant en plein sud, vers *Florès,* où elle traverserait une autre chaîne de même caractère ; cette première ligne, divergeant en même temps du nord de Célèbes, décrirait une courbe à travers *Tidore* et *Ternate,* volcans tous deux, jusque dans les *Moluques, Ceram* et *Amboine,* projetant une autre branche vers la *Nouvelle-Guinée,* où Dampier vit un volcan, jusqu'à ce qu'elle tombe dans la chaîne est et ouest de *Timor,* Florès, *Sumbawa, Java* et les îles intermédiaires de cette traînée remarquable.

On nous dit qu'il y a six volcans tout près les uns des autres dans l'étroite péninsule de *Mucado,* au N.-E. de Célèbes. L'île de

Ternate, à l'ouest de l'île plus grande de *Gilolo*, l'une des Moluques, comprend un cône volcanique, de 1,725 mètres, d'où ont éclaté de violentes éruptions de 1608 à 1673, et encore de 1838 à 1849, après un siècle et demi de repos. Un autre volcan se déclara sur le rivage occidental de *Gilolo*, en 1673, et vomit d'immenses quantités de ponce. *Amboine* est entièrement volcanique ; il y eut une terrible éruption en 1694 et une autre en 1820 ; il n'y a plus aujourd'hui que des vapeurs sulfureuses et des éruptions de boue chaude. L'île de *Sorea*, la plus méridionale des Moluques, auparavant fertile, populeuse et bien cultivée, fut entièrement ravagée par une éruption qui eut lieu en 1693. Toute la montagne fut détruite et remplacée par un lac de lave incandescente. Dans l'île de *Machian*, en 1646, une haute montagne volcanique fut déchirée en deux du haut en bas par une éruption violente. La petite île de *Banda* ou de *Goonung-Api*, au sud de Ceram, haute de 540 mètres, ne cessa de brûler de 1586 à 1824. Le pic de *Timor*, comme Stromboli, servit jadis de phare aux navigateurs, étant, par sa hauteur, visible à 450 kilomètres. En 1638 une prodigieuse éruption fit sauter le sommet du cône et le remplaça par un grand lac. Il est à remarquer que ce phénomène est fréquent parmi les grands volcans de cette zone du globe. Dans la petite île de *Poulou Batou*, au nord de Florès, un volcan fut vu en 1850, déversant jusque dans la mer un courant incandescent de lave.

A dire vrai, l'activité volcanique est tellement développée dans cet archipel, que le docteur Junghuhn, dans son énumération des volcans dans la guirlande d'îles qui entourent le continent de Bornéo, ne compte pas moins de 109 hautes montagnes ignivomes et 10 volcans de boue, tous en activité aujourd'hui.

La grande île de Florès contient au moins trois volcans actifs. *Sumbawa* est célèbre par un paroxysme qui se déclara sur la montagne de *Tomboro* en 1815, dont sir Stamford Raffles nous a donné un récit authentique. Cette éruption commença le 5 avril par des détonations qui furent entendues de Sumatra, à près de 1,500 kilomètres en ligne droite, et prises pour des décharges d'artillerie. Trois colonnes distinctes de flammes (scories rouges), s'élevèrent à une immense hauteur, et toute la surface de la montagne parut bientôt couverte de laves incandescentes, qui s'étendirent à d'énormes distances de tout côté ; des pierres, dont plusieurs grosses comme la tête, tombèrent à plusieurs kilomètres à la ronde, et les fragments dispersés dans l'air causèrent une obscurité totale. On ajoute qu'une trombe accompagna le commencement de l'éruption et enleva les toitures, les arbres et même les hommes et les chevaux. Le rivage auprès de la ville de Tomboro s'affaissa régulièrement jusqu'à une profondeur de 6 mètres. Les explosions durèrent trente quatre jours, et l'abondance des cendres expulsées fut telle, qu'à Java, à 500 kilomètres de distance, elles causèrent en plein midi une nuit complète et y couvrirent le sol et les toits des maisons d'une couche de plusieurs pouces d'épaisseur. A Sumbawa même la région voisine du volcan fut entièrement dévastée, les habitations détruites avec 12,000 habitants, et les arbres et les pâturages enterrés profondément sous la ponce et les cendres. A *Bima*, à 65 kilomètres du volcan, le poids des matières expulsées fut tel que les toitures furent enfoncées. La ponce flottante dans la mer formait une île d'un mètre d'épaisseur, que les vaisseaux eurent beaucoup de peine à traverser. (*Java*, par sir St. Raffles.) Il est clair que le vide laissé dans les montagnes par l'évacuation de tant de matières peut expliquer la formation d'un cratère des plus colossales dimensions connues (voir p. 172 et 205). Sumbawa se relie à Java par l'île de *Lombok*, dans laquelle s'élèvent un volcan de 2,250 mètres et un autre nommé *Bali*, en éruption en 1803.

La seule île de Java comprend un plus grand nombre de volcans en activité que ne le fait aucune autre région d'égale étendue. Nous devons de les connaître au docteur Horsfield, qui accompagnait sir Stamford Raffles durant son séjour dans cette île, et plus récemment encore au docteur Junghuhn qui y passa douze ans dans l'étude des phénomènes naturels. Ce dernier a mesuré et décrit quarante-cinq cônes volcaniques qui forment l'axe de l'île dans toute sa longueur. Vingt-huit d'entre eux sont encore en activité, c'est-à-dire, en éruption continuelle ou intermittente. Ils sont généralement très-inférieurs en élévation aux grands volcans coniques de l'Amérique centrale et méridionale, mais sont cependant d'une grandeur imposante. Le plus élevé, le *Gunung Semera*, fut gravi par Junghuhn en 1841, et atteint 3,670 mètres. Quatre autres mesurent de 3,200 à 3,300, et sept de 2,700 à 3,000 mètres de hauteur.

Le plus grand cratère connu de toutes ces montagnes est celui du *Gunung Tengger* (2,600 mètres). Il a 559 mètres de profondeur depuis le bord du rempart extérieur, et 5 kilomètres et demi de diamètre. Au centre s'élèvent quatre petits cônes, ayant chacun un cratère, et tous en activité, excepté un seul, appelé le *Bromo*, qui contient un lac d'eau chaude sulfureuse. Il a été visité et décrit par le professeur Jukes. Une autre montagne, le *Gunung Raon*, de 3,050 mètres, a un cratère encore plus profond, le fond étant à 720 mètres au-dessous du bord extérieur. Les côtes en sont à pic, et le diamètre a un peu moins de 3 kilomètres. La vue dans ce cratère est d'un grandiose écrasant. D'après Junghuhn, les cônes et les cratères en activité de cette île sont entourés d'anciens remparts, et quelquefois d'une double enceinte, dont la plus grande a 8 à 10 kilomètres de diamètre.

La plus terrible éruption des volcans javanais eut lieu en 1772, c'était celle de la montagne nommée *Papandayang*, haute de 2,169 mètres. Au même moment, deux autres volcans de la même île, situés respectivement à 295 kilomètres et à 563 kilomètres en ligne droite de Papandayang, firent éruption, quoique plusieurs cônes intermédiaires de la chaîne demeurassent tranquilles. Ce fait, ainsi que quelques autres analogues que je pourrais citer, indique le caractère complexe de la communication ou de la correspondance qui doit exister entre les fissures d'éruption à travers lesquelles les matières volcaniques se font jour. Humboldt, parlant de faits semblables, rappelle à propos celui-ci : que dans la matinée du 4 février 1797, lorsqu'un terrible tremblement de terre détruisit la ville de Riobamba, au pied du Cotopaxi et du Tunguragua, aucun de ces volcans ne sembla influencé par la commotion, quoique celui de Pasto, à la distance de 180 kilomètres, laissât voir sa sympathie par la cessation subite de sa colonne constante de vapeur. Probablement la croûte superficielle en est pénétrée par un réseau de fissures, les unes plus profondes que les autres; celles-ci scellées par des laves solidifiées; celles-là enfin vides, ou seulement remplies de lave encore fluide et par conséquent peu résistante (voir p. 272-275).

La grande éruption de Papandayang a souvent été citée comme un exemple de l'effondrement du sommet d'un volcan, donnant lieu à un lac ou à une plaine basse. Le docteur Junghuhn réfute cette fausse interprétation et décrit le phénomène comme ayant, au contraire, le caractère que, dans le cours de cet ouvrage, j'ai représenté comme le vrai résultat normal d'un paroxysme sur un cône volcanique, savoir : la *destruction* totale du sommet par des explosions prolongées, qui le dispersent en fragments sur tout le pays adjacent, et le transport par les vents à d'énormes distances des particules plus légères et plus triturées (voir p. 196). Les quarante villages, qu'avec leurs habitants, on prétend avoir été « engloutis par la terre entr'ouverte, » furent, au contraire, enterrés sous ces déjections fragmentaires. Cette superficie de 24 kilomètres sur 10, que l'on suppose « s'être affaissée en terre, » n'est que le creux laissé par les explosions de ce paroxysme; un vrai cratère, en un mot, mais comparable pour sa grandeur aux plus considérables de ceux qui, par leurs dimensions, ont amené plusieurs géologues à douter de leur origine explosive.

Les volcans de Java vomissent de prodigieuses quantités de cendres fines, souvent à l'état de boue, par suite de leur mélange avec le contenu des cratères-lacs et beaucoup de ces matières dont se composent, par conséquent, les flancs extérieurs de ces montagnes. Aussi se trouvent-ils très-sujets à l'érosion sous l'action des torrents tropicaux sur leurs éléments friables ou mobiles, et sont, par suite, profondément sillonnés de ravines rayonnant avec une régularité que Junghuhn compare aux plis qui se forment entre les baleines d'une ombrelle à demi ouverte. Lorsque le sommet d'un tel cône a sauté par l'effet d'une explosion paroxysmale (et il se trouve beaucoup de ces cônes ainsi tronqués) les extrémités supérieures de ces ravins forment autant d'entailles déchiquetant le bord du cratère dans tout son pourtour. Les éruptions de laves sont rares en comparaison de celles de cendres et de boue, qui se durcit en trass ou moya.

Le docteur Horsfield, cependant, donne la description, sur le volcan de *Guntur*, de cinq grands torrents de lave, qui ont coulé du sommet et atteint le pied de la montagne à différentes époques connues ; le dernier date de 1800. Junghuhn fait aussi mention de trois autres volcans ayant émis des ruisseaux de lave noire basaltique. Probablement ces courants ne sont pas aussi rares qu'on le suppose, mais se trouvent cachés par l'abondance des cendres et du trass. Les laves de Java sont principalement du greystone, et contiennent souvent beaucoup de leucite, ressemblant par là aux laves du Vésuve. Il y a aussi des dykes de pechstein. Le trachyte semble rare, mais cependant forme un volcan nommé *Tilu* ; c'est un mélange de feldspath vitreux et de hornblende. Ainsi que l'on peut s'y attendre, la ponce et l'obsidienne ne se trouvent que dans cette localité. On rencontre aussi des couches de basalte ou de greystone partout où les torrents ont profondément pénétré dans les plaines au pied des volcans ; elles se trouvent quelquefois interstratifiées avec des couches tertiaires de roches sédimentaires. Ces dernières, du reste, composent la plus grande partie de la surface de l'île, surtout au sud.

L'éruption du *Guntur* de 1800, outre les laves déjà mentionnées, vomit un considérable torrent de boue blanche, acide, sulfureuse, provenant sans doute d'une solfatare, couvant depuis longtemps, et qui dévasta toute la surface d'une vallée auparavant fertile. Les vapeurs sulfureuses abondent dans plusieurs parties de l'île. Le mont *Idienne*, vers l'est, a un cratère-lac d'eaux acides entouré de rivages de soufre pur. La rivière qui s'en échappe ne contient aucun poisson. Il y a de nombreuses sources de sels et de pétrole; quelques-unes même vomissent des quantités de boue noire, en grosses bulles, jusqu'à 8 ou 10 mètres de hauteur. Une vallée, probablement un ancien cratère, a reçu le nom de Vallée du Poison (*Guevo Upas*), parce que tout être vivant qui la traverse est asphyxié par l'acide carbonique qui se dégage du fond. La surface en est couverte d'ossements blanchis d'hommes et d'animaux.

Sumatra. — Cette grande île a moins été visitée des naturalistes que Java, dont elle n'est que le prolongement, interrompu par un petit détroit, mais on la connaît pour être entièrement volcanique. Marsden nous a donné la description de quatre volcans actifs dans sa chaîne principale. L'un d'eux, nommé *Priamang*, à 32 kilomètres dans les terres, à partir de Bencoolen, émettait continuellement des vapeurs par un cratère à un quart de la distance du sommet à la base. Il fut remarqué aussi qu'il vomissait des flammes (ou plutôt des pierres rouges), au moment où un tremblement de terre se faisait sentir. Les habitants de l'île rattachent leurs plus violents tremblements de terre aux époques du repos de leurs volcans. Aussi sont-ils bien aises de les voir en activité. Le *Gunung Dempo*, la plus haute montagne de l'île (3,600 mètres), émet presque constamment de la vapeur. Des sources chaudes sont fréquentes, et il ne manque pas de roches basaltiques. Il semble cependant que dans quelques parties de l'île on trouve du granit, aussi bien que du calcaire d'origine coralline, surtout sur la côte septentrionale.

Les îles *Nicobar* et *Andaman* semblent être le prolongement de

Fig. 80. — Barren Island.

la chaîne volcanique de Sumatra vers le nord. Une de ces dernières, *Barren Island* a déjà été mentionnée (p. 200) comme le type

du volcan insulaire, consistant en un cône en activité, entouré par
les remparts d'un cratère ancien fort large, dans lequel la mer
entre par une brèche. Les explosions de ce volcan ont lieu régulièrement de dix en dix minutes. L'île de *Narcondam*, sous le
13° parallèle nord, au nord de cette dernière île, a aussi été en activité. Elle a un cône de 210 mètres, et des courants de laves parfaitement visibles.

Une autre île, *Chedooba* (18°41′ N.), et sa voisine, *Rhamree* (19°),
près de la côte d'Arracan, sont également volcaniques. La dernière
subit une violente éruption en mars 1839, au moment où la péninsule voisine était bouleversée par un tremblement de terre, allant
du nord au sud, qui se fit sentir aux îles Andaman d'un côté, et
en Chine de l'autre côté. Cette côte semble aussi subir plusieurs
variations de niveau. Certaines îles, que l'on prétend avoir existé
en 1554, ont été submergées, et, en 1843, il se forma une nouvelle
île en face la côte d'Arracan. De nombreuses sources d'eaux chaudes,
ainsi que de gaz inflammables, s'élèvent de terre dans le voisinage
de Chittagong.

Ici semble se terminer (à moins que quelque future exploration
du territoire Birman ne révèle plus tard son prolongement vers
l'Himalaya ou l'Hindoustan) la plus remarquable chaîne de volcans visible sur notre globe, que nous avons retracée à travers
60 degrés de latitude, depuis le nord de la péninsule de Kamtschatka, au delà du point où elle rencontre la chaîne transversale
des Aléontiennes, enfilant les îles Kouriles, le Japon et les Lioutcheou, touchant presque à la côte de Chine à Formose, puis s'é-
tendant tout à fait au sud à travers les Philippines, d'où semblent
diverger plusieurs lignes qui se rejoignent plus loin par Bornéo,
Célèbes, les Moluques et la Nouvelle-Guinée, en courbes presque
concentriques. Celles-ci se réunissent au sud dans la grande chaîne
est et ouest de hauteurs volcaniques presque ininterrompues, partant de Timor Laut, à travers Flores et Java, se recourbant encore
une fois vers le nord à Sumatra et aux îles Andaman. L'intérieur
de cette vaste courbure est rempli par la grande péninsule de Co-

chinchine et par l'île de Bornéo encore inexplorées, dont les rivages
arrondis la reproduisent en lignes parallèles concentriques : concordance qui ne saurait être accidentelle. Il y a plus ; il est difficile
de ne pas être convaincu que l'élévation plutonique de la masse
axiale de ce grand embranchement méridional, provenant du haut
plateau Asiatique, a eu pour effet collatéral de déchirer la croûte
terrestre, à quelque distance autour de ce plateau, de l'est à l'ouest
par le sud, en une série de fissures concentriques qui ont causé
l'extravasement de la lave souterraine intumescente, dans ces chaînes courbes d'ouvertures volcaniques que nous venons de décrire.

Iles volcaniques du Pacifique.

On a déjà remarqué que, de l'île de Gilolo, dans le centre du
groupe des Moluques, une branche de cette chaîne se dirige vers
l'est, le long de la côte nord de la *Terre des Papous* ou de la *Nouvelle-Guinée*, où plus d'un volcan a été en éruption, aussi bien sur
la terre ferme, encore peu connue, que dans les îles voisines. Cette
branche se continue à travers la *Nouvelle-Bretagne, le groupe* des îles
Salomon, de la *Reine Charlotte*, des *Nouvelles-Hébrides*, de la *Nouvelle-Calédonie*, et, franchissant un intervalle considérable plus au
sud, jusqu'à la *Nouvelle-Zélande*. Sa direction, le long de cette
immense courbe, suit une ligne parallèle remarquable, à la côte
d'Australie, du côté de l'ouest, et semble même l'embrasser de
la même manière que la guirlande d'îles volcaniques embrasse le
contour de Bornéo. Les îles formant cette chaîne semblent avoir
presque exclusivement la même origine, et beaucoup d'entre elles
comprennent des volcans en activité. L'un, appelé *Semoya*, dans
l'archipel de Salomon, a été vu souvent en éruption. On dit qu'il
existe en Nouvelle-Calédonie des roches plutoniques, avec des
couches carbonifères et sédimentaires, mais qu'elle est entourée
d'îles basaltiques. Elle-même, à ce que l'on croit, est granitique,
L'île voisine, appelée le *Rocher de Matthieu*, au S.-E., haute de 350
mètres, a été vue en éruption en 1828, et dans l'archipel de *Santa-*

Cruz, il y a deux volcans connus, le *Tinakoro* et un autre plus petit. Les Nouvelles-Hébrides comprennent au moins deux volcans en activité, dans les îles *Tanna* et *Abrim*.

Près de la Nouvelle-Bretagne, il y en a deux autres, et, dans *Malicolo*, îles de la Reine Charlotte, on trouve beaucoup de ponce.

La Nouvelle-Zélande possède plusieurs volcans en activité, et une grande portion du pays est couverte des produits d'éruptions récentes. Dans l'île septentrionale, le *Mont-Egmont*, de 2,690 mètres, cône tronqué avec un petit cône de cendre à son sommet, est en activité de temps à autre ; sa masse consiste en laves phonolithiques et en scories. Il en est de même du *Tongariro*, haut de 1,860 mètres, au centre de la partie la plus large de l'île, et du *Ruapahu*, de 2,700 mètres, un peu plus au midi. Le lac de *Taipu*, au pied du Tongariro, est entouré de collines de ponce et de cendres, et de là, dans une direction nord-est, une rangée de solfatares et de sources chaudes s'étend jusqu'à la côte de la baie d'Abondance, dans le centre de laquelle l'*Ile Blanche*, volcan d'une grande activité, s'élève de la mer. Plus au nord, dans la partie la plus étroite de l'île, le district d'Auckland consiste en couches horizontales de calcaires et de sables tertiaires, mêlés aux produits des éruptions récentes, principalement de plusieurs orifices indépendants. M. Heaphy (*Journ. géol. Soc.*, 1859) divise les formations volcaniques de ce district en : 1° masses montagneuses en pic, de trachyte et de ses conglomérats, roche noire remplie de boulder, toutes plus anciennes que les couches tertiaires ; 2° produits d'éruptions sous-marines à travers les couches tertiaires, à l'époque où elles étaient submergées et en cours de déposition, comme on peut le voir par l'interstratification des couches volcaniques et fossilifères ; 3° éruptions arrivées à peu près à l'époque du soulèvement de ces couches, les cônes et les laves ayant pu s'élever à travers leurs failles ; 4° cônes de cendres et coulées de laves d'un aspect très-moderne. Les cônes laissent voir plusieurs cratères de tuf semblables à ceux des champs Phlégréens, ayant souvent des lacs ou *maars* dans leur intérieur, et des courants de basalte qu'on peut remonter jusqu'à leur source. Les bords de quelques-uns de ces cratères sont d'une faible hauteur au-dessus de la plaine. Il y a aussi plusieurs cônes réguliers, souvent avec des cratères ébréchés. Un grand volcan insulaire, le *Rangitoto*, aujourd'hui au repos, est évidemment le produit d'éruptions répétées d'un même orifice. Il a un cône central avec un cratère haut de 276 mètres, s'élevant du milieu d'un cirque annulaire extérieur, entouré à son tour par les ruines d'un autre cratère plus ancien, dont le parapet atteint une hauteur de 200 mètres.

On ne sait pas si l'île méridionale de la Nouvelle-Zélande contient des volcans actifs ou éteints, mais l'île *Chatham*, un peu à l'est, est certainement volcanique.

Quelques petits îlots éparpillés, le groupe d'*Auckland*, de *Macquarie*, de *Campbell* et des *Émeraudes*, paraissent être le prolongement de la chaîne méridionale de volcans qui vient de nous occuper, dans la direction de la *Terre de Victoria*, en dedans du cercle Antarctique, sur la côte de laquelle sir John Ross observa deux hautes montagnes ignivomes, très-judicieusement dénommées, d'après ses vaisseaux, l'*Érèbe* et le *Mont-Terror*. Il les décrit comme étant couvertes de neiges perpétuelles, excepté aux endroits où la lave et les cendres les ont fait fondre, et comme étant, selon toute apparence, formées de couches de basalte alternant avec des couches de glace. Il est facile de comprendre comment une épaisse couche de scories et de cendres peut protéger la surface d'un glacier et l'empêcher de fondre, même sous l'influence d'un courant de lave incandescente, et que la lave peut à son tour, par son poids, maintenir le glacier en sa place, jusqu'à ce qu'une montagne tout entière soit construite avec ces singuliers éléments.

La ligne de côtes de Victoria, prolongée au delà du pôle austral, se trouve coïncider avec la ligne des *Shetland* du sud, immédiatement au sud du cap Horn. Si l'on suppose que la fissure volcanique, que nous avons suivie jusqu'ici, se continue à travers cet intervalle, elle aura fait littéralement le tour complet du grand bassin du Pacifique, coupant la surface du globe presque en deux. (V. p. 278.)

Le grand continent d'*Australie* lui-même laisse voir des traces d'action volcanique sur plusieurs points de son contour. A son extrémité méridionale, dans la province de *Victoria*, on voit quelques centaines de cônes de cendres récentes, dont la plupart ont produit des courants basaltiques qui ont inondé les environs. Ces éruptions ont éclaté à travers des roches superficielles de granit et de schistes palæozoïques aurifères, recouverts de couches de basalte tertiaire, alternant avec des grès contenant des coquillages marins de la Miocène. Des dykes de basalte ancien et moderne pénètrent toutes ces roches et se rattachent aux masses suprajacentes. L'horizontalité des couches sédimentaires n'a pas été dérangée. M. Brough Smyth (*Journ. géol. Soc.*, 1857) évalue l'aire occupée par les laves récentes, à 5,600 kilomètres carrés au moins. C'est ce qui constitue le jardin de la région appelée l'*Australie Heureuse*, à cause de la fertilité du sol, provenant de la décomposition du basalte. Il pense que ce basalte fut émis lorsque la surface était encore inondée par une mer sans profondeur, puisqu'il est recouvert par le diluvium tertiaire. Quelques-uns des volcans, cependant, étaient sans aucun doute sous-aériens, puisque, en creusant un puits dans des cendres volcaniques disposées en couches minces, on rencontra, à une profondeur de 21 mètres, une couche du gazon ordinaire du pays, non pas brûlé, mais sec comme du foin. Cette région est remarquable par le grand nombre et la grande dissémination d'orifices ayant donné lieu à des éruptions isolées, et par l'absence de grands volcans.

Entre *Adélaïde* et le fleuve *Murray*, le *Mont-Gambier* s'élève à 200 mètres de la plaine, et possède trois cratères distincts, occupés chacun par un lac d'eau douce. Le *Mont-Schenk* est circulaire, ayant un grand cratère et deux petits latéraux. Sur la limite des deux colonies de Victoria et de l'Australie du sud, on rencontre des trapps en abondance, associés avec des couches horizontales de calcaire tertiaire, percées de dykes basaltiques et laissant voir à la surface des cônes et des cratères. Les districts volcaniques observés en Australie paraissent ressembler beaucoup à ceux de la

France centrale, de la Sardaigne, de la Katakekaumène, dans l'Asie Mineure, de Lancerote, de la Nouvelle-Zélande, et de plusieurs autres déjà mentionnés, dans lesquels des éruptions ont eu lieu de temps à autre, depuis une ancienne époque de la période tertiaire presque jusqu'à nos jours.

Dans l'Australie occidentale, on a reconnu des formations volcaniques, et aussi à *Brisbane* et autres endroits de la côte orientale. La chaîne des *Montagnes Bleues*, derrière *Sydney*, est couronnée de basalte, à des hauteurs de 600 mètres; mais on n'a encore observé aucun volcan en activité réelle dans aucune partie de ce continent. On peut en dire autant de la Terre de Van Diémen ou Tasmanie, où l'on rencontre une quantité de plates-formes anciennes de basalte et de conglomérat, mais peu ou point de traces modernes d'énergie volcanique.

A l'est de la chaîne insulaire que je viens de décrire, plusieurs groupes d'îles principalement volcaniques, plus ou moins détachés les uns des autres, se rencontrent sur une ceinture qui traverse le Pacifique de l'est à l'ouest dans toute sa largeur. Dans ce groupe se trouvent les îles *Viti*, remplies de laves basaltiques et trachytiques, de sources chaudes et de cônes de tuf, surmontés de cratères, et rangés en lignes droites.

Les îles des *Navigateurs* au nord, l'archipel des *Amis* au sud des îles *Viti*, sont également volcaniques; dans le groupe des Amis, le pic de *Tafua*, haut de 639 mètres, brûle toujours; il a un grand cratère entourant un cône central de scories. Deux autres volcans, l'*Apia*, de 775 mètres, et l'*Upala*, de 960 mètres, sont entourés de vastes plaines de lave scoriforme et caverneuse. Plus à l'est, *Tahiti*, la plus grande des îles de la *Société*, se compose de montagnes trachytiques d'une époque ancienne, dont les foyers semblent éteints. L'une de ces montagnes, l'*Orobena*, est présumée haute de 3,000 mètres, avec un cratère au sommet. Le groupe des *Marquises*, au nord-est de Tahiti, est aussi, à ce que l'on suppose, pour la plus grande partie sinon entièrement, volcanique.

A l'est des îles de la Société on rencontre l'archipel des îles *Basses*, consistant presque entièrement en récifs plats de corail, comme le nom l'indique, à l'exception du petit groupe de *Gambier* et de *Pitcairn*. Il est toutefois établi que toutes reposent sur une roche volcanique. Cette chaîne se continue à l'est sur le même parallèle, jusqu'aux îles de *Pâques*, où le capitaine Beechey a observé une montagne conique de 300 mètres de hauteur, et une ligne de cratères. *Juan Fernandez*, plus près encore du continent américain, est basaltique.

Au nord de l'équateur, le Pacifique occidental est parsemé de groupes de très-petites îles, les *Carolines*, les *Mariannes* ou îles des *Voleurs*, l'archipel de *Marshall*, de *Gilbert*, et plus au nord, vers le 20e parallèle septentrional, l'archipel des îles *Sandwich*.

Les *Mariannes* comprennent un groupe de trois ou quatre volcans, sur une ligne nord et sud. Les îles à l'est et à l'ouest, sont considérées comme volcaniques, quoique n'étant point actuellement en activité. Les autres îles de ces archipels sont, à ce que l'on croit, principalement coralines, et peuvent ou ne peuvent pas reposer sur une base de roches volcaniques.

Le groupe des Sandwich semble, par sa position, appartenir à une fissure trans-Pacifique plus septentrionale, s'étendant vers l'est, à partir des îles Lioutcheou et Bonin. Il est entièrement volcanique, et comme il a été bien étudié, surtout dans la grande île d'Hawaii, il présente des caractères fort intéressants.

D'après M. Weld (*Journ. géol. Soc.*, 1856, p. 154), il existe trois montagnes dans Hawaï, toutes volcaniques; à vrai dire, il n'y en a pas d'autres dans l'île. Le *Mauna Kea* (4,185 mètres), le plus au nord, est aussi le plus élevé; il est pour le moment inactif, quoiqu'il y ait encore des traces d'une éruption à une époque peu reculée. L'*Hualalei*, sur la côte occidentale, était en éruption il y a peu d'années. Le troisième, le *Mauna Loa*, est une immense montagne en forme de dôme, dont le sommet (4,010 mètres) présente une surface stérile d'environ 60 kilomètres de diamètre, couverte de laves et de scories, et toujours en éruption sur quelques points. (Voir p. 219.)

En 1843, une éruption éclata au sommet du *Mauna Loa*; la

coulée de lave eut une longueur de 48 kilomètres. En 1852, une autre éruption eut lieu au même point et vomit un jet incandescent de gouttes de lave à 150 mètres de hauteur. Deux jours après, elle cessa; mais, deux jours plus tard, une autre bouche s'ouvrit à 25 kilomètres de la première, sur le flanc de la montagne, tandis qu'une colonne de feu, de scories, de filaments de lave et de vapeur, le tout de plus de 300 mètres de diamètre, s'éleva à 150 mètres, en répandant une vive lumière pendant la nuit. Ce phénomène dura vingt jours; le bruit était épouvantable, et l'atmosphère, chargée de scories, de filaments, de cendres fines et de vapeurs acides. Un ruisseau de lave coula jusqu'à 40 kilomètres de la montagne.

En août 1855 éclata une éruption encore plus terrible, commençant par un jet brillant de gouttes étincelantes jaillissant du sommet du dôme, et suivi immédiatement de l'émission, par une ouverture d'environ 600 mètres plus basse et de 3,450 mètres au-dessus de la mer, sur le flanc nord, d'un énorme courant de lave, sans aucun accompagnement remarquable de scories ou d'autres fragments. La lave coula avec une grande rapidité dans la vallée qui sépare le Mauna Loa du Mauna Kea, son courant principal ayant 4 kilomètres et demi de large; mais, à mesure qu'il atteignait le niveau de la plaine, il s'étendait au double de cette largeur; il continua de couler ainsi pendant dix mois. Lorsqu'il s'arrêta, il avait parcouru une distance de 112 kilomètres, emportant dans sa course des forêts entières et s'accumulant, sur quelques points, sur une grande épaisseur.

Durant l'écoulement de ce torrent de lave, le révérend M. Coan gravit la montagne, longeant et quelquefois traversant sa surface durcie, pendant que la lave coulait dessous « comme l'eau sous une « rivière gelée. La croûte superficielle se fendait avec bruit, en « émettant des vapeurs minérales en mille endroits. Sur le bord « étaient des arbres écrasés, à demi brûlés et tombant en cendres « sur la lave durcie... Nous passions plusieurs crevasses, à travers « lesquelles nous regardions dans le fleuve igné qui se précipitait

« à travers ses conduits vitrifiés avec une rapidité de plusieurs
« kilomètres à l'heure. Cette lave était incandescente et avait une
« épaisseur de 25 à 100 pieds; les ouvertures ou crevasses de la
« surface mesuraient de une à quarante brasses de large. Nous je-
« tâmes dans ces crevasses de grosses pierres, qui, dès qu'elles tou-
« chaient la surface de ce torrent, s'évanouissaient instantanément
« en flammes. Nous pouvions voir aussi des cataractes souterraines
« de roche fondue, roulant dans des précipices de 10 à 20 mètres. »
En atteignant le sommet de la montagne, les voyageurs ne virent
point de cratère régulier, mais « des fissures béantes, sur chaque
« bord desquelles d'immenses masses de scories, de lave, de ponce
« et de cendres, étaient empilées en forme de cônes allongés, dé-
« chirés dans leur longueur, et dont les côtés étaient tapissés de
« stalactites de cette lave en filaments appelée les cheveux de Pelé.
« Ces masses allongées, surplombant les fissures, se précipitaient
« souvent en avalanches dans l'abîme au-dessous et le comblaient
« momentanément. La lave, s'écoulant par un dégagement souter-
« rain à plus de 300 mètres au-dessous de la surface, ne pouvait
« se voir de ce point. On ne commençait à la voir que par des ouver-
« tures à quelques kilomètres plus bas sur le flanc de la montagne,
« mais les formidables jets de fumée blanche et de vapeurs sulfu-
« reuses qui s'échappaient de ces fissures culminantes étaient dan-
« gereux pour le spectateur. » Les régions plus élevées de la montagne sont couvertes d'éjections récentes du volcan éparpillées en
abondance de chaque côté. « La fumée (vapeur mêlée de cendres)
« enveloppe le sommet, voile le soleil et obscurcit tout à peu de
« mètres de distance. De la surface du courant de lave s'échappent
« aussi des nuages de vapeur qui s'élèvent en guirlandes coton-
« neuses vers le ciel. (1). »
Il est à remarquer que durant tout le temps de ces violentes éruptions, le grand cratère de *Kilauea*, en activité permanente, situé
de l'autre côté de la montagne, à une distance d'environ 25 kilo-

____

(1) *Journ. Geol. Soc.*, 1856.

mètres, conserva son caractère normal, sans montrer de sympathie avec l'énorme développement d'énergie qui se manifestait dans l'axe du même volcan. J'ai déjà relevé cette singulière circonstance. (Voir p. 262.)

C'est à un point comparativement bas sur le Mauna Loa, à 1,200 mètres seulement au-dessus de la mer, que l'on aperçoit une éminence en forme de dôme aplati, légèrement tronqué; c'est le remarquable volcan de Kilauea, dont le bord supérieur a environ 11 kilomètres de tour et forme une ellipse irrégulière. A l'intérieur se trouve un énorme bassin de lave, changeant souvent de niveau, plus ou moins recouvert d'une croûte de lave solidifiée, mais toujours en ébullition sur quelque point. Quelquefois aussi le niveau de la croûte de lave retombe dans le cratère, laissant une corniche de roche tout autour de la cavité. C'est qu'alors la lave s'est dégagée par suite d'une éruption à un niveau inférieur, à travers une fissure ouverte dans le flanc de la montagne. En 1823, dit M. Ellis, un soutirage de cette nature abaissa le niveau de la lave dans le puits central d'environ 120 mètres. En 1834, M. Douglas nous représente ce niveau à plus de 300 mètres au-dessous de cette «corniche noire.» (*Trans. de la Soc. Roy. géog.*, vol. VI.). En 1838, d'après les capitaines Chase et Parker (*Amer. Journ.*, XL, p. 117), le niveau de la lave s'était relevé de façon à oblitérer l'orifice du puits inférieur. En 1839, le cratère *extérieur* tout entier était rempli jusqu'au bord de lave bouillante, plus ou moins recouverte d'une croûte solide; tout à coup un orifice se déclara à 10 kilomètres de Kilauea, sur la pente inférieure ; le lendemain il s'en déclara un second plus bas, puis, enfin, plusieurs autres sur la même ligne. De tous s'échappaient des torrents de lave rapide, roulant jusqu'à une distance de 48 kilomètres en mer, où il se formait deux ou trois îles, en tuant une énorme quantité de poissons. Par ce soutirage, le cratère primitif fut reformé, le niveau de lave s'étant abaissé de 450 mètres; mais, en 1844, ce vaste abîme se vit comblé de nouveau par l'ascension croissante de la source de lave. En 1846, lors de la visite de Dana, la surface du puits central était retombée à

110 mètres environ au-dessous de la corniche, qui, elle-même, se trouvait à 200 mètres au-dessous du rebord du cirque extérieur. Depuis cette époque, le cratère a été encore une fois comblé et vidé de nouveau par la dernière grande éruption de 1855.

Le fond du puits présente généralement une croûte s'étendant sur un vaste étang de lave, qui de temps en temps est brisée par une nouvelle ébullition de la masse incandescente inférieure ; elle se refroidit et se durcit si rapidement à l'air, que l'on peut y marcher au bout de quelques heures après sa coagulation. Quelquefois on a pu compter, sur le fond de ce vaste cratère, plus de cinquante cônes avec leurs cratères, plus ou moins en activité, c'est-à-dire, vomissant des scories et des laves. Leur hauteur était de vingt à trente mètres. (*Le rév. S. Stewart.*) La lave coule aussi par des ouvertures dans les murs perpendiculaires du cratère, à plusieurs centaines de mètres au-dessus du fond, sur lequel on voit d'autres laves s'élever lentement (v. p. 262). Les laves qui se dégagent dans le cratère sont scoriacées et cellulaires à la surface, celles qui se dégagent par les orifices à l'extérieur de la montagne sont plus compactes et plus vitreuses. Les premières ont été comparées à la surface écumeuse d'un liquide en fermentation ; les autres au même liquide tiré à clair, en dessous de la même surface.

Dana mentionne deux sortes de laves à Hawaï ; l'une, unie et solide, affectant la forme de replis concentriques de câbles roulés ou de mamelons arrondis, dont le sommet est souvent tombé dans une cavité inférieure en forme de four (*hornitos*), ou de longs couloirs souterrains vitrés, ce qui indique un degré considérable de viscosité et une fusion presque vitreuse (v. p. 74). L'autre espèce de lave présente à sa surface des masses scoriformes empilées dans le désordre le plus complet. On les appelle *Clinker-fields*, et elles ressemblent « à une montagne fracassée en un chaos de ruines. » Ces blocs varient en volume de 300 à 3,000 mètres cubes, et prennent toute espèce de formes, le cube ou la dalle ; ils sont anguleux ou horriblement raboteux, et s'élèvent jusqu'à des hauteurs de 8 à 10 mètres. On trouve souvent les deux espèces de lave dans la même surface d'éruption. Au point de vue du caractère minéral, les laves d'Hawaï sont de couleur sombre, généralement augitiques et ferrugineuses, et contiennent beaucoup d'olivine et de fer spéculaire. Quelques-unes peuvent se classer dans les basaltes, mais, aux yeux de Dana, le plus grand nombre appartient au greystone. Dans quelques endroits, elles sont hautement vitreuses et ressemblent à l'obsidienne, surtout celles qui, étant rejetées à l'état liquide, produisent les fines scories filamenteuses appelées les cheveux de Pelé. La ponce feldspathique véritable ne paraît pas exister dans cette île. L'augite est probablement le principal élément de toutes ces laves.

Les autres îles de l'archipel des Sandwich sont aussi d'origine exclusivement volcanique. Selon Dana, elles s'étendent sur deux lignes parallèles, dont l'une intersecte chacune des hautes montagnes jumelles de Hawaï, l'île la plus grande, le Mauna Loa et le Mauna Kea. L'île de *Mani* a un pic de 3,065 mètres ; *Evha*, de 1,840 mètres ; *Kaui*, de 2,400 : *Oahu*, deux chaînes de 1,200 mètres chacune. *Mani* a deux cratères et de vastes plateaux de lave récemment refroidie. Un de ces cratères a 600 mètres de profondeur, d'une figure fourchue irrégulière, dont le plus grand diamètre est de 14 *kilomètres et demi ;* le fond est de lave, sur laquelle s'élève seize cônes de cendres ou plus, bien distincts.

Les flancs de la montagne sont déchirés par des gorges ou *barancos* d'une profondeur de 600 mètres et de deux ou trois kilomètres de large et s'ouvrant sur la mer. Il y a environ deux siècles que des éruptions se déclarèrent sur une ligne d'ouvertures latérales, marquées par autant de cônes parasites. Oahu comprend plusieurs couches de greystone contenant des cristaux de feldspath et de l'olivine, alternant avec des couches massives de conglomérat et de tuf, dont la plus grande partie de l'île et la plupart des cônes se trouvent composés. Ces cônes ont généralement des cratères ébréchés d'un côté ; quelques-uns sont occupés par des lacs. Des récifs de corail, élevés de 8 à 10 mètres au-dessus de la mer, entourent presque entièrement cette île, dont les cratères de tuf ont sans doute été formés au-dessus du niveau de l'eau sur un bas-fond, comme l'ont été ceux d'Auckland dans la Nouvelle-Zélande.

Il y a « des superficies du Pacifique, aussi bien que de l'Océan « Indien, occupant une étendue de plusieurs milliers de myria- « mètres carrés, où toutes les îles consistent exclusivement en co- « rail, généralement sous forme d'Atolls ou de récifs circulaires, « dont aucun ne s'élève à une hauteur qu'on ne puisse expliquer « par l'action des vents et des flots sur le corail brisé et trituré. » (Lyell, Manuel, 1855.) Ces immenses superficies, d'après la théo-rie de M. Darwin, appuyée par sir Charles Lyell, sont, avec un grand degré de plausibilité, supposées s'affaisser sur un niveau plus bas, d'une manière continue, mais lente, et ce, pendant des siècles. Des régions subissant une telle dépression se trouvent généralement à quelque distance d'un côté des grandes chaînes d'îles volcaniques que nous venons d'étudier, et cette dépression peut être considérée comme correspondante, et même contempo-raine, avec l'élévation progressive des superficies continentales ou insulaires du côté opposé. (V. p. 308, n° 8).

Il est en même temps probable aussi qu'il puisse y avoir un au-tre lien entre le développement de l'action volcanique et la forma-tion des rochers de corail sur une grande échelle, dans l'abon-dance de matières calcaires qui, ainsi qu'on l'a vu dans le cours de cet ouvrage, sont habituellement fournies par des sources existant dans des districts volcaniques. Les travertins et les marnes des régions volcaniques sous-aériennes semblent être, dans les climats tropicaux, favorables au développement des zoophytes, et par suite, à la formation des atolls et des récifs en bordure des mers dans lesquelles abondent les volcans sous-marins. Dans ces mers, les roches volcaniques forment très-souvent, quoique évidem-ment pas toujours, la fondation suffisante pour ce travail.

Conclusion. — En terminant ce catalogue des volcans connus et des formations volcaniques de la surface terrestre, je voudrais appeler l'attention du lecteur qui aura bien voulu me suivre, sur le témoignage remarquable qui s'y trouve de l'uniformité générale et de la simplicité des phénomènes dont ils ont été le théâtre, témoignage qui confirme l'idée exprimée dans le premier chapitre de ce volume (p. 4), en opposition avec celle de Humboldt, sur leur caractère « isolé, variable et obscur. »

Dans chaque partie du globe, sous tous les degrés de latitude, on voit que les éruptions qui se sont manifestées sont caractérisées par les mêmes déchirements de la croûte terrestre, en fissures généralement parallèles, mais souvent transversales; qu'elles sont accompagnées de tremblements de terre et d'autres indications du gonflement et du soulèvement de matières souterraines en effervescence; que des explosions de vapeur d'eau mêlée d'acides rejettent des gouttes liquides ou des fragments cellulaires de substances minérales entièrement ou partiellement fondues, que nous appelons lave; laquelle, expulsée en jets ou en coulées, ou s'étend sur des surfaces immenses, souvent à de très-grandes distances, ou s'accumule en masses volumineuses autour de l'orifice d'éruption, selon son degré de liquidité et de pesanteur spécifique. L'étude de cette matière minérale, lorsqu'elle est consolidée en roche, révèle partout le même basalte, greystone ou trachyte, composés des mêmes éléments minéraux, quoiqu'en proportions différentes. Ces variétés se trouvent quelquefois dans des localités distinctes, mais le plus souvent alternent les unes avec les autres. Mais partout on trouve les mêmes variétés de contexture, depuis l'obsidienne vitreuse, indice de la fusion complète, jusqu'au rocher cristallin ou granitoïde le plus grossier. De plus, nous trouvons la même composition et la même structure, sur une grande échelle, partout dans les formations volcaniques, depuis le plus petit cône de cendres, avec un seul ruisseau de lave, jusqu'aux montagnes les plus massives et les plus élevées, telles que le Ténériffe, l'Etna, le Cotopaxi, l'Ararat, ou celles du Kamtschatka et de la Polynésie, chacune desquelles est le produit de l'accumulation de longues séries d'éruptions successives. Nous y trouvons la même inclinaison générale quaquaversale des couches de lave et de conglomérat, à partir des hauteurs centrales, sous des angles précisément dans les limites de ceux que suivaient des talus composés de matières en partie mobiles et en partie coagulées, à mesure qu'elles s'écouleraient d'un niveau plus élevé à un niveau plus bas, ou qu'elles seraient entraînées par les eaux torrentielles, ou même largement dispersées par des courants marins, toutes circonstances auxquelles, par l'observation des volcans actuellement en activité, nous devons attribuer leur production.

Ce n'est pas tout encore, car nous voyons partout les mêmes ouvertures circulaires ou elliptiques, percées çà et là à travers l'axe de ces masses, évidemment par la force des explosions de vapeur, mais variables dans leurs dimensions, et souvent formées d'une manière concentrique, l'une en dedans ou auprès de l'autre, sur une ligne de fissure. Enfin, nous pouvons remarquer le parallélisme général, sur la surface entière du globe, des principales chaînes d'orifices volcaniques, éteints ou non, avec les contours des régions voisines élevées au-dessus de la mer, ce qui fait supposer que les fissures à travers lesquelles les éruptions se font jour sont dues à quelque tiraillement latéral occasionné par le soulèvement de quelque portion contiguë de la croûte terrestre, recouvrant une couche de matière hautement chauffée et en même temps élastique, et dont la tension, par suite de l'accroissement de température, a surmonté plus ou moins la résistance qui s'opposait à son expansion. Bref, le caractère distinctif d'un volcan, d'une roche ou d'une région volcanique dans une partie du globe est souvent aussi identique avec d'autres, à leurs antipodes, que s'ils s'étaient produits côte à côte. Il en est de même, comme l'on sait, avec les granits plutoniques, les syénites, les gneiss, les schistes et les trapps ou roches volcaniques anciennes, dont la composition minérale, la structure et les relations avec les couches sédimentaires entre lesquelles ils se sont insinués, en un mot, dont les caractères généraux sont les mêmes sur tous les points de la surface terrestre. Les couches sédimentaires elles-mêmes sont bien moins uniformes quant à leur composition minérale et leur disposition, à cause de la plus grande influence qu'ont sur elles les conditions variables de climat et d'action météorique, aussi bien que de métamorphisme, que ne le sont les roches plutoniques et volcaniques. Il n'y a donc pas, je le soutiens encore, une plus grande obscurité dans les lois par l'action desquelles une de ces classes de formation se reproduit, que dans les lois de l'autre catégorie (1), si on les étudie avec impartialité et sans parti pris, à l'aide de l'observation et des déductions de la logique.

(1) Les géologues ont depuis peu pris l'habitude d'appeler toute action élévatoire du nom de *volcanique*. Ce mot exprimerait une idée bien plus définie, s'il était restreint, comme je l'ai restreint moi-même dans le cours de cet ouvrage, à la véritable action éruptive, et si le mot de force *plutonique* était appliqué à ces soulèvements et injections de matière souterraine chauffée dans des roches disloquées, phénomènes que l'on peut supposer n'avoir pas été accompagnés d'explosions extérieures de vapeur ou d'éruptions de lave. Il est vrai que la limite de séparation entre les deux espèces d'action est difficile à tracer, comme dans l'exemple des dykes, qui attestent à la fois l'effet plutonique et celui de l'éruption, plus ou moins complet, de matières volcaniques. Mais ceci n'est qu'un défaut commun à toutes les dénominations géologiques. Les calcaires passent au grès, le granit au gneiss, le trachyte au basalte, les conglomérats aux roches lithoïdes, les formations ignées aux formations aqueuses, et ainsi de suite. L'action volcanique est donc, pour moi, l'action extérieure et superficielle ; l'action plutonique est l'action intérieure ou souterraine. Mais il va sans dire qu'il y aura toujours un moyen terme ouvert à la discussion, et dont les phénomènes auront un droit égal à l'une ou à l'autre dénomination.

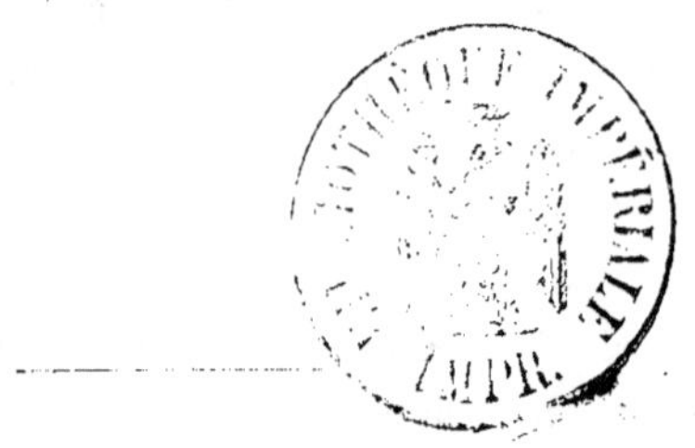

TABLE DES MATIÈRES

CHAPITRE IV

EXAMEN DES PHÉNOMÈNES VOLCANIQUES.

CHAPITRE V

DISPOSITION DES ÉJECTIONS FRAGMENTAIRES.

CHAPITRE VI

ÉCOULEMENT ET DISPOSITION DE LA LAVE.

CHAPITRE VII

CARACTÈRES MINÉRAUX ET COMPOSITION DES LAVES.

CHAPITRE VIII

MONTAGNES VOLCANIQUES.

CHAPITRE IX

CRATÈRES DES MONTAGNES VOLCANIQUES.

CHAPITRE X

VOLCANS SOUS-MARINS.

CHAPITRE XI

SYSTÈMES DE VOLCANS.

CHAPITRE XII

RAPPORT ENTRE L'ACTION PLUTONIQUE ET L'ACTION VOLCANIQUE.

APPENDICE

Formations volcaniques d'Europe.

FIN DE LA TABLE DES MATIÈRES.

TABLE DES FIGURES

FIN DE LA TABLE DES FIGURES.

Corbeil. Typographie et stéréotypie de Crété.

9 782329 286785